长江河口水沙输移与河床演变

李九发　蒋陈娟　刘启贞　赵军凯　著

科学出版社

北京

内 容 简 介

　　本书针对近二十年来长江河口众多大型工程兴建和流域来沙锐减，对河口泥沙输移与潮滩湿地演变、细颗粒泥沙特性及絮凝理化过程、河口泥沙再悬浮过程、河口大型工程对最大浑浊带和地形地貌的影响进行分析总结。主要内容为：国内外河口水沙和河床演变研究现状、流域来水来沙条件及其变化过程、近期河口实测潮汐和潮流基本特性、近年来河口水域实测含沙量空间分布特性及时空变化、悬沙颗粒组成和细颗粒泥沙絮凝机制、河床泥沙再悬浮过程、沉积物分布特性和底沙运动、河口演变过程及河床冲淤自我调整机制、滩涂空间资源开发与保护，以及稳定性河口基本格局的演化过程。

　　本书可供水文、泥沙、沉积、地貌、河流动力学、环境和海岸工程等学科的科技工作者、工程师、大专院校师生及政府有关部门的工作人员参考。

图书在版编目(CIP)数据

　　长江河口水沙输移与河床演变 / 李九发等著. —北京：科学出版社，2019.1
　　ISBN 978-7-03-058143-3

　　Ⅰ.①长… Ⅱ.①李… Ⅲ.①长江-河口水沙-水沙输移-研究②长江-河口-河道演变-研究 Ⅳ.①TV152②TV882.2

　　中国版本图书馆 CIP 数据核字(2018)第 134324 号

责任编辑：许　健 / 责任校对：谭宏宇
责任印制：黄晓鸣 / 封面设计：殷　靓

科学出版社 出版
北京东黄城根北街 16 号
邮政编码：100717
http://www.sciencep.com

苏州市越洋印刷有限公司 印刷
科学出版社发行　各地新华书店经销
*

2019 年 1 月第　一　版　　开本：787×1092 1/16
2019 年 1 月第一次印刷　　印张：18
字数：403 000

定价：190.00 元
(如有印装质量问题，我社负责调换)

前　言

　　长江是我国第一大河，它发源于青藏高原唐古拉山脉的主峰各拉丹冬雪山，干流流经青海、西藏、四川、云南、重庆、湖北、湖南、江西、安徽、江苏、上海 11 个省(自治区、直辖市)，通过河口注入东海。沿途有上千条大小支流汇入，主要支流有雅砻江、岷江、嘉陵江、乌江、湘江、沅江、汉江、赣江等(图 1)。并与数千个大小湖泊相通，有洪湖、洞庭湖、鄱阳湖、巢湖、太湖等重要湖泊。同时，在干支流上有人造大小水库万余座，举世闻名的三峡水库就是其中之一，对蓄洪补枯调节干支流水量分配起到积极作用。

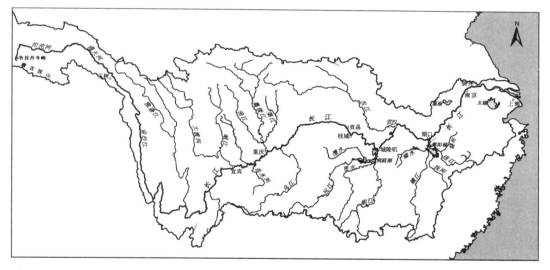

图 1　长江流域主要水系示意图

　　长江流域地势西北部高、东南部低，地面高差悬殊，总落差约 6500 m，地貌类型众多(中国科学院地理所，1985)。流域气温均存在明显的季节性变化，呈冬季低温，夏季高温，春、秋季凉爽等特点。长江流域地域辽阔，地形复杂，季风气候十分典型，年降水量和暴雨的时空分布很不均匀(季学武和王俊，2008)，冬季降水量为全年最少，春季降水量逐月增加，中下游 6～7 月降水量达到最大值，8 月主要雨区已推移至长江中上游，秋季各地降水量逐月减少。

　　长江干流全长 6300 km，流域面积为 1.80×10^6 km²，接近全国总面积的 1/5。宜昌以上为长江上游，宜昌至湖口为长江中游，湖口以下为长江下游。在干流的宜昌、汉口和大通分别设置水文站，宜昌站位于长江上游和中游的结合处，汉口站位于长江中游地段，大通站位于长江下游，是河口的潮区界，一般认为大通站为长江河口来水来沙的控制节点，同时，其还受到潮汐作用的影响(潮区界)。大通河段以下为长江河口区，至河口口门 630 km，江阴河段为河口潮流界，徐六泾为河口咸水入侵界。长江(大通站)多年平均下泄水量为 8.93×10^{11} m³/a 左右，多年平均来沙量达 3.68×10^{8} t/a(中华人民共和国水利部，2015)。在镇江市、扬州市一线以东塑造了面积约为 5.0×10^{4} km² 的巨型陆域三角洲，而且在河口口门外东海水域堆积成超过 1.0×10^{4} km² 的水下三角洲。可见，长江丰富的水沙下泄不仅对河口沉积地貌过程有深刻影响，而且对东海陆架水域环境有重要影响。目前，长江河口自徐六泾开始呈三级分汊四口入海的地形格局，崇明岛将河口分为北支河道和南支河道，长兴岛将南支河道分为北港河道和南港河道，九段沙将南港河道分为南槽河道和北槽河道(图 2)。

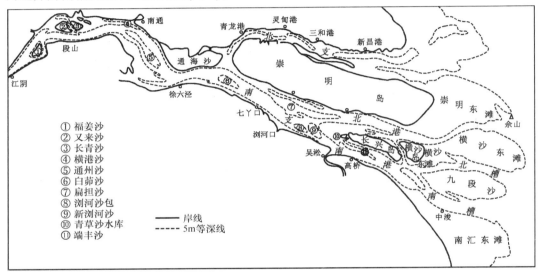

图 2　长江河口形势示意图

　　长江流域自然资源极其丰富，孕育了人类生命与文明。随着人类社会和经济的不断发展，人们对自然资源的需求日益增长，导致流域自然资源日益匮乏，人们已经采取不同方式改变了自然环境，引起了人地关系不协调，尤其近 30 年来表现极为突出。众所周知，多年来在干、支流河道持续建造了众多大中型拦河大坝，改变了长江流域上游河道来水来沙过程，长江河口区域作为流域输送物质的汇集地和通往海洋传送物质的通道，其河口过程必将对流域来水来沙的变化做出响应，已经引起众多学者和管理者的高度关注(Dai et al.，2016，2010a；张晓鹤，2015a；中华人民共和国水利部，2015；朱文武，2015；郭小斌，2013；李九发等，2013a；王一斌，2013；蒋陈娟，2012；赵军凯，2011；包伟静等，2010；马颖等，2008；陈显维等，2006；李明等，2006；恽才兴，2004a；朱波等，2004；虞志英和楼飞，2004；陈国阶，2001；王锡桐，2000)。在国家自然科学基金项目资助下(No：50939003，51479074，51761135023，40976055)，开展了长江流域来水来沙变异对河口泥沙输移与潮滩湿地演变的影响及其对策，细颗粒泥沙特性及絮凝理化过程，河口泥沙再悬浮过程，河口大型工程对最大浑浊带和地形地貌的影响等重要科学问题的研究。

　　在广泛收集数十年来长江干流和主要支流河道来水来沙量、河口和近海岸水域潮汐潮流、含沙量、泥沙颗粒度、沉积物、地形等数据资料和前人研究成果的基础上(李九发等，2013b，2001b，2000；沈焕庭和李九发，2011；左书华等，2006；于东生，2006；应铭等，2005；万新宁等，2004，2003；恽才兴，2004b；沈焕庭，2001；沈焕庭和潘定安，2001a；陈吉余等，1988；Li et al.，1998；王康墡和苏纪兰，1987)。针对河口众多大型工程兴建和流域来水来沙变异条件下的河口新水沙环境，近 10 年来在长江河口南、北支河道，南、北港河道，南、北槽河道和邻近海域进行了十余次现场观测工作，包括多测点水文泥沙观测、沉积物取样、水色遥感观测、核素水样采取、湿地生物等现场调查工作。尤其多次实施从小潮至大潮连续水沙观测 10 d(200 多个小时)左右，突破了传统每个潮汛仅连续实施 26 h 的规范要求，更能真实地反映河口水沙变化的真实过程。同时，10 次参与了国家自然科学基金委资助并组织的东海(长江口)共享航次调查，先后共计 50 余人次参加现场观测。在室内进行了含沙量、悬沙和沉积物颗粒度分析、悬沙和沉积物核素分析、悬沙颗粒电镜扫描、原型泥沙起动搬运和河床沉积物粗化过程水槽试验、悬沙絮凝和沉降试验，以及河口地形冲淤量化统计分析等。可见，现场调查成为本书最重要而又最基本的内容，只有掌握第一手原始数据，才能正确地判定长江流域水沙变异过程，以及其对河口水沙输运过程和河口河道演变的影响。

　　基于近年来长江流域水沙变异的新环境，尤其是三峡水库蓄水拦沙使来水量发生季节性调节，且来沙量大幅度锐减条件下，河口陆海水动力相互作用和泥沙输移过程必将发生变化。通过大量实测数据对比分析，近年来出现流域来水总量变化较小，年径流量保持在 $8.93×10^{11}$ m^3 左右波动，但仍出现季节性变幅较大的现象，三峡水库对洪水具有削峰作用，致使进入河口水域大于 55 000 m^3/s 的特大型洪水发生率减少，而 9～10 月水库蓄水引起下泄流量减少，枯季水库放水而使下游来水量增大等新的水文过程。而 2003 年以来出现年输沙量在 $0.72×10^8$～$2.16×10^8$ t 之间变化，流域来沙量锐减 60% 左右，悬沙颗粒细化等新的输沙特点。同时，中游干流与湖泊水量的交换能力增强，尤其是在长江特枯水文年(2006 年)表现更突出，该年中游湖泊对干流水量的补给保证下游水量稳定起到决定性作用。可见，近年来流域来水来沙量及输运过程发生了很大的变化。由此，近年来河口不同河道含沙量分布和输运对流域来沙锐减做出了相应的响应，河口南支河道、南港河道和北港河道中上段含沙量减少 40%～60%，而且悬沙颗粒粗化，悬沙中极值颗粒粒径达到 244～388 μm，表明悬沙与床沙交换能力增强。而最大浑浊带发育的北支中下游河道、北港下段河道，以及南、北槽拦门沙河道含沙量仍较高，与拦门沙河道陆海两股水动力相互作用的流场结构未变，以及河床和滩地及邻近海域沉积物组成较细，且容易被潮流和风浪掀起再悬浮泥沙补给有关。

　　近几年长江河口主要河槽底沙(推移质)运动更加活跃，南支河道和南港河道河床微地貌沙波充分发育，拦门沙以上河道及邻近海域出现冲刷，拦门沙浅滩沉积速率及向海推移速度减缓。而因三峡水库削洪峰之效，由特大洪水引起的河口颠覆性演变得到基本抑制，河口涉水工程引起局部河床冲淤明显，滩、槽水沙交换增强，湿地淤涨略有减慢，但湿地面积仍处在缓慢增长阶段。长江河口数千年来遵循的河口不断向海推移的自然发育规律势必会发生轻微变化。总之，目前长江河口水沙及河道演变过程对流域来沙锐减正处在适应性的自我缓慢调整之中，其最终调整结果将形成新型的稳定性长江河口。

本书内容大体分为5个部分：第1章简要介绍国内外近期河口水沙和河床演变研究现状；第2章主要阐明流域来水来沙条件及其变化过程；第3章主要叙述近期河口实测潮汐和潮流的基本特性；第4章重点阐述近年来河口水域实测含沙量空间分布特性及时空变化、悬沙颗粒组成和细颗粒泥沙絮凝机理、泥沙再悬浮过程、沉积物分布特性和底沙运动；第5章主要探讨近期河口演变过程及河床冲淤自我调整机制，以及滩涂空间资源高效开发与河口河型发育的关系。

本书与2012年出版的《长江河口水沙输运》为姐妹篇，《长江河口水沙输运》一书着重对20世纪90年代以前的研究成果进行总结，该书的前言末尾曾提到"近十多年来，长江流域众多大型拦河大坝和河口航道整治及圈围工程建设，必将对河口水沙输运过程带来新的巨大的影响，更有待于我们去做深入研究"。而本书正是客观地基于大量实测水沙和地形等最新数据资料，在近年来流域来沙发生突变和河口大型涉水工程实施的背景下，对河口水体悬沙浓度和泥沙输运过程、河槽和潮滩冲淤变化进行研究，并对研究成果加以总结，编写成书。李九发、蒋陈娟、赵军凯、刘启贞、戴志军、李占海、左书华、李为华、姚弘毅、朱文武、张晓鹤、陈炜、冯凌旋、王一斌、郭小斌、徐敏、王飞、赵方方、吴华林、程和琴、戚定满、付桂、刘高峰、杜金洲、沈芳、童春富、谢华亮等分别参与了现场观测、样品测试分析和数据处理计算，以及相关论文的撰写，全书主要由李九发组织编著而成，合作编著者有蒋陈娟、刘启贞、赵军凯等。

对研究项目立项、实施管理的国家自然科学基金委员会工程与材料学部水科学与海洋工程学科处、地球科学部海洋学科处的领导和同行专家，在现场调查和室内分析试验、科学研究过程中付出了艰辛劳动和鼎力帮助的各位科学家、博士研究生、硕士研究生，以及帮助制作部分图件的张晓鹤博士，绘制图件的王佩琴女士，给予了部分出版经费资助的华东师范大学河口海岸学国家重点实验室，在此一并表示诚挚的谢意。

本书在对历史，尤其是针对高强度人类活动影响下河口最新实测资料分析的基础上，重点进行了有关尝试性的试验、模拟和探索性研究。由于长江河口为多汊河口，不同汊道难以做到长期连续水沙同步观测，其潮流速和含沙量就难以进行绝对数量的对比，在此仅能显示出不同汊道的水沙特性和变化规律。而目前长江河口又正处在对流域和河口人类活动影响做自适应性调节过程中，书中不足之处在所难免，恳请读者指正。

李九发

2017 年秋

于华东师范大学丽娃河畔

目　　录

第 1 章 绪 论

河口是河流物质输入海洋的必经之地，河流下泄而来的水、沙、化学物质等通过河口通道输入海洋。据估算，每年由陆地进入海洋的物质约有 85%经河口搬运入海(Martin and Meybeck，1979)。与此同时，河口处于陆-海水动力相互作用的界面区，具有过滤部分泥沙和化学物质的功能，由此堆积成巨大的河口三角洲平原，以及现代河口河槽、河口沙岛和潮滩湿地。而河流来沙在河口段咸淡水混合过程中，又将产生各种复杂的物理、化学、生物和沉积过程，最终影响河口边界冲刷或泥沙淤积，以及入海泥沙运动过程的变化。可见，河口泥沙继承了河流泥沙以悬移质和推移质运动的特性，同时又具有河口其自身的运动规律。因而，流域来水来沙条件改变将在很大程度上直接影响到河口泥沙输移过程，从而对河口不同界面，尤其是最大浑浊带的时空变化，泥沙颗粒组成和含沙量的分布及变化，滩、槽水沙交换和三角洲岸线的进退，以及河口湿地生态环境和重大工程安全等产生深远影响，由此成为当今国际上河口研究中最热点的科学问题。

自 20 世纪中后期以来，随着人类活动对河流流域干预的不断增强，全球入海泥沙通量开始普遍呈减少趋势。例如，科罗拉多河、密西西比河、埃伯河、尼罗河、长江和黄河等(Dai et al.，2016；李九发等，2013；Wang et al.，2007；刘勇胜，2006；应铭等，2005；Walling and Fang，2003；曹文洪和陈东，1998；Trenhaile，1997；Palanques et al.，1990；Meade and Parker，1984)。而引起流域来沙减少的主要原因包括人类活动的影响、流域降水和径流量的变化等。人类活动影响流域来沙变化的方式主要通过改变流域土地利用形式、植被破坏或水土保持、人工取沙、修建水库及抽引水工程等方面来体现。Walling 和 Fang(2003)确认全球 145 条主要河流中，由于水库大坝建设，有 50%的河流输沙量呈减少趋势(黎树式，2015)，埃及的阿斯旺大坝几乎拦截了尼罗河全部下泄泥沙量，坝下游戈阿夫娅站建坝前实测最大含沙量为 3800 ppm*，建坝后降为 100 ppm，基本下泄清水(曹文洪和陈东，1998)。长江三峡大坝建造后来沙量出现锐减(中华人民共和国水利部，2015)。此外，径流量作为泥沙输移的主要动力，流域径流量减少会显著影响流域来沙量的变化，如黄河入海径流量锐减甚至断流，入海泥沙通量由以往的 12.0×10^8 t/a 锐减到近期的仅为 1.1×10^8 t/a 左右，断流年份不足 1.0×10^8 t/a(中华人民共和国水利部，2015；刘勇胜等，2005；胡春宏和曹文洪，2003a，2003b；曾庆华等，1997)。

就长江河口来说，自 20 世纪 80 年代后期长江中上游流域实施了较大面积的退耕还林(草)工程以来(朱波等，2004；陈国阶，2001；王锡桐，2000)，强侵蚀地带产沙强度得到了较好的抑制，输入河道的泥沙减少。尤其在上游持续建造众多的大中型拦河水库，其主要功能之一是洪水期削洪峰(夏季)、中水期蓄水(秋季)、枯季放水(冬春季)，从而改变了原有的年内来水季节性分配特征，而且大量拦蓄流域来沙，导致中下游河道，尤其

---

*1 ppm=1mg/L。

是河口区水域来沙量出现显著减少的现象(郭小斌，2013；李九发等，2013；王一斌，2013；赵军凯，2011；包伟静等，2010；马颖等，2008；陈显维等，2006)。20 世纪 70 年代以前，长江大通站年均输沙量近 $5.0×10^8$ t(Shen et al.，1993)，而 2000 年减少为 $3.4×10^8$ t，尤其值得指出的是，2003 年三峡水库开始蓄水拦沙，来沙量出现锐减，大通站 2003 年年输沙量仅为 $2.06×10^8$ t，2004 年为 $1.47×10^8$ t，2005 年为 $2.16×10^8$ t，2006 年已减少为 $0.848×10^8$ t，2010 年为 $1.85×10^8$ t，2011 年为 $0.72×10^8$ t，2015 年为 $1.16×10^8$ t(中华人民共和国水利部，2000-2015)。在短时段内流域来沙量减少很多，同时，近期来沙量在 $0.72×10^8$～$2.16×10^8$ t 之间出现较大的波动性变化，河口及邻近海区出现连锁反应，不同河道、不同河段含沙量分布和输沙能力发生不均衡变化，水下三角洲和毗邻的杭州湾北岸出现局部地段侵蚀，河口湿地面积发生新的变化。

长江入海泥沙通量减少已成事实，在河流来沙锐减的态势下，河口水体含沙量的时空分布、涨、落潮输沙能力、典型河道水沙通量，以及潮滩湿地冲淤演变和生态系统结构必然会做出相应的响应。基于此原因，长江河口湿地淤积减缓，部分河道和水下三角洲局部水域微冲(付桂等，2007)，以及位于拦门沙河段的北槽河道深水航道水深维护疏浚量较大，表明流域来沙变异条件下河口泥沙输移和湿地冲淤演变已构成复杂的变化过程，并显示出河口物理过程、沉积过程，以及潮滩湿地生态演化过程出现新的内涵。河口区水体为了弥补流域来沙量的锐减，保持河口水沙运动的相对平衡，河口区泥沙再悬浮作用得到加强，使得河口南支河道和南、北港河道悬沙中出现中细沙级颗粒(李九发等，2013b)。表明入海径流量不变而泥沙通量锐减造成水流挟沙能力增强，出现大量河床底沙推移运动，从而对长江口深水航道的维护带来不利影响(左书华等，2015)。与此同时，近年来河口拦门沙河道实测潮流和含沙量显示，河口拦门沙水域仍为陆海二股水动力相互作用地带，流域来沙锐减后，海域来沙和河口再悬浮泥沙有所增加，使得该水域含沙量变化较小，拦门沙航道保持淤积状态，并导致深水航槽维护疏浚量反而较大幅度地增长(Jiang et al.，2013，2012；刘杰，2008；堵盘军，2007)。众所周知，长江河口地处我国东南沿海重要的经济发展地带，有一批重大已建和在建或拟建工程，如长江河口区实施的工程有通海深水航道整治工程、外高桥和长兴岛造船基地、临港新城和工业区、青草沙水源地、崇明东滩和九段沙湿地自然生态保护区等。流域下泄泥沙量出现较大变异，不仅会引起河口水沙调整及滩与槽冲淤变化，也会对河口湿地自然生态系统和重大工程构成新的威胁。

河口由于具有独特的地理位置和丰富的自然资源，成为人类开发利用的重点地带，正如陈吉余和陈沈良(2002b)指出的："河口海岸是人类活动最密集的地带，丰富的资源成为多部门交叉开发的目标"。社会商品经济的飞速发展必将带动国际贸易交易量的增长，促进航运船舶日趋大型化发展，而自然河口存在的水深较浅的拦门沙航道严重制约了航运事业的发展，为了适应大型船舶通航的需求，必须对自然状态的通海航道进行整深，以此来满足社会经济飞跃发展的需求。近年来，河口区域大型整治工程(包括航槽导堤、疏浚、滩涂圈围、固滩等工程)的实施，对河口的影响会持续几十年，甚至上百年，河口工程均导致局部河道流态、泥沙分布、河床冲淤和断面形态发生了不同程度的变化(刘杰，2008；孙连成，1997；尹毅等，1995；沈承烈，1988，1983；李浩麟等，1985；张定邦和袁美琦，1983)。长江河口深水航道作为国内规模最大的航道整治工程，对河口动力沉积地貌带来了较大影响。基于整治工程前后大量的实测水文、泥沙和地形资料，众多学者对长江口北槽河道深水航道治理工程前后水沙变化特征(刘杰等，2004，2003；阮文杰等，2001)、泥沙运动特性(蒋陈娟，2012；刘杰等，2003)、最大浑浊带分布规律(周海等，2005)、北槽河道泥沙絮凝及浮泥消长过程和发育规律(刘启贞，2007；张华和阮伟，2002；李九发等，2001b)、深水航道的回淤规律(周海等，2005；金镠等，2003a，2003b)等进行研究。同时，采用数学模型预测航道淤积量(戚定满等，2012；潘灵芝等，2011；窦希萍，2006；陆永军等，2005；窦国仁，2003b，1999a)，分析台风浪对航道骤淤的影响(徐福敏和张长宽，2004)、分流口潜坝及丁坝对长江河口航道分流分沙的影响(陈炜等，2012；冯凌旋等，2009；周济福和李家春，2004)。基于 GIS 技术，通过建立河道不同年代的 DEM 模型进行冲淤变化分析，研究深水航道工程对北槽河道拦门沙和邻近河道冲淤演变的影响(Jiang et al.，2012；王兆华和杜景龙，2006；郑宗生等，2006；刘杰等，2004，2003)。同时，近 20 年来，长江河口先后又实施了白茆沙沙洲护沙头工程、新浏河沙沙洲护滩工程、中央沙和青草沙沙洲圈水工程、横沙东滩和崇明岛北岸促淤圈围工程、南汇东滩促淤圈围工程、上海长江大桥等大型工程，对于局部河道水沙输移过程，河床冲淤演变已显现出一定的影响作用(陆雪骏，2016；吴帅虎等，2016；徐文晓，2016；张晓鹤等，2015a)。

河口作为一个复杂而又特殊的自然综合体，高强度的人类活动干预必然破坏其原有河流，尤其是河口自然过程的平衡，河口演变不再是纯粹的自然过程，而是自然和人类活动共同塑造的过程，即使是小规模的航道疏浚和抛泥，其长期的累积效应也会逆转河口的自然发展过程(Nichols and Howard-Strobel，1991)；河口海岸地貌和动力是互相作用的一对矛盾，长期来看，河口动力和地貌之间趋于建立二者间的相对平衡，两者相互作用，又相互适应。流域来沙锐减，导致河口泥沙分布，尤其是分汊河道水沙通量减少及再分配，会引起河口河床和潮滩的冲淤调整。而河口大型湿地圈围和航槽整治工程人为地改变了河口地形地貌自然格局，直接引起局部河道地形变化，地形变化引起水动力及边界条件变化，并导致滩槽系统，乃至整个河口水动力和泥沙运动特征发生变化，水动力和泥沙运动的变化则又反作用于地貌，使地貌发生调整。因此，进一步探究高强度人类活动影响下的河口地貌与水动力相互作用过程，河口水沙和地貌对流域来沙变异过程响应机制，以及河口自动调整过程，并对近期相关研究成果加以初步总结，是本书编写的初心。

第2章　流域水沙通量及变化

2.1　流域水通量及变化

长江流域雨量充沛，径流量丰富，宜昌站多年平均径流量为 4.30×10^{11} m³，汉口站为 7.04×10^{11} m³，大通站为 8.93×10^{11} m³(中华人民共和国水利部，2015)，上游来水量与中下游来水量基本上各占一半(图 2.1.1)。中游洞庭湖(四河支流水系)和鄱阳湖(五河支流水系)流域对干流径流的补水量占大通径流量的 39.0%，其中，洞庭湖流域约占 22.1%，鄱阳湖流域约占 16.9%，汉江多年平均径流量约占大通站的 5.2%(赵军凯等，2011)。可见，长江中游两个湖泊对中下游干流径流量有着非常重要的补充作用。

2.1.1　年际变化

受长江整个流域的降水量时空变化的影响，长江径流量存在明显的多年波动变化规律(图 2.1.1)。从年径流量最大值和最小值看，宜昌站实测年径流量最大值为 5.75×10^{11} m³(1954年)，最小值为 2.85×10^{11} m³(2006 年)；汉口站最大值为 9.81×10^{11} m³(1954 年)，最小值为 5.34×10^{11} m³(2006 年)；大通站最大值为 1.36×10^{12} m³(1954 年)，最小值为 6.76×10^{11} m³(1978年)(中华人民共和国水利部，2015)。总体上看，各水文站年径流量最大值为最小值的两倍左右。

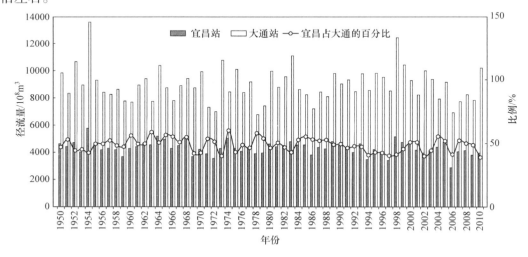

图 2.1.1　宜昌站、大通站多年平均径流量对比

近十年来，长江中上游流域建造多座大型蓄水大坝后，2003～2015 年宜昌站年平均径流量为 3.99×10^{11} m³，汉口站为 6.75×10^{11} m³，大通站为 8.45×10^{11} m³，与多年平均径

流量相比略有减少，宜昌站平均径流量减少 7.8%，汉口站减少 4.9%，大通站减少 5.4%。其主要原因之一是近十年中长江流域未发生特大洪水，反而在 2006 年出现特枯流量；之二是三峡水库蓄洪补枯的运行方式改变了河(干流)湖水量的交换过程(赵军凯等，2011)，同时，蓄水库区水面蒸发量增大；之三是中东线南水北调正式进行水量调配。但整个流域的径流量未出现明显趋势性减少现象。

径流量年际变化特征常用变差系数 C_v 或年际极值比(最大、最小年径流量比值)来表示(詹道江和叶守译，2007)。C_v 反映了一个流域径流量的相对变化程度，C_v 值大表示径流量的年际丰、枯变化剧烈，相反，C_v 值小则反映径流量年际变化平缓(姚治君等，2003)。径流量变率 M_i(某时段内径流量特征值与该时段多年平均径流量特征值之比)常用来描述径流量年际变化特征。计算结果见表 2.1.1，可以看出，长江径流量的年际极值比和 C_v 值都不大，这是因为长江流域处在降水量丰富的湿润地区，汛期较长，流域面积广阔。

表 2.1.1　径流量特征值统计

水文站	统计时段	年径流量均值 /10^{11} m³	径流量变率				C_v	极值比 $\dfrac{W_{max}}{W_{min}}$
			M_{max}	年份	M_{min}	年份		
宜昌站	1950～2015 年	4.30	1.33	1954	0.66	2006	0.11	2.02
汉口站	1954～2015 年	7.04	1.43	1954	0.75	2006	0.12	1.84
大通站	1950～2015 年	8.93	1.52	1954	0.75	1978	0.14	2.01

径流量年际连续性分析：径流量变化具有极强的随机性，同时又具有其确定的规律性。对径流量丰枯状况的划分标准，通常用径流量的距平百分率 k_i 来确定，并划分为 5 个级别，k_i 采用式(2.1.1)计算(姚治君等，2003；胡兴林，2000；李栋梁等，1998)。

$$k_i = \frac{x_i - \bar{x}}{\bar{x}} \times 100\% \; ; \quad \bar{x} = \frac{1}{n}\sum_{i=1}^{n} x_i \qquad (2.1.1)$$

式中，k_i 表示第 i 年径流量距平百分率；x_i 表示第 i 年径流量；$\bar{x}$ 表示 n 年径流量的数学期望，$i=1,2,3,\cdots,n$，n 表示统计总年数。确定 $k_i < -20\%$ 为枯水年；$-20\% \leqslant k_i < -10\%$ 为偏枯年；$-10\% \leqslant k_i \leqslant 10\%$ 为平水年；$10\% < k_i \leqslant 20\%$ 为偏丰年；$k_i > 20\%$ 为丰水年，分为 5 个判断级别。

长江中下游汉口站和大通站径流量丰、枯水期交替出现，丰水期持续时间较短，平水期持续时间较长，枯水期次之。枯水期成组出现，干流枯水或者偏枯的时段有 20 世纪 50 年代中后期到 60 年代初，70 年代初期和末期，80 年代中期，21 世纪前 10 年中期。丰水期有 20 世纪 50 年代中期，70 年代中期，90 年代中后期(图 2.1.2)。

从年径流量丰、枯级别出现的概率看(表 2.1.2)，总的来说，丰水年和枯水年的持续性都不显著，平水年出现概率最大，连续平水年宜昌站最长达 8a；丰水年出现的概率上、中、下游依次增加，而枯水年出现的概率上、中、下游依次减少；中下游连续枯水年出现概率比连续丰水年出现概率大。对于大通站来说，偏丰水年出现的次数较多，平水年向丰水年转移的概率比向枯水年转移的概率大(表2.1.2)。

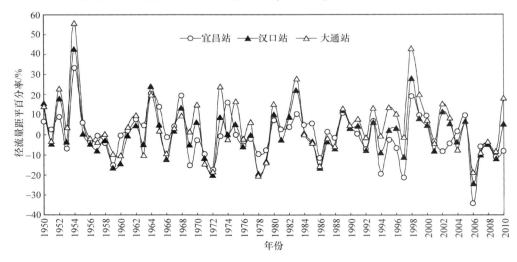

图 2.1.2   年径流量距平百分率

表 2.1.2   年径流量级别及转移概率统计(1950～2010 年)

水文站	丰水年	偏丰年	平水年	偏枯年	枯水年	持丰年	持枯年	持续丰年出现次数	持续枯年出现次数	平水年转为丰水年次数	平水年转为枯水年次数
宜昌站	2	6	45	6	2	2	0	1	0	6	7
汉口站	4	6	40	9	2	0	2	0	3	7	8
大通站	5	13	34	8	1	2	2	3	2	11	5

2.1.2   季节性变化

长江流域地处东亚季风气候区，季节性降水十分明显，径流量具有显著的汛、枯期变化特点。以大通站为例，每年从 5 月径流量开始明显增大，7 月达到最大值，10 月以后逐渐减少，1～2 月达到最低值。据统计，5～10 月的径流量占年径流量的71.7%，11 月至翌年 4 月径流量仅占 28.3%(沈焕庭等，1986)。如果把每年的 1～3 月划为主枯季；7～9 月划为主汛季；4～6 月和 10～12 月归为主枯季转主汛季和主汛季转主枯季的过渡季，即非枯和非汛期。主汛季与主枯水季径流量差异更显著，王一斌认为，宜昌站、汉口站和大通站主汛季径流量分别是主枯水季径流量的 6.7 倍、4.2 倍和 3.5倍(王一斌等，2014)，而且中游径流量差值小于上游河道与中下游河道主枯季支流水量的补给有关。

自 2003 年三峡工程开始采用蓄水、削洪峰、增补枯期水量的运行方式以来，其下游河道主汛季水量比三峡蓄水前略有减少，宜昌站 2003～2008 年主汛季平均水量比 1953～2002 年减少 15%，汉口站减少 8%，大通站减少 11%(图 2.1.3)。而主枯季水量有较大增加，宜昌站 2003~2008 年主枯季平均水量比 1953~2002 年增加 18%，汉口站增加 27%，大通站增加 18%。非汛和非枯季时段水量前后差异较小。

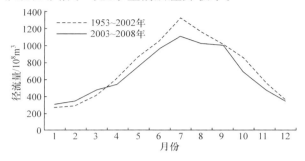

图 2.1.3　大通站月平均径流量分布图

2006 年为近年来长江流域特枯水文年，其实测中下游干流径流量及变化与平常年及 1978 特旱年相比却出现较大的差异性。据实测数据统计，大通站主汛季径流量比多年均值低 37%，主枯水季径流量反而比多年均值高 2.4%，表现为"洪季不洪，枯季不枯"的特点。从图 2.1.4 上看，首先当年洪峰流量值偏低，前半年略高于 1978 年和近几年其他年份的流量值，而后半年流量过程线远低于 1978 年和近几年其他年份的流量值，9~10 月又为上游河道水库蓄水期。但是 2006 年控制入海水通量的大通站主枯水季期间流量稳定维持在 1.1×10^4 m³/s 以上。众所周知，长江中下游的湖泊和众多的支流是中下游径流量的重要组成，其中，近十年来长江中下游的来水中约有 18.8% 属于洞庭湖的补给，汉江补给于长江的水流也超过 4.9%。鄱阳湖径流量占大通流量的 13.1%。2006 年鄱阳湖水系来水较正常，而洞庭湖和汉江水系的来水量较常年偏少，但其湖泊出水量仍与常年没有较大的差异，这在很大程度上保证了 2006 年特枯期间长江干流中下游"枯水不枯"的特点。

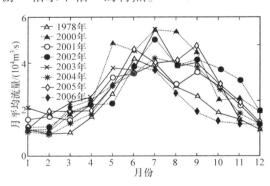

图 2.1.4　大通站流量变化图

2.1.3　干流与湖泊水量交换过程

洞庭湖和鄱阳湖是中国最大的两座淡水湖，在中游与干流河道相通，河湖水量交换过程成为长江流域水量变化的重要影响因素(赵军凯等，2011；赵军凯，2011)。其中，洞庭湖是中国第二大淡水湖，位于长江中游，汛期湖泊水面积最大可达 2625 km²，湖泊容积可达 1.67×10¹⁰ m³。洞庭湖接纳湘江、资江、沅江、澧水支流水系径流量，称为"四水"水系。同时接纳长江(荆江段)松滋口、太平口、藕池口、调弦口(调弦口已于 1958 年堵口)通道水量，称为"三(四)口"通道，"三(四)口"是长江干流的分流通道，将水注入洞庭湖。入湖径流量经洞庭湖调蓄后于城陵矶泄入长江干流(图 2.1.5)。鄱阳湖是中国第一大淡水湖，位于长江中下游交界处，是长江流域最大的单口通江湖泊。鄱阳湖是一个过水性吞吐型湖泊，它承纳赣江、抚河、信江、饶河、修河 5 条大河(称为"五河")的径流量。"五河"水系属于鄱阳湖流域，也是长江的支流水系，"五河"来水量约占鄱阳湖流域总来水量的 90%，其余 10%为鄱阳湖区小支流来水量。鄱阳湖面积随季节而变化，洪水季节湖面积可达 4000 km²以上，枯水季节湖面积小于 1000 km²(齐述华和廖富强，2013)，呈现"洪水是湖，枯水似河"的独特景观。长江干流对鄱阳湖水流有顶托的作用，甚至会出现江水倒灌现象。入湖之水经过鄱阳湖调蓄后于湖口入江通道泄入长江干流(图 2.1.5)。可知，两湖作为通江湖泊对干流水量有重要的调节作用。

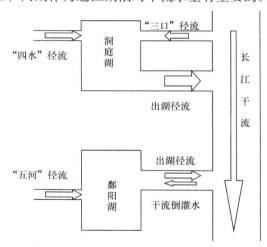

图 2.1.5 洞庭湖、鄱阳湖与长江干流水量交换示意图

2.1.3.1 干流与湖泊水量交换系数

通常干流与湖泊径流量变化会导致两者之间的水量交换过程发生变化。把某一时段内由支流汇入湖泊的径流量与湖泊泄入干流的径流量比值称为河(干流)湖水交换系数，用来表示河湖水交换的激烈程度，量化河湖水交换特征。显然，河湖水交换系数是一个无量纲数。

设 I 表示湖泊与干流水量交换系数，R_i 表示某一时段内支流水系汇入湖泊的径流量，m³；R_o 表示相应时段内出湖泊的径流量，m³。则有

$$I = \frac{R_i}{R_o} q - 0.5 \tag{2.1.2}$$

式中，q 表示调整系数，$q = \bar{R}_o / \bar{R}_i$；$\bar{R}_i$ 表示 R_i 的多年平均径流量，m³；$\bar{R}_o$ 表示 R_o 的多年

径流量，m^3。

当 $I=0.5$ 时表示湖泊的调节作用接近多年平均水量状态，河湖水交换处于稳定状态；当 $I>0.5$ 且远离时，表示河湖水交换偏离稳定状态趋于激烈，湖泊水系对干流补水作用较强，I 越大表明湖泊对干流补水作用强度越大，河湖水交换强度就越大；当 $I<0.5$ 且远离时，表示干流对湖泊的反作用较强，说明干流洪水倒灌或分流湖泊能力较强，I 越小表明湖泊分蓄干流洪水的能力越强，河湖水交换强度也越大。

根据水量平衡原理，调整系数 q 是保证当 R_i 趋近 $\overline{R_i}$，且 R_o 趋近 $\overline{R_o}$ 时，I 值趋近 0.5，河湖水量交换趋于稳定状态。

从湖泊水量在河湖水量交换中的作用来看，可以把河湖水量交换状态分为三类：$I<0.45$ 时为"湖分洪"状态；$0.45 \leqslant I \leqslant 0.55$ 时为"稳定"状态；$I>0.55$ 时为"湖补河"状态。

2.1.3.2　洞庭湖与干流水量交换过程

洞庭湖同时接纳"四水"水系和"三(四)口"通道的来水量(图 2.1.5 和图 2.1.6)。20 世纪 50 年代以来，洞庭湖流域"四水"多年平均总径流量为 1.67×10^{11} m^3，约占长江年径流量的 18.7%，最大值为 2.54×10^{11} m^3(1954 年)，最小值为 1.03×10^{11} m^3(2011 年)，汛期(5~10 月)多年平均径流量为 1.21×10^{11} m^3，占全年径流量的 72.5%；"三口"通道年径流量多年平均值为 0.87×10^{11} m^3(中华人民共和国水利部，2015)，最大值为 2.33×10^{11} m^3

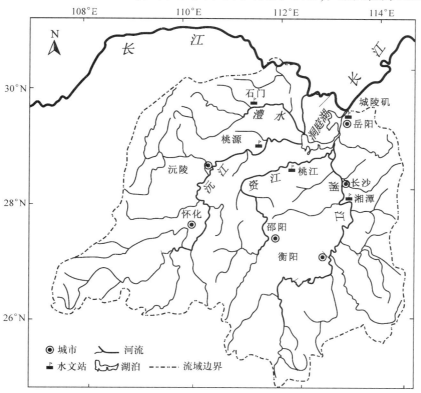

图 2.1.6　洞庭湖及其水系示意图

(1954 年, "四口"时期)或 $1.74×10^{11}$ m^3(1964 年, "三口"时期), 最小值为 $0.18×10^{11}$ m^3 (2006 年), 汛期多年平均径流量为 $0.76×10^{11}$ m^3, 占全年的 94.1%。城陵矶年径流量 多年平均值为 $2.84×10^{11}$ m^3(1951~2015 年), 约占大通站年径流量的 31.8%, 最大值 为 $5.25×10^{11}$ m^3(1954 年, "四口"时期)或 $3.99×10^{11}$ m^3(1998 年, "三口"时期), 最小 值为 $1.48×10^{11}$ m^3(2011 年), 汛期多年平均径流量为 $1.99×10^{11}$ m^3, 占全年的 70.1%。 可见, 洞庭湖流域来水对干流水量补充起了十分重要的作用。

　　根据长江干流与洞庭湖水量的交换特点, 利用式(2.1.2)计算长江干流与洞庭湖水量 交换系数 I, 得到 1951~2011 年洞庭湖与长江干流水量交换系数 I(表 2.1.3)。同时, 利用 式(2.1.1)计算 1951~2011 年的径流量距平百分率(表 2.1.3)。

表 2.1.3　长江干流与洞庭湖水量交换系数及径流量距平百分率

年份	I	径流量距平百分率/%			年份	I	径流量距平百分率/%			年份	I	径流量距平百分率/%		
		"三口"	"四水"	宜昌			"三口"	"四水"	宜昌			"三口"	"四水"	宜昌
1951	0.46	−8	−14	3	1972	0.63	−26	−16	−17	1993	0.55	−9	11	7
1952	0.56	12	28	10	1973	0.52	17	34	0	1994	0.82	−58	31	−19
1953	0.67	−21	15	−6	1974	0.33	41	−21	17	1995	0.58	−25	13	−2
1954	0.51	45	52	34	1975	0.57	3	13	0	1996	0.56	−23	9	−6
1955	0.37	6	−12	7	1976	0.60	−12	4	−5	1997	0.69	−48	11	−21
1956	0.43	−9	−16	−3	1977	0.56	−7	14	−1	1998	0.41	29	32	19
1957	0.47	−10	−11	0	1978	0.50	−23	−27	−9	1999	0.46	−1	3	10
1958	0.50	−14	−5	−3	1979	0.54	−12	−11	−7	2000	0.57	−16	0	9
1959	0.44	18	−7	−15	1980	0.45	16	10	8	2001	0.60	−39	−8	−3
1960	0.35	41	−20	0	1981	0.48	0	−6	3	2002	0.65	−30	40	−8
1961	0.40	58	10	3	1982	0.54	8	21	4	2003	0.57	−30	5	−4
1962	0.35	83	12	8	1983	0.46	24	13	11	2004	0.57	−35	−10	2
1963	0.21	71	−31	5	1984	0.46	2	−14	5	2005	0.53	−21	−9	10
1964	0.29	114	14	21	1985	0.44	−7	−23	6	2006	0.80	−77	−7	−34
1965	0.22	92	−18	15	1986	0.55	−33	−24	−11	2007	0.61	−33	−16	−6
1966	0.31	43	−22	−1	1987	0.48	−13	−13	2	2008	0.64	−35	−9	−4
1967	0.37	52	2	5	1988	0.52	−20	−11	−1	2009	0.59	−45	−20	−11
1968	0.40	85	17	20	1989	0.42	4	−8	12	2010	0.57	−31	0	−8
1969	0.44	11	4	−15	1990	0.58	−18	0	4	2011	0.65	−66	−38	−23
1970	0.51	34	31	−2	1991	0.53	−17	1	1	均值	0.51	/	/	/
1971	0.53	0	−13	−9	1992	0.64	−36	−1	−7					

　　注: 1951~1958 年河湖水交换系数和"三口"径流距平百分率计算时, 包括了调弦口的径流量

　　由表 2.1.3 可以看出, I 值多年平均值为 0.51, 表明长江干流与洞庭湖长期以来河湖 水量交换整体上处于稳定状态。而 1994 年和 2006 年 I 值取得最大值, 分别为 0.82 和 0.80, 与之相对应, 1994 年"三口"和宜昌径流量距平百分率分别为−58%和−19%, 2006 年分

别为–77%和–34%，而"四水"径流量距平百分率分别为 31%和–7%，表明这两年干流水量枯，而洞庭湖流域水量较丰，说明这两年洞庭湖与干流水量交换量大，湖泊对干流补水作用非常明显，属于"湖补河"状态。1963 年和 1965 年 I 值取得最小值，分别为 0.21 和 0.22，与之相对应，1963 年"三口"和宜昌径流量距平百分率分别为 71%和 5%，表明"三口"为丰水量，干流为平水年，"四水"径流量距平百分率为–31%，是枯水年；1965 年"三口"和宜昌径流量距平百分率分别为 92%和 15%，都是丰水年，"四水"径流量距平百分率为–18%，是偏枯水年，"四水"占出湖径流量的比例较小，表明这两年河湖水量交换激烈，强度也大，洞庭湖对干流洪水的调蓄作用较强，属于"湖分洪"状态。

由表 2.1.4 可知，当长江干流与洞庭湖水量交换处于"湖补河"状态时，"三口"和宜昌径流量枯水年数较丰水年数多；处于"湖分洪"状态时，"三口"和宜昌径流量丰水年数较枯水年数多；处于稳定状态时，"三口"和宜昌径流量平水年数较多。

表 2.1.4 1951～2011 年洞庭湖与长江干流径流量丰枯水年统计表

河湖水交换状态	水系或水文站	丰水年/a	平水年/a	枯水年/a
湖补河($I>0.55$)	"三口"	1	2	20
	"四水"	8	11	4
	宜昌	0	17	6
稳定($0.45≤I≤0.55$)	"三口"	5	8	8
	"四水"	6	6	9
	宜昌	2	18	1
湖分洪($I<0.45$)	"三口"	13	4	0
	"四水"	4	5	8
	宜昌	6	9	2

由图 2.1.7 可以看出，I 值与长江干流的"三口"、宜昌和城陵矶的径流量都呈负相关关系，I 值与"三口"和宜昌径流量相关性较好，相关系数分别为–0.891 和–0.699，均通过了 $\alpha=0.01$ 显著性水平检验，并且都呈显著负相关关系；I 值与城陵矶径流量的相关系数为–0.455，也通过了显著性水平检验，但相关性较差。I 值与"四水"径流量呈正相关关系，没有通过显著性水平检验，表明 I 值与"四水"径流量相关性极差。可知，干流径流量的大小导致河(干流)湖水位差增减，成为河湖水量交换激烈程度的主控因素，I 值与长江干流径流量相关性良好在情理之中，而"四水"径流量下泄需要通过湖泊调节后才与干流水量交换，其与 I 值直接相关性差也是必然的。

从图 2.1.8 看，近 60 年来河湖水量交换系数 I 值的变化具有波动性，20 世纪 50～70 年代中期和 20 世纪 90 年代中期至 21 世纪前 10 年波动起伏较大，20 世纪 70 年代后期至 90 年代中期波动起伏较小；I 值围绕其中心值的波动方向与"三口"和宜昌径流量的波动大致相反，但其长期波动的阶段性却与"三口"和宜昌径流量大体相似；近 60 年来

I 值的年际变化略有增大趋势，恰好与"三口"、城陵矶和宜昌径流量变化呈现稍减的趋势相反。正好说明 I 值与"三口"和宜昌径流量呈负相关关系。由于气候变化的影响，近 60 年来长江上游降水具有略减的趋势(张建云等，2007)。同时，近半个世纪以来，"三口"径流量、输沙量的变化，河道的冲淤演变，以及长江径流量减少等均与之有关(韩其为和周松鹤，1999)。

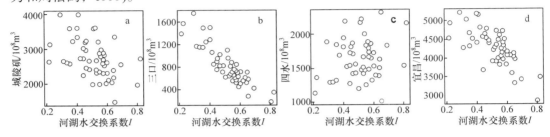

图 2.1.7　I 值与径流量关系散点图

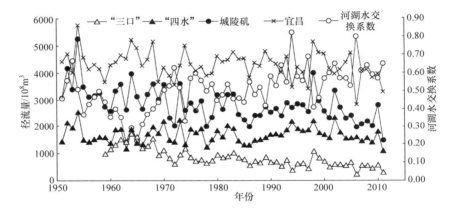

图 2.1.8　I 值与洞庭湖水系和宜昌径流量年际变化图

此外，近 60 年来 I 值年际变化趋势表明，洞庭湖与长江干流的水量交换状态从"湖分洪"，到"稳定"，再到"湖补河"状态发展。这恰恰是河湖关系不断发展变化的反映，此期间河湖关系演变经历了 20 世纪 60～70 年代的荆江裁弯取直工程、80 年代的葛洲坝水利工程、90 年代后期跨世纪的三峡工程等大型水利工程建设。可见，河湖水交换系数 I 值的年际变化不但受到气候、降水、径流量变化、泥沙淤积、河道演变等自然因素的影响，还受到围湖造田、乱垦滥伐、水利工程建造、植树绿化、退田还湖等人为因素的影响。因此，河湖水量交换系数 I 值的年际变化过程是多种因素综合作用的结果，是河湖水量相互交换作用的反映。

再选取 1978 年和 2006 年代表长江流域典型枯水年，1954 年和 1998 年代表长江流域典型丰水年(赵军凯等，2011)，用多年平均状况代表平水年。由表 2.1.3 可知，1978 年 I=0.50，属于典型"稳定"状态，表明洞庭湖与长江水交换作用处于多年平均水平，"三口""四水"和宜昌径流量距平百分率分别为–23%、–27%和–9%，洞庭湖水系都是枯水年，长江上游来水量是平水且接近枯水，河湖水交换处于稳定状态；2006 年 I=0.80，属

于典型的"湖补河"状态，表明洞庭湖与长江水量交换作用非常强烈，湖泊对长江补水
作用明显。1954 年 I=0.51，属于典型的"稳定"状态，"三口""四水"和宜昌径流量
距平百分率分别为45%、52%和34%，洞庭湖水系和长江上游均为典型的丰水年，河湖
水量交换处于稳定状态，说明洞庭湖与干流同时出现大流量，高水位，但是其水量交换状
态则接近多年平均状态；1998 年 I=0.41，属于典型"湖分洪"状态，该年"三口""四水"
和宜昌径流量距平百分率分别为29%、32%和19%，洞庭湖水系和长江干流都是丰水年，
与 1954 年相比，该年洪水特征为较大流量，高水位，河湖相互作用较强，河湖水交换过
程激烈。

　　河湖水交换系数 I 值可以表示河湖水交换激烈的程度，与其物理意义相符，也与实
际情况相符；同样的枯水年或者丰水年河湖水交换系数 I 值大小不一样，说明 I 值能准
确地表示出河湖水量相互交换的基本实情。

　　此外，从图 2.1.9 上看(戴志军和李九发，
2010)，2005 年定为平水年，具有常态年份的代
表性，在此以 2005 年和 2006 年 11 月的洞庭湖
出口城陵矶站的日平均水位和流量为代表，以
此对比分析不同年份枯水期间水位与流量关系
的变化。通常，支流和湖泊受干流上下游水流
顶托而导致流量涨落，引起水面比降变化，从
而出现两者之间的涨水或退水形成水位与流量
成绳套曲线关系。2005 年 11 月的城陵矶水位
与流量关系即为绳套曲线关系(图 2.1.9)。然而，
2006 年 11 月的城陵矶水位与流量关系不成绳
套曲线关系，由此也表现出 2006 年特枯水年枯
季月河湖水位与流量关系的特殊现象。由图
2.1.9 可知，城陵矶站在 2006 年 11 月 1～20 日
每日流量随水位的降低而呈流量线性递减趋
势，11 月 20～30 日水位逐日升高，而流量呈
线性递增趋势。显然，水位与流量曲线在某些
时段表现出简单的线性关系，致使枯水期间的

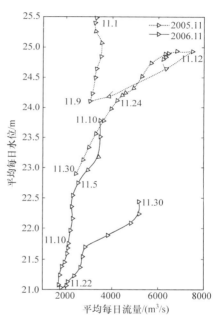

图 2.1.9　城陵矶站平均每日水位-流量变化
曲线图

洞庭湖在来水偏少的情况下，由于长江干流上中游水量更枯，导致出湖流速增大，补
给干流的流量显著增多。可见，在枯季，尤其是特枯年，湖泊水量对长江下游水量的
增补调节作用是明显的。

2.1.3.3　鄱阳湖与干流水量交换规律

　　鄱阳湖承纳赣江、抚河、信江、饶河、修河 5 条支流(称为五河)的径流量和接纳
干流倒灌水量(图 2.1.5 和图 2.1.10)。自 20 世纪 50 年代以来，"五河"多年平均年总
径流量为 1.10×10^{11} m³，占长江流域总水量的12.3%，最大值为 1.77×10^{11} m³(1998 年)，
最小值仅为 0.40×10^{11} m³(1963 年)。汛期(5～10 月)多年平均径流量为 0.80×10^{11} m³，

占全年的 72.7%。湖口站多年平均年径流量为 1.51×10^{11} m^3(1950～2015 年)(中华人民共和国水利部，2015)，约占大通站年径流量的 16.9%，最大值为 2.65×10^{11} m^3(1998 年)，最小值为 0.57×10^{11} m^3(1963 年)。汛期多年平均径流量为 0.92×10^{11} m^3，占全年的 60.9%。江水倒灌天数多年平均值为 11.7d(1950～2011 年)，最大值为 47.0d(1958 年)，最小值为 0d。可见，鄱阳湖流域对干流水量补充作用明显，而又具有典型的双向水流交换的独特性。

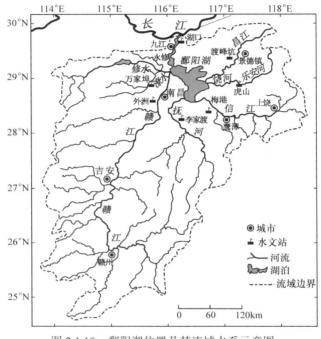

图 2.1.10　鄱阳湖位置及其流域水系示意图

由图 2.1.4 可知，鄱阳湖与长江水量交换的方式与洞庭湖不同，单用"五河"来水量与湖口径流量的比值进行描述是不合理的，因为长江对湖口出流的壅阻和倒灌会造成"五河"来水量与湖口出流量对比关系发生变化。因此，需要考虑长江水量倒灌对河湖水交换系数 I 产生的影响。

设 I_p 表示鄱阳湖与长江干流水量交换系数；R_j 表示五河入湖年水量，m^3；R_h 表示湖口站出湖年水量，m^3；T_i 表示第 i 年长江干流水量倒灌的天数，d；t_i 表示湖口站长江干流水量倒灌系数；I_{pc} 表示 t_i 归一化的结果；t_{min} 表示 t_i 的最小值；t_{max} 表示 t_i 的最大值；$i=1,2,3,\cdots,n$，n 为统计年数。

长江干流水量倒灌系数(t_i)是反映长江干流对鄱阳湖水交换作用的量。一般认为，某年长江干流水量倒灌天数多，表明长江干流对湖泊水量作用强烈，则该年长江干流水量倒灌系数 t_i 就大，反之就小。t_i 可以用量化的方法表示出来，用第 i 年长江干流水量倒灌的天数 T_i 除以统计 n 年内长江干流水量倒灌天数的平均值。计算公式为

$$t_i = T_i \bigg/ \frac{1}{n}\sum_{i=1}^{n} T_i \tag{2.1.3}$$

由式(2.1.3)可以看出，在统计总年数 n 固定的情况下，当 T_i 较大时，t_i 也较大，反之就小。t_i 总是大于等于 0，但可能会大于 1，这就需要把 t_i 标准化，化为[0,1]的数(徐建华，2002)。计算公式如下：

$$I_{pc} = \frac{t_i - t_{\min}}{t_{\max} - t_{\min}} \tag{2.1.4}$$

然后，根据洞庭湖与长江水量交换系数计算公式的推导原理，得到式(2.1.5)；再把长江干流水量倒灌鄱阳湖的作用考虑进去，可以得到式(2.1.6)。

$$I_{pz} = \frac{R_j}{R_h} q - 0.5 \tag{2.1.5}$$

$$I_p = r_1 I_{pz} + r_2 I_{pc} \tag{2.1.6}$$

式中，I_{pz} 和 I_{pc} 分别表示鄱阳湖水系五河与湖口站年径流对比关系所反映的江湖水量交换作用和长江干流水量倒灌所反映的江湖水量交换作用；r_1、r_2 分别表示平衡系数。显然，I_{pz} 是鄱阳湖与长江干流水量交换系数的主要部分，I_{pc} 是次要部分。因此，需要分别赋予 I_{pz} 和 I_{pc} 权重系数 r_1 和 r_2 来平衡，使 I_p 的取值更合理。对 r_1 和 r_2 的取值需符合相关要求：①r_1、r_2 应该尽可能准确地反映鄱阳湖与长江干流之间的水量交换平衡关系，为首要条件。即 r_1 和 r_2 的取值应该建立在大量观测和实验基础之上。②使 I_p=0.5 时，能充分反映多年平均状况下的河湖水交换强度。③尽可能使 I_p 的值标准化，即让 I_p 在[0,1]取值。利用 1955～2007 年的实测资料实验得出其经验值，r_1=0.95，r_2=0.05。式(2.1.5)中，q 为调整系数，对于鄱阳湖来说，$q = \overline{R}_h / \overline{R}_j = 1.373$。于是，得到鄱阳湖与长江干流水量交换系数 I_p 的计算公式。

$$I_p = r_1 \left(\frac{R_j}{R_h} q - 0.5 \right) + r_2 I_{pc} \tag{2.1.7}$$

式(2.1.7)的物理意义：I_p=0.5 表示江湖水交换处于稳定状态；I_p<0.5 表示鄱阳湖对长江水的补给作用较弱，I_p 越小表示湖泊容纳长江水的调蓄作用越强；I_p>0.5 表示鄱阳湖对长江水的补给作用较强，I_p 越大表示湖泊对长江水的补给作用越强。

利用式(2.1.7)计算了 1953～2011 年鄱阳湖与长江干流水量交换系数(表 2.1.5)。再利用式(2.1.1)计算 1953～2011 年鄱阳湖"五河"水系和汉口站的径流量距平百分率(表 2.1.5)。

表 2.1.5 鄱阳湖与长江干流水量交换系数及径流量距平百分率

| 年份 | I_p | 径流量距平百分率/% | | 年份 | I_p | 径流量距平百分率/% | | 年份 | I_p | 径流量距平百分率/% | | 年份 | I_p | 径流量距平百分率/% | |
		"五河"	"汉口"			"五河"	"汉口"			"五河"	"汉口"			"五河"	"汉口"
1953	0.53	37	−3	1958	0.54	−10	−2	1963	0.48	−63	−4	1968	0.63	−6	14
1954	0.34	50	44	1959	0.55	−3	−16	1964	0.55	−12	25	1969	0.54	14	−4
1955	0.36	−11	1	1960	0.53	−17	−14	1965	0.53	−28	5	1970	0.50	36	7
1956	0.49	−18	−4	1961	0.57	28	0	1966	0.51	−10	−12	1971	0.45	−39	−11
1957	0.48	−20	−7	1962	0.57	28	5	1967	0.43	−19	2	1972	0.50	−24	−20

续表

年份	I_p	径流量距平百分率/%		年份	I_p	径流量距平百分率/%		年份	I_p	径流量距平百分率/%		年份	I_p	径流量距平百分率/%	
		"五河"	"汉口"			"五河"	"汉口"			"五河"	"汉口"			"五河"	"汉口"
1973	0.50	58	9	1983	0.45	32	23	1993	0.42	9	7	2003	0.37	−18	6
1974	0.42	−28	1	1984	0.51	−3	1	1994	0.50	23	−8	2004	0.44	−40	−3
1975	0.55	53	6	1985	0.49	−16	−3	1995	0.42	31	3	2005	0.50	0	6
1976	0.56	16	−5	1986	0.46	−35	−16	1996	0.46	−13	4	2006	0.51	10	−24
1977	0.47	4	1	1987	0.45	−20	−3	1997	0.57	30	−11	2007	0.53	−29	−9
1978	0.56	−31	−19	1988	0.44	−6	−6	1998	0.38	62	29	2008	0.56	−12	−4
1979	0.55	−35	−13	1989	0.44	0	13	1999	0.36	15	8	2009	0.48	−30	−11
1980	0.49	3	11	1990	0.49	−9	4	2000	0.45	−6	6	2010	0.52	53	6
1981	0.53	4	−2	1991	0.41	−21	5	2001	0.51	3	−8	2011	0.43	−38	−23
1982	0.54	6	9	1992	0.54	31	−7	2002	0.54	34	12	均值	0.49	/	/

从表 2.1.5 看，I_p 多年平均值为 0.49，处于河湖水交换的稳定状态，这与河湖水量交换系数的定义相符；1968 年 I_p 取得最大值 0.63，说明该年河湖水交换较为激烈，倒灌系数为 0.23，属于"湖补河"状态，"五河"和汉口径流量距平百分率分别为−6%和14%，分别是平水年和偏丰水年。1954 年 I_p 取得最小值 0.34，说明该年河湖水交换激烈，强度也大，主要表现为鄱阳湖分洪调蓄作用较强，属于"湖分洪"状态，与之相对应，"五河"和汉口径流量距平百分率分别为50%和44%，都是特大洪水年。从表 2.1.6 可以看出，当长江干流与鄱阳湖水量交换处于"湖补河"状态时，"五河"径流量丰水年数较枯水年数多，汉口则是平水年数较丰水年数多；处于"湖分洪"状态时，"五河"径流量枯水年数较丰水年数多，汉口的平水年数较多；处于稳定状态时，汉口径流量平水年数较多。

表 2.1.6 1953～2011 年鄱阳湖与长江干流径流量丰枯水年统计表

河湖水交换状态	水系或水文站	丰水年/a	平水年/a	枯水年/a
湖补河(I_p>0.55)	"五河"	4	1	2
	汉口	1	4	2
稳定(0.45≤I_p≤0.55)	"五河"	10	13	15
	汉口	4	25	9
湖分洪(I_p<0.45)	"五河"	4	3	7
	汉口	3	10	1

从图 2.1.11 看，I_p 值与"五河"和湖口径流量散点图均较乱，相关系数都很小，分别为 0.071 和−0.175，都没有通过显著性水平检验；与汉口径流量的散点图有不明显的负

相关关系，相关系数为−0.304，通过了显著性水平检验。可知，I_p 值与汉口径流量相关性相对较好，汉口径流量的大小直接影响河(干流)湖水位差的变化；而"五河"径流量下泄需要通过鄱阳湖调节后才汇入干流，与 I_p 值的相关性较小也是自然的。

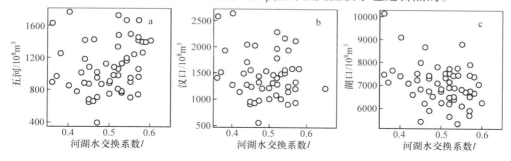

图 2.1.11　I_p 与径流量关系散点图

从图 2.1.12 看，近 60 年来 I_p 值变化具有波动性，以 0.5 为中心上下波动；20 世纪 50 年代中后期至 80 年代中期波动性起伏较小，20 世纪 50 年代前期和 90 年代至 2005 年波动起伏较大；I_p 值围绕其中心值的波动方向与汉口径流量的波动大致相反，但其长期波动的阶段性却与汉口径流量大体相似；近 60 年来 I_p 值的年际变化没有明显趋势性，与之相对应，鄱阳湖流域"五河"总径流量没有明显的趋势性变化(霍雨等，2011；孙鹏等，2010)，说明长江干流与鄱阳湖的关系在缓慢演变过程中处于稳定状态，没有发生明显的改变。

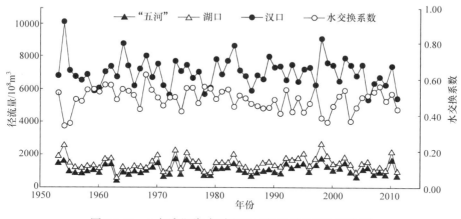

图 2.1.12　I_p 与鄱阳湖水系和汉口径流量的年际变化图

对于丰枯水特殊年份，1978 年 I_p=0.56，勉强属于"湖补河"状态，与"稳定"状态相比稍微激烈，"五河"和汉口径流量距平百分率分别为−31%和−19%，分别是枯水年和偏枯水年，江水倒灌 15d；2006 年 I_p=0.51，属于较"稳定"状态，"五河"和汉口径流量距平百分率分别为 10%和−24%，"五河"是平水年，汉口是枯水年，鄱阳湖对长江补水作用明显。1954 年 I_p=0.34，属于典型的"湖分洪"状态，"五河"和汉口径流量距平百分率分别为 50%和 44%，都是特大洪水年，河湖水量交换过程激烈，鄱阳湖发挥了分洪调蓄作用；1998 年 I_p=0.38，也属于典型的"湖分洪"状态，"五河"和汉口径流量距平百分率分别为 62%和 29%，都是典型的丰水年，河湖水量交换过程也激烈，鄱阳湖对干流分洪调蓄作用较强。可知，典型年份 I_p 表示的河湖水量交换状态与实际情况相符。1978 年长江干流对湖口出流顶托作用大，江水倒灌作用较强；2006 年无江水倒灌现象，表示鄱阳湖在长江干流枯水条件下对干流起到了水量补充的作用，补水量达到 $1.564×10^{10}$ m³，比多年平均值多 5%。

2.2 流域泥沙通量及变化

长江属于丰水中沙河流(表 2.2.1)，宜昌站多年平均输沙量为 $4.03×10^8$ t，汉口站为 $3.37×10^8$ t，大通站为 $3.68×10^8$ t(中华人民共和国水利部，2015)，长江泥沙主要来源于上游流域，而输沙量存在明显的年际和季节性变化。

表 2.2.1　宜昌站、汉口站和大通站年平均输沙量统计表　　　　　(单位：10^8 t)

水文站	1953～1985 年	1986～2002 年	2003～2015 年	多年平均
宜昌站	5.38	3.58	0.40	4.03
汉口站	4.42	3.18	1.06	3.37
大通站	4.72	3.40	1.39	3.68

2.2.1　年际变化

长江河流输沙量存在明显的年际波动性变化，尤其是近 20 年来出现输沙量锐减现象(图 2.2.1)。从表 2.2.1 看，1953～1985 年，宜昌站、汉口站、大通站年平均输沙量分别为 $5.38×10^8$ t、$4.42×10^8$ t、$4.72×10^8$ t。此后输沙量开始下降，并出现阶梯性下降过程(应铭等，2005)，尤其是 2003 年以来输沙量出现迅速锐减过程，2003～2015 年宜昌站年平均输沙量降为 $0.40×10^8$ t,汉口站为 $1.06×10^8$ t,大通站为 $1.39×10^8$ t，分别仅为 1953～1985 年平均输沙量的 7.4%、24%和 29%，近期输沙量大幅度减少，与长江中上游建坝蓄水拦沙和退耕还林水土保持有关。

从输沙量的最大值和最小值来看，宜昌站实测年输沙量最大值为 $7.54×10^8$ t，最小值为 $0.06×10^8$ t；汉口站实测年最大值为 $6.15×10^8$ t，最小值为 $0.57×10^8$ t；大通站实测年最大值为 $6.78×10^8$ t，最小值为 $0.72×10^8$ t。最大值与最小值差异巨大。

此外，Walling(2006)认为长江多年累计悬沙输移量和多年累计径流量关系曲线接近于直线，表明径流量和悬沙输移量在一定程度上呈正相关关系，此统计方法可以基本反映自然条件下的水沙关系。而从图 2.2.2 看，1986 年以前输沙量-径流量累计线基本成准直线关系，此后开始向下弯曲，到 2003 年三峡大坝蓄水拦沙后弯曲程度加剧，表明近期三峡大坝蓄水拦沙为主要影响因素。

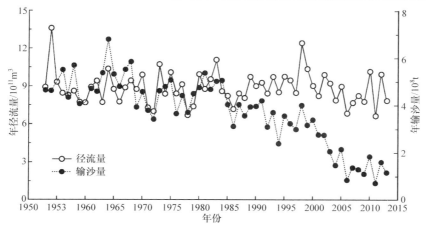

图 2.2.1 大通站年径流量和年输沙量过程线图

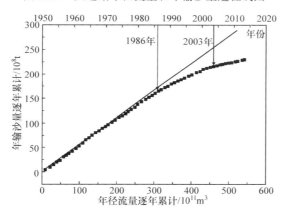

图 2.2.2 大通站年径流量、年输沙量逐年累计量过程图

2.2.2 季节性变化

从图 2.2.3 看,大通站年输沙量过程汛期出现峰值,表明汛期输沙量与枯期输沙量差异极大。而 2003 年三峡工程开始蓄水拦沙以来,下游河道除 1～2 月以外,其余月份输沙量出现一一对应锐减的情况,尤其是汛期输沙量减少十分明显,而年内未出现输沙尖峰值月份。

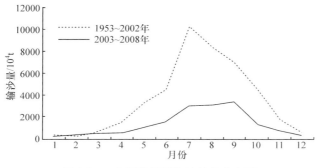

图 2.2.3 大通站月平均输沙量分布图

2.3 泥沙颗粒粒径组成及变化

长江中下游主河道典型河段床沙组成范围为从黏土至粗砂，以细砂和中砂为主，中值粒径变化范围为 300～180 μm，平均值为 230 μm。黏土含量变化范围为 0.78%～3.91%，平均值为 2.28%；粉砂含量变化范围为 1.75%～12.46%，平均值为 4%；砂的含量最多，为 87.54%～97.47%，平均值为 93.72%。而河漫滩滩面泥沙组成相对较细。

长江中下游典型河段主河道床沙的分选系数由沙市向下游逐渐变小，表明底沙向下游搬运过程中分选越来越好，其中，沙市—九江河段沉积物分选系数在 1.0～1.3，湖口—安庆河段的分选系数在 0.7～0.9，芜湖—江阴河段的分选系数在 0.5～0.6。同时，偏态在整个河道内分为两段，沙市—安庆河段沉积物是正偏，芜湖以下河段沉积物为近对称分布。峰态在同样两个区段内出现分异，沙市—安庆河段峰态均在 2 以上，而在芜湖以下河段均小于 2，说明沉积物粒径分布下游比上游更接近正态分布，反映了沉积物粒度参数的纵向变化主要受控于河流动力作用，是逐渐向河口动力过渡的必然结果。悬沙颗粒组成较细，中值粒径变化范围为 8.1～3.5 μm，平均值为 4.7 μm，且纵向上呈现细、粗、细波动变化规律。

随着长江流域，尤其是干流河道蓄水拦沙大坝的建造，悬沙颗粒粒径发生明显变化。宜昌站三峡水库蓄水前多年平均中值粒径为 8.0 μm，三峡水库蓄水后，粗颗粒泥沙被拦截在库区内，而排出库外的以细颗粒泥沙为主，2003～2009 年蓄水后平均中值粒径为 4.0 μm 左右；大通站 2003 年三峡蓄水后悬沙中值粒径出现波动性变化，从图 2.3.1 看，中等粗细粒径泥沙比蓄水前减少，细粒和粗粒泥沙略有增多(中华人民共和国水利部，2015)。

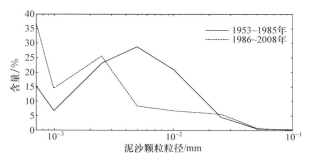

图 2.3.1 大通站悬沙颗粒粒径变化图

2.4 水沙关系

通常河流中的泥沙以推移和悬浮方式运动，而钱宁和万兆惠(1983)认为悬移质中一部分较粗颗粒泥沙常常与河床泥沙频繁交换，称为床沙质，而另有一部分与流量关系不明显的极细颗粒泥沙称为冲泻质。王一斌等(2014)根据宜昌站、汉口站和大通站多年汛期实测径流量、输沙量和泥沙粒径级配数据，分别确定其全粒径混合组、小于 10 μm 组、10～100 μm 组和大于 100 μm 组 4 个等级汛期不同泥沙粒径所占有的输沙量与径流量之间的关系。图 2.4.1 选用大通站汛期不同悬沙粒径等级所占有的输沙量与径流量的散点关系图。从图中可以看出径流量与输沙量存在趋势性关系，其中粒径等级大于 100 μm，其线性关系较好，而全粒径混合组随着粒径变细，相关性变差，基本符合钱宁等的床沙质输沙力理论，大于 100 μm 颗粒级泥沙基本上属于床沙质，小于 100 μm 颗粒级泥沙基本上以冲泻质为主。

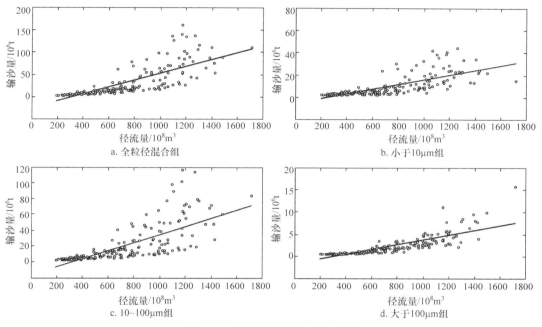

图 2.4.1　大通站汛期水沙关系图

据统计(表 2.4.1)，宜昌站 1985 年以前汛期小于 10 μm 粒级输沙量占总输沙量的 30%，10～100 μm 粒级输沙量占 57%，大于 100 μm 粒级输沙量仅占 13%。可知，汛期上游来沙中 10～100 μm 粒级输沙量占有一半多。而下游的大通站 1985 年以前小于 10 μm 粒级输沙量占总输沙量的 23%，10～100 μm 粒级输沙量占 71%，大于 100 μm 粒级输沙量仅占 4%。可见，汛期下游悬沙中 10～100 μm 粒级输沙量超过全部输沙量的 2/3。同样，汉口站、大通站与宜昌站悬沙粒径相比，小于 10 μm 粒级和大于 100 μm 粒级输沙量减少，表明部分极细颗粒的冲泻质在中游浅滩淤积，而部分较粗颗粒的床沙质在中下游河槽淤积。

众所周知，长江流域 20 世纪 80 年代中期输沙量出现阶梯性降低趋势(应铭等，2005；王一斌等，2014)，而汛期不同粒级泥沙输沙量其减少量不一致(表 2.4.1)。尤其是 2003 年三峡蓄水拦沙后，汛期月均来沙总量减少了 60% 多，其中小于 10 μm 粒级输沙量减少了 33%，10～100 μm 粒级减少了 74%，大于 100 μm 粒级减少了 68%(王一斌等，2014)。可知，较粗颗粒粒级泥沙减少量更明显。目前，小于 10 μm 粒级细颗粒泥沙输沙量百分比占有量增大，宜昌站达到 52%，汉口站达到 49%，大通站达到 50%，长江悬沙出现细化。而对于大于 100 μm 粒级输沙量所占百分比，宜昌站减少了 3%，表明上游来沙大于 100 μm 粒级泥沙基本淤积在三峡水库内，汉口站则增加了 4%，大通站增加了 3%，说明中下游浅滩和河槽均出现泥沙再悬浮现象；而 10～100 μm 粒级输沙量所占相对百分比必然减小(表 2.4.1)。

表 2.4.1　汛期不同泥沙颗粒粒级配组月均悬沙输沙量所占百分比

站名	①1973～1985 年			②1986～2008 年			②-①		
	≤10μm	10～100 μm	≥100 μm	≤10 μm	10～100 μm	≥100 μm	≤10 μm	10～100 μm	≥100 μm
宜昌	30%	57%	13%	52%	38%	10%	22%	−19%	−3%
汉口	25%	65%	10%	49%	37%	14%	24%	−28%	4%
大通	25%	71%	4%	50%	43%	7%	25%	−28%	3%

第 3 章 潮汐和潮流

3.1 潮汐

在引潮力作用下,海水可做垂直和水平方向的周期性运动。垂直运动称为潮汐,水平流动称为潮流。由于河口水浅而宽度较小,其下垫面面积及水体体积有限,所以,河口引潮力与海洋相比显得微小,河口潮汐主要从外海潮波传入河口,在河口形成移动波,即为河口潮汐。与此同时,潮波在向河口上游传入过程中,受到径流、河口地形和人造工程的影响,河口潮汐现象必然会出现一系列量和质的变化。

3.1.1 潮波传播

长江河口的潮波系统同时受东海前进潮波系统和黄海旋转潮波系统的影响,其中,东海的前进潮波系统(半日分潮波以 M_2 为主)对长江河口的影响特别大,口门附近的传播方向约为 305°,进入口门后因受到河槽的约束,传播方向基本上与河槽轴线一致(沈焕庭和李九发,2011)。潮波的传播方向对长江河口涨潮槽的延伸方向、横向汊道的盛衰,以及出河口方向等均有深刻影响,顺从这一方向的汊道比较稳定,且容易维持。在河口地区,由于受潮波反射和河口边界的摩擦等因素的影响,潮波兼具前进波和驻波的特点,在长江河口内潮波基本上保持前进波的特点,属于以前进波为主的变态潮波(沈焕庭和潘安定,1979)。

长江河口潮汐分潮振幅中,M_2 最大,起主导作用,其次是 S_2、K_2,全日分潮与半日分潮的比值小于 0.5,属于正规半日潮;但潮波传入河口后,因为水深变浅及径流作用加大,潮波逐渐发生变形,浅水分潮逐渐加大,所以长江河口的潮汐在拦门沙以内为非正规半日浅海分潮(沈焕庭和李九发,2011)。

潮波在河口的传播速度与水深有关,波峰的水深比波谷大。所以,潮峰的传播速度比波谷快(沈焕庭和李九发,2011),而由于潮波传递过程受不同河槽和不同河段地形形态,不同年份和不同季节径流和风浪条件差异的影响,潮波传播速度差别较大。此外,从图 3.1.1 中潮位过程线看(国家海洋信息中心,2017),中浚位于河口门拦门沙地带,吴淞在南港河道上口河段,浒浦(徐六泾)在南、北支河道分流口节点控制河段,通常被称为河口盐水入侵的上界,江阴位于河口潮流界地带。无论是洪季还是枯季,潮波从河口口门向上游传播过程中受地形和径流阻力影响,波形出现明显变形,前波变陡,后波逐渐变缓,前、后波形不对称;涨潮(前波时段)历时由口门的 5 h 多至江阴的仅 3 h 左右,涨潮历时逐渐缩短,而落潮(后波时段)时间明显延长,由口门的 6 h 多至江阴的 8 h 之多。所以,长江河口潮汐表现为落潮历时大于涨潮历时。再从波形峰值看,河口口门中浚的潮位均比其他地带高,开阔的外海潮波传入河口口门受到地形断面限制和径流的顶托而出现壅水现象，从而使河口口门地带潮位增高。同时，图 3.1.1 为洪季大潮潮波由河口向上游逐渐传递的过程，吴淞高、低潮时比中浚晚，浒浦(徐六泾)比吴淞晚，江阴比浒浦(徐六泾)晚，平均传播速度在 36 km/h 左右，而不同汊河道和不同河段，以及洪、枯季，与大、小潮均有较大差异。这些充分显示了河口潮汐的基本特性。

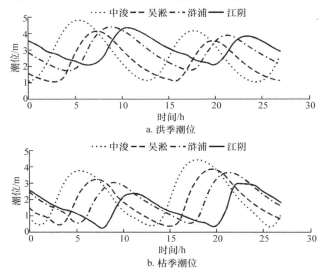

图 3.1.1　洪枯季潮位过程线示意图

3.1.2　潮差

长江河口口外邻近水域的绿华山多年平均潮差为 2.53 m，进入河口的中浚站、高桥站、徐六泾站、江阴站多年平均潮差分别为 2.67 m、2.40 m、2.07 m、1.55 m，潮差由口外向口内先增加后减小，拦门沙河道潮差最大，随后向上游河道潮差基本上呈逐渐递减趋势。

同时，付桂根据长江河口多测站潮位相关数据(付桂，2013)，认为近年来随着长江上游三峡水库等水利工程的建设和流域水土保持工作的实施，河口来水来沙条件发生了一定的变化，尤其近期长江河口区域的北槽河道深水航道治理工程、青草沙水源地、崇明北滩和横沙东滩促淤圈围工程、南汇东滩促淤圈围工程等一系列大型涉水工程的建设及河口自然河势的变化，已经使河口的河床形态、各汊道径、潮流动力分布发生了一定的变化(Jiang et al.，2012，2013；郭小斌，2013)，由此也使河口潮汐特性发生不同程度的改变，长江口深水航道整治工程上游区域的年平均高潮位有所降低、年平均低潮位有所上升，反映了潮波传播过程中因阻力增加，落潮时上游壅水、涨潮时下游壅水的基本现状(付桂，2013)。

3.2　潮流

潮流作为长江河口的主要动力源，外海潮流传入河口受地形和径流的影响，潮流特性发生了一系列变化，主要表现在潮流运动由外海的旋转流变为往复流性质，涨潮与落潮流路呈正向和反向运动且流向较为集中(图 3.2.1)，流向与河口河道走向基本一致，而且涨潮与落潮不对称性明显；长江河口潮流属于半日潮特性，一天二涨二落，日不等现象明显，夏季夜潮强于日潮，冬季日潮大于夜潮，有"怕热又怕冷"之称。不同汊道和不同河段，不同年份和不同季节，不同潮汛和涨、落潮的潮流速均存在差异。众所周知，近十年来三峡建库并实施削洪峰、蓄秋水、补枯水的蓄排水运行方式，总水量略有减少(付桂，2013)。但是河口进潮量十分可观，为大通站年平均流量的 8.8 倍之多(陈吉余等，1988)，流域来水量的微弱变化对河口潮流场的整体影响较小(郭小斌，2013；王一斌，2013)。相比之下，河口涉水工程对局部流场的影响更为明显。

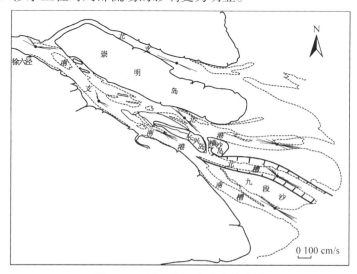

图 3.2.1　河口潮流速玫瑰示意图

3.2.1　潮周期平均流速及分布特征

　　表 3.2.1 为 2003 年(丰水年)、2007 年(平水年)和 2011 年(枯水年)3 个典型年份河口区洪、枯季实测潮流速特征值，长江河口潮流速普遍较大，从整个河口潮平均流速看，洪季大潮垂线平均流速为 1.12 m/s，小潮垂线平均流速为 0.71 m/s。枯季大潮垂线平均流速为 0.84 m/s，小潮垂线平均流速为 0.62 m/s。表明河口潮流速受径流及潮型影响，潮流速保持洪季大于枯季、大潮大于小潮的特征。同时，对比 2003 年、2007 年和 2011 年 3 个典型年份实测潮流速值，2003 年洪季大潮平均流速在 0.93～1.61 m/s，2007 年洪季大潮平均流速变化范围为 0.86～1.45 m/s，2011 年洪季大潮平均流速在 0.84～1.11 m/s。可见，2003 年丰水年潮流速最大，而 2011 年枯水年潮流速略有减小，再次显示出流域来水量对河口流量的叠加效应；从不同河道潮流速对比看，相邻河槽同断面潮流速相比，北支河道>南支河道、北港河道>南港河道、北槽河道>南槽河道。整体上看，北支河道潮流最强，这与北支河道仍为涨潮槽河道性质有关。

　　总之，近期长江河口潮流的平面分布及变化，除与大、小潮型和河道性质有关以外，还与流域来水量的水文年和季节性变化有一定关系。而近期长江河口平面流态分布较平稳(表 3.2.1)。

表 3.2.1　不同河槽垂线平均潮流速特征值统计表

年份	季节	类型	北支河道/(m/s)	南支河道/(m/s)	北港河道/(m/s)	南港河道/(m/s)	北槽河道/(m/s)	南槽河道/(m/s)	当月大通站平均流量/(m³/s)
2003	洪季	大潮	1.61	—	1.34	1.04	1.27	1.16	55 609
		小潮	1.31	0.98	0.77	0.73	0.68	0.66	
	枯季	大潮	0.99	0.92	1.00	0.90	1.11	1.10	17 597
		小潮	0.78	0.59	0.53	0.63	0.84	0.69	
2007	洪季	大潮	1.45	0.86	0.98	0.94	1.12	1.07	44 127
		小潮	0.64	0.53	0.49	0.59	0.65	0.52	
	枯季	大潮	0.89	0.74	0.77	0.69	0.38	0.76	10 512
		小潮	0.83	0.50	—	0.69	0.35	0.73	
2011	洪季	大潮	—	—	1.10	0.84	1.09	0.93	30 030
	枯季	大潮	0.83	0.75	0.79	—	—	—	14 090
		小潮	0.46	0.42	0.33	—	—	—	

3.2.2　涨、落潮流速特征

潮汐河口水流通常分为涨潮流与落潮流，呈双向往复水流，而河口水域潮流速变化是对地形形态引起的阻力强度差异，以及径流与潮流两股动力相互作用结果的最直接的反映，主要表现在涨潮流与落潮流不对称(表 3.2.2)。长江河口落潮流速占优，在洪季呈现落潮流速大于涨潮流速，大潮期间涨、落潮平均流速分别为 0.85 m/s 和 1.30 m/s，小潮期间涨、落潮平均流速分别为 0.34 m/s 和 0.83 m/s；而在枯季各槽涨落潮流速分布出现差异，特别是北支河道涨潮作用强，大潮期间表现为涨潮流速大于落潮流速，而其他河槽基本保持落潮流速大于涨潮流速，落潮流速与涨潮流速比值，枯季小于洪季。以 2003年为例，洪季落潮流速比涨潮流速大 0.59 m/s，而枯季落潮流速仅比涨潮流速大 0.14 m/s。

表 3.2.2　涨、落潮垂线平均流速特征值统计表

年份	季节	潮汛	涨落潮	北支河道/(m/s)	南支河道/(m/s)	北港河道/(m/s)	南港河道/(m/s)	北槽河道/(m/s)	南槽河道/(m/s)
2003	洪季	大潮	涨潮	1.08	—	0.73	0.79	1.06	0.99
			落潮	1.91	—	1.58	1.13	1.41	1.28
		小潮	涨潮	0.51	0.13	0.19	0.35	0.52	0.48
			落潮	1.63	1.13	0.88	0.86	0.75	0.79
	枯季	大潮	涨潮	1.08	0.86	0.98	0.86	0.81	1.08
			落潮	0.93	0.95	1.05	0.93	1.34	1.14
		小潮	涨潮	0.56	0.39	0.50	0.49	0.74	0.62
			落潮	0.92	0.65	0.56	0.73	0.90	0.77

续表

年份	季节	潮汛	涨落潮	北支河道/(m/s)	南支河道/(m/s)	北港河道/(m/s)	南港河道/(m/s)	北槽河道/(m/s)	南槽河道/(m/s)
2007	洪季	大潮	涨潮	1.00	0.57	0.73	0.58	0.92	0.77
			落潮	1.75	0.96	1.09	0.99	1.16	1.35
		小潮	涨潮	0.34	0.23	0.28	0.28	0.46	0.33
			落潮	0.73	0.57	0.53	0.71	0.73	0.63
	枯季	大潮	涨潮	0.99	0.61	0.69	0.66	—	0.71
			落潮	0.84	0.90	0.84	0.74	—	0.80
		小潮	涨潮	0.92	0.48	—	0.63	0.33	0.70
			落潮	0.77	0.52	—	0.73	0.40	0.75
2011	洪季	大潮	涨潮	—	—	0.84	0.75	0.75	0.96
			落潮	—	—	1.24	1.09	1.03	1.24
	枯季	大潮	涨潮	0.96	0.68	0.61	—	—	—
			落潮	0.76	0.84	0.92	—	—	—
		小潮	涨潮	0.33	0.31	0.24	—	—	—
			落潮	0.61	0.48	0.38	—	—	—

就北槽而言，1999 年 6 月和 2000 年 2 月深水航道整治工程实施前期，北槽入口段和上段的潮流以往复流为主，随着河道逐渐放宽中段和下段潮流流向略有分散(图 3.2.2)；而 2008 年 8 月和 2009 年 2 月(工程实施后期)，由于受到导堤和丁坝的束水作用，主槽潮流皆以往复流为主，且潮流流向更集中，主流线基本与导堤走向一致(图 3.2.2)。可见，河口河道大型整治工程对河道流态起到稳定作用。

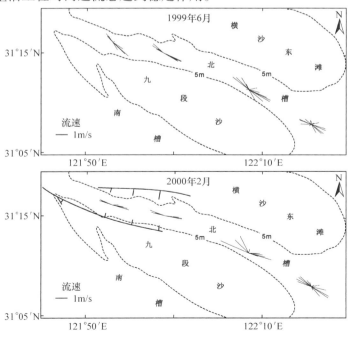

图 3.2.2　北槽航道整治工程实施前、后潮流矢量分布图

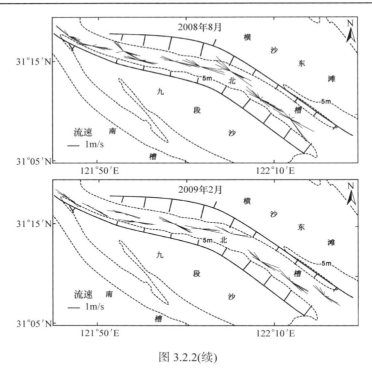

图 3.2.2(续)

　　总之，尽管近期由于长江干流修建三峡拦蓄水大坝，并采用削峰、蓄秋水和补枯季水量运行方式，改变了河道自然水量下泄规律，对河口水流过程产生了一些影响。同时大量河口工程的实施对局部河段河道水流流态产生了影响。但是，纵观近期长江河口潮流性质，潮流速分布整体上变化不大，整个河口潮流流态较稳定，主要是长江河口宽阔，潮量巨大，其潮量起到绝对控制河口水流流态的作用。所以，目前长江河口潮流性质变化较小。

第4章 泥 沙

4.1 含沙量平面分布及变化

　　河口水域水体含沙量分布及变化是悬移质泥沙运动的重要标志，含沙量在时空上的变化反映了流域和海域来沙多寡，以及河口不同动力强弱与河床边界相互作用下河床泥沙再悬浮的综合累积结果。首先，从表 4.1.1 看，近期，尤其是三峡干流水库蓄水拦沙以后，长江流域来沙量锐减，大通站 1950～2002 年实测多年平均含沙量为 0.48 kg/m³，2003～2015 年多年平均含沙量仅为 0.16 kg/m³，锐减近 66%。再从表 4.1.2 看，长江河口含沙量对流域来沙锐减做出了明显响应，但是不同汊道分流分沙比和河道动力结构与河床边界条件存在显著差异，导致含沙量分布的差异性更加显著。长期以来，长江河口含沙量平面分布呈现以拦门沙河段河道含沙量最高值为核心，向河道上游和向河口外水域含沙量逐渐减少的分布规律。众所周知，长江流域为丰水中沙河流，而河口区属于中等强度潮汐，并且为含沙量较高的河口。1972～1994 年南支河道多年实测大潮汛潮周期平均含沙量为 0.42 kg/m³，南港河道 0.72 kg/m³，北港河道为 1.02 kg/m³，南槽河道为 1.43 kg/m³，北槽河道为 1.28 kg/m³，北支河道下段河道为 3.78 kg/m³，邻近口门外水域含沙量为 0.89 kg/m³(Li and Zhang，1998)，表明北支河道下段河道含沙量最高，其次是拦门沙河段最大浑浊带发育的南、北槽河道及北港河道口门河段，再次是南港河道和北港上段河道，而南支河道含沙量最低。自 2003 年三峡水库开始蓄水拦沙后，含沙量发生显著变化，2003～2015 年大通站实测多年平均含沙量仅为 0.16 kg/m³(表 4.1.1)，潮流界江阴河道(2009～2011 年)南岸水域实测平均含沙量为 0.13 kg/m³，2003～2013 年南支河道多年实测大潮汛潮周期平均含沙量仅为 0.20 kg/m³，而无论是三峡水库蓄水拦沙以前还是此后，南支河道含沙量均与大通站平均含沙量较相近，表明南支河道含沙量主要受流域来沙的控制，而受涨潮期潮流带来的上溯泥沙影响较小。南港河道含沙量为 0.42 kg/m³。北港河道含沙量为 0.54 kg/m³，其中，北港河道口门最大浑浊带发育河道含沙量为 1.33 kg/m³ 左右，表明北港河道中上游河道含沙量相对较低，而下游河道含沙量较高，符合河口河道纵向含沙量分布规律。南槽河道、北槽河道和北支河道含沙量仍较高，南槽河道为 1.41 kg/m³，北槽河道为 1.33 kg/m³。2009～2012 年北支河道下游河道含沙量为 3.25 kg/m³，上游河道含沙量为 1.55 kg/m³ 左右，也符合河口河道纵向含沙量分布规律。近口门外水域含沙量为 0.24 kg/m³(表 4.1.2)。

表 4.1.1　大通站年平均含沙量统计表　　　　　　　(单位：kg/m³)

1950～2002 年	2003 年	2004 年	2005 年	2006 年	2007 年	2008 年	2009 年	2010 年	2011 年	2012 年	2013 年	2014 年	2015 年	2003～2015 年
0.48	0.22	0.19	0.24	0.12	0.18	0.16	0.14	0.18	0.11	0.16	0.13	0.14	0.13	0.16

总之，三峡水库蓄水拦沙前后河口拦门沙河道含沙量最高，而向上游和下游逐渐降低的平面分布格局基本未变，而河口不同河道含沙量分布对流域来沙量锐减所做的响应程度不一，南支河道和邻近口门外水域含沙量减少量达 52%以上，南港河道和北港河道上游河道含沙量减少量在 42%左右，而目前长江河口拦门沙河道含沙量仍较高，含沙量变化较小。

近十年来长江流域大通站含沙量出现以 0.16 kg/m³ 为中值数上下波动的现象，一般波动值在 40%左右变化(表 4.1.1)，表明近期流域来沙处在不稳定期。而河口含沙量对此做出相应的响应，同样不同河道含沙量出现逐年不同程度的波动变化现象，根据郭小斌(2013)对近十年河口多次同步含沙量观测数据的统计，南支河道含沙量值一般波动变化范围为 53%左右，南港河道 40%，北港河道中上段河道为 37%，北支河道中上段河道为 40%，北槽河道为 25%，南槽河道为 32%。可知，三峡水库蓄水拦沙后河口不同河道含沙量受流域来沙锐减，以及河口不同区域和海域再悬浮泥沙补给量的影响程度和差异性(毕世普等，2011)，导致含沙量逐年波动变化较大，而不同河道含沙量波动程度存在明显差异，南支河道一般波动值变化范围最大，南港河道和北港河道中上段河道及北支河道中上段河道次之，拦门沙河段河道波动值变化较小。但是应该认识到近期长江河口水域仍保持较高的含沙量。

表 4.1.2　洪季大潮汛潮周期平均含沙量统计表　　　　(单位：kg/m³)

河槽	年份	平均	河槽	年份	平均	河槽	年份	平均
北支河道下段	1972～1994	3.78	南支	1972～1994	0.42	北港	1972～1994	1.02
	2009～2012	3.25		2003～2013	0.20		2003～2013	0.54
南港	1972～1994	0.72	南槽	1972～1994	1.43	北槽	1972～1994	1.28
	2003～2013	0.42		2003～2013	1.41		2003～2013	1.33
近口门外	1972～1994	0.89		2013		0.24		

4.2　含沙量潮周期变化及输沙过程

图 4.2.1 为最近几年在河口典型河段河道实测含沙量站位布置图，尽管不同汊道所有测站难以做到较长期的连续水沙同步观测，可能其潮流速和含沙量就难以进行绝对量值的对比，但可以显示出不同汊道近期含沙量潮周期变化规律的共性和差异性，以及同时真实表现出不同汊道观测期间的输沙过程。从悬沙含量分布看，河口区含沙量不仅因流域来沙锐减而引起平面分布变幅较大(表 4.1.2)，而且河口不同河道不同时段的平面动力结构和潮周期流速变化，以及河道地貌类型和沉积物组成不同，导致再悬浮泥沙量差异很大，由此不同河道水体含沙量的潮周期变化更明显，同一河道不同季节的大、中、小潮及涨、落潮过程中含沙量也存在较大差异。

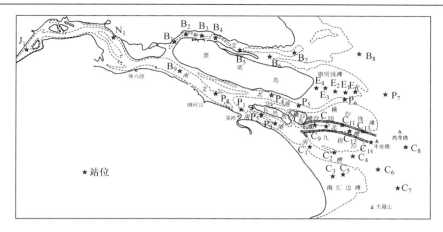

图 4.2.1　实测含沙量站位布置示意图

4.2.1　北支河道

4.2.1.1　含沙量潮周期变化

北支河道为一级分汊出海通道，潮流强，输沙量大，泥沙来源丰富。2011 年 4 月在北支河道中下游河道连续 190 h 对潮流、含沙量和悬沙颗粒等进行观测和采样(B_5 和 B_6 测站)，期间大通站月平均含沙量仅 0.068 kg/m³(当年年平均含沙量为 0.108 kg/m³)，而北支河道中下游河道实测潮周期平均含沙量为 2.81～3.65 kg/m³，是流域同期来沙量的 40 倍以上。说明海域来沙和河口再悬浮泥沙的贡献量明显增大，同时体现并保持了典型的涨潮槽最大浑浊带河道特征。图 4.2.2 为含沙量垂线分布随时间变化的剖面图，可以看出小潮至大潮过程中含沙量普遍高，尤其是在强水流紊动作用下，在高含沙量核心区的中上层含沙量较高，并明显表现出涨潮槽最大浑浊带水域含沙量潮周期变化过程。

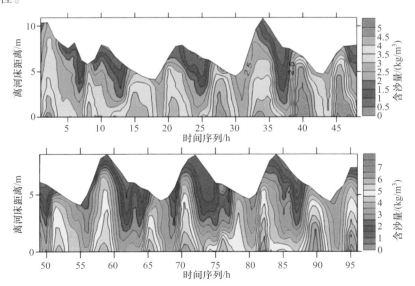

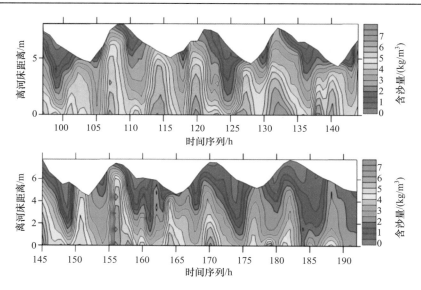

图 4.2.2　北支河道中下游河道小潮至大潮含沙量等值线剖面图

　　小潮：小潮期间实测含沙量很高(表 4.2.1)，垂线平均含沙量为 2.81 kg/m³，最大值为 6.68 kg/m³，而且涨、落潮含沙量都很高，其中平均含沙量涨潮期为 3.02 kg/m³，落潮期为 2.68 kg/m³。从表层至近底层(表层、0.2 H、0.4 H、0.6 H、0.8 H、底层，H 为水深，下同)，各层次的含沙量也不相同，各层次平均含沙量分别为 1.15 kg/m³、1.98 kg/m³、2.54 kg/m³、3.14 kg/m³、3.69 kg/m³ 和 4.29 kg/m³。而各层次最大值分别可达到 2.81 kg/m³、5.09 kg/m³、6.04 kg/m³、6.33 kg/m³、6.50 kg/m³ 和 6.68 kg/m³，符合含沙量垂向分布规律。值得关注的是小潮期间潮周期潮流速接近 1.00 m/s，最大值超过 1.50 m/s，其表层含沙量平均值超过 1.00 kg/m³，充分表现了涨潮槽潮流性质和含沙量分布特性。

表 4.2.1　北支河道中下游河道小潮含沙量和潮流速特征值统计表

类型	特征值	表层	0.2 H	0.4 H	0.6 H	0.8 H	底层	垂向平均
含沙量 /(kg/m³)	平均值	1.15	1.98	2.54	3.14	3.69	4.29	2.81
	最大值	2.81	5.09	6.04	6.33	6.50	6.68	5.58
	最小值	0.31	0.32	0.43	0.96	1.61	2.77	1.11
含沙量 /(kg/m³)	涨潮平均	0.75	1.95	2.79	3.52	4.11	4.69	3.02
	涨潮最大	2.33	5.09	6.04	6.33	6.50	6.68	5.58
	落潮平均	1.42	2.01	2.39	2.88	3.39	4.01	2.68
	落潮最大	2.81	4.49	4.52	4.54	5.29	5.33	4.40
潮流速 /(m/s)	平均值	0.94	0.94	0.94	0.87	0.79	0.77	0.87
	最大值	1.66	1.69	1.70	1.60	1.65	1.66	1.66

图 4.2.3 为小潮潮周期含沙量等值线剖面图。可以明显地看到涨急时含沙量最大，从底床向上层延伸出一个高含沙量的"沙舌"形状，表层含沙量为 2.00 kg/m³ 左右。而由于落潮历时较长，潮流速升降缓慢，落急时仅在中下层出现较高含沙量峰值，直至落转涨时段近底层含沙量仍然较高，而且转流时段特别短，所以近于落憩时沉降河床泥沙瞬间被近底层初涨流速扰动悬浮，由此出现低流速高含沙量现象，在以往最大浑浊带现场观测和研究中多次发现同类现象(沈焕庭和潘安定，2001a；李九发等，1994)。可知，小潮期已显现出北支河道涨潮槽最大浑浊带区域含沙量分布特性。

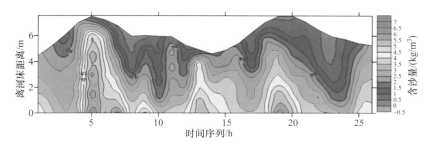

图 4.2.3　北支河道中下游河道小潮含沙量等值线剖面图

北支河道中下游河道小潮期涨潮最大流速出现在最高水位前 2 h，所以"沙舌"出现在最高水位前 1 h。同样，落潮最大流速出现在最低水位前 2 h 左右，而"沙舌"出现在最低水位前 1 h 左右。也就是说，在涨潮过程中，优先出现涨潮最大流速，其次出现"沙舌"现象，最后是最高水位；而在落潮过程中，优先出现落潮最大流速，其次出现"沙舌"现象，最后是最低水位。

中潮(寻常潮)：如表 4.2.2 所示，中潮期间北支河道中下段河道最大浑浊带水域实测悬沙垂线平均含沙量达到 3.65 kg/m³。其中最大值为 7.26 kg/m³，出现在底层涨急时刻，而且涨、落潮含沙量都很高，其中涨潮期垂向平均含沙量为 3.77 kg/m³，落潮期为 3.56 kg/m³。与小潮不同，第一个全潮中的含沙量的两个沙峰和两个沙谷更加明显，沙峰出现在涨、落急前后时段，而且从底床向上层延伸出的高含沙量"沙舌"形状更加清楚(图 4.2.4)，表层含沙量超过 3.00 kg/m³。而且涨、落憩含沙量低谷仅表现在中上层含沙量较低，此时段下层，尤其是近底层含沙量也在 3.00 kg/m³ 以上。由于中潮期潮流速明显增强，潮周期平均流速达到 1.15 m/s，最大潮流速超过 2.00 m/s。所以，中潮期水流挟沙能力增强，再悬浮泥沙量猛增，水体含沙量增高。

再从表 4.2.2 和图 4.2.4 看，同样含沙量垂向分布表现为由表层到底层逐层增大，潮周潮各层平均含沙量分别为 1.74 kg/m³、2.90 kg/m³、3.15 kg/m³、3.97 kg/m³、4.45 kg/m³ 和 5.05 kg/m³。而各层的最大值分别可以达到 3.44 kg/m³、5.30 kg/m³、5.42 kg/m³、6.61 kg/m³、6.69 kg/m³ 和 7.26 kg/m³。可知，随着中潮期潮流速增大到 1.00 m/s 以上后，含沙量出现呈指数增大的趋势。

表 4.2.2　北支河道中下游河道中潮含沙量和潮流速特征值统计表

类型	特征值	表层	0.2 H	0.4 H	0.6 H	0.8 H	底层	垂向平均
含沙量 /(kg/m³)	平均值	1.74	2.90	3.15	3.97	4.45	5.05	3.65
	最大值	3.44	5.30	5.42	6.61	6.69	7.26	5.74
	最小值	0.30	0.64	0.75	1.61	2.76	3.10	1.79
	涨潮平均	1.47	3.09	3.69	4.14	4.58	5.21	3.77
	涨潮最大	3.07	5.30	5.42	6.15	6.67	7.26	5.69
	落潮平均	1.92	2.77	3.39	3.85	4.37	4.95	3.56
	落潮最大	3.44	4.94	5.34	6.61	6.69	6.82	5.74
潮流速 /(m/s)	平均值	1.28	1.26	1.20	1.15	1.05	1.02	1.15
	最大值	2.18	2.09	2.09	2.06	1.88	1.84	2.02

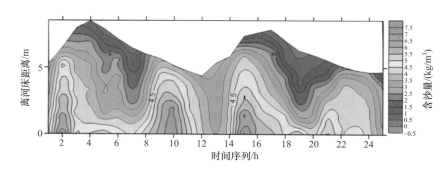

图 4.2.4　北支河道中下游河道中潮含沙量等值线剖面图

大潮：如表 4.2.3 所示，大潮期间北支河道中下段河道实测垂线平均含量为 3.25 kg/m³，最大值为 6.07 kg/m³，而且涨、落潮含沙量都很高，其中涨潮期垂向平均含沙量为 3.02 kg/m³，落潮期为 3.40 kg/m³，与中潮相比，潮汐增强，潮周期平均流速达到 1.22 m/s，最大潮流速达到 2.20 m/s 左右。而含沙量并未持续增大，其原因有 3 个，其一，北支河道呈现中心槽窄而两侧滩宽的地形，大潮期水位升到漫滩后，潮流速增速过程减慢，大潮与中潮相比，其潮周期平均流速仅提高了 6% 左右。其二，由于中潮河床沙再悬浮量猛增，河床沉积物可能开始粗化，河床抗冲性增强。其三，大潮形成满滩水位，落潮时将浅滩部分未下沉泥沙带入主槽，致使落潮含沙量大于涨潮。再从图 4.2.5 看，同样在一个全潮中的含沙量的两个沙峰和两个沙谷明显，沙峰出现在涨、落急前后时段，而且从底床向上层延伸出的两股高含沙量的"沙舌"形状非常清楚，表层含沙量在 2.00 kg/m³ 以上。

从表 4.2.3 和图 4.2.5 中含沙量垂向分布看。各层次含沙量各不相同，由表层至底层平均含沙量分别为 1.87 kg/m³、2.72 kg/m³、3.20 kg/m³、3.51 kg/m³、3.80 kg/m³ 和 4.22 kg/m³。而各层的最大值分别可以达到 3.24 kg/m³、4.91 kg/m³、5.03 kg/m³、5.07 kg/m³、5.16 kg/m³ 和 6.07 kg/m³。可知，底层含沙量为表层的两倍左右。

表 4.2.3　北支河道中下游河道大潮含沙量和潮流速特征值统计表

类型	特征值	表层	0.2H	0.4H	0.6H	0.8H	底层	垂向平均
含沙量 /(kg/m³)	平均值	1.87	2.72	3.20	3.51	3.80	4.22	3.25
	最大值	3.24	4.91	5.03	5.07	5.16	6.07	4.85
	最小值	0.36	0.74	0.95	1.36	1.88	2.25	1.40
	涨潮平均	1.37	2.24	3.00	3.28	3.73	4.33	3.02
	涨潮最大	2.37	3.96	4.82	4.93	5.04	5.39	4.53
	落潮平均	2.18	3.02	3.32	3.66	3.85	4.15	3.40
	落潮最大	3.24	4.91	5.03	5.07	5.16	6.07	4.85
潮流速 /(m/s)	平均值	1.33	1.31	1.29	1.23	1.11	1.06	1.22
	最大值	2.44	2.34	2.25	2.41	2.00	1.95	2.19

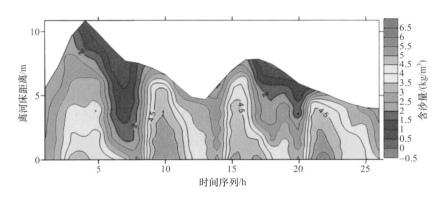

图 4.2.5　北支河道中下游河道大潮含沙量等值线剖面图

泥沙再悬浮过程：根据王一斌(2013)对实测垂向含沙量变化统计值的确认，假设以小潮期间平均含沙量为标准，在垂向上高于平均含沙量某一水层来代表河道当时再悬浮泥沙所能输运到的临界水层。小潮期间北支河道平均含沙为 2.80 kg/m³，通过插值计算得到，小潮期间床沙再悬浮泥沙所能达到的水层为 0.49 H 层，中潮期间所能输运到的临界水层为 0.18 H 层，大潮期间所能输运到的临界水层为 0.23 H 层。小潮涨潮期间所能输运到的临界水层为 0.4 H 层，落潮期间所能输运到的临界水层为 0.57 H 层。中潮涨潮期间所能输运到的临界水层为 0.16 H 层，落潮期间所能输运到的临界水层为 0.21 H 层。大潮涨潮期间所能输运到的临界水层为 0.35 H 层，落潮期间所能输运到的临界水层为 0.15 H 层。因此，小潮期间河道再悬浮泥沙所能达到的水层为中层，中潮期间河道再悬浮泥沙所能达到的水层最高点，但还未到达表层，大潮期间河道再悬浮泥沙所能达到的水层比中潮时弱，比小潮时强，由此再次表明河道再悬浮泥沙的强度或量值，主要与大、中、小潮流速强度的差异有关以外，还与当时河床泥沙组成，即可起动的临界再悬浮泥沙量和滩槽水沙交换也有一定的关系。

4.2.1.2 悬沙输移机制分析

入海河口地带陆海水动力相互作用激烈，物质输运的影响因子众多。通过对泥沙输运机制进行分解，可以定量研究各项动力因子对输运量的贡献。在长江河口地区，尤其是在南北槽河道最大浑浊带，有过广泛的应用(沈健等，1995；时伟荣，1993；王康墡和苏纪兰，1987)。

潮平均单宽悬沙输运量

$$
\frac{1}{T}\int_0^T\int_0^h uc\mathrm{d}z\mathrm{d}t = \langle h\overline{u}\overline{c}\rangle = \underbrace{h_0\overline{u}_0\overline{c}_0}_{T_1} + \underbrace{\langle h_t\overline{u}_t\rangle\overline{c}_0}_{T_2} + \underbrace{\langle h_t\overline{c}_t\rangle\overline{u}_0}_{T_3} + \underbrace{h_0\langle\overline{u}_t\overline{c}_t\rangle}_{T_4} + \underbrace{\langle h_t\overline{u}_t\overline{c}_t\rangle}_{T_5}
$$
$$
+ \underbrace{h_0\overline{u'_0c'_0}}_{T_6} + \underbrace{\langle h_t\overline{u'_tc'_0}\rangle}_{T_7} + \underbrace{\langle h_t\overline{u'_0c'_t}\rangle}_{T_8} + \underbrace{\langle h_0\overline{u'_tc'_t}\rangle}_{T_9} + \underbrace{\langle h_t\overline{u'_tc'_t}\rangle}_{T_{10}}
\tag{4.2.1}
$$

其中，水深可分解为潮平均项和潮变化项，即 $h(x,t)=h_0(x)+h_t(x,t)$；瞬时流速可分解为垂向平均量和垂向偏差项，即 $u(x,z,t)=\overline{u}(x,t)+u'(x,z,t)$；瞬时流速成份 $\overline{u}(x,t)$ 和 $u'(x,z,t)$ 可分解为潮平均项和潮变化项，即 $u(x,z,t)=\overline{u}_0(x)+\overline{u}_t(x,t)+u'_0(x,z)+u'_t(x,z,t)$；瞬时含沙量可用瞬时流速的分解方法分解为 $c(x,z,t)=\overline{c}_0(x)+\overline{c}_t(x,t)+c'_0(x,z)+c'_t(x,z,t)$。上划线 "—" 表示垂向平均，上标 " ′ " 表示垂向偏差，下标 "0" 表示潮周期平均，下标 "t" 表示潮变化，$\langle\cdot\rangle$ 表示潮周期平均。$T_1\sim T_5$ 为潮汐与垂向平均流速和含沙量相关项，其各自的输沙机制如下：T_1 为欧拉余流输沙项；T_2 为潮汐与潮流相关项，即斯托克斯漂移输沙项；T_3 为潮汐与潮变化含沙量的相关项；T_4 为潮流与潮变化含沙量相关项，通常被称为潮泵输沙项；T_5 为潮汐、潮流和潮变化含沙量三者相关项。$T_6\sim T_{10}$ 为潮流和含沙量的垂向切变引起的输沙，其各自的输沙机制如下：T_6 为垂向环流输沙项；T_7 为潮流和潮平均含沙量的垂向切变与潮汐相关项；T_8 为余流和潮变化含沙量的垂向切变与潮汐相关项；T_9 为潮流和潮变化含沙量两者的垂向切变相关项；T_{10} 为潮流和潮变化含沙量两者的垂向切变与潮汐相关项。T_1+T_2 即平流输移，也称拉格朗日输移；$T_3+T_4+T_5$ 即 "潮泵效应"(tidal pumping)项，主要是由于潮汐的涨落过程中，水位、流速的周期性变化与床面表层泥沙再悬浮与沉降引起的水体含沙量规律性变化之间存在相位差而产生的输移。

陈炜等(2012)根据 $B_1\sim B_7$ 测站纵向单点实测水沙数据(图 4.1.1)，利用式(4.2.1)进行输沙机制分解计算，仅为单宽值。表 4.2.4 结果表明：①总输沙和各因子(或其绝对值)均表现为随小潮至大潮周期逐渐增大，但各站、各项的变化幅度不一。拉格朗日输移主要来自于水体净输移对悬沙输运的贡献，其中 T_1 增大与径流量增加有关。"潮泵"项及其各项(或其绝对值)增大趋势来自于河槽和潮流速与泥沙交换强度不断增强。垂向环流主要与悬沙垂线梯度分布不均匀的特点有关。小潮汛期，潮流作用较弱，水体含沙量相对较低且较均匀，垂向净环流输沙小。②输沙总量(F)在 $B_1\sim B_5$ 测站基本为正，而在 B_6 和 B_7 测站为负。表明在洪季，崇头至头兴港河段河道悬沙净向下游输移，在头兴港以下至口门河段，悬沙净向陆输移。净输沙在头兴港附近存在一个过渡地带，接近河道地貌形态上新 "喇叭口" 顶点位置，悬沙在该位置附近汇集，同时解释了含沙量在 S_6 测站最大的缘由。③平流输移和 "潮泵输移" 是北支河道悬沙输运的主要因子，但不同河段悬沙输运的各项因子的贡献不同。一般测站 $B_1\sim B_5$，平流输移起主导作用，潮泵输移次之；B_6 和 B_7 测站，潮泵输移是悬沙的主要输运方式。但是，当径流量很大(大通站流量大于 40 000 m^3/s)时，B_6 和 B_7 测站大潮期间平流输移就变得相当重要。垂向环流对悬沙输运的贡献在小潮时很小，但中到大潮期间影响较大，且在中下河段的影响较上口段更大。④就"潮泵"项本身而言，各项的贡献不一，其中 T_4 的贡献最大，是"潮泵"输移的主要因子，T_5 次之，T_3 最小。T_4 的变化与滩槽泥沙交换、底层泥沙再悬浮，以及潮周期不对称输沙等诸多因素有关(刘高峰等，2005b)。

表 4.2.4　单宽悬沙输运因子及主要输沙项对总量的贡献　　　[单位：kg/(m·s)]

站位	潮型	T_1	T_2	T_3	T_4	T_5	T_7	T_1+T_2	$T_3+T_4+T_5$	F
B_1	小	0.63	−0.04	0.00	0.13	−0.01	−0.02	0.59	0.12	0.68
	中	1.44	−0.32	0.02	−0.81	−0.03	−0.13	1.12	−0.82	0.27
	大	1.19	−0.95	0.02	−2.14	−0.06	−0.13	0.24	−2.18	−2.05
B_2	小	0.23	−0.05	0.00	0.05	−0.02	0.00	0.19	0.03	0.22
	中	1.46	−0.69	0.05	−0.29	−0.06	−0.01	0.77	−0.30	0.54
B_3	小	3.10	−0.18	−0.05	0.75	0.01	−0.06	2.92	0.71	3.60
	大	6.16	−0.72	0.04	0.35	−0.04	−0.15	5.44	0.35	5.57
B_4	小	1.41	−0.07	−0.02	0.38	0.01	−0.01	1.33	0.37	1.69
B_5	大	5.05	−2.22	−0.12	0.80	−0.49	−0.58	2.84	0.20	2.46
B_6	小	0.39	−0.38	−0.01	−0.80	−0.10	−0.07	0.01	−0.91	−0.91
	中	3.06	−1.96	−0.07	−0.61	−0.44	−0.26	1.10	−1.11	−0.29
	大	4.19	−1.97	−0.20	1.87	−0.30	−0.35	2.22	1.38	2.92
B_7	小	0.03	−0.03	0.00	−0.16	−0.01	−0.03	0.00	−0.17	−0.20
	中	0.07	−0.09	0.00	−0.73	−0.10	−0.01	−0.02	−0.84	−0.81
	大	1.08	−0.95	−0.04	0.03	−0.13	−0.25	0.13	−0.15	−0.18

注："−"表示向陆。

4.2.1.3　泥沙来源

北支河道高含沙量泥沙除了来自流域，尤其是河道再悬浮泥沙以外，口外泥沙来沙也明显，Dai 等(2011)于 2005 年 7 月在北支河道中下游河段河道纵向采取沉积物样，对沉积物中的 ^{210}Pb(铅)、^{238}U(铀)、^{226}Ra(镭)、^{137}Cs(铯)、^{228}Ra(镭)、^{40}K(钾)的放射性进行测量。其中 ^{210}Pb 的比活度范围是 21.7～47.0 Bq/kg，^{238}U 的比活度范围是 24.7～40.7 Bq/kg，^{228}Ra 的比活度范围是 29.4～52.5 Bq/kg，^{137}Cs 的比活度范围是 0.45～2.27 Bq/kg。图 4.2.6 显示了沿着北支河道河槽不同核素比活度的分布特征。因为，比活度与灵甸港的远近距离有很好的相关性，沿着河槽向海，各种核素的比活度逐渐增大。一般来说，核素的比活度取决于核素的来源、吸收过程、分辨率及再悬浮过程，国内外众多研究确认 ^{226}Ra、^{137}Cs、^{210}Pb 和 ^{226}Ra 核素输送至海洋过程中活性逐渐降低(Liu et al.，2001)。但是，长江河口北支河道中的核素比活度向下游逐渐增强，北支河道为涨潮槽，部分泥沙来源于近海，尤其是邻近河道再悬浮泥沙随涨潮流输入北支河道，导致泥沙净通量向河道上游输运(陈炜等，2012)。因此，核素的比活度显示了北支河道中下段河道高含沙量中有部分泥沙来自近海，尤其是邻近河道再悬浮泥沙。

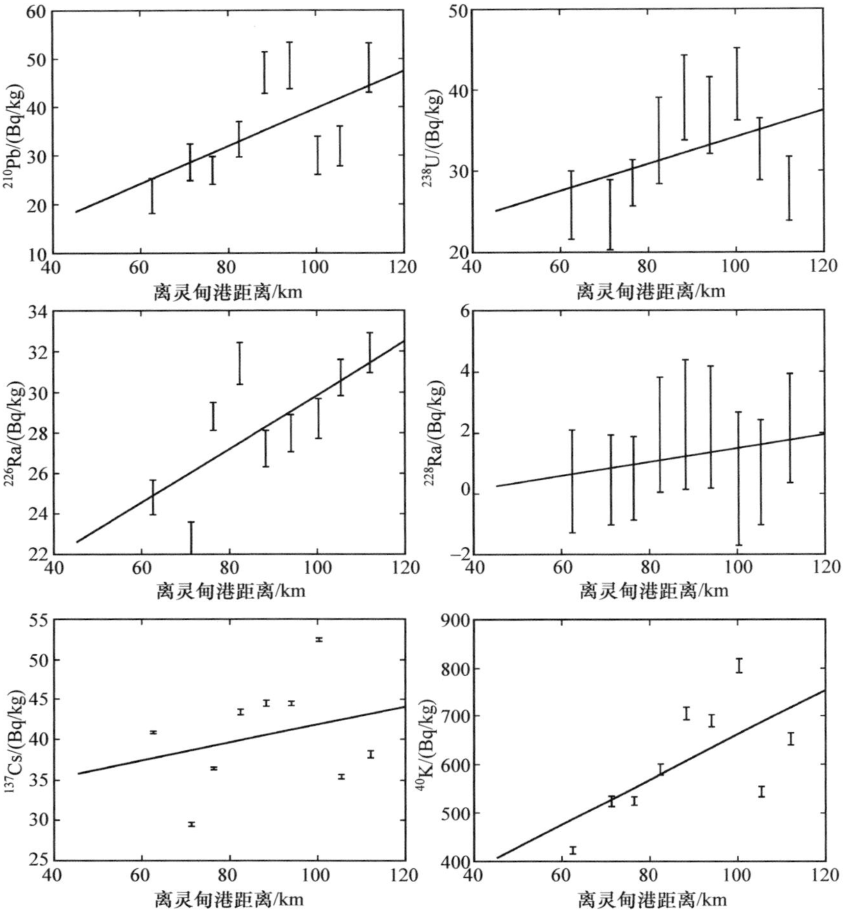

图 4.2.6　核素比活度纵向分布图

4.2.2　南支河道

4.2.2.1　含沙量潮周期变化

南支位于河口段中上游河道，属于一级分汊河道，其含沙量分布受流域来水来沙影响较大(Li and Zhang，1998)，泥沙主要来源于流域，受海域来沙影响较小。2011 年 6～7 月在南支河道连续 8d 进行潮流、含沙量和悬沙颗粒观测和采样，水文观测期间(P$_8$ 测站)，大通站当月平均含沙量为 0.178 kg/m^3(当年年平均含沙量为 0.108 kg/m^3)，南支河道实测潮周期平均含沙量为 0.183 kg/m^3，与流域大通站实测期间平均含沙量较接近，说明海域来沙和河口再悬浮泥沙贡献量较小，同时表现为河口段中上游河道泥沙输移性征，并且体现出近期南支河道含沙量较低，与三峡水库蓄水拦沙而导致流域来沙锐减有关。图 4.2.7 为南支河道小潮至大潮过程含沙量垂线分布随时间变化剖面图，在某些时刻较强的水流紊动作用下，中下层水体含沙量出现较高值，体现出在高流速时刻，河床沙存在再悬浮输沙特征，但是含沙量"沙舌"垂向形状明显色退于北支中下游河道。

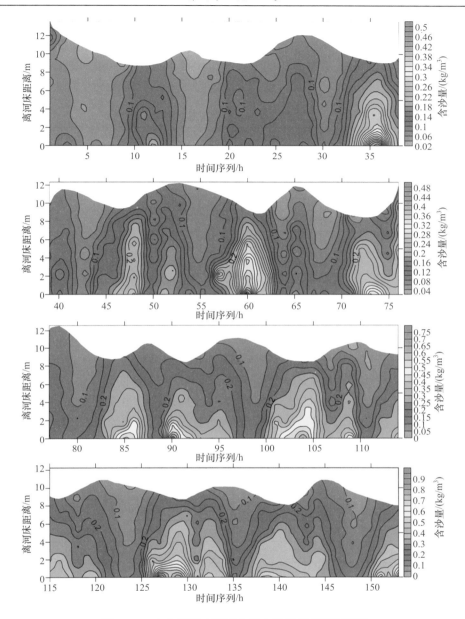

图 4.2.7　南支河道小潮至大潮含沙量等值线剖面图

　　小潮：小潮期间南支河道实测潮流速小，含沙量较低，实测垂线平均含沙量为 0.13 kg/m³，垂向平均最大值为 0.26 kg/m³（表 4.2.5），其中涨潮期垂向平均含沙量为 0.11 kg/m³，落潮期为 0.14 kg/m³，涨落潮含沙量都很低，而且差异较小。从表层到底层，各层次的含沙量也不相同，潮周期垂线平均含沙量表至底层各层含沙量分别为 0.09 kg/m³、0.10 kg/m³、0.12 kg/m³、0.13 kg/m³、0.15 kg/m³ 和 0.17 kg/m³。而各层的最大值分别可以达到 0.16 kg/m³、0.20 kg/m³、0.24 kg/m³、0.28 kg/m³、0.31 kg/m³ 和 0.50 kg/m³。表层至底层含沙量逐渐增大，但含沙量垂向分布上均较低。

再从图 4.2.7 第 1~25 h 时段看，尽管南支河道含沙量较低，但在周期性涨落潮水流作用下，含沙量仍呈现出周期性高低变化，在涨急和落急时段最大流速超过 1.00 m/s(表 4.2.5)，此期间出现较高含沙量，而低含沙量主要出现在涨憩和落憩后期，整个潮周期中垂向上的含沙量分层较明显。可见，大流速时刻也出现河床泥沙再悬浮现象。

表 4.2.5　南支河道小潮含沙量潮流速特征值统计表

特征值	特征值	表层	0.2 H	0.4 H	0.6 H	0.8 H	底层	垂向平均
含沙量 /(kg/m³)	平均值	0.09	0.10	0.12	0.13	0.15	0.17	0.13
	最大值	0.16	0.20	0.24	0.28	0.31	0.50	0.26
	涨潮平均	0.08	0.09	0.10	0.11	0.13	0.13	0.11
	涨潮最大	0.09	0.10	0.14	0.14	0.16	0.15	0.12
	落潮平均	0.09	0.11	0.14	0.15	0.16	0.20	0.14
	落潮最大	0.16	0.20	0.24	0.28	0.31	0.50	0.26
潮流速 /(m/s)	平均值	0.70	0.67	0.62	0.57	0.51	0.46	0.59
	最大值	1.34	1.28	1.13	0.99	0.85	0.81	1.05

中潮：中潮期间南支河道实测垂线平均含沙量为 0.17 kg/m³，垂线平均最大值为 0.36 kg/m³(表 4.2.6)，由于中潮期涨落潮流速有所增大，尽管含沙量也较低，但比小潮汛含沙量略高，其中涨潮期垂向平均含沙量为 0.14 kg/m³，落潮期为 0.17 kg/m³。各层的平均含沙量和最大值也分别比小潮大，同样由表层至底层含沙量逐渐增大。从图 4.2.7 第 65~90 h 时段看，较高含沙量在图形中表现为舌状形态，整个潮周期中垂向上含沙量分层较明显。可见，中潮期随着潮流速增大，河床泥沙再悬浮贡献量明显比小潮汛大。

表 4.2.6　南支河道中潮含沙量特征值统计表

特征值	表层	0.2 H	0.4 H	0.6 H	0.8 H	底层	垂向平均
平均值	0.13	0.13	0.15	0.17	0.20	0.22	0.17
最大值	0.29	0.33	0.35	0.35	0.52	0.58	0.36
涨潮平均	0.09	0.11	0.13	0.15	0.16	0.17	0.14
涨潮最大	0.16	0.19	0.20	0.23	0.22	0.24	0.21
落潮平均	0.16	0.13	0.16	0.17	0.21	0.24	0.17
落潮最大	0.35	0.29	0.33	0.35	0.52	0.58	0.36

大潮：大潮期间南支河道含沙量明显增大，实测潮周期平均含沙量为 0.25 kg/m³，垂线平均最大值为 0.46 kg/m³，与小潮期间相比潮汐增强，潮流速增大 30%，含沙量略有增大(表 4.2.7)，而含沙量垂向分布发生较大变化，表层含沙量较低，仅为 0.12 kg/m³，近底层含沙量明显增长 3 倍，涨潮期最大含沙量为 0.55 kg/m³，落潮期为 0.98 kg/m³，落潮含沙量大于涨潮。再从图 4.2.7 第 125~150 h 时段看，在涨、落急后时段，从底床向上层延伸出的两股高含沙量的"沙舌"形状，同样在涨、落憩沙谷区整个垂向含沙量均较低，这与大潮期周期性水流变化的关系更好。

表 4.2.7 南支河道大潮含沙量和潮流速特征值统计表

类型	特征值	表层	0.2 H	0.4 H	0.6 H	0.8 H	底层	垂向平均
含沙量 /(kg/m³)	平均值	0.12	0.18	0.22	0.27	0.33	0.42	0.25
	最大值	0.24	0.36	0.40	0.51	0.57	0.98	0.46
	涨潮平均	0.11	0.16	0.22	0.27	0.33	0.38	0.25
	涨潮最大	0.21	0.25	0.34	0.40	0.50	0.55	0.37
	落潮平均	0.13	0.20	0.23	0.27	0.33	0.45	0.26
	落潮最大	0.24	0.36	0.40	0.51	0.57	0.98	0.46
潮流速 /(m/s)	平均值	0.91	0.87	0.81	0.75	0.67	0.60	0.77
	最大值	1.74	1.59	1.46	1.26	1.05	0.96	1.32

4.2.2.2 泥沙再悬浮过程

近年来南支河道水沙过程对流域来沙量锐减做出了较明显的响应。众所周知，长期以来南支河道水沙主要受流域来水来沙控制，对于由冲积物形成的河道，其水流与河床作用结果主要体现在水体含沙量大小和河床沉积物组成的变化程度上，当水流含沙量达超饱和时，水体中的泥沙就会落淤河床，河床表面的沉积物就会出现细化，而当水流含沙量未达到饱和时，河床泥沙就会被冲起再悬浮，以此来满足水流挟沙能力，此时河床表面的沉积物就会发生粗化，同时悬沙中的较粗颗粒必然会明显增多。从南支河道实测水沙数据看(表 4.2.8 和图 4.2.8)，在高流速时段，河床较粗颗泥沙出现起动悬浮，在大潮汛落急，近底层流速超过 1.00 m/s 时，实测近底层悬沙中值颗粒粒径为 43 μm，极值泥沙颗粒达到 388 μm(图 4.2.8a)。离床面深度为 4 m 水层区(0.6 H)，该水层流速达到 1.26 m/s 时，悬沙中值颗粒粒径为 19 μm，最大颗粒粒径也可达数百微米，而且泥沙颗粒的磨光度特别好，说明此类沙曾经在河床上经历了长时期的推移质方式滚动磨擦过程。图 4.2.8b 为离床面深度 8 m 水层区(0.2 H)，该水层流速达到 1.59 m/s 时，悬沙中值颗粒粒径为 12 μm，最大泥沙颗粒短轴长为 150 μm，长轴长达 250 μm，但是从泥沙颗粒外形看，其与图 4.2.8a 泥沙颗粒外形相比存在明显差别，泥沙颗粒小，外形磨光度差，表明此类沙曾经未在河床上经历长时期的推移质方式滚动过程，属于体质较轻的悬浮沙物质，如黑云母片之类的物体。可见，近期南支河道水流挟沙强度明显增大，暗示南支河道底沙运动已经进入频繁活动时期(张晓鹤等，2015b；李九发，2013b)。

南支河道泥沙运动受其周期性涨落潮水流作用的影响，表现在涨落潮憩流时段，由于潮流速小，大量泥沙(尤其是一些细颗粒悬浮泥沙)均出现下沉河床，此时河床表面层沉积物发生细化，其河床表面层沉积物中值颗粒粒径仅为 6 μm 左右(表 4.2.8)。磨光度特别差，难以辨别其单颗粒泥沙的外形(图 4.2.9)，表明此类泥沙来自流域悬浮泥沙在低流速时沉降河床。说明该河段水体中悬沙与河床泥沙交换频繁。可知，大流速(涨、落急)时，河床较粗颗粒泥沙可以被起动悬浮，而小流速(涨、落憩)时，水流中的极细颗粒泥沙也会沉降河床。

a. 近底层悬浮沙颗粒电镜扫描图片　　　　　b. 0.2H水层悬浮沙颗粒电镜扫描图片

图 4.2.8　近底层和 0.2 H 水层悬浮沙颗粒电镜扫描图片

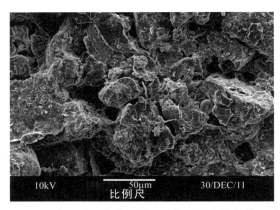

图 4.2.9　涨憩时河床表面层沉积物颗粒电镜扫描照片

　　近期南支河道实测含沙量较低，除了直接受其流域来沙锐减的影响，同时，该河道河床沉积物颗粒较粗，中值粒径在 170 μm 左右(表 4.2.8)，属于细砂类型，其中细砂和粉砂含量可达 90%以上。所以，尽量在涨、落急大流速时，河床表面有部分较细颗粒的沉积物被起动悬浮，而随着河床泥沙粗化和涨、落急之后流速逐渐降低，以及河床表面细颗粒泥沙数量有限。所以，河床沉积物再悬浮能补给水体含沙量的泥沙数量显得不足，表现在南支河道含沙量变低，这与受流域来沙量锐减和河口再悬浮泥沙少及海域来沙不足的影响有关。

表 **4.2.8**　**潮流速与悬沙粒径及河床沙颗粒粒径统计表(2011 年洪季)**

	相对水深	表层	0.2 H	0.4 H	0.6 H	0.8 H	底层
大潮落急	悬沙中值粒径/μm	7.67	12.0	11.0	19.1	23.7	43.3
	流速/(m/s)	1.74	1.59	1.46	1.26	1.05	0.96
大潮涨憩	悬沙中值粒径/μm	6.01	6.07	6.45	7.03	6.50	7.21
	流速/(m/s)	0.15	0.23	0.22	0.30	0.29	0.32
表层沉积物	大流速中值粒径/μm	170					
	小流速中值粒径/μm	6.3					

4.2.3 北港河道

4.2.3.1 含沙量潮周期变化

北港河道为长江河口二级分汊出海通道，由于不同河段的动力过程受径流与潮流相互作用，以及流域与海域及河口再悬浮泥沙来源差异性的影响，河道纵向上的含沙量呈现低—高—低的分布规律。2010 年 7 月、2011 年 6～7 月分别在北港河道中上游河道连续 9d 进行潮流、含沙量和悬沙颗粒观测和沉积物采样(P_4、P_5 测站)。2010 年 7 月和 2011 年 7 月大通站当月平均含沙量分别为 0.232 kg/m³ 和 0.178 kg/m³，当年年平均含沙量为 0.181 kg/m³ 和 0.108 kg/m³。2013 年 7 月洪季在北港河道下游河道大小潮进行潮流、含沙量和悬沙颗粒观测和沉积物采样(P_6 测站)。图 4.2.10 为北港河道中上游河段小潮至大潮过程含沙量垂线分布随时间变化的剖面图，悬沙浓度存在明显的潮周期变化特征。

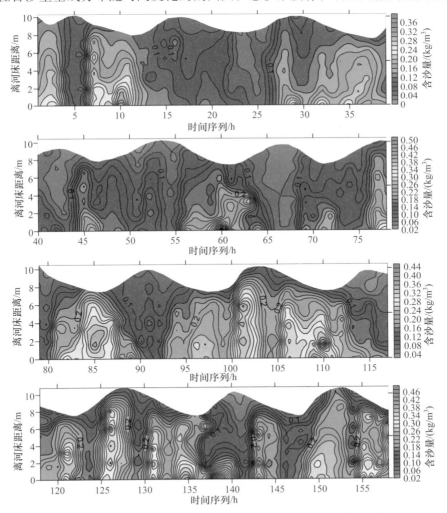

图 4.2.10 北港河道中上游河段小潮至大潮含沙量等值线剖面图

小潮：北港河道中上游河段实测小潮期间潮流速较低，含沙量较低。实测垂线平均含沙量为 0.120 kg/m³，垂线平均最大值为 0.230 kg/m³(表 4.2.9)，其中，涨潮期垂向平均含沙量为 0.11 kg/m³，落潮期为 0.12 kg/m³，涨落潮含沙量都很低，从表层到底层各层次的含沙量逐渐增大，但含沙量垂向分布的差异均较小。

表 4.2.9　北港河道中上游河段小潮含沙量和潮流速特征值统计表

类型	特征值	表层	0.2H	0.4H	0.6H	0.8H	底层	垂向平均
含沙量 /(kg/m³)	平均值	0.09	0.10	0.11	0.12	0.13	0.15	0.12
	最大值	0.28	0.22	0.25	0.24	0.32	0.39	0.23
	涨潮平均	0.08	0.10	0.11	0.11	0.12	0.14	0.11
	涨潮最大	0.14	0.15	0.19	0.21	0.21	0.27	0.19
	落潮平均	0.08	0.10	0.11	0.12	0.14	0.15	0.12
	落潮最大	0.13	0.22	0.25	0.24	0.32	0.39	0.23
潮流速 /(m/s)	平均值	0.51	0.50	0.46	0.43	0.37	0.37	0.44
	最大值	1.10	1.09	1.01	0.93	0.81	0.81	0.96

再从图 4.2.8 中第 1～30 h 时段看，尽管北港河道中上游河段含沙量较低，但在周期性涨、落潮水流作用下，含沙量仍然呈现出周期性高低变化，较高含沙量主要出现在涨急和落急时段后期，而低含沙量主要出现在涨憩和落憩后期，整个潮周期中垂向上的含沙量分层较明显。可见，大流速时刻也出现河床泥沙再悬浮现象。而第 13～25 h 时间段为当月最小潮期，潮流速最小，河道再悬浮泥沙少，整个潮周期过程含沙量不仅低，而且涨、落急时刻未出现"沙舌"现象。

中潮：中潮期间北港河道中上游河段实测垂线平均含沙量为 0.15 kg/m³，垂线平均最大值为 0.31 kg/m³(表 4.2.10)，由于中潮期涨、落潮流速有所增大，尽管含沙量也较低，但比小潮汛含沙量大，其中涨潮期垂向平均含沙量为 0.13 kg/m³，落潮期为 0.16 kg/m³。各层的平均含沙量和最大值也分别比小潮大，同样由表层至底层含沙量逐渐增大。从图 4.2.10 中第 70～95 h 时间段看，较高含沙量在图形中表现为"沙舌"状形态，尽管中潮期较大流速时刻河床泥沙再悬浮贡献量明显比小潮汛大，但整个潮周期含沙量随潮流速变化的规律性并不明显。可见，这可能与北港河道中上段主河道河床沉积物粗、分选较好有关(姚弘毅等，2013)。

表 4.2.10　中潮含沙量特征值统计表 　　　　(单位：kg/m³)

项目	表层	0.2H	0.4H	0.6H	0.8H	底层	垂向平均
平均值	0.10	0.12	0.14	0.17	0.18	0.21	0.15
最大值	0.34	0.28	0.33	0.35	0.38	0.51	0.31
最小值	0.04	0.05	0.05	0.05	0.05	0.06	0.06
涨潮平均	0.11	0.10	0.12	0.15	0.16	0.17	0.13
涨潮最大	0.34	0.21	0.25	0.33	0.28	0.31	0.24
落潮平均	0.10	0.13	0.16	0.18	0.19	0.21	0.16
落潮最大	0.17	0.28	0.33	0.35	0.38	0.31	0.31

大潮：大潮期间北港河道中上游河段含沙量略有增大，实测潮周期平均含沙量为

0.20 kg/m³，垂线平均最大值为 0.33 kg/m³，与小潮期间相比潮汐增强，潮流速增大 80%，含沙量增大(表 4.2.11a)，而含沙量垂向分布发生一些变化，表层含沙量较低，仅为 0.09 kg/m³，近底层含沙量明显增长 3 倍，涨潮期最大含沙量为 0.23 kg/m³，落潮期为 0.31 kg/m³，落潮含沙量大于涨潮。而北港河道下游河段(河口口门水域)测站正布置在最大浑浊带水域，其潮流速和含沙量明显比中上游河道大，尤其是最大含沙量比中上游增大一倍多(表 4.2.11b)。再从图 4.2.11 中看，在涨、落急前后时段，从底床向上层延伸出的两股高含沙量的"沙舌"形状较清楚，而在涨、落憩沙谷区，整个垂向含沙量均较低，这与大潮期周期性水流变化有明显的关系。

表 4.2.11a　北港中上游河道大潮含沙量和潮流速特征值统计表

类型	特征值	表层	0.2 H	0.4 H	0.6 H	0.8 H	底层	垂向平均
含沙量 /(kg/m³)	平均值	0.09	0.18	0.18	0.20	0.23	0.27	0.20
	最大值	0.24	0.35	0.37	0.36	0.38	0.49	0.33
	涨潮平均	0.10	0.17	0.15	0.18	0.23	0.31	0.19
	涨潮最大	0.18	0.31	0.22	0.27	0.31	0.49	0.23
	落潮平均	0.09	0.16	0.18	0.19	0.21	0.23	0.18
	落潮最大	0.24	0.27	0.33	0.36	0.38	0.42	0.31
潮流速 /(m/s)	平均值	0.90	0.89	0.83	0.76	0.68	0.67	0.79
	最大值	1.71	1.70	1.62	1.49	1.35	1.33	1.53

表 4.2.11b　北港下游河道大潮含沙量和潮流速特征值统计表

类型	特征值	表层	0.2 H	0.4 H	0.6 H	0.8 H	底层	垂向平均
含沙量 /(kg/m³)	平均值	0.13	0.16	0.22	0.27	0.35	0.40	0.25
	最大值	0.49	0.76	0.98	0.78	0.88	1.06	0.74
	涨潮平均	0.05	0.09	0.13	0.21	0.29	0.33	0.19
	涨潮最大	0.14	0.36	0.29	0.41	0.73	0.73	0.50
	落潮平均	0.17	0.21	0.27	0.30	0.38	0.45	0.29
	落潮最大	0.49	0.77	0.99	0.79	0.88	1.06	0.74
潮流速 /(m/s)	平均值	1.50	1.47	1.35	1.19	0.94	0.61	1.18
	最大值	2.47	2.47	2.33	1.94	1.66	1.10	2.02

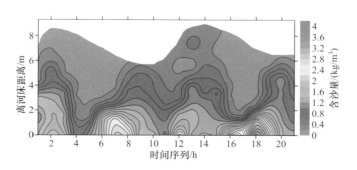

图 4.2.11　北港河道下游河段大潮实测含沙量等值线剖面图

4.2.3.2　泥沙再悬浮过程

首先，从图 4.2.12 近底层悬沙浓度和垂线平均流向从小潮至大潮连续 160 h 过程线看，北港河道潮流速存在由小潮到大潮周期性变化规律。当流速增大到足以使河床泥沙起动时(李九发和何青，2000)，淤积在床面上的泥沙被起动而进入水体，再次处于悬浮状态，使水体含沙量增加。选用 2011 年 6 月 26 日～7 月 2 日在北港河道上游河段进行连续 7d 同步定点观测水沙数据(P₄站)，分析北港河道上游河段泥沙再悬浮过程，河道近底层悬沙浓度有明显的随时间变化特征，在一个涨潮或落潮过程中悬沙浓度出现两个峰值。落潮时，第一个峰值出现在转流后期，第二个峰值出现在落潮流速最大值后期；涨潮时，第一个峰值出现在转流或其后 1 h 左右，第二个峰值出现在涨潮流速最大值后期。从出现频率上看，13 个落潮过程中底层悬沙浓度出现了 11 次峰值；12 个涨潮过程中底层悬沙浓度仅出现了 4 次较明显的峰值。

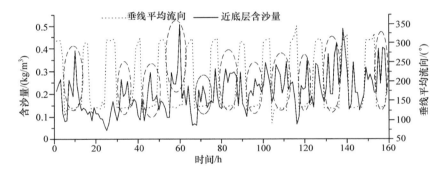

图 4.2.12　北港上游河道近底层悬沙浓度和垂线平均流向过程线

众所周知，由于在转流时刻，水流流速降低，紊动作用减弱，大量悬沙沉降并憩留在近底层河床表面，形成一个近底较高浓度悬沙层，此时泥沙容重较小，极易起动和再悬浮(窦国仁，1999a)。时伟荣认为，泥沙垂向扩散作用的涡动扩散系数 K_z 在转流后的 1～3 h 内较为强烈(时伟荣，1993)，在水体垂向紊动作用下，高浓度悬沙层向上扩散，从而形成第一个悬沙浓度峰值。此后，由于近底高浓度悬沙层扩散殆尽，水流开始直接作用于河床沉积物，此时床面沉积物颗粒较粗，在粗颗粒泥沙的"屏蔽效应"和固结时间等因素的影响下，河床抗冲强度陡增，床面侵蚀速率降低，从而出现在流速增大的条件下，部分悬沙向上层扩散，而近底层悬沙浓度必然降低的现象。随着流速的进一步增大和水流持续冲刷，床面侵蚀速率又一次升高，河床沉积物发生再悬浮，形成悬沙浓度的第 2 个峰值。一般涨潮过程中出现悬沙浓度双峰频率远小于落潮过程，与涨、落潮潮时和流速极不对称有关。

北港河道上游河床沉积物颗粒较粗，平均粒径为 80～125 μm(图 4.2.13)，分选性较差至差，偏态极正偏，峰态非常宽。以极细砂和粉砂含量尤为多，含量可达 90%以上，黏土含量较少，低于 8%。表现在概率累计曲线上，呈两个跳跃组分，即双跳跃现象，河床沉积物组表明在涨落潮双向水流作用下均发生泥沙再悬浮现象(李九发等，1995)，滚动组分缺失。

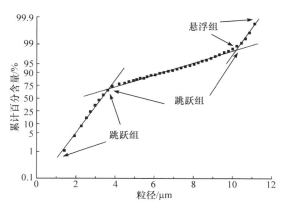

图 4.2.13 河床沉积物概率累计曲线

　　大潮期间的观测结果显示，潮周期内沉积物平均粒径随时间变化显著(图 4.2.14)，17：00 落急时刻实测平均粒径为 112 μm，而 14：00 涨憩时刻实测平均粒径仅为 45 μm。较高的垂线平均流速代表了较强的水流紊动能力，导致床面侵蚀速率较高，河床沉积物粗化，平均粒径增大，而刘红等(2007)的研究也显示落潮流的大小决定了长江口主槽表层沉积物中值粒径的大小。在垂线平均流速与沉积物平均粒径随时间变化图上，两曲线的峰值之间存在显著对应关系，且存在 1 h 左右的相位差(图 4.2.14a)。图 4.2.14b 为河床沉积物中 5 组不同类型沉积物百分含量，5：00～8：00 垂线平均流速均在 0.70 m/s 以上，最高可达 1.10 m/s，河床以细沙为主，而粉砂和黏土均被再悬起，成为悬沙浓度第 2 个峰值的泥沙来源。10：00 和 14：00 前后分别为落憩和涨憩时段，流速小，细颗粒泥沙下沉，河床细颗粒泥沙增多，粗粉砂占 19%，细粉砂占 14%。说明河床沉积物组成随潮流速变化明显。

　　悬沙粒径随时间变化过程，北港河道中上游河段大小潮观测结果显示(图 4.2.15)，潮周期内悬沙颗粒较细，平均粒径介于 5～14 μm。大潮时表层悬沙粒径组成相对稳定，随时间变化较小，平均粒径的最小值和最大值分别为 7 μm 和 38 μm，而 0.2 H 层至底层悬沙粒径组成在潮周期内随时间变化十分显著，除了 10：00、12：00 和 14：00 的涨潮时段以外，悬沙粒径级配曲线均出现了明显的双峰形态，且颗粒较粗的泥沙组成的峰(简称粗峰)大于颗粒较细的泥沙组成的峰(简称细峰)。0.2 H 层以下各层悬沙粒度参数变化均较大，表明泥沙再悬浮作用强烈，河床沉积物再悬浮后对悬沙级配曲线的影响可以达到 0.2 H 层。底层的粒径变化最为显著，最大与最小平均粒径相差近 3 倍。小潮时表层和 0.2 H 层的悬沙粒径组成相对稳定，平均粒径变化较小，0.6 H 层仅在 1：00 落潮流速极值时出现了双峰。底层的级配曲线变化较为显著，但是一般形成双峰的粗峰高于细峰。底层的平均粒径最大值仅为最小值的两倍。而刘红等 2003 年的观测结果也显示大潮垂向平均中值粒径约为小潮时的 3 倍，显示出更加强烈的悬沙与底沙交换(刘红等，2007)。综上所述，北港河道上段河床沉积物再悬浮程度大潮强于小潮，且仅在落潮阶段存在沉积物发生再悬浮，大潮落潮时沉积物再悬浮作用明显，垂向上再悬浮的河床沙持续向上层扩散，其对上层悬沙级配的影响可达到 0.2 H 层。

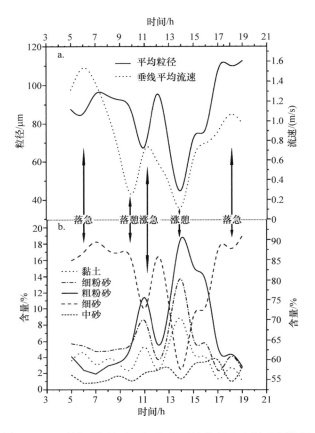

图 4.2.14　垂线平均流速、沉积物平均粒径及含量过程线图

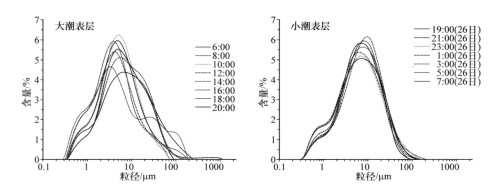

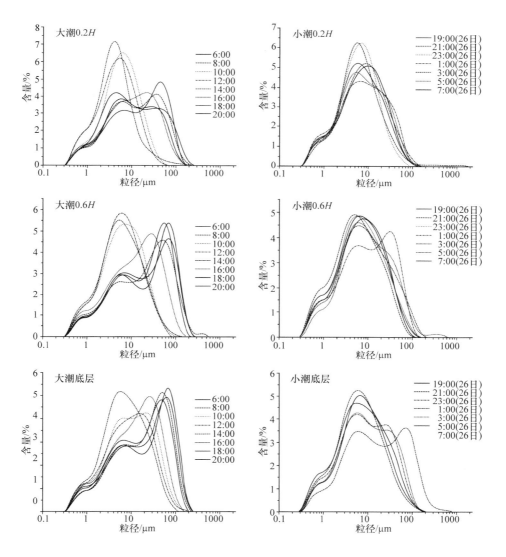

图 4.2.15　大小潮不同水层悬沙粒径随时间变化分布图

众所周知，水体中悬沙的来源是多方位的，其变化机制错综复杂，要精确计算量化某河段河床沉积物再悬浮的强度存在一定的难度。根据北港河道某河段潮流泥沙特征，以及悬沙和沉积物粒径随时间变化的分析可知，影响北港河道水体悬沙构成的原因是，落(涨)潮时，上(下)游河段随落(涨)潮流下泄(上溯)的悬沙，以及北港河道某河段当地河床沉积物和悬沙通过再悬浮和再沉降作用发生交换。基于沙量平衡的粒度谱计算方法(林承坤，1989)，某观测点的悬沙粒度变化与再悬浮和沉降的泥沙粒度变化及上游或下游河道来沙粒度变化有关。所以悬沙粒度分布的变化可表示为

$$\begin{bmatrix} \Delta S_1 \\ \Delta S_2 \\ \Delta S_3 \\ \vdots \\ \Delta S_n \end{bmatrix} = p \begin{bmatrix} \Delta S_1' \\ \Delta S_2' \\ \Delta S_3' \\ \vdots \\ \Delta S_n' \end{bmatrix} - (1-p) \begin{bmatrix} \Delta S_1'' \\ \Delta S_2'' \\ \Delta S_3'' \\ \vdots \\ \Delta S_n'' \end{bmatrix} \qquad (4.2.2)$$

式中，下标 $1, 2, \cdots, n$ 表示泥沙的各粒级；Δ 表示某时间段内某物理量的变化量；$\Delta S_i (i = 1, 2, \cdots, n)$ 为 P_4 测点水体中某粒级悬沙含量的变化量；$\Delta S_i'$ 为由上游或下游河段随水流方向输运的某粒级悬沙含量的变化量；$\Delta S_i''$ 为 P_4 测点河床沉积物中某粒级泥沙的含量。采用 P_8 测点和 P_5 测点同步数据来表征上游或下游河段的悬沙粒度，样品的采集、处理和分析方法均与 P_4 测点相一致。

通过最小二乘法可求得式(4.2.2)中 p 的最优解，便可得知北港河道上游河段河床沉积物再悬浮作用和通过上游或下游河段随水流方向输运的泥沙对研究区域水体悬沙浓度的贡献率。若 $p < 1$，则研究区域水体中的悬沙由本地再悬浮泥沙和上游或下游河段输送的泥沙两部分共同组成；若 $p > 1$，即 $(1-p) < 0$，则表明河床沉积物再悬浮作用弱于沉降作用，上游或下游河段输送的泥沙对研究区域沉积物有补给作用。

计算结果表明，在大潮涨潮阶段，在落憩—涨急和涨急—涨憩时段内，P_4 测点河床沉积物再悬浮对水体悬沙粒径分布组成的贡献率分别为–6.8%和–0.9%。表明这段时间内，河床沉积物再悬浮作用极弱，整体上对水体悬沙含量没有补给作用，反而是水体悬沙对河床沉积物进行了补给，水体中的悬沙基本由随涨潮流上溯而来的泥沙。而在大潮落潮阶段，P_4 测点沉积物再悬浮作用显著，在涨憩—落急和落急—落憩时段对水体悬沙粒径分布组成的贡献率分别为 23.7%和 33.6%，落急—落憩时段大于涨憩—落急时段。水体中的悬沙由随落潮下泄而来的悬沙和北港河道 P_4 测点河床沉积物再悬浮泥沙共同组成，在数量上以前者为主，贡献率在 65%以上。在中潮落潮阶段，沉积物再悬浮作用较大潮落潮阶段明显减弱，在涨憩—落急和落急—落憩时段，其对水体悬沙粒径分布组成的贡献率分别仅为 9%和 16%，而落潮下泄的悬沙对测点所在水体悬沙粒径分布组成的贡献率显著增强，在涨憩—落急和落急—落憩时段分别达到了 91%和 84%。总而言之，落潮水动力强于涨潮更利于河床表层沉积物的起悬。北港河道 P_4 测点的河床沉积物再悬浮作用主要发生在落潮阶段，这主要与河床沉积物抗冲强度较大和落潮阶段水流动力较强有关。涨潮阶段水流动力较弱，河床沉积物的再悬浮作用较弱。

4.2.4　南港河道

4.2.4.1　含沙量潮周期变化

南港上接南支河道，下通南北槽河道，其河道水流和含沙量分布均受流域来水来沙和涨潮水流携带而来的泥沙影响，泥沙主要来源于流域。2011 年 6~7 月南港上段河道水文观测期间，大通站月平均含沙量为 0.178 kg/m³(当年年平均含沙量为 0.108 kg/m³)，南港上段(P_2)河道实测潮周期平均含沙量为 0.180 kg/m³，略高于流域大通站实测期间平均含沙量，说明南港河道再悬浮泥沙贡献量较小，并体现出近期南港河道含沙量较低，与三峡水库拦沙而导致流域来沙量锐减有关。图 4.2.16 所示为南港河道小潮至大潮过程含沙量垂线分布随时间变化，可以看出含沙量分布出现潮周期变化过程，而且存在较高含沙量时段，尤其是中下层含沙量较高，与相应时段较强的水流紊动作用有关，体现出在高流速时刻河床沙被再悬浮的输沙特征。

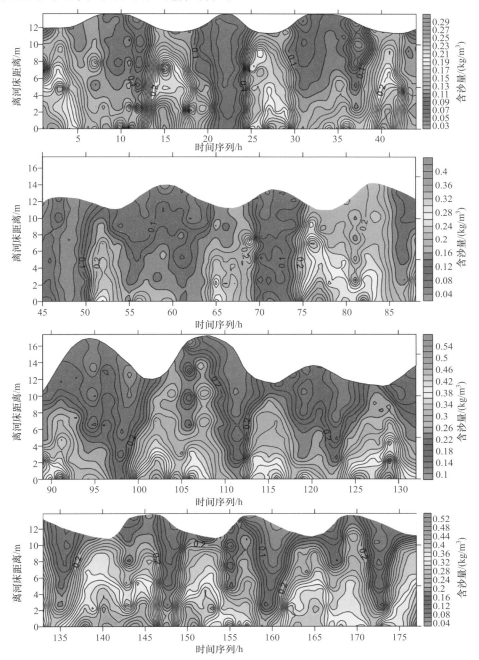

图 4.2.16　南港河道小潮至大潮含沙量等值线剖面图

　　小潮：小潮期间南港上段河道实测潮流速较小，含沙量较低，实测垂线平均含沙量为 0.14 kg/m³，最大值为 0.23 kg/m³，其中涨潮期垂向平均含沙量为 0.11 kg/m³，落潮期为 0.15 kg/m³，涨落潮含沙量都很低，落潮平均含沙量略大于涨潮。自表层至底层各层平均含沙量分别为 0.10 kg/m³、0.11 kg/m³、0.13 kg/m³、0.15 kg/m³、0.16 kg/m³ 和 0.18 kg/m³。而各层的最大值分别可以达到 0.14 kg/m³、0.21 kg/m³、0.28 kg/m³、0.27 kg/m³、0.29 kg/m³ 和 0.30 kg/m³。由表层至底层含沙量逐渐增大(表 4.2.12)。

　　再从图 4.2.16 中第 1～30 h 时段看，尽管南港河道含沙量较低，但在较强的落潮水流作用下，含沙量仍呈显出高低变化，较高含沙量主要出现在落潮中潮位附近的落急时段，在图形中表现为"沙舌"状形态。而涨急时流速相对较小，河床沉积物组成较粗，再悬浮泥沙有限，所以涨急时未出现明显的沙峰现象。低含沙量主要出现在高潮位和低潮位前后的憩流时段，整个潮周期中垂向上含沙量分层较明显。可见，南港河道小潮汛含沙量较低，潮周期中含沙量大小与流速变化有关。

表 4.2.12　南港河道小潮含沙量和潮流速特征值统计表

类型	特征值	表层	0.2 H	0.4 H	0.6 H	0.8 H	底层	垂向平均
含沙量/(kg/m³)	平均值	0.10	0.11	0.13	0.15	0.16	0.18	0.14
	最大值	0.14	0.21	0.28	0.27	0.29	0.30	0.23
	涨潮平均	0.10	0.09	0.11	0.11	0.12	0.14	0.11
	涨潮最大	0.12	0.13	0.18	0.13	0.17	0.23	0.13
	落潮平均	0.10	0.12	0.14	0.16	0.17	0.19	0.15
	落潮最大	0.14	0.21	0.28	0.27	0.29	0.30	0.23
潮流速/(m/s)	平均值	0.57	0.56	0.52	0.47	0.42	0.37	0.49
	最大值	1.16	1.12	1.02	0.91	0.84	0.75	0.96

　　中潮：如表 4.2.13 所示，中潮期间南港上段河道悬沙垂线平均含沙量为 0.22 kg/m³。其中最大值为 0.350 kg/m³，而且涨落潮含沙量较低，其中涨潮期垂向平均含沙量为 0.18 kg/m³，落潮期为 0.24 kg/m³。全潮中的含沙量未出现两个明显沙峰，仅有落潮沙峰出现在落急之后时段，而且从底床向上层延伸出较高含沙量的"沙舌"形态(图 4.2.16)。

　　再从表 4.2.13 和图 4.2.16 中第 90～115 h 时段看，含沙量垂的分布表现为由表层到底层逐层增大，潮周潮各层平均含沙量分别为 0.16 kg/m³、0.18 kg/m³、0.21 kg/m³、0.23 kg/m³、0.28 kg/m³ 和 0.32 kg/m³。而各层的最大值分别仅为 0.24 kg/m³、0.28 kg/m³、0.33 kg/m³、0.35 kg/m³、0.49 kg/m³ 和 0.54 kg/m³。可知，随着中潮期潮流速增大，含沙量与小潮期相比略有增大。

表 4.2.13　南港河道中潮含沙量特征值统计表　　　(单位：kg/m³)

项目	表层	0.2 H	0.4 H	0.6 H	0.8 H	底层	垂向平均
平均值	0.16	0.18	0.21	0.23	0.28	0.32	0.22
最大值	0.24	0.28	0.33	0.35	0.49	0.54	0.35

续表

项目	表层	0.2H	0.4H	0.6H	0.8H	底层	垂向平均
最小值	0.09	0.10	0.11	0.12	0.13	0.17	0.06
涨潮平均	0.16	0.17	0.18	0.19	0.23	0.28	0.18
涨潮最大	0.21	0.22	0.23	0.23	0.27	0.40	0.24
落潮平均	0.16	0.18	0.22	0.25	0.30	0.34	0.24
落潮最大	0.24	0.28	0.33	0.35	0.49	0.54	0.35

大潮：大潮期间南港河道含沙量仍然较低，潮周期平均含沙量为 0.23 kg/m³，其中最大值为 0.34 kg/m³，与小潮期间相比潮汐增强，潮流速增大 65%。而平均含沙量略有增大(表 4.2.14)，而含沙量垂向分布发生一些变化，表层含沙量非常低，仅为 0.10 kg/m³ 左右，近底层含沙量明显增长 3.5 倍，涨潮期最大含沙量为 0.27 kg/m³，落潮期为 0.34 kg/m³，落潮含沙量大于涨潮。再从图 4.2.16 中第 135～150 h 时段看，全潮中的含沙量出现沙峰，较高含沙量主要出现在中下层水体，这与大潮期涨落潮过程中水流速相对较大有关。

表 4.2.14　南港河道大潮含沙量和潮流速特征值统计表

类型	特征值	表层	0.2H	0.4H	0.6H	0.8H	底层	垂向平均
含沙量 /(kg/m³)	平均值	0.10	0.17	0.20	0.26	0.30	0.35	0.23
	最大值	0.22	0.30	0.33	0.38	0.45	0.49	0.34
	涨潮平均	0.11	0.17	0.19	0.24	0.29	0.34	0.22
	涨潮最大	0.21	0.26	0.25	0.31	0.32	0.46	0.27
	落潮平均	0.10	0.18	0.21	0.26	0.30	0.35	0.23
	落潮最大	0.22	0.30	0.33	0.38	0.45	0.49	0.34
潮流速 /(m/s)	平均值	0.95	0.93	0.87	0.79	0.68	0.59	0.81
	最大值	1.55	1.48	1.41	1.27	1.08	0.96	1.30

4.2.4.2　泥沙再悬浮与含沙量变化

近年来南港河道洪季大潮实测含沙量在 0.23～0.46 kg/m³，潮周期平均含沙量为 0.42 kg/m³。受流域来沙锐减的影响，与以往实测含沙量相比(李九发和何青，2000)，南港河道含沙量减少 40% 左右(表 4.1.2)。但因为南港河道位于河口段中游，同时受流域和海域来水来沙的影响，所以含沙量不仅存在时间变化规律，还具有空间变化规律。

首先，南港河道上游河段(P₁测站)洪季大潮平均流速和含沙量的年际变化如图 4.2.17 所示。近年来，南港河道上游河段含沙量表现出不同年份的变化特征。2002～2009 年上游河道含沙量变化不大，一般在 0.40 kg/m³ 左右，仅 2006 年含沙量较低，这与 2006 年流域特枯水情来沙量异常减少有关(闫虹等，2008)。尽管如此，从 2009 年开始，在潮平均流速变化不大的动力条件下，含沙量显著减少，2011 年洪季大潮含沙量仅为 0.23 kg/m³，表明南港河道上游河段含沙量总体在减少。再由 P_1 测站平均流速和含沙量的散点关系图看(图 4.2.18a)，在相近的潮流速条件下，2010 年和 2011 年的含沙量明显比前几年低，其中 2011 年的含沙量减少约 38%。另外，2008 年和 2010 年两个潮周期的瞬时流速和含沙量的散点关系如图 4.2.18c，2010 年流域来沙比 2008 年略大(见表 4.1.1)，而在南港上段河道 2010 年比 2008 年的含沙量低。可见，2009 年之前南港河道上游河段含沙量变化不大，但之后开始明显减少，说明南港河道上游河段含沙量对流域来沙锐减的响应有滞后性，表明在流域来沙减少的初期，该河道河床表层沉积物中具有一定数量的细颗粒泥沙被潮流掀起补充水体含沙量，随着河床沉积物粗化，可再悬浮的泥沙减少，水体含沙量的补给量不足，含沙量必然降低，充分显示了该河道河段泥沙输运过程存在自我调节功能。

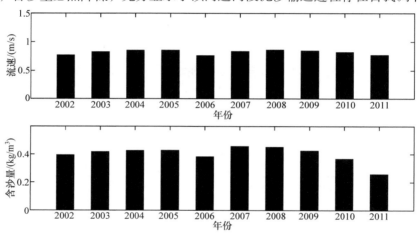

图 4.2.17   南港河道 P_1 测站洪季大潮平均流速和含沙量年际变化图

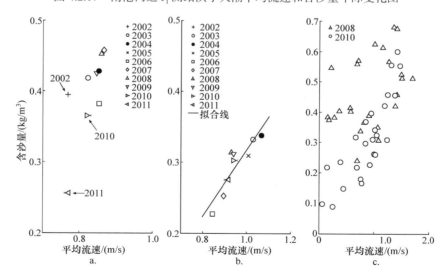

图 4.2.18   南港河道洪季大潮流速和含沙量关系散点图

从南港下游河道(P_3测站)洪季大潮平均流速和含沙量的年际变化图看(图 4.2.19)。南港下游河道平均流速多年来变化也不大,而近年来含沙量略微减少,但减少的趋势性不明显。此外,P_3测站平均流速和含沙量的散点关系图表明流速和含沙量之间存在明显的正相关关系(图 4.2.18b),而且含沙量数据点都在拟合线附近,这也进一步表明南港下游河道含沙量与流速变化基本一致,近年来含沙量与流速没有明显的趋势变化,说明南港下游河道含沙量变化对流域来沙减少的响应尚不明显,表明目前该河段河道位于河口最大浑浊带上端,同时接受海域来沙的补充(吴加学,2003)。所以,在流域来沙锐减背景下,南港下游河道水体含沙量减少较少。目前,该河段河道泥沙输运过程存在较强的自我调节能力。此外,从南港河道输沙量看(表 4.2.15),下游河道(P_3)单宽输沙量大于上游河段(P_1),优势沙比值均向海输送。

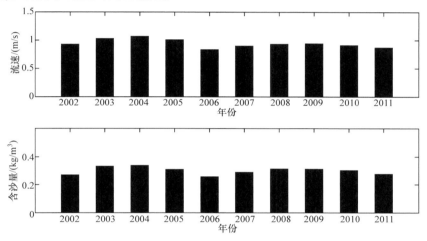

图 4.2.19　南港河道 P_3 测站洪季大潮平均流速和含沙量年际变化图

表 4.2.15　2002 年和 2011 年南港河道 P_1、P_3 测站洪季大潮涨落潮单宽输沙量统计表

年份	测站	单宽涨潮输沙量/t	单宽落潮输沙量/t	单宽净输沙量/t	优势沙/%
2002	P_1测站	31.91	57.07	25.16	64.13
	P_3测站	49.99	105.76	55.77	67.90
2011	P_1测站	31.22	72.09	40.87	69.78
	P_3测站	66.08	96.94	30.86	59.47

同样,图 4.2.20 所示为南港河道实测含沙量对应的流域输沙量时间变化序列图。可知,2003 年三峡大坝蓄水拦沙后,流域来沙锐减 67%,南港上游河道含沙量从 2009 年前后开始显著减少,存在一个约 6 a 的滞后响应期。水流挟沙力理论认为(张瑞瑾等,1989),当上游来沙高于水流挟沙力时,水流含沙量呈超饱和状态,部分泥沙会沉降河床,河床便会发生淤积。反之,当上游来沙低于水流挟沙力时,水流含沙量呈未饱和状态,部分河床泥沙会再悬浮进行补给,河床便会发生冲刷。随着河床泥沙不断粗化而可侵蚀泥沙减少,侵蚀速率逐渐下降,水体含沙量最终仍会减少。近年来在长江流域多年

平均径流量和河口潮汐基本稳定的背景下，当上游来沙显著减少，低于水流挟沙力时，水流含沙量呈未饱和状态，部分河床泥沙再悬浮进行补给。因此，当 2003 年开始长江流域来沙锐减以后，南港上游河道河床部分细颗粒泥沙被再悬浮以补充水体含沙量，而随着河床沉积物中可侵蚀泥沙减少，侵蚀速率下降，水体含沙量最终于 2009 年前后开始显著减少。

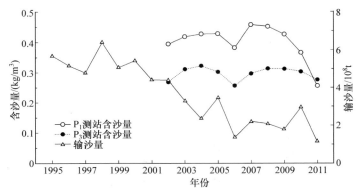

图 4.2.20　南港河道含沙量和流域输沙量时间序列图

再从南港河道上游河段洪季大潮实测悬沙和床沙中值粒径年际变化图看(图 4.2.21)，2009 年之前悬沙粒径基本呈稳定，平均粒径在 9.7 μm 左右，但 2009 年前后悬沙粒径开始明显增大(图 4.2.21a)，表明悬沙粒径变粗和含沙量降低的时间基本一致。与此同时，床沙粒径也从 2009 年前后开始显著增大(图 4.2.21b)。众所周知，河床由不同颗粒粒径的泥沙组成，而水流挟带细颗粒泥沙的能力总是大于挟带粗颗粒泥沙的能力。因此，随着河床冲刷而被水流带走的细颗粒泥沙逐渐增多，河床底沙逐渐粗化，同时水流挟沙力随之减小，含沙量开始降低。可见，南港河道悬沙和床沙粒径对流域来沙量减少的响应具有时间滞后性，符合水流挟沙力基本规律。

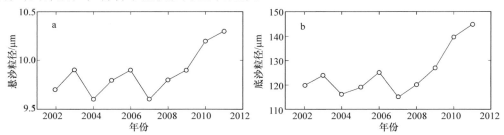

图 4.2.21　南港上游河道洪季悬沙和底沙中值粒径年际变化图

再次从 2011 年洪季大潮期间南港上游河道(P_1 测站)泥沙颗粒形态垂向变化看，近年来南港河道再悬浮作用增强，悬沙和底沙交换作用强烈。在高流速条件下，水体中的泥沙颗粒较大，反之较小。总体上，泥沙颗粒粒径由表层至底层逐渐增大。在大潮落急时，近底层(1.0 H)泥沙中值粒径为 43.28 μm，但有些极值颗粒可达数百微米(图 4.2.22a 和图 4.2.22c)；中层(0.6 H)泥沙中值粒径为 23.73 μm，仍有些极值颗粒可达数百微米

(图 4.2.22b)，次表层(0.2 H)泥沙中值粒径仅为 11.96 μm，但仍然存在较大颗粒(图 4.2.22d)。由此可见，近期南港上游河道泥沙再悬浮作用明显，悬沙和底沙交换强烈。因此，底沙运动必将更加活跃，与该段河道含沙量和泥沙粒径变化相一致，近期南港河道上游河段主槽正处于冲刷过程中。

图 4.2.22 2011 年洪季大潮期间南港河道悬沙颗粒扫描电镜照片

4.2.5 北槽河道

4.2.5.1 含沙量潮周期变化

北槽河道为长江河口三级分汊出海通道。2012 年 4 月在北槽河道中游河段连续 9d 进行潮流、含沙量和悬沙颗粒观测和沉积物采样。2012 年 4 月大通站当月平均含沙量分别为 0.130 kg/m³，当年年平均含沙量为 0.160 kg/m³。当时北槽河道实测平均含沙量在 0.17~0.55 kg/m³，含沙量大于流域来沙量。从图 4.2.23 看，北槽河道从小潮到大潮，其表层到底层含沙量的变化幅度很大，这一特点与北支河道含沙量分布截然不同。北槽河道表层平均含沙量均小于 0.50 kg/m³，而大潮时近底层最大值为 3.130 kg/m³。随着潮动力增加，从小潮到大潮含沙量也逐渐增加。

小潮：如表 4.2.16 所示，小潮期间潮动力较弱，含沙量普遍较低，潮周期垂线平均含沙量为 0.17 kg/m³，与近十年流域大通站年均含沙量相近，比观测月份大通站含沙量高，而且小潮期涨、落潮平均含沙量与潮周期垂线平均含沙量几乎一致。而最大含沙量较大，其值为 0.96 kg/m³，出现在涨急的近底层，在落憩的表层出现最小含沙量很小的现象。这表明，目前北槽河道涨潮期水流推进来的近底层含量较高，而落潮期历时长，流速小，泥沙容易缓慢下沉，在中下层形成浑浊带，在航槽容易产生泥沙淤积。

从表层到底层含沙量垂向分布看(表 4.2.16)，小潮期间，由表层至底层潮周期平均含沙量分别为 0.10 kg/m³、0.12 kg/m³、0.14 kg/m³、0.16 kg/m³、0.21 kg/m³ 和 0.34 kg/m³。而各层的最大值分别可以达到 0.21 kg/m³、0.31 kg/m³、0.37 kg/m³、0.37 kg/m³、0.5 kg/m³ 和 0.96 kg/m³。表层与底层含沙量差异很大。

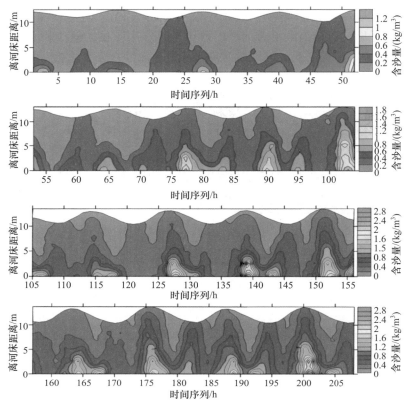

图 4.2.23　北槽河道小潮至大潮含沙量等值线剖面图

再从图 4.2.23 看，由于小潮期潮流速低，含沙量普遍较低，一个潮周期过程中含沙量峰和谷并不明显，相比之下，涨急后期时段近底层含沙量略成峰形，但含沙量并不高。

表 4.2.16　北槽河道小潮含沙量和潮流速特征值统计表

类型	特征值	表层	0.2 H	0.4 H	0.6 H	0.8 H	底层	垂向平均
含沙量 /(kg/m³)	平均值	0.10	0.12	0.14	0.16	0.21	0.34	0.17
	最大值	0.21	0.31	0.37	0.37	0.51	0.96	0.36
	涨潮平均	0.10	0.12	0.13	0.15	0.20	0.43	0.17
	涨潮最大	0.21	0.21	0.27	0.30	0.51	0.96	0.30
	落潮平均	0.10	0.12	0.15	0.17	0.21	0.26	0.17
	落潮最大	0.20	0.31	0.37	0.37	0.42	0.43	0.36
潮流速 /(m/s)	平均值	0.58	0.55	0.55	0.57	0.52	0.48	0.54
	最大值	1.37	1.33	1.21	1.17	1.01	0.96	1.13

中潮：如表 4.2.17 所示，中潮期间北槽河道潮流速明显增强，含沙量普遍增高，潮周期垂线平均含量为 0.42 kg/m³，是小潮期的两倍多，而且涨、落潮平均含沙量与潮周

期垂线平均含沙量差异较小，最大含沙量较大，其值为 1.72 kg/m³，出现在涨急的近底层，在落憩的表层出现最小含沙量很小的现象，这与小潮一样，涨潮期水流推进使近底层含沙量很高，而落潮期历时长，使涨潮流掀起的泥沙缓慢下沉，在中下层形成较高含沙量的浑浊带。从表层到底层含沙量垂向分布看，表层至底层的各层含沙量差异很大，各层的平均含沙量分别为 0.19 kg/m³、0.26 kg/m³、0.33 kg/m³、0.45 kg/m³、0.57 kg/m³ 和 0.80 kg/m³，而各层的最大值分别可以达到 0.39 kg/m³、0.79 kg/m³、0.90 kg/m³、1.28 kg/m³、1.33 kg/m³ 和 1.72 kg/m³。表层与底层含沙量差值在 4 倍以上。同样，涨、落潮含沙量垂向分布也是如此，近底层出现高含沙浓度水流现象，"沙舌"形态仅出现在近底层水域，高浓度水体容易引起泥沙在航槽中淤积。

表 4.2.17　北槽河道中潮含沙量和潮流速特征值统计表

类型	特征值	表层	0.2 H	0.4 H	0.6 H	0.8 H	底层	垂向平均
含沙量 /(kg/m³)	平均值	0.19	0.26	0.33	0.45	0.57	0.80	0.42
	最大值	0.39	0.79	0.90	1.28	1.33	1.72	1.03
	涨潮平均	0.20	0.31	0.38	0.56	0.67	0.87	0.49
	涨潮最大	0.39	0.79	0.90	1.28	1.33	1.72	1.03
	落潮平均	0.18	0.23	0.29	0.35	0.48	0.74	0.36
	落潮最大	0.31	0.46	0.52	0.64	0.83	1.64	0.54
潮流速 /(m/s)	平均值	0.91	0.88	0.89	0.84	0.78	0.74	0.84
	最大值	1.83	1.67	1.58	1.48	1.31	1.30	1.49

大潮：如表 4.2.18 所示，大潮期间北槽河道潮周期垂线平均含量为 0.55 kg/m³，比中潮期略有增大，其中，最大值为 2.26 kg/m³，出现在底层涨急时期，在表层涨憩时刻出现最小值。从表层到底层含沙量垂向分布看，表层至底层各层含沙量差异很大，各层的平均含沙量分别为 0.23 kg/m³、0.35 kg/m³、0.43 kg/m³、0.57 kg/m³、0.77 kg/m³ 和 1.07 kg/m³，而各层的最大值分别可以达到 0.60 kg/m³、0.76 kg/m³、0.90 kg/m³、1.26 kg/m³、1.72 kg/m³ 和 2.26 kg/m³。表层与底层含沙量相差 4 倍左右，近底层含沙量较高成为北槽河道泥沙输运的特色。

表 4.2.18　北槽河道大潮含沙量和潮流速特征值统计表

类型	特征值	表层	0.2 H	0.4 H	0.6 H	0.8 H	底层	垂向平均
含沙量 /(kg/m³)	平均值	0.23	0.35	0.43	0.57	0.77	1.07	0.55
	最大值	0.60	0.76	0.90	1.26	1.72	2.26	1.07
	涨潮平均	0.21	0.37	0.47	0.68	0.93	1.25	0.62
	涨潮最大	0.42	0.74	0.90	1.26	1.72	2.26	1.07
	落潮平均	0.25	0.33	0.40	0.50	0.66	0.92	0.50
	落潮最大	0.60	0.76	0.87	1.04	1.13	1.73	0.92

续表

类型	特征值	表层	0.2H	0.4H	0.6H	0.8H	底层	垂向平均
潮流速 /(m/s)	平均值	1.07	1.08	1.09	1.00	0.89	0.81	1.00
	最大值	1.83	1.77	1.74	1.58	1.37	1.31	1.58

图 4.2.23 显示，潮周期含沙量分别出现 2 峰 2 谷现象，出现在第 189 时刻、第 192 时刻和第 202 时刻、第 205 时刻。峰值分别出现在涨、落急后期时段，而且均出现由床面向中层水体上升的"沙舌"形状，涨潮的"沙舌"中的含沙量明显大于落潮。而沙谷出现在涨、落憩后期时刻，而且此时段中上层含沙量普遍很低，再次说明在低流速时期大量泥沙已下沉河床。

4.2.5.2　含沙量纵向分布及变化

众所周知，1998～2011 年北槽河道实施了深水航道整治工程(Jiang et al，2013；刘杰，2008)，在工程实施初期的 1999 年洪季、2000 年枯季和工程实施后期的 2008 年洪季、2009 年枯季大潮期北槽河道主河道纵向实测含沙量资料，从图 4.2.24～图 4.2.27 看，无论是深水航道整治工程前期还是后期，是涨、落潮平均含沙量还是最大含沙量，基本上以 C_{11}～C_{12} 测站河段含沙量最大值为中心，向河道上游和河道下游含沙量均减小。表明北槽河道深水航道整治工程实施前后河道含沙量纵向分布规律基本一致，C_{11}～C_{12} 测站河段为最大浑浊带发育的核心区(刘杰，2008)。

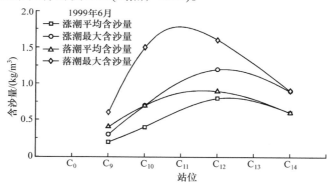

图 4.2.24　1999 年洪季含沙量纵向分布图

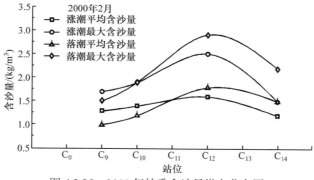

图 4.2.25　2000 年枯季含沙量纵向分布图

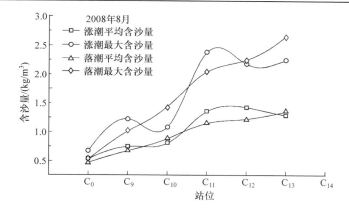

图 4.2.26　2008 年洪季含沙量纵向分布图

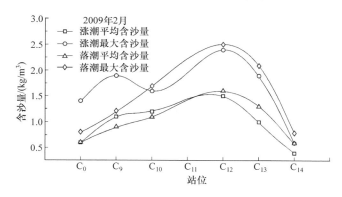

图 4.2.27　2009 年枯季含沙量纵向分布图

4.2.5.3　最大浑浊带泥沙捕集机制

利用垂向-纵向二维的水沙解析模型分析近期北槽河道最大浑浊带泥沙捕集的物理机制。在解析模型中泥沙运动的驱动力包括重力环流、潮流非线性作用、M_2 潮泵作用和 M_4 潮泵作用。由于在模型求解过程中，不同驱动力项产生的水流和含沙量都得到了独立的解析解，以此可逐项探讨各驱动力的输沙作用及其对最大浑浊带强度和位置变化的影响。

对于模拟和理解河口细颗粒泥沙聚集机制，Festa 和 Hansen(1978)的研究表明河口最大浑浊带大量细颗粒泥沙聚集是由重力环流引起的，重力环流为水平密度梯度所驱动(Hansen，1965)，此模型证实了 Postma(1967)对最大浑浊带形成提出的假说。同时，近期相关模型研究表明潮流的非线性作用产生的余流(Chernetsky et al.，2010)和含沙量梯度产生的异重流对细颗粒泥沙的聚集也有重要影响(Talke et al.，2009)。除余流对泥沙聚集的影响以外，另有研究指出潮流和悬沙相互作用引起的泥沙净输运(潮泵机制)对河口细颗粒泥沙捕集有重要贡献(Dyer，1997；Jay and Musiak，1994；Schuttelaars and de Swart，1994；Postma，1967；Groen，1967)。影响泥沙聚集的其他因素还包括它本身的絮凝特性(Liu et al.，2007；Winterwerp，2002)和由河床固实度和生物过程决定的河床可侵蚀度(Dyer，1997；Officer，1981)。另外，潮流场和密度场的相互作用使潮周期内的垂向混合程度随潮流发生变化(Burchard et al.，2008；Simpson et al.，1990)，此潮汐应力作用也会产生余流(Cheng et al.，2011；Stacey et al.，2008)。同时，Talke 等(2009)、Chernetsky 等(2010)及其他学者，通过建立简单的半解析模型分析不同物理机制在纵向泥沙聚集和沉积过程中的作用，这种模型的优点是便于识别各驱动力对水流结构和泥沙运动的影响，因为其简单快捷，也适宜系统对驱动力变化的敏感性响应分析。此研究建立的水沙模型与 Chernetsky 等(2010)建立的模型结构类似，但 Chernetsky 模型上端为封闭边界，而本模型上端为开边界。另外，模型中加入了两个新的机制，包括潮周期内不均匀混合所产生的余流及其输沙作用，以及 M_2 潮泵机制中的空间沉降滞后作用。尽管在长江河口，对于最大浑浊带的形成机制、变化过程和影响因素的数学模型研究成果较丰富(戚定满等，2012；朱建荣等，2004；丁平兴等，2003；胡克林，2003；时钟和陈伟民，2000；姚运达等，1994；魏守林等，1990)，而通过建立解析模型系统探讨各物理机制对泥沙输移的影响，则属于新的尝试。

(1) 模型

1) 水动力控制方程

沿河道方向的水动力由浅水动量方程控制：

$$\frac{\partial u}{\partial t}+u\frac{\partial u}{\partial x}+w\frac{\partial u}{\partial z}=-g\frac{\partial \eta}{\partial x}+\frac{g}{\rho_0}\frac{\mathrm{d}\rho}{\mathrm{d}x}z+\frac{\partial}{\partial z}\left(A_{\mathrm{v}}\frac{\partial u}{\partial z}\right) \tag{4.2.3}$$

$$\frac{\partial u}{\partial x}+\frac{\partial w}{\partial z}=0 \tag{4.2.4}$$

式中，$x(u)$ 和 $z(w)$ 表示纵向和垂向的坐标(流速)(图 4.2.28)；g 为重力加速度；ρ_0 为 1020 kg/m，是水体参考密度；A_{v} 表示垂向湍流黏滞系数；$\mathrm{d}\rho/\mathrm{d}x$ 表示纵向密度梯度，假设密度只与盐度有关，即 $\rho=\rho_0+\beta S(x)$，S 表示垂向平均盐度的潮周期平均值，单位为 psu。垂向湍流黏滞系数根据公式 $A_{\mathrm{v}}=A_0\left(1+10\mathrm{Ri}\right)^{-1/2}$ (Munk and Anderson，1948)计算，其中，垂向均匀混合状态下的湍流黏滞系数 $A_0=2.5\times10^{-3}\mathrm{U}H_0$ (Bowden et al.，1959)，Richardson 数 $Ri=g\left(\Delta\rho/\rho_0\right)H_0/U^2$ (Dyer，1997)，H_0 表示平均水深的一半，$\Delta\rho$ 表示表底层密度差，U 表示流速。

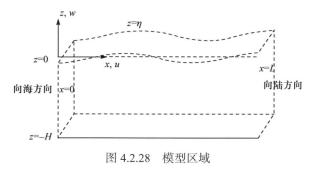

图 4.2.28　模型区域

在自由表面，假设水表面不受到应力作用，满足运动学边界条件：

$$A_v \frac{\partial u}{\partial z} = 0, \quad w = \frac{\mathrm{d}\eta}{\mathrm{d}t}, \quad z = \eta \tag{4.2.5}$$

假设河床不滑动，且不可渗透，无垂向水流，水底满足：

$$u = 0, w = 0, z = -H \tag{4.2.6}$$

由于淡水径流的输入，在潮平均状态下河道的上游边界有一恒定的净输水：

$$\left\langle \int_{-H}^{\eta} u\,\mathrm{d}z \right\rangle = q, \quad x = L \tag{4.2.7}$$

式中，$\langle \cdot \rangle$ 表示潮周期内平均；q 表示单宽流量。

潮流由上游和下游边界的角频率为 ω(1.4×10^{-4} rad/s)的 M_2 分潮驱动，向海一侧的外边界的潮位变化仅由 M_2 分潮驱动：

$$\eta(0,t) = Z_0 \cos(\omega t - \varphi_0), \quad x = 0 \tag{4.2.8}$$

式中，Z_0 和 φ_0 分别表示外边界 M_2 分潮的振幅和相位。为了简化方程，同时又不失普遍性，可把向海一侧边界的 M_2 分潮相位角设为 0，其他河段 M_2 分潮的相位即为与外边界的相位差。

向陆一侧的内边界的潮位变化由 M_2 分潮、M_2 潮汐变形产生的 M_4 分潮和受淡水径流影响内外边界之间存在的水位差组成：

$$\eta = Z_L \cos(\omega t - \varphi_L) + A_{M_4} \cos(2\omega t - \phi) + \langle \eta \rangle, x = L \tag{4.2.9}$$

式中，Z_L 和 φ_L 分别表示内边界 M_2 分潮的振幅和相位；ϕ 是 M_4 和 M_2 分潮的相位差，表达式为 $\phi = \varphi_{M_4} - 2\varphi_L$；$A_{M_4}$ 和 φ_{M_4} 分别表示 M_2 分潮变形产生的 M_4 分潮的振幅和相位；$\langle \eta \rangle$ 表示受淡水径流影响内外边界之间存在的水位差。

2) 泥沙运动控制方程

泥沙运动由泥沙平衡方程控制：

$$\frac{\partial c}{\partial t} + \frac{\partial}{\partial x}\left(uc - K_h \frac{\partial c}{\partial x}\right) + \frac{\partial}{\partial z}\left((w - w_s)c - K_v \frac{\partial c}{\partial z}\right) = 0 \tag{4.2.10}$$

式中，c 表示悬沙浓度；w_s 表示泥沙沉降速率；K_h 和 K_v 分别表示水平和垂向湍流扩散系数，垂向湍流扩散系数计算公式为 $K_v = K_0(1 + 3.33\mathrm{Ri})^{-3/2}$ (Munk and Anderson，1948)，且 $K_0 = A_0$。

在上游边界，假设无悬沙输入，潮周期平均净输沙量为零：

$$\int_{-H}^{\eta} \left\langle uc - K_h \frac{\partial c}{\partial x} \right\rangle = 0, \quad x = L \tag{4.2.11}$$

在水表面，假设无悬沙颗粒跳出，垂向扩散输沙和沉降输沙两者平衡：

$$w_s c + K_v \frac{\partial c}{\partial z} = 0, z = \eta \tag{4.2.12}$$

在水底，由侵蚀作用(再悬浮)产生的垂向输沙为

$$E_s \equiv -K_v \frac{\partial c}{\partial z} = w_s c_{ref}, z = -H \tag{4.2.13}$$

式中，c_{ref} 表示参考含沙量，其表达式为

$$c_{\text{ref}} = a(x)\rho_s \frac{|\tau_b|}{\rho_0 g' d_s} \tag{4.2.14}$$

式中，ρ_s 和 d_s 表示泥沙的容重和粒径；$\tau_b/(\rho_0 g' d_s)$ 表示无量纲的床面剪切应力；$a(x)$ 为无量纲的沿纵向变化的侵蚀系数，侵蚀系数决定了床底可再悬浮泥沙的量。无量纲的床面剪切应力中，有效重力加速度 $g' = g \dfrac{(\rho_s - \rho_0)}{\rho_0}$，床面剪切应力为

$$\tau_b = \rho_0 A_v \left. \frac{\partial u}{\partial z} \right|_{z=-H} \tag{4.2.15}$$

因此，床底的泥沙平衡为

$$w_s c + K_v \frac{\partial c}{\partial z} = w_s (c - c_{\text{ref}}), \quad z = -H \tag{4.2.16}$$

由以上水动力和泥沙运动控制方程可确定悬沙的垂向结构和时间变化，但悬沙的纵向分布还取决于 $a(x)$，而 $a(x)$ 将引入动力地貌平衡条件来解出。

3) 动力地貌平衡条件

根据 Friedrichs 和 Aubrey(1994)、Huijts 等(2006)以及 Chernetsky 等(2010)的研究，将此模型引入动力地貌平衡条件，动力地貌平衡状态指河床在一个潮周期内无净冲刷或净淤积，沿程的单宽净输沙量为零 (Schramkowski and de Swart，2002)。

$$\left\langle \int_{-H}^{\eta} \left(uc - K_h \frac{\partial c}{\partial x} \right) \mathrm{d}z \right\rangle = 0, \; x \in [0, L] \tag{4.2.17}$$

为了确定解方程(4.2.17)时出现的积分常数，加入由河床沉积物性质决定的附加条件：

$$\frac{1}{L} \int_0^L a(x) \mathrm{d}x = a^* \tag{4.2.18}$$

式中，a^* 表示参考侵蚀系数，指示模型区域内床底可再悬浮泥沙的平均量，一般泥质河段的量级为 10^{-5}。

(2) 摄动分析和模型的求解

为了求解非线性控制方程组，应用摄动分析方法对方程组进行分解。首先对方程进行量纲分析，把方程组转化为无量纲方程组，再把模型中所有随潮汐变化的变量用摄动系列来表示，最后把阶数相同的项组合起来，得到各阶变量的控制方程，方程转化为线性，可分别对各阶变量进行求解。

为了比较方程中各项的量级，对方程进行量纲分析，各变量的无量纲变量分别为

$$\tilde{x} = \frac{x}{L_g}, \quad \tilde{l} = L / L_g$$

$$\tilde{z} = \frac{z}{H}, \quad \tilde{\eta} = \eta / z_0$$

$$\tilde{t} = \omega t, \quad \tilde{z}_L = z_L / z_0$$

$$\tilde{k}_* = k_* \cdot L_g, \quad \tilde{u} = \frac{u}{U}$$

$$\tilde{\mu} = \mu \cdot H, \quad \tilde{w} = \frac{w}{W} \tag{4.2.19}$$

式中，上标˜表示无量纲变量，水平尺度为潮波的波长 $L_g = \frac{\sqrt{gH}}{\omega}$，纵向和垂向流速的尺度分别为 $U = \frac{gz_0}{\omega L_g}$ 和 $W = \frac{HU}{L_g}$。把无量纲变量代入式(4.2.3)～式(4.2.17)中，得到无量纲控制方程组。在量纲分析过程中，出现了一个重要参数 ε，一个潮周期内潮流行进的距离和潮波波长的比值 $(U/\omega)/L_g$，即为潮汐振幅和水深的比值 z_0/H，此参数为衡量非线性项相对于线性项的重要性指标，ε 的量值在系统中远小于 1，却不能忽略。

无量纲浅水动量方程为：

$$\frac{\partial \tilde{u}}{\partial \tilde{t}} + \frac{U}{L_g \omega} \tilde{u} \frac{\partial \tilde{u}}{\partial \tilde{x}} + \frac{W}{H\omega} \tilde{w} \frac{\partial \tilde{u}}{\partial \tilde{z}} = -\frac{gz_0}{L_g U \omega} \frac{\partial \tilde{\eta}}{\partial \tilde{x}} + \frac{gH\Delta\rho}{L_g \omega U \rho_0} \frac{\partial \tilde{\rho}}{\partial \tilde{x}} + \frac{A_v}{\omega H^2} \frac{\partial^2 \tilde{u}}{\partial \tilde{z}^2} \tag{4.2.20}$$

可改写为

$$\frac{\partial \tilde{u}}{\partial \tilde{t}} + \varepsilon\left(\tilde{u}\frac{\partial \tilde{u}}{\partial \tilde{x}} + \tilde{w}\frac{\partial \tilde{u}}{\partial \tilde{z}}\right) = -\frac{\partial \tilde{\eta}}{\partial \tilde{x}} + \varepsilon\gamma \frac{\partial \tilde{\rho}}{\partial \tilde{x}} \tilde{z} + \frac{E_v}{2} \frac{\partial^2 \tilde{u}}{\partial \tilde{z}^2} \tag{4.2.21}$$

式中，$E_v = \frac{2A_v}{\omega H^2} \sim \sigma(1)$；$\varepsilon\gamma = \frac{gHG\Delta\rho}{L_g \omega U \rho_0} = \frac{\sqrt{gH}}{U}\frac{\Delta\rho}{\rho_0} = \frac{1}{\varepsilon}\frac{\Delta\rho}{\rho_0}$，且 $\frac{\Delta\rho}{\rho_0} = \sigma(\varepsilon^2)$，因此，$\gamma \sim \sigma(1)$。

边界条件为

$$\frac{\partial \tilde{u}}{\partial \tilde{z}} = 0, \tilde{w} = \frac{\partial \tilde{\eta}}{\partial \tilde{t}} + \varepsilon\tilde{u}\frac{\partial \tilde{\eta}}{\partial \tilde{x}}, \quad \tilde{z} = \varepsilon\tilde{\eta} \tag{4.2.22}$$

$$\tilde{u} = 0, \tilde{w} = 0, \tilde{z} = -1 \tag{4.2.23}$$

$$\tilde{\eta}(0,\tilde{t}) = \cos(\tilde{t}), \tilde{x} = 0 \tag{4.2.24}$$

$$\tilde{\eta}(\tilde{l},\tilde{t}) = \tilde{z}_L \cos(\tilde{t} - \varphi_L), \tilde{x} = \tilde{l} \tag{4.2.25}$$

$$\langle\int_{-1}^{\varepsilon\tilde{\eta}} \tilde{u}d\tilde{z}\rangle = \varepsilon\tilde{q}, \tilde{x} = \tilde{l} \tag{4.2.26}$$

式中，$\tilde{q} = \frac{q}{\varepsilon UH}$，为无量纲单宽流量。

应用泰勒公式，把自由水面($\tilde{z} = \varepsilon\tilde{\eta}$)的边界条件式(4.2.22)转化为潮平均水位($\tilde{z} = 0$)的边界条件：

$$\frac{\partial \tilde{u}}{\partial \tilde{z}} + \varepsilon\tilde{\eta}\frac{\partial^2 \tilde{u}}{\partial \tilde{z}^2} + \cdots = 0, \tilde{z} = 0 \tag{4.2.27}$$

应用泰勒公式，把边界条件式(4.2.26)的积分上限从自由水面转化到潮平均水位，得

$$\langle\int_{-1}^{0} \tilde{u}d\tilde{z} + \varepsilon\tilde{\eta}\tilde{u}_{z=0}\rangle = \varepsilon\tilde{q}, \tilde{x} = \tilde{l} \tag{4.2.28}$$

接下来，把连续方程从 $\tilde{z}=-1$ 到 $\tilde{z}=\varepsilon\tilde{\eta}$ 积分，即 $\int_{-1}^{\varepsilon\tilde{\eta}}\left(\dfrac{\partial\tilde{u}}{\partial\tilde{x}}+\dfrac{\partial\tilde{w}}{\partial\tilde{z}}\right)\mathrm{d}\tilde{z}=0$，并应用边界条件 $\tilde{w}=\dfrac{\partial\tilde{\eta}}{\partial\tilde{t}}+\varepsilon\tilde{u}\dfrac{\partial\tilde{\eta}}{\partial\tilde{x}}$，可转化为以下方程：

$$\frac{\partial\tilde{\eta}}{\partial\tilde{t}}+\frac{\partial}{\partial\tilde{x}}\int_{-1}^{\varepsilon\tilde{\eta}}\tilde{u}\mathrm{d}\tilde{z}=0 \tag{4.2.29}$$

应用泰勒公式把式(4.2.29)的积分上限从自由水面转化到潮平均水位，得

$$\frac{\partial\tilde{\eta}}{\partial\tilde{t}}+\frac{\partial}{\partial\tilde{x}}\left\{\int_{-1}^{0}\tilde{u}\mathrm{d}\tilde{z}+\varepsilon\tilde{\eta}\tilde{u}_{\tilde{z}=0}+\cdots\right\}=0 \tag{4.2.30}$$

无量纲泥沙平衡方程为

$$\frac{\partial\tilde{c}}{\partial\tilde{t}}+\frac{U}{\omega L_{\mathrm{g}}}\frac{\partial(\tilde{u}\tilde{c})}{\partial\tilde{x}}+\frac{W}{\omega H}\frac{\partial(\tilde{w}\tilde{c})}{\partial\tilde{z}}-\frac{k_{h}}{\omega L_{\mathrm{g}}^{2}}\frac{\partial^{2}\tilde{c}}{\partial\tilde{x}^{2}}-\frac{w_{s}}{\omega H}\frac{\partial\tilde{c}}{\partial\tilde{z}}-\frac{k_{v}}{H^{2}\omega}\frac{\partial^{2}\tilde{c}}{\partial\tilde{z}^{2}}=0 \tag{4.2.31}$$

可改写为

$$\frac{\partial\tilde{c}}{\partial\tilde{t}}+\varepsilon\left(\frac{\partial(\tilde{u}\tilde{c})}{\partial\tilde{x}}+\frac{\partial(\tilde{w}\tilde{c})}{\partial\tilde{z}}\right)-\varepsilon^{2}\tilde{k}_{h}\frac{\partial^{2}\tilde{c}}{\partial\tilde{x}^{2}}-\tilde{w}_{s}\frac{\partial\tilde{c}}{\partial\tilde{z}}-\tilde{k}_{v}\frac{\partial^{2}\tilde{c}}{\partial\tilde{z}^{2}}=0 \tag{4.2.32}$$

其中，$\tilde{k}_{\mathrm{h}}=\dfrac{k_{h}}{\omega L_{\mathrm{g}}^{2}}\varepsilon^{-2}$，$\tilde{w}_{\mathrm{s}}=\dfrac{w_{s}}{\omega H}$，$\tilde{k}_{\mathrm{v}}=\dfrac{k_{v}}{H^{2}\omega}$，$\tilde{c}=\dfrac{c}{C}$ 且 $C=\dfrac{\rho_{s}A_{v}Ua^{*}}{Hg'd_{s}}$，$\tilde{c}_{\mathrm{ref}}=\tilde{a}(\tilde{x})\left|\tilde{\tau}_{\mathrm{b}}\right|$

边界条件为

$$\tilde{w}_{s}\tilde{c}+\tilde{k}_{v}\frac{\partial\tilde{c}}{\partial\tilde{z}}=0,\ \ \tilde{z}=\varepsilon\tilde{\eta} \tag{4.2.33}$$

$$\tilde{w}_{s}\tilde{c}_{\mathrm{ref}}+\tilde{k}_{v}\frac{\partial\tilde{c}}{\partial\tilde{z}}=0,\ \ \tilde{z}=-1 \tag{4.2.34}$$

接下来，应用泰勒公式，把自由水面($\tilde{z}=\varepsilon\tilde{\eta}$)的边界条件式(4.2.33)转化为潮平均水位($\tilde{z}=0$)的边界条件，即

$$\tilde{w}_{s}\left(\tilde{c}+\varepsilon\tilde{\eta}\frac{\partial\tilde{c}}{\partial\tilde{z}}\right)+\tilde{k}_{v}\left(\frac{\partial\tilde{c}}{\partial\tilde{z}}+\varepsilon\tilde{\eta}\frac{\partial^{2}\tilde{c}}{\partial\tilde{z}^{2}}\right)=0,\ \ \tilde{z}=0 \tag{4.2.35}$$

无量纲动力地貌平衡条件为

$$\left\langle\int_{-1}^{\varepsilon\tilde{\eta}}\left(\tilde{u}\tilde{c}-\varepsilon^{2}\frac{\omega L_{\mathrm{g}}}{U}\tilde{k}_{h}\cdot\frac{\partial\tilde{c}}{\partial\tilde{x}}\right)\mathrm{d}\tilde{z}\right\rangle=0 \tag{4.2.36}$$

可改写为

$$\left\langle\int_{-1}^{\varepsilon\tilde{\eta}}\left(\tilde{u}\tilde{c}-\varepsilon\tilde{k}_{h}\cdot\frac{\partial\tilde{c}}{\partial\tilde{x}}\right)\right\rangle\mathrm{d}\tilde{z}=0 \tag{4.2.37}$$

应用泰勒公式，把式(4.2.37)的积分上限从自由水面转化为到潮平均水位，得到：

$$\left\langle\int_{-1}^{0}\left(\tilde{u}\tilde{c}-\varepsilon\tilde{k}_{\mathrm{h}}\cdot\frac{\partial\tilde{c}}{\partial\tilde{x}}\right)\mathrm{d}\tilde{z}+\varepsilon\tilde{\eta}\tilde{u}\tilde{c}\big|_{\tilde{z}=0}\right\rangle=0 \tag{4.2.38}$$

最后，用摄动系列(精确到一阶)来构建模型无量纲方程系统进行求解，即把模型中

所有随潮汐变化的变量写成

$$\tilde{\vartheta} = \tilde{\vartheta}_0 + \varepsilon\tilde{\vartheta}_1 \tag{4.2.39}$$

式中，ϑ 为任何潮变化的变量，u、w、η、c；上标 ˜ 表示无量纲变量；下标表示各成分的阶数，0 表示 0 阶，1 表示 1 阶。另外，由于潮周期内不均匀混合作用，$E_v = \bar{E}_v + \varepsilon E'_v$。把各变量的摄动系列代入无量纲方程中，再把 ε 阶数相同的项分别组合起来，就可得到 0 阶系统(主阶)方程和 1 阶系统方程。

(3) 主阶系统方程

1) 水动力控制方程

主阶系统中纵向水流为局部加速度、水面坡度和垂向湍流耗散的平衡，其水动力控制方程为

$$\frac{\partial\tilde{u}_0}{\partial\tilde{t}} = -\frac{\partial\tilde{\eta}_0}{\partial\tilde{x}} + \frac{\bar{E}_v}{2} \cdot \frac{\partial^2\tilde{u}_0}{\partial\tilde{z}^2} \tag{4.2.40}$$

$$\frac{\partial\tilde{\eta}_0}{\partial\tilde{t}} + \frac{\partial}{\partial\tilde{x}}\left\{\int_{-1}^{0}\tilde{u}_0\mathrm{d}\tilde{z}\right\} = 0 \tag{4.2.41}$$

主阶系统水动力仍满足水表面无应力、床底不滑动，且无垂向水流的边界条件，并由上下游边界的 M_2 分潮驱动，因此，$\tilde{u}_0$、$\tilde{w}_0$、$\tilde{\eta}_0$ 可进一步定义为 $\tilde{u}_{02}$、$\tilde{w}_{02}$、$\tilde{\eta}_{02}$，下标中第 2 个数字表示变量所对应的分潮。

$$\frac{\partial\tilde{u}_{02}}{\partial\tilde{z}} = 0, \quad \tilde{w}_{02} = \frac{\partial\tilde{\eta}_{02}}{\partial\tilde{t}}, \quad \tilde{z} = 0 \tag{4.2.42}$$

$$\tilde{u}_{02} = 0, \quad \tilde{w}_{02} = 0, \quad \tilde{z} = -1 \tag{4.2.43}$$

$$\tilde{\eta}_{02}(0,\tilde{t}) = \cos(\tilde{t}), \quad \tilde{x} = 0 \tag{4.2.44}$$

$$\tilde{\eta}_{02}(\tilde{l},\tilde{t}) = \tilde{z}_L\cos(\tilde{t} - \varphi_L), \quad \tilde{x} = \tilde{1} \tag{4.2.45}$$

2) 泥沙运动控制方程

主阶系统的悬沙浓度的局地变化为垂向沉降和扩散的结果，泥沙平衡控制方程为

$$\frac{\partial\tilde{c}_0}{\partial\tilde{t}} - \tilde{w}_s\frac{\partial\tilde{c}_0}{\partial\tilde{z}} - \tilde{k}_v\frac{\partial^2\tilde{c}_0}{\partial\tilde{z}^2} = 0 \tag{4.2.46}$$

在水表面，泥沙沉降和扩散平衡：

$$\tilde{w}_s\tilde{c}_0 + \tilde{k}_v\frac{\partial\tilde{c}_0}{\partial\tilde{z}} = 0, \tilde{z} = 0 \tag{4.2.47}$$

在床底，由侵蚀所产生的垂向泥沙通量为

$$-\tilde{k}_v\frac{\partial\tilde{c}_0}{\partial\tilde{z}} = \tilde{w}_s\tilde{c}_{0(\mathrm{ref})}, \quad \tilde{z} = -1 \tag{4.2.48}$$

式中，$\tilde{c}_{0(\mathrm{ref})} = \tilde{a}(\tilde{x})|\tilde{\tau}_b|_0 = \tilde{a}(\tilde{x})\left|\frac{\partial\tilde{u}_{02}}{\partial\tilde{z}}\right|_{\tilde{z}=-1}$，对 $\tilde{c}_{0(\mathrm{ref})}$ 的谐波分析表明，主阶含沙量包括潮平均项和半日分潮的偶数倍潮，即

$$\tilde{c}_0 = \tilde{c}_{00} + \tilde{c}_{04} + \cdots \tag{4.2.49}$$

(4) 一阶系统方程

1) 水动力控制方程

一阶系统的水动力控制方程为

$$\frac{\partial \tilde{u}_1}{\partial \tilde{t}} + \underbrace{\tilde{u}_0 \frac{\partial \tilde{u}_0}{\partial \tilde{x}} + \tilde{w}_0 \frac{\partial \tilde{u}_0}{\partial \tilde{z}}}_{t} = -\frac{\partial \tilde{\eta}_1}{\partial \tilde{x}} + \underbrace{\gamma \frac{\mathrm{d}\tilde{\rho}}{\mathrm{d}\tilde{x}} \tilde{z}}_{d} + \frac{\overline{E}_v}{2} \frac{\partial^2 \tilde{u}_1}{\partial \tilde{z}^2} + \underbrace{\frac{1}{2} \frac{\partial}{\partial \tilde{z}} (E_v' \frac{\partial \tilde{u}_0}{\partial \tilde{z}})}_{a} \tag{4.2.50}$$

$$\frac{\partial \tilde{\eta}_1}{\partial \tilde{t}} + \frac{\partial}{\partial \tilde{x}} \left\{ \int_{-1}^{0} \tilde{u}_1 \mathrm{d}\tilde{z} + \underbrace{\tilde{\eta}_0 \tilde{u}_0 \big|_{\tilde{z}=0}}_{s} \right\} = 0 \tag{4.2.51}$$

对应的边界条件为

$$\frac{\partial \tilde{u}_1}{\partial \tilde{z}} + \underbrace{\tilde{\eta}_0 \frac{\partial^2 \tilde{u}_0}{\partial \tilde{z}^2}}_{b} = 0, \quad \tilde{z} = 0 \tag{4.2.52}$$

$$\tilde{u}_1 = 0, \quad \tilde{z} = -1 \tag{4.2.53}$$

$$\left\langle \int_{-1}^{0} \tilde{u}_1 \mathrm{d}\tilde{z} \right\rangle + \left\langle \tilde{\eta}_0 \tilde{u}_0 \big|_{\tilde{z}=0} \right\rangle = \underbrace{\tilde{q}}_{q}, \quad at \, \tilde{x} = \tilde{1} \tag{4.2.54}$$

在以上方程组中，$\underbrace{\quad}$ 表示不同的驱动力项，其中径流项(q)和纵向密度梯度项(d)与时间无关，可产生潮平均状态下的余流；而剩下的 4 项由 M_2 分潮的非线性作用产生，包括潮波和潮流相互作用(s)、水面波动(b)、非线性潮动量对流(t)和潮周期内不均匀混合(a)，这 4 项可同时产生余流($\tilde{u}_{10}, \tilde{w}_{10}, \tilde{\eta}_{10}$) 和 M_4 倍潮($\tilde{u}_{14}, \tilde{w}_{14}, \tilde{\eta}_{14}$)。

余流的控制方程为

$$\underbrace{\left\langle \tilde{u}_0 \frac{\partial \tilde{u}_0}{\partial \tilde{x}} + \tilde{w}_0 \frac{\partial \tilde{u}_0}{\partial \tilde{z}} \right\rangle}_{t} = -\frac{\partial \tilde{\eta}_{10}}{\partial \tilde{x}} + \underbrace{\gamma \frac{\mathrm{d}\tilde{\rho}}{\mathrm{d}\tilde{x}} \cdot \tilde{z}}_{d} + \frac{\overline{E}_v}{2} \cdot \frac{\partial^2 \tilde{u}_{10}}{\partial \tilde{z}^2} + \underbrace{\frac{1}{2} \cdot \left\langle \frac{\partial}{\partial \tilde{z}} (E_v' \frac{\partial \tilde{u}_0}{\partial \tilde{z}}) \right\rangle}_{a} \tag{4.2.55}$$

$$\int_{-1}^{0} \tilde{u}_{10} \mathrm{d}\tilde{z} + \underbrace{\left\langle \tilde{\eta}_0 \tilde{u}_0 \big|_{\tilde{z}=0} \right\rangle}_{s} = q \tag{4.2.56}$$

对应的边界条件为

$$\frac{\partial \tilde{u}_{10}}{\partial \tilde{z}} + \underbrace{\left\langle \tilde{\eta}_0 \frac{\partial^2 \tilde{u}_0}{\partial \tilde{z}^2} \right\rangle}_{b} = 0, \quad \tilde{z} = 0 \tag{4.2.57}$$

$$\tilde{u}_{10} = 0, \quad \tilde{z} = -1 \tag{4.2.58}$$

由于方程为线性，各余流成分 $\zeta^{10}(\tilde{u}_{10}, \tilde{w}_{10}, \tilde{\eta}_{10})$ 可分别单独求解：

$$\zeta^{10} = \zeta_d^{10} + \zeta_q^{10} + \zeta_s^{10} + \zeta_b^{10} + \zeta_t^{10} + \zeta_a^{10} \tag{4.2.59}$$

M_4 倍潮的控制方程为

$$\frac{\partial \tilde{u}_{14}}{\partial \tilde{t}} + \underbrace{\left[\tilde{u}_0 \frac{\partial \tilde{u}_0}{\partial \tilde{x}} + \tilde{w}_0 \frac{\partial \tilde{u}_0}{\partial \tilde{z}} \right]_{M4}}_{t} = -\frac{\partial \tilde{\eta}_{14}}{\partial \tilde{x}} + \frac{\overline{E}_v}{2} \cdot \frac{\partial^2 \tilde{u}_{14}}{\partial \tilde{z}^2} + \underbrace{\left[\frac{1}{2} \cdot \frac{\partial}{\partial \tilde{z}} (E_v' \frac{\partial \tilde{u}_0}{\partial \tilde{z}}) \right]_{M_4}}_{a} \tag{4.2.60}$$

$$\frac{\partial \tilde{\eta}_{14}}{\partial \tilde{t}} + \frac{\partial}{\partial \tilde{x}} \left\{ \int_{-1}^{0} \tilde{u}_{14} \mathrm{d}\tilde{z} + \underbrace{\left[\tilde{\eta}_0 \tilde{u}_0 \big|_{\tilde{z}=0} \right]_{M_4}}_{s} \right\} = 0 \tag{4.2.61}$$

对应的边界条件为

$$\frac{\partial \tilde{u}_{14}}{\partial \tilde{z}} + \underbrace{\left[\tilde{\eta}_0 \frac{\partial^2 \tilde{u}_0}{\partial \tilde{z}^2} \right]_{M_4}}_{b} = 0, \quad \tilde{z} = 0 \tag{4.2.62}$$

$$\tilde{u}_{14} = 0, \quad \tilde{w}_{14} = 0, \quad \tilde{z} = -1 \tag{4.2.63}$$

式中，$[\cdot]_{M_4}$ 表示各项对 M_4 分潮的贡献部分。与余流类似，各驱动力产生的 M_4 分潮 ζ^{14} ($\tilde{u}_{14}, \tilde{w}_{14}, \tilde{\eta}_{14}$) 可单独求解：

$$\zeta^{14} = \zeta_s^{14} + \zeta_b^{14} + \zeta_t^{14} + \zeta_a^{14} \tag{4.2.64}$$

2) 泥沙运动控制方程

一阶系统泥沙平衡控制方程为

$$\frac{\partial \tilde{c}_1}{\partial \tilde{t}} + \underbrace{\frac{\partial (\tilde{u}_0 \tilde{c}_0)}{\partial \tilde{x}} + \frac{\partial (\tilde{w}_0 \tilde{c}_0)}{\partial \tilde{z}}}_{t} - \tilde{w}_s \frac{\partial \tilde{c}_1}{\partial \tilde{z}} - \tilde{k}_v \frac{\partial^2 \tilde{c}_1}{\partial \tilde{z}^2} = 0 \tag{4.2.65}$$

对应的边界条件为

$$\tilde{w}_s \tilde{c}_1 + \tilde{k}_v \frac{\partial \tilde{c}_1}{\partial \tilde{z}} + \underbrace{\tilde{w}_s \tilde{\eta}_0 \frac{\partial \tilde{c}_0}{\partial \tilde{z}} + \tilde{k}_v \tilde{\eta}_0 \frac{\partial^2 \tilde{c}_0}{\partial \tilde{z}^2}}_{b} = 0, \quad \tilde{z} = 0 \tag{4.2.66}$$

$$-\tilde{k}_v \frac{\partial \tilde{c}_1}{\partial \tilde{z}} = \tilde{w}_s \underbrace{\tilde{c}_{1(\mathrm{ref})}}_{s}, \quad \tilde{z} = -1 \tag{4.2.67}$$

式中，$\tilde{c}_{1(\mathrm{ref})} = \tilde{a}(\tilde{x}) |\tilde{\tau}_b|_1 = \tilde{a}(\tilde{x}) \dfrac{\left(\dfrac{\partial \tilde{u}_0}{\partial \tilde{z}} \dfrac{\partial \tilde{u}_1}{\partial \tilde{z}} \right)}{\left| \dfrac{\partial \tilde{u}_0}{\partial \tilde{z}} \right|_{\tilde{z}=-1}}$，对 $\tilde{c}_{1(\mathrm{ref})}$ 和各驱动力项的谐波分析表明，一阶含沙量包括潮平均项和半日分潮的倍潮，即

$$\tilde{c}_1 = \tilde{c}_{10} + \tilde{c}_{12} + \tilde{c}_{14} + \cdots \tag{4.2.68}$$

一阶含沙量的驱动项包括主阶水流(u_0)和一阶水流(u_1)的相互作用产生的非线性底剪切应力(s)，自由水面的波动(b)和悬沙的对流输送(t)。不同驱动力所产生的一阶含沙量可分别求解，即

$$\tilde{c}_{1i} = C_s^{1i} + C_b^{1i} + C_t^{1i}, \quad i = 0, 2, 4, \cdots \tag{4.2.69}$$

对于一阶 M_2 含沙量 $\tilde{c}_{12}$，非线性底剪切应力所产生的含沙量 C_s^{12} 包括 M_2 潮流-余流相互作用产生的 C_{s0}^{12} 和 M_2 潮流-M_4 潮流相互作用产生的 C_{s4}^{12}，所以 $\tilde{c}_{12}$ 可分解为 4 项：

$$\tilde{c}_{12} = C_{s0}^{12} + C_{s4}^{12} + C_b^{12} + C_t^{12} \tag{4.2.70}$$

3) 动力地貌平衡条件

把 $\tilde{c} = \tilde{c}_0 + \varepsilon\tilde{c}_1$ 和 $\tilde{u} = \tilde{u}_0 + \varepsilon\tilde{u}_1$ 代入无量纲动力地貌平衡条件中，保留主阶和一阶项，得

$$\int_{-1}^{0}\left(\langle\tilde{u}_0\tilde{c}_0 + \varepsilon\tilde{u}_1\tilde{c}_0 + \varepsilon\tilde{u}_0\tilde{c}_1\rangle - \varepsilon\tilde{k}_h\frac{\langle\partial\tilde{c}_0\rangle}{\partial\tilde{x}}\right)\mathrm{d}\tilde{z} + \langle\varepsilon\tilde{\eta}_0\tilde{u}_0\tilde{c}_0\rangle\big|_{\tilde{z}=0} = 0 \qquad (4.2.71)$$

流速和含沙量的成分只考虑到半日潮的倍潮为止，即由潮平均项、M_2 分潮和 M_4 分潮组成，把 $\tilde{u}_0 = \tilde{u}_{02}$，$\tilde{u}_1 = \tilde{u}_{10} + \tilde{u}_{14}$，$\tilde{c}_0 = \tilde{c}_{00} + \tilde{c}_{04}$ 和 $\tilde{c}_1 = \tilde{c}_{10} + \tilde{c}_{12} + \tilde{c}_{14}$ 代入式(4.2.71)中，动力地貌平衡条件转化为

$$\int_{-1}^{0}\langle\tilde{u}_{10}\tilde{c}_{00}\rangle\mathrm{d}\tilde{z} + \int_{-1}^{0}\langle\tilde{u}_{14}\tilde{c}_{04}\rangle\mathrm{d}\tilde{z} + \int_{-1}^{0}\langle\tilde{u}_{02}\tilde{c}_{12}\rangle\mathrm{d}\tilde{z} - \int_{-1}^{0}\tilde{k}_h\frac{\partial\tilde{c}_{00}}{\partial\tilde{x}}\mathrm{d}\tilde{z} + \langle\tilde{\eta}_{02}\tilde{u}_{02}(\tilde{c}_{00} + \tilde{c}_{04})\rangle\big|_{\tilde{z}=0} = 0 \quad (4.2.72)$$

式中，前 3 项分别表示余流、M_2 潮泵和 M_4 潮泵的净输沙；第 5 项表示 M_2 分潮潮汐和潮流与平均含沙量和 M_4 含沙量相互作用而产生的净输沙，这 4 项净输沙与扩散项(第 4 项)平衡。

含沙量成份 $\tilde{c}_{00}$、$\tilde{c}_{04}$ 和 $\tilde{c}_{12}\left(C_{s0}^{12}, C_{s4}^{12}, C_b^{12}\right.$ 和部分 $\left.C_t^{12}\right)$ 与侵蚀系数 $a(x)$ 呈线性相关关系，根据主阶泥沙动力方程，主阶潮平均床底含沙量为 $\tilde{c}_{00b} = \tilde{a}(\tilde{x})|\tilde{\tau}_b|_0$，且 $|\tilde{\tau}_b|_0$ 由已求解出的 M_2 潮动力决定，$\tilde{c}_{00}$、$\tilde{c}_{04}$ 和部分 $\tilde{c}_{12}$ 与 $\tilde{c}_{00b}$ 呈线性相关关系，其中 $\tilde{c}_{12}$ 的 C_t^{12} 成分不仅包括与 $\tilde{c}_{00b}$ 线性相关的项，也包括与 $\frac{\mathrm{d}\tilde{c}_{00b}}{\mathrm{d}\tilde{x}}$ 线性相关的项线性相关的项。因此，各含沙量成分可表示为

$$\tilde{c}_{00} = \tilde{c}_{00}' \cdot \tilde{c}_{00b} \qquad (4.2.73)$$

$$\tilde{c}_{04} = \tilde{c}_{04}' \cdot \tilde{c}_{00b} \qquad (4.2.74)$$

$$\tilde{c}_{12} = \tilde{c}_{12}^1 \cdot \tilde{c}_{00b} + \tilde{c}_{12}^2 \cdot \frac{\mathrm{d}\tilde{c}_{00b}}{\mathrm{d}\tilde{x}} \qquad (4.2.75)$$

把式(4.2.75)代入动力地貌平衡条件式(4.2.72)中，经整理可得

$$F(x)\frac{\mathrm{d}\tilde{c}_{00b}}{\mathrm{d}\tilde{x}} - T(x)\tilde{c}_{00b} = 0 \qquad (4.2.76)$$

其中 $F(x)$ 为无量纲的扩散函数：

$$F(x) = \int_{-1}^{0}\tilde{k}_h(\tilde{c}_{00}')\mathrm{d}\tilde{z} + \int_{-1}^{0}\langle\tilde{u}_{02}\tilde{c}_{12}^1\rangle\mathrm{d}\tilde{z}$$

而 $T(x)$ 为无量纲的输沙函数：

$$T(x) = \int_{-1}^{0}\langle\tilde{u}_{10}\tilde{c}_{00}\rangle\mathrm{d}\tilde{z} + \langle\tilde{\eta}_{02}\tilde{u}_{02}(\tilde{c}_{00}' + \tilde{c}_{04}')\rangle\big|_{\tilde{z}=0} + \int_{-1}^{0}\langle\tilde{u}_{14}\tilde{c}_{04}'\rangle\mathrm{d}\tilde{z} + \int_{-1}^{0}\langle\tilde{u}_{02}\tilde{c}_{12}^2\rangle\mathrm{d}\tilde{z}$$

假设扩散函数 $F(x)\neq 0$，式(4.2.76)可改写为

$$\frac{\mathrm{d}\tilde{c}_{00b}}{\mathrm{d}\tilde{x}} - G(x)\tilde{c}_{00b} = 0 \qquad (4.2.77)$$

式中，$G(x) = \dfrac{T(x)}{F(x)}$，它决定了底层含沙量的沿程分布。

当 $\tilde{c}_{00b}$ 达到最大值或最小值时，$\dfrac{d\tilde{c}_{00b}}{d\tilde{x}} = 0$，根据式(4.2.76)，当 $\dfrac{\mathrm{d}\tilde{c}_{00b}}{\mathrm{d}\tilde{x}} = 0$ 时，由于 $\tilde{c}_{00b}$

$\neq 0$，$T(x)$必须为 0，则 $G(x)$也为 0。输沙函数 $T(x)$指示了沿程各处的输沙能力和方向，而实际净输沙量同时取决于 $T(x)$和 $\tilde{c}_{00b}$，$G(x)$可认为是在沙量无限充足时总的输沙函数，$G(x)$等于 0 时，含沙量达到最大值或最小值。

(5) 最大浑浊带泥沙捕集机制

1) 重力环流

一般认为河口重力环流是潮汐河口最大浑浊带形成的重要因素，所以在此首先研究在密度流和径流作用下北槽河道悬沙分布。外海较高盐度水入侵与上游淡水之间形成咸淡水混合区，盐度由海向陆逐渐减小，形成水平盐度梯度，产生斜压力，水面坡度产生的正压力和垂向湍流扩散的平衡驱动了下层向陆层、表层向海的密度流(图 4.2.29a)。同时，上游淡水径流下泄产生向海的余流(图 4.2.29b)。在下层密度流所致的上溯流和径流所致的下泄流两者平衡处，水流辐聚上升，与上层下泄流和下层上溯流一起形成河口重力环流(图 4.2.29c)。

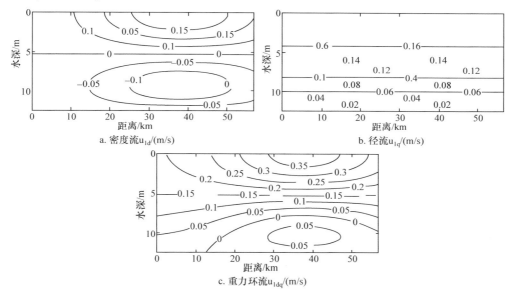

图 4.2.29　密度流、径流及重力环流的余流结构
注：图中数值为正表示向海流动，数据为负表示向陆流动

根据密度流和径流的无量纲输沙函数(图 4.2.30a)，密度流产生向陆的净输沙(T_d)，而径流产生向海的净输沙(T_q)，两者在距北槽河道口 17 km 处达到平衡(图 4.2.30b)，滞留点以上河段悬沙向海输运，滞留点以下河段悬沙向陆输运，悬沙在两者平衡处辐聚，形成最大浑浊带(图 4.2.30c 和图 4.2.30d)。

2) 潮流非线性作用

长江河口为中等潮汐河口，潮流作用在北槽河道占主导地位，M_2 分潮的振幅和潮流流速基本上呈现由海向陆逐渐减小的趋势(图 4.2.31a)，高潮和最大涨潮流速之间的相位差在 1.5t 左右(图 4.2.31b)，潮波性质以前进波为主。潮流的非线性作用会产生潮致余流，包括潮波和潮流相互作用、水面波动、非线性潮动量对流和潮周期内不均匀混合。

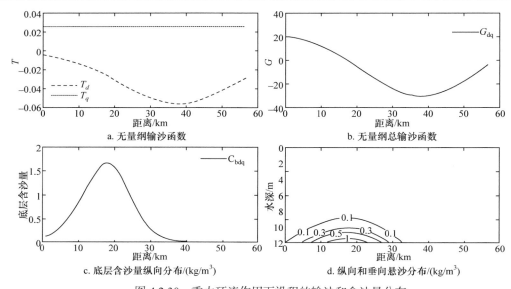

图 4.2.30　重力环流作用下沿程的输沙和含沙量分布

注：T_d 为密度流的输沙函数，T_q 为径流的输沙函数，G_{dq} 为重力环流的无量纲总输沙函数

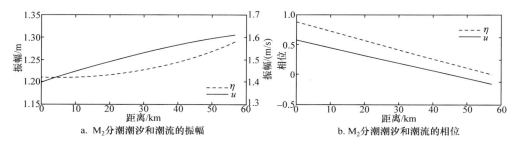

图 4.2.31　M_2 分潮潮汐 (η) 和潮流 (u) 的振幅和相位的沿程分布

　　由于北槽河道潮波性质以前进波为主，产生较强的 Stokes 补偿流(图 4.2.32a)，其量级与径流所致的余流一致，产生很强的向海输沙(图 4.2.32a)，使最大浑浊带核心区向海移动 8 km(图 4.2.32b)，底层最大含沙量有所减小(图 4.2.32c)。

　　水面波动和无应力边界条件也产生了较弱的向海余流项(图 4.2.32b)，但其表层最大流速仅为 2.0 cm/s。非线性潮动量对流作用产生下层向海、上层向陆的余流(图 4.2.32c)，最大的向陆和向海流速均在 0.5 cm/s 左右。水面波动和非线性潮动量对流作用都产生向海的净输沙(图 4.2.33a)，使最大浑浊带略微向海移动(图 4.2.33b)，且最大含沙量有所减小(图 4.2.33c)，但其输沙函数远小于 Stokes 补偿流的作用。

　　在潮汐应力的作用下，河口地区水体密度场的垂向分层往往会随着潮汐而变化，从而使湍流混合强度随潮汐发生变化。北槽河道的盐度垂向分层随潮流发生显著变化，由于径流的影响，一般涨潮时的分层弱于落潮时的，潮周期内的不均匀混合产生与重力环流结构一致的余流成分(图 4.2.32d)，下层为上潮流，上层为下泄流，此余流项产生较强的向陆输沙(图 4.2.33a)，使最大浑浊带上移 7 km(图 4.2.33b)，底层最大含沙量增加(图 4.2.33c)。

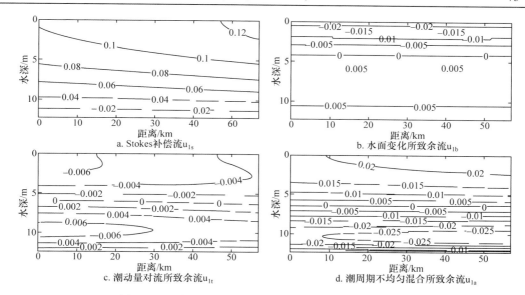

图 4.2.32　潮汐和潮流的非线性作用所致余流(m/ s)结构

注：数值为正表示向海流动，数值为负表示向陆流动

总体上看，潮流的非线性作用使最大浑浊带略微向海移动，其中 Stokes 补偿流和潮周期内不均匀混合是两个主要驱动力，Stokes 补偿流所产生的向海输沙有 80%被潮周期内不均匀混合产生的向陆输沙抵消。水面波动和潮动量对流产生小幅的向海输沙，而水表面潮汐-潮流-含沙量的相关项所产生的输沙非常小(图 4.2.33a)，可以忽略。总的余流结构仍保留与重力环流相似的结构(图 4.2.34a)，但下层上溯流有所减弱，悬沙在上段聚集，形成最大浑浊带(图 4.2.34b)。

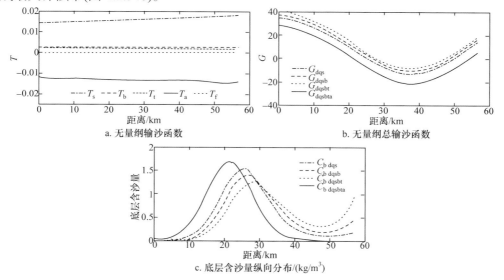

图 4.2.33　潮汐和潮流非线性作用的输沙及其对含沙量分布的影响

注：T_s 为 Stokes 补偿流，T_b 为水面波动，T_t 为潮动量对流，T_a 为潮周期内不均匀混合，T_f 为潮汐-潮流-含沙量相互作用。总输沙函数，下标表示所包含的驱动力，如 G_{dqs} 的驱动力为：重力环流+ Stokes 补偿流，下标每加一个字母表示增加此字母代表的驱动力。底层含沙量纵向分布，下标表示所包含的驱动力，与总输沙函数一致

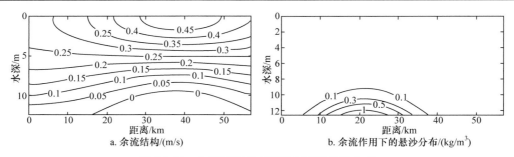

图 4.2.34　余流结构及在其作用下的悬沙分布

注：余流数值为正表示向海流动，数值为负表示向陆流动

3）潮泵作用

潮流的不对称性及泥沙的沉降和再悬浮作用会产生悬沙的净输移，通常涨潮时使悬沙向上游输送，落潮时向下游输沙量，促进最大浑浊带的形成(Dyer，1997)。当然，在解析模型分析中，可以看出潮泵作用的输沙方向与对应潮流和含沙量之间的相位差有关，不一定为单一的向陆输沙。在模型中考虑了 M_4 潮泵作用 ($\int_{-1}^{0} \langle \tilde{u}_{14} \tilde{c}_{04} \rangle \mathrm{d}\tilde{z}$) 和 M_2 潮泵作用 ($\int_{-1}^{0} \langle \tilde{u}_{02} \tilde{c}_{12} \rangle \mathrm{d}\tilde{z}$)。

M_4 潮泵作用：M_4 潮泵作用是主阶 M_4 含沙量和一阶 M_4 潮流相互作用的结果，其中 M_4 潮流是由主阶 M_2 潮流非线性变形产生的，包括潮波和潮流相互作用(u_s^{14})、水面波动(u_b^{14})、潮动量对流(u_t^{14})和潮周期内不均匀混合(u_a^{14})。由于口内潮波变形作用逐渐增强，M_4 分潮潮汐振幅和潮流流速基本上呈现由海向陆逐渐增大的趋势(图 4.2.35a)，高潮和最大涨潮流速之间的相位差为 1.5～2t，潮波为前进波和驻波的混合潮波性质(图 4.2.35b)。

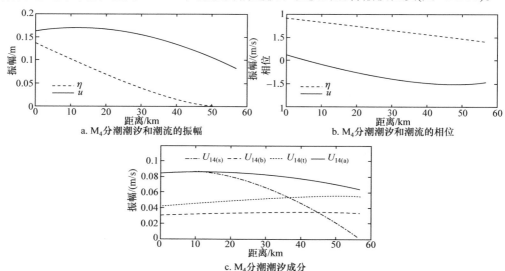

图 4.2.35　M_4 分潮潮汐(η)和潮流(u)的振幅和相位的沿程分布

注：$U_{14(s)}$ 为潮波和潮流相互作用，$U_{14(b)}$ 为水面波动，$U_{14(t)}$ 为潮动量对流，$U_{14(a)}$ 为潮周期内不均匀混合

在 M_4 潮流的各驱动力中，由主到次分别为潮周期内不均匀混合、潮波和潮流相互

作用、水面波动和潮动量对流(图 4.2.35c)。潮波和潮流相互作用产生了少量的向海输沙(图 4.2.36a)，最大浑浊带核心区略微向海移动(图 4.2.36b、c)。水面波动和潮动量对流作用的输沙函数极小(图 4.2.36a)，它们对悬沙分布的影响可忽略(图 4.2.36b 和图 4.2.34c)。潮周期内不均匀混合产生较强的向陆输沙(图 4.2.36a)，从而使最大浑浊带核心区向陆移动(图 4.2.36b 和图 4.2.34c)。总体来看，M_4 潮泵作用产生向海输沙作用，使最大浑浊带核心区向海移动(图 4.2.36d)。

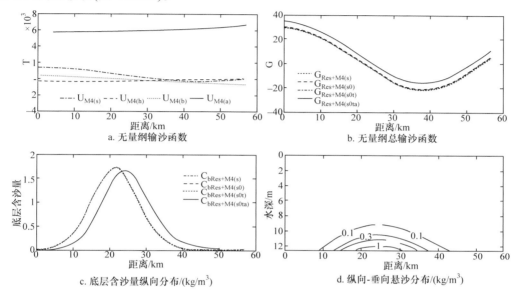

图 4.2.36　M_4 潮泵作用的输沙及其对含沙量分布的影响

注：$T_{M_4(s)}$ 为潮波和潮流相互作用，$T_{M_4(b)}$ 为水面波动，$T_{M_4(t)}$ 为潮动量对流，$T_{M_4(a)}$ 为潮周期内不均匀混合。总输
　　沙函数，下标表示所包含的驱动力，如 $G_{res+M_4(s)}$ 的驱动力为：余流+M_4 潮泵作用中的潮波和潮流相互作用，下标
　　每加一个字母表示增加此字母代表的驱动力。底层含沙量纵向分布，下标表示所包含的驱动力，与总输沙函数一致

M_2 潮泵作用：M_2 潮泵作用是主阶 M_2 潮流和一阶 M_2 含沙量相互作用的结果，M_2 含沙量产生的驱动力包括主阶潮流和一阶潮流相互作用产生的非线性底剪切应力，自由水面的波动和悬沙的对流输送。其中，主阶潮流和一阶潮流相互作用产生的非线性底剪切应力包括 M_2 潮流-余流相互作用和 M_2 潮流-M_4 潮流相互作用。因此，M_2 潮泵作用的输沙项包括 $C_{s0}^{12} \cdot u_{02}$、$C_{s4}^{12} \cdot u_{02}$、$C_b^{12} \cdot u_{02}$ 和 $C_t^{12} \cdot u_{02}$。

M_2 潮流-余流相互作用的非线性底剪切应力对应的输沙项(图 4.2.37a)，除入口段产生较弱的向海输沙以外，其他河段产生很强的向陆输沙，辐聚输沙结构可使悬沙聚集，使最大浑浊带核心区向上游移动(图 4.2.37b)，并使悬沙的富集程度增大，底层最大含沙量增大，高含沙量区缩窄(图 4.2.37c)。

M_2 潮流-M_4 潮流相互作用的非线性底剪切应力对应的输沙项产生小幅的向陆输沙(图 4.2.37a),而自由水面波动对应的输沙项的输沙函数非常小(图 4.2.37a)，所以它们对悬沙分布的影响基本可以忽略(图 4.2.37b 和图 4.2.37c)。

悬沙的对流输送对应的输沙项，对悬沙分布的作用可分为两部分：一部分是产生小幅的向陆输沙(图 4.2.37a)，对悬沙分布的影响较小(图 4.2.37b)；另一部分是空间沉降滞后作用使最大浑浊带的高含沙区域向两边扩展(图 4.2.37c)。

　　总体来看，M_2 潮泵作用产生向陆的净输沙，使最大浑浊带向上游移动，同时使最大浑浊带高含沙区向两边展宽(图 4.2.37d)。在 M_2 潮泵作用的驱动机制中，时间沉降滞后作用使大量泥沙向陆输送，而空间沉降滞后作用使高含沙区展宽。

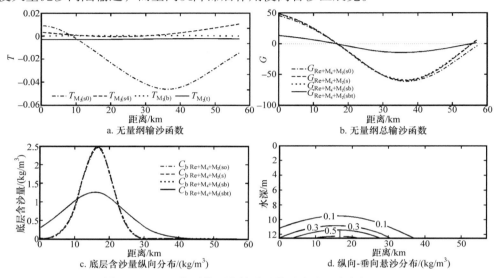

图 4.2.37　　M_2 潮泵作用的输沙及其对含沙量分布的影响

注：$T_{M_2(s0)}$ 为 M_2 潮流和余流相互作用产生的非线性底剪切应力，$T_{M_2(s4)}$ 为 M_2 潮流和 M_4 潮流相互作用产生的非线性底剪切应力，$T_{M_2(b)}$ 为水面波动，$T_{M_2(t)}$ 为纵向和垂向沿程输沙强度变化。总输沙函数，下标表示所包含的驱动力，如 $G_{Re+M_4+M_2(s0)}$ 的驱动力为：余流+M_4 潮泵作用+M_2 潮泵作用中潮流和余流相互作用产生的非线性底剪切应力，下标每加一个字母表示增加此字母代表的驱动力。底层含沙量纵向分布，下标表示所包含的驱动力，与总输沙函数一致。余流、M_4 潮泵作用和 M_2 潮泵作用下的悬沙分布

(6) 驱动力作用分析

　　根据各驱动力所产生的单宽净输沙率(图 4.2.38)，余流在入口段和上游河段产生相对较强的向海输沙作用，在中游河段和下游河段产生相对较弱的向陆输沙作用，可使悬沙在中游河段辐聚；M_4 潮泵作用产生小幅的向海输沙作用；而 M_2 潮泵作用使大量悬沙向陆输送。因此，余流和 M_2 潮泵作用是北槽河道输沙的主要驱动力，最大浑浊带的形成主要与重力环流、潮周期内的不均匀混合和 M_2 潮泵的沉降滞后作用有关。

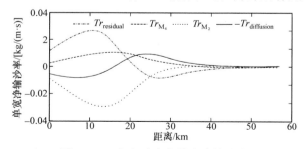

图 4.2.38　　各驱动力的单宽净输沙率

注：余流($Tr_{residual}$)、M_2 潮泵作用(Tr_{M_2})、M_4 潮泵作用(Tr_{M_4})和水平扩散($Tr_{diffusion}$)

根据中交上海航道勘察设计研究院有限公司 2010 年 4 月～2011 年 3 月的不同流量

条件下的北槽河道航槽日淤积强度统计(图 4.2.39)，在大通站流量小于 25 000 m³/s 时，北槽河道入口段回淤量大于中游河段，而流量大于 35 000 m³/s 时，回淤集中在北槽河道中游河段，且回淤强度随着流量的增大而增大，强回淤区也随着流量的增大略微向海移动。此研究对北槽河道不同流量条件下的悬沙分布进行模拟，以解释不同流量条件下航槽回淤的主要驱动力。

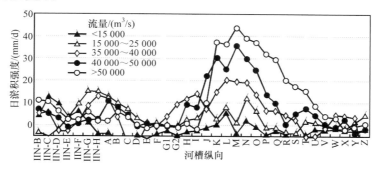

图 4.2.39　不同流量条件下航道回淤强度沿程分布

注：中交上海航道勘察设计研究院有限公司，长江口深水航道治理三期工程后材料(2011 年 11 月)

　　模型模拟所用参数中给定的 M₂ 潮流边界条件不变，主要是改变径流量及与其相关的盐水入侵锋面位置、湍流黏滞系数和湍流扩散系数。洪季和枯季悬沙分布的模拟结果表明:在不同流量条件下，深水航道回淤强度沿程分布与含沙量的沿程分布一致(图 4.2.39和图 4.2.40)，最大浑浊带核心区回淤量大(图 4.2.41)。因此，最大浑浊带泥沙聚集是航槽中泥沙集中回淤的主要原因。从洪季和枯季的单宽净输沙率来看(图 4.2.41)，余流的向海净输沙和 M₂ 潮泵作用向陆输沙为输沙的主要驱动力，M₄ 潮泵作用净输沙率较小，最大浑浊带位置的变化主要与各余流成分和 M₂ 潮泵驱动力成分的变化有关。

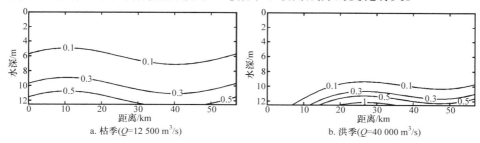

a. 枯季(Q=12 500 m³/s)　　　　　　　　　　b. 洪季(Q=40 000 m³/s)

图 4.2.40　不同流量条件下深水航道悬沙浓度沿程分布模拟结果图

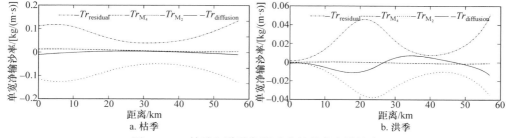

a. 枯季　　　　　　　　　　b. 洪季

图 4.2.41　枯季和洪季各驱动力的单宽净输沙率

注：余流($Tr_{residual}$)、M₂ 潮泵作用 (Tr_{M_2})、M₄ 潮泵作用 (Tr_{M_4}) 和水平扩散($Tr_{diffusion}$)

　　枯季由于径流减小，河口在潮流作用下的垂向混合作用加强，密度流向陆输沙相对于径流向海输沙的优势程度减小(图 4.2.42a)，重力环流作用虽仍可使部分泥沙在入口段和上游河段聚集，但也可使部分泥沙向海输送(图 4.2.42b)，其中一盐水入侵锋面的上移也使重力环流作用下的泥沙聚集区有所上移(较平水期)。在潮流的非线性作用项中，潮周期内的不均匀混合和潮汐-潮流-含沙量相关项仅产生小幅的向陆输沙，以 Stokes 补偿流的向海输沙占绝对优势(图4.2.42c)。因此，在余流作用下，泥沙都向海输送(图4.2.42d)。M_2潮泵作用产生很强的向陆输沙，其中空间沉降滞后和时间沉降滞后的输沙函数量级相当(图4.2.42e)，潮泵剧烈的向陆抽吸泥沙作用最终使大部分泥沙在入口段聚集(图4.2.42f)。

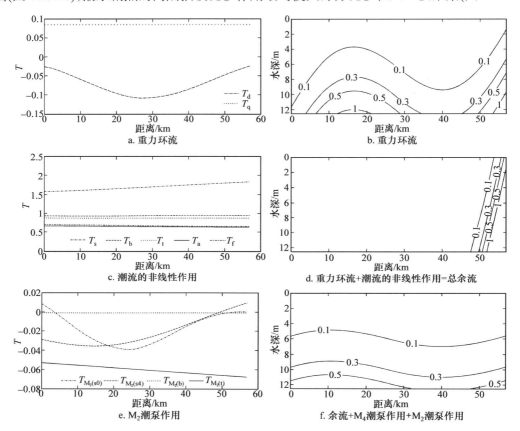

图 4.2.42　枯季不同驱动力作用下的无量纲输沙函数(a、c、e)和潮平均悬沙纵向-垂向分布(b、d、f)
注：T_d为密度流，T_q为径流，T_s为 Stokes 补偿流，T_b为水面波动，T_t为潮动量对流，T_a为潮周期内不均匀混合，T_f为潮汐-潮流-含沙量相互作用，$T_{M_2(s0)}$为 M_2潮流和余流相互作用产生的非线性底剪切应力，$T_{M_2(s4)}$为 M_2潮流和 M_4潮流相互作用产生的非线性底剪切应力，$T_{M_2(b)}$为水面波动，$T_{M_2(t)}$为纵向和垂向沿程输沙强度变化

　　因此，北槽河道枯季最大浑浊带泥沙的聚集主要由重力环流、M_2潮泵和潮周期内不均匀混合的向陆输沙所致，最大浑浊带核心区较平水期上移主要与 M_2潮泵作用向陆抽吸泥沙作用增强，特别是空间沉降滞后作用向陆输沙作用增强有关，也与径流作用减弱和盐水入侵锋面上移有关。

洪季由于径流量增大，径流作用的向海输沙作用增强(图 4.2.43a)，使滞留点向下游移动，重力环流作用下的最大浑浊带核心区由入口段(平水期)移到中游河段(图 4.2.43b)。在潮流的非线性作用项中，仍以 Stokes 补偿流的向海输沙占绝对优势(图 4.2.43c)，无明显的向陆输沙项。因此，在余流的作用下，泥沙均向海输送(图 4.2.43d)。在 M_2 潮泵作用中，M_2 潮流-余流相互作用的非线性底剪切项的输沙函数最大，在入口段和上游河段产生很强的向海输沙，而在中游河段产生明显的向陆输沙，有利于悬沙在中游河段聚集(图 4.2.43e)；M_2 潮流-M_4 潮流相互作用的非线性底剪切项产生明显的向陆输沙；而空间沉降滞后产生微幅的向陆输沙。在 M_2 潮泵作用下，特别是在时间沉降滞后作用下，悬沙在中段聚集，而空间沉降滞后作用使高含沙量区向下游扩展(图 4.2.43f)。因此，北槽河道洪季最大浑浊带泥沙的聚集由重力环流和 M_2 潮泵的时间沉降滞后作用的向陆输沙所致，最大浑浊带核心区较平水期的下移主要与径流的向海输沙作用加强和 M_2 潮泵作用在入口段和上段的向海输沙作用增强有关。

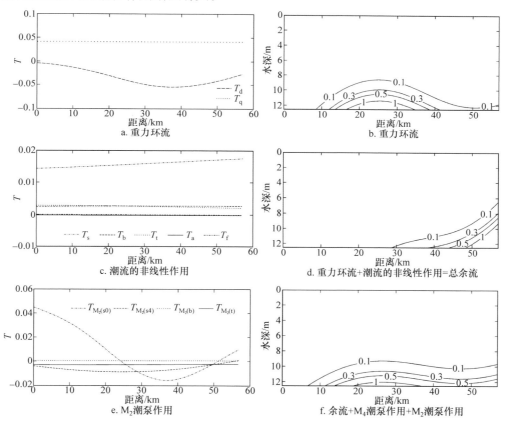

图 4.2.43　洪季不同驱动力作用下的无量纲输沙函数(a、c、e)和潮平均悬沙纵向-垂向分布(b、d、f)

注：T_d 为密度流，T_q 为径流，T_s 为 Stokes 补偿流，T_b 为水面波动，T_t 为潮动量对流，T_a 为潮周期内不均匀混合，T_f 为潮汐和潮流与含沙量相互作用，$T_{M_2(s0)}$ 为 M_2 潮流和余流相互作用产生的非线性底剪切力，$T_{M_2(s4)}$ 为 M_2 潮流和 M_4 潮流相互作用产生的非线性底剪切力，$T_{M_2(b)}$ 为水面波动，$T_{M_2(t)}$ 为纵向和垂向沿程输沙强度变化

从实测水沙数据分析看(图 4.2.44 和图 4.2.45)，北槽最大浑浊带核心区 C_{12} 测站流速

和含沙量的潮周期剖面及断面平均流速和含沙量过程线清晰地显示了在洪季、枯季大潮期泥沙在潮流作用下的起动、再悬浮和再沉降运动规律。

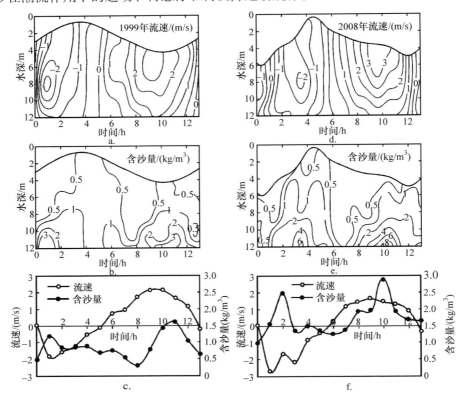

图 4.2.44　洪季北槽 C$_{12}$ 测站工程前(左)、后(右)潮流速和含沙量剖面及过程线图

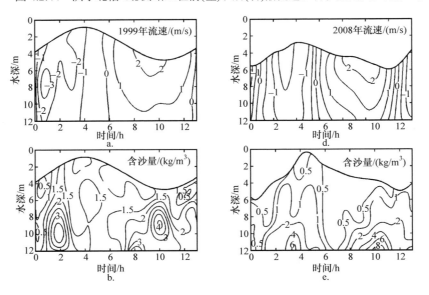

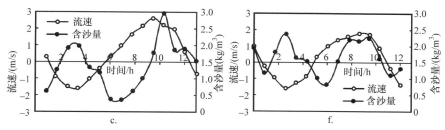

图 4.2.45 枯季北槽 C_{12} 测站工程前(左)、后(右)流速和含沙量剖面及过程线

图 4.2.44 为 1999 年和 2008 年洪季潮流速和含沙量过程线剖面图。从图 4.2.44a～图 4.2.44c 看涨潮流在 1 h 内达到涨急,垂向平均流速由 0.1 m/s 急速增大到 1.8 m/s,河床表层沉积物中 80%以上的泥沙达到起动流速,大量泥沙发生再悬浮,底层含沙量由 1.0 kg/m³ 增加到 4.7 kg/m³,但表层含沙量仍较低;在第 1～2 h 内,流速由 1.8 m/s 降到 1.5 m/s,近底层水体中部分悬沙沉降落淤,也有部分悬沙向中层扩散;在第 2～4 h 流速逐渐减小,但垂向平均含沙量保持不变,中下层水体中的悬沙继续向上扩散,表层水体含沙量不断增加;在第 4～5 h,涨潮流速由 0.5 m/s 降到 0.1 m/s,垂向平均含沙量有小幅下降,但远大于涨潮初期的含沙量,底层含沙量减小到 0.8 kg/m³。

落潮初期,流速较小,有少量泥沙发生再悬浮,底层含沙量有所增加,但表层含沙量因悬沙发生沉降而减小;在第 6～8 h,落潮流虽然增强,但中上层水体中的悬沙发生沉降,底层含沙量有小量增加,垂向平均含沙量不断减小并达到潮周期内的最小值,水体中的悬沙沉降与落潮初期垂向分层加强所引起的湍流扩散减弱有关,同时湍流扩散的减弱对泥沙的扬动不利,再悬浮不明显;在第 8～10 h,随着落潮流的继续加强,大量泥沙发生再悬浮并向中上层扩散,底层含沙量在第 10 h 达到潮周期内最大值 5.8 kg/m³;至第 10～11 h 落潮流速有所减弱,但仍大于 1.6 m/s,部分泥沙发生再悬浮,垂向平均含沙量在第 11 h 达到最大值 1.6kg/m,由于垂向扩散作用增强,中上层含沙量增大,底层含沙量减小;在第 11～13 h,随着落潮流的减弱,水体中的悬沙发生沉降落淤,含沙量减小。

从图 4.2.44d～图 4.2.44f 看涨潮流在第 1～3 h 快速增大,大量泥沙再悬浮,近底层含沙量迅速增大,且不断向中上层扩散,垂向平均含沙量也不断增大;至第 3～4 h,平均涨潮流速继续增大,但上层流速有小幅下降,所以中上层悬沙沉降,含沙量减少,中上层悬沙沉降到近底层,而近底层水体流速增大,使水流的挟沙力增大,近底层含沙量加大;在第 4～5 h,涨潮流速减小,近底层水体中的悬沙大部分落淤,一部分向上层扩散,平均含沙量大幅减少;涨潮后期,随着涨潮流的减小,含沙量减少,特别是在垂向平均流速降到 0.5 m/s 以下之后,水体中的悬沙大量沉降,含沙量回到初始含沙量水平。

落潮初期,落潮流在 1.0 m/s 以下,中上层水体中悬沙沉降,中上层含沙量减少,近底层含沙量小幅增加,有少量的泥沙再悬浮,随着落潮流的增大,特别是垂向平均流速大于 2.0 m/s 时,大量泥沙再悬浮,底层含沙量和垂向平均含沙量分别剧增至 9.4 kg/m³ 和 2.9 kg/m³;在第 12～13 h,垂向平均落潮流降到 1.88 m/s,近底层水体中较粗颗粒的悬沙落淤,小部分较细颗粒的泥沙继续向中上层扩散,底层含沙量大幅减少;落潮后期,由于落潮流快速减小,憩流时间短,只有少部分泥沙落淤,仍然有很大一部分悬沙留在水体中。整治工程后洪季涨、落潮初始含沙量都减少,但垂向平均含沙量随潮流的变幅增大，落潮初期至落急后，含沙量由 0.3 kg/m³ 增加到 2.9 kg/m³，底层含沙量则增加到 9.4 kg/m³，此现象表明洪季泥沙的再悬浮作用增强。

图 4.2.45 为 1999 年和 2008 年枯季潮流速和含沙量过程线剖面图。从图 4.2.45a～4.2.45c 看含沙量潮周期内剖面分布规律与洪季明显不同，由于枯季垂向紊动扩散较洪季强，垂向含沙量的峰值出现在中下层而非底层。含沙量随潮流流速变化的规律与洪季相似，涨潮初期涨潮流的快速增大使大量泥沙再悬浮并向中上层扩散，由于涨急流速和涨潮历时都较洪季大，涨潮期再悬沙泥沙量大，涨潮后期流速减小使大量悬沙落淤；随着落潮流的增大，泥沙又发生再悬浮，之后随着落潮流减小，水体中悬沙落淤。

从图 4.2.45d～4.2.45f 看含沙量分布过程剖面与工程前相似，但有两个明显的不同点：①悬沙的垂向分布规律为由底层向表层逐渐减小，表明紊动扩散作用较工程前减弱；②落急时刻垂向平均含沙量峰值减小，但落急前后 2～3 t 保持较高的含沙量。

由水体输沙力公式可以看出，水体含沙量与流速大小呈正相关关系；北槽表层沉积物较细，泥沙起动流速小，床沙容易起动；含沙量随潮流的变化体现了表层沉积物再悬浮和沉降过程。可以断定在潮流的作用下，北槽表层沉积物通过再悬浮和沉降作用与悬沙发生频繁交换，再悬浮泥沙是北槽最大浑浊带悬沙的主要来源之一。

再从 2008 年 8 月洪季大潮期北槽主槽 4 个测站的悬浮泥沙组成类似沉积物中的粉砂和黏土组成看，其中细粉砂类型占 50%～60%，黏土类型占 20% 左右(图 4.2.46)，悬浮泥沙中值粒径为 7.6～15.9 μm(表 4.2.19)。北槽主槽 4 个测站的河床表层沉积物主要由粉砂、黏土和细砂组成，其中细粉砂和粗粉砂分别占 25% 和 40% 左右，C_{11} 测站细砂含量仅 4%，黏土含量达 22%(图 4.2.46)，中值粒径为 10.3～35 μm，其中弯曲段 C_{11} 测站的中值粒径最小(表 4.2.19)。从悬沙和床沙粒径分布累积频率曲线来看，北槽悬沙粒径和床沙粒径差异较小，细粉砂和黏土的含量都较高，两者交换频繁(图 4.2.46)。

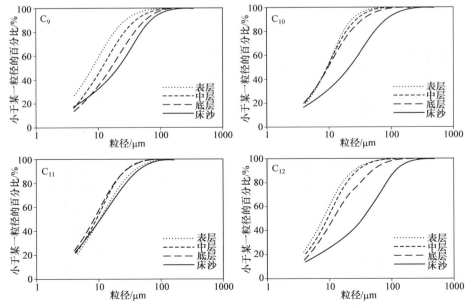

图 4.2.46　洪季北槽(大潮涨急)悬沙和床沙粒径分布累积频率曲线

北槽各站点的悬沙粒径随水流强度的变化显著，悬沙粒径的垂向变化也显著(表4.2.19)。北槽入口段 C_9 测站和下段 C_{12} 测站悬沙粒径变化规律一致，下层比上层粗，涨急比落急粗,涨憩比落憩粗。河道中段 C_{10} 测站和 C_{11} 测站悬沙粒径垂向梯级变化不明显，在涨憩和落憩时刻，由于细颗粒泥沙絮凝沉降，会出现表层粗底层细的现象。悬沙粒径随涨落潮水流强度发生显著变化，表明河床泥沙与水体中泥沙发生频繁交换。

表 4.2.19 洪季大潮期北槽悬浮泥沙和河床泥沙中值粒径 (单位：μm)

站点		悬浮泥沙				河床泥沙
		涨急	涨憩	落急	落憩	
C_9	表层	8.1	9	8.3	8.8	20.9
	中层	11.5	8.9	9.4	11.6	
	底层	15.9	9.2	12.4	15.5	
C_{10}	表层	9.3	8.7	10.6	12.2	21.9
	中层	9.3	8.5	10.8	13	
	底层	9.7	8.5	11.9	11.8	
C_{11}	表层	8.4	7.8	9.8	10.7	10.3
	中层	9	9	8.5	10.1	
	底层	10.2	9.6	8.4	8.9	
C_{12}	表层	7.9	8.7	7.6	8.4	35
	中层	9.2	9.6	8.4	9.6	
	底层	11.4	10	9.4	10.3	

4.2.6 南槽河道

4.2.6.1 含沙量潮周期变化

南槽是 4 条入海通道中拦门沙发育最典型的河道，据此，也可以说，来自不同方位的泥沙容易在此河道汇聚，形成较高含沙量水流，发育最大浑浊带(沈焕庭和潘安定，2001a；李九发等，1994)。2012 年 10 月在南槽河道主航道北侧水域连续 9d 进行潮流、含沙量和悬沙颗粒观测和沉积物采样。当年 10 月大通站含沙量仅为 0.110 kg/m³，年平均含沙量为 0.160 kg/m³。而南槽河道实测小、中、大潮潮平均含沙量分别为 0.14 kg/m³、0.46 kg/m³、1.02 kg/m³，再从实测小潮到大潮过程悬沙含沙量垂线分布剖面图看(图4.2.47)，南槽河道从小潮到大潮含沙量遵循随水动力增强而逐渐增大的规律，同时底层含沙量大于表层。总体上看，南槽河道含沙量较高，实测期间潮周期平均含沙量是当月流域大通站实测含沙量的 5 倍多。表明目前南槽河道海域来沙和河道再悬浮泥沙，以及滩槽交换泥沙的贡献较大。

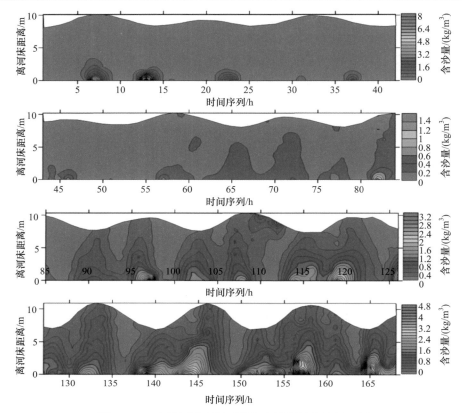

图 4.2.47　南槽河道小潮至大潮含沙量等值线剖面图

小潮：如表 4.2.20 所示，南槽河道小潮期间潮动力较弱，含沙量普遍较低，潮周期垂线平均含沙量为 0.14 kg/m³，比当月大通站含沙量仅高 0.03 kg/m³，表明此期潮流速小，近海和河口再悬浮补充泥沙来源有限，主要为流域来沙，而且涨落潮含沙量相近，仅落潮近底层含沙量大于涨潮，同时落潮期最大含沙量也较高，最大含沙量为 2.69 kg/m³，出现在落急底层，符合南槽最大浑浊带河道泥沙输运规律。同时，从表层到底层垂向分布含沙量看，潮周期垂向平均含沙量表层至底层各层分别为 0.07 kg/m³、0.07 kg/m³、0.08 kg/m³、0.10 kg/m³、0.15 kg/m³ 和 0.54 kg/m³，而各层的最大值分别可以达到 0.12 kg/m³、0.13 kg/m³、0.17 kg/m³、0.23 kg/m³、0.78 kg/m³ 和 2.69 kg/m³。表层与底层含沙量差异大，符合小潮期因水流紊动弱，难以将近底层浑浊水向中上层传递的规律，而且潮周期过程含沙量的峰和谷的形态不十分明显(图 4.2.47)，所以在涨潮过程中无"沙舌"出现，而在落急时刻出现"沙舌"，但因流速小，"沙舌"向中上层伸延的高度有限。

表 4.2.20　南槽小潮含沙量和潮流速特征值统计表

类型	特征值	表层	0.2 H	0.4 H	0.6 H	0.8 H	底层	垂向平均
含沙量 /(kg/m³)	平均值	0.07	0.07	0.08	0.10	0.15	0.54	0.14
	最大值	0.12	0.13	0.17	0.23	0.78	2.69	0.46
	涨潮平均	0.07	0.08	0.09	0.11	0.12	0.25	0.11

续表

类型	特征值	表层	0.2 H	0.4 H	0.6 H	0.8 H	底层	垂向平均
	涨潮最大	0.12	0.13	0.15	0.18	0.20	0.79	0.18
	落潮平均	0.06	0.07	0.08	0.10	0.18	0.69	0.16
	落潮最大	0.10	0.12	0.17	0.23	0.78	2.69	0.46
潮流速 /(m/s)	平均值	0.51	0.53	0.46	0.37	0.29	0.26	0.41
	最大值	1.16	1.15	0.89	0.69	0.53	0.52	0.79

中潮：如表 4.2.21 所示，中潮期间潮动力明显增强，含沙量普遍增大，潮周期垂向平均含量为 0.46 kg/m³，比小潮期潮流速相差约 1 倍，而含沙量却增大 3 倍有余。此期间涨落潮含沙量较相近，值得关注的是，中潮期涨落潮最大含沙量都较大，总体上落潮大于涨潮。潮周期垂向平均含沙量表层至底层各层分别为 0.27 kg/m³、0.28 kg/m³、0.33 kg/m³、0.46 kg/m³、0.60 kg/m³ 和 0.94 kg/m³，而各层的最大值分别可以达到 0.54 kg/m³、0.59 kg/m³、0.68 kg/m³、1.03 kg/m³、1.77 kg/m³ 和 3.29 kg/m³。表层和底层含沙量差异较大。

图 4.2.47 第 54～113 h 时段为中潮期南槽河道含沙量等值线分布剖面图，含沙量出现峰和谷的形态，峰值出现在涨、落急时段，谷值出现在涨、落憩时段，峰值也出现"沙舌"形状，但此时段潮流速有限，难以在中上层形成高含沙量水流，仍表现出近底层含沙量较高的特点，尤其在涨急时期更明显。

表 4.2.21　南槽中潮期含沙量和潮流速特征值统计表

类型	特征值	表层	0.2 H	0.4 H	0.6 H	0.8 H	底层	垂向平均
含沙量 /(kg/m³)	平均值	0.27	0.28	0.33	0.46	0.60	0.94	0.46
	最大值	0.54	0.59	0.68	1.03	1.77	3.29	0.94
	涨潮平均	0.28	0.27	0.31	0.39	0.49	0.99	0.42
	涨潮最大	0.45	0.50	0.68	0.93	1.16	3.29	0.82
	落潮平均	0.27	0.29	0.34	0.52	0.68	0.90	0.48
	落潮最大	0.54	0.59	0.64	1.03	1.77	1.96	0.94
潮流速 /(m/s)	平均值	0.85	0.86	0.81	0.73	0.63	0.57	0.75
	最大值	1.70	1.65	1.52	1.44	1.24	1.15	1.45

大潮：随着大潮期潮流速增大，其含沙量出现成倍增高趋势。如表 4.2.22 所示，大潮期间南槽河道潮周期垂向平均含沙量达到 1.02 kg/m³，尤其是最大含沙量很大，0.6 H 层以下水体最大值在 2.00～5.34 kg/m³，表层和底层含沙量差异大，潮周期垂向平均含沙量表层至底层各层分别为 0.45 kg/m³、0.53 kg/m³、0.70 kg/m³、1.00 kg/m³、1.46 kg/m³ 和 2.37 kg/m³，而各层的最大值分别可以达到 0.98 kg/m³、1.20 kg/m³、1.44 kg/m³、1.98 kg/m³、3.54 kg/m³ 和 5.34 kg/m³，表明南槽河道在流域来沙锐减情况下，河口区较强潮流使得泥沙再悬浮泥

沙量明显增大,是长江河口最大浑浊带发育河道持续保持较高含沙量的重要原因之一。

显然,图 4.2.47 第 114~167 h 时段为大潮期潮周期含沙量剖面分布图。含沙量出现峰和谷形态,峰值出现在涨、落急时段,谷值出现在涨、落憩时段,峰值出现明显"沙舌"形状,"沙舌"伸入中层水体,并表现出近底层含沙量较高的特点,尤其是涨急时期更明显。

表 4.2.22　南槽大潮期含沙量和潮流速特征值统计表

类型	特征值	表层	0.2 H	0.4 H	0.6 H	0.8 H	底层	垂向平均
含沙量 /(kg/m³)	平均值	0.45	0.53	0.70	1.00	1.46	2.37	1.02
	最大值	0.98	1.20	1.44	1.98	3.54	5.34	2.13
	涨潮平均	0.53	0.61	0.87	1.20	1.72	2.51	1.19
	涨潮最大	0.98	1.20	1.44	1.80	3.37	5.34	1.78
	落潮平均	0.40	0.48	0.59	0.85	1.28	2.25	0.90
	落潮最大	0.90	1.19	1.39	1.98	3.54	4.55	2.13
潮流速 /(m/s)	平均值	0.93	0.93	0.89	0.81	0.70	0.60	0.82
	最大值	1.47	1.48	1.48	1.36	1.29	1.22	1.39

4.2.6.2　悬沙输移机制分析

南汇东滩是南槽河道重要的组成区域,具有边滩和沙嘴特有的地貌类型。利用 2009 年 3 月 26~27 日(大潮)、4 月 3~4 日(小潮)在南汇东滩定点(C_3、C_5 测站)(图 4.2.1)现场观测的水文泥沙数据(表 4.2.23 和表 4.2.24),采用机制分解法公式[式(4.2.1)],并以机制分解法为基础,将悬移质泥沙按粒径分为 0.5~4 μm、4~16 μm、16~63 μm、63~250 μm 4 组(表 4.2.25),将各悬沙粒径组泥沙的百分数 P_i 乘以悬沙的瞬时含沙量 C,即得到各悬沙粒径组泥沙的瞬时含沙量 C_i,分别对各粒径组泥沙单宽净输移通量进行机制分解计算,从微观方面来剖析不同颗粒粒径悬移泥沙输沙通量与潮汐动力的关系(冯凌旋等,2011)。

表 4.2.23　南汇东滩水域潮流速特征值

潮汛	站名	水深 /m	涨潮					落潮					优势流 /%
			潮时 /h	流速		垂线平均最大值		潮时 /h	流速		垂向平均最大值		
				平均值					平均值				
				流速 /(m/s)	流向/(°)	流速 /(m/s)	流向/(°)		流速 /(m/s)	流向/(°)	流速 /(m/s)	流向/(°)	
大潮	C_3	2.0	6.0	0.79	281	1.12	291	6.9	0.53	125	0.60	111	23
	C_5	3.5	5.8	0.97	328	1.75	284	6.2	1.00	136	1.37	137	50
小潮	C_3	2.0	7.1	0.36	310	0.61	256	5.9	0.41	114	0.61	118	38
	C_5	3.5	6.9	0.43	298	0.66	319	6.1	0.48	105	0.61	114	56

表 4.2.24 南汇东滩水域含沙量特征值

潮汛	站名	水深/m	涨潮		落潮		优势沙/%
			平均值/(kg/m³)	垂向平均最大含沙量/(kg/m³)	平均值/(kg/m³)	垂向平均最大含沙量/(kg/m³)	
大潮	C_3	2.0	1.87	2.82	0.86	1.19	24
	C_5	3.5	2.02	3.64	1.90	3.52	46
小潮	C_3	2.0	0.33	0.57	0.30	0.48	38
	C_5	3.5	0.23	0.39	0.18	0.25	50

表 4.2.25 南汇东滩悬移质泥沙颗粒度组成统计表

潮型	站位	中值粒径/μm	平均粒径/μm	0.5~4 μm 占比/%	4~16 μm 占比/%	16~63 μm 占比/%	63~250 μm 占比/%
大潮	C_3	9	13	29.5	41.2	28.6	0.7
	C_5	9	13	22.9	50.1	26.3	0.8
小潮	C_3	6	10	34.7	46.9	18.3	0.1
	C_5	5	8	43.4	43.3	13.2	0.1

将实测流速、含沙量、水深和悬沙粒径组分比分别代入公式(4.2.1)，求得各粒径组分泥沙单宽净输沙通量分解项，结果表明不同水深、潮汛和悬沙粒径组分，其单宽净输沙通量分解项有极大差异(表 4.2.26)。

首先，从分解项的贡献率看(表 4.2.26)，对于 0.5~4 μm、4~16 μm 的细颗粒泥沙，由于颗粒较细，所需扬动流速相对较小，在南汇东滩各悬沙通量机制分解项中，平流项和潮泵项的输沙通量所占比值最大，尤其是浅水区的 C_3 测站，平流项输沙通量之和占整个潮周期向岸方向单宽净输沙通量的 65%，与涨潮优势沙结果一致(表 4.2.24)，而相对水深较大的 C_5 测站大潮汛潮泵作用输沙通量很大。对于 16~63 μm 的较粗颗粒泥沙，其输移机制及影响因子与细颗粒泥沙的输沙机制有明显的区别，较粗颗粒泥沙的悬浮及输沙需要的动力条件相对较强，主要表现为潮泵作用输沙项和潮振荡输沙项贡献率较大，其次为平流输沙项。由于潮滩地带水深较浅，相对水流速较弱，对相当于沉积物细沙粒级的 63~250 μm 颗粒粒径泥沙仅为潮泵作用输沙项和潮振荡输沙项略显微小贡献，而且输沙通量很小。

其次，从不同粒径悬移质输沙通量看(表 4.2.26)，由于长江来沙中细颗粒泥沙占 80% 以上，而河口区大量细颗粒泥沙在潮周期性往复水流作用下，容易在水中较长时间悬浮(王飞等，2014；李九发等，1994)。所以，表现为细颗粒泥沙的单宽输沙通量较大，C_3 测站大潮汛 0.5~16 μm 的细颗粒泥沙的单宽输沙通量占输沙总量绝对值的 71%，C_5 测站占 69%，而 63~250 μm 的细颗粒泥沙的单宽输沙通量占输沙总量绝对值的 0.4%~5.2%，而且大潮汛单宽输沙通量远比小潮大，说明潮流速对泥沙的悬浮和输移起主导作用。

可见，由于河口潮滩动力复杂多变，泥沙在水体中悬浮、沉降或再悬浮，以及在输移过程和滩槽泥沙交换中，对不同颗粒粒径的泥沙起主要贡献的机制分解项是不同的，各粒径组泥沙的输运规律也不尽一致，不同颗粒粒径的泥沙单宽输沙通量绝对值的差异极大。

表 4.2.26　悬沙分粒径组单宽悬沙净通量机制分解项计算值　　　[单位：10^{-2}kg/(m·s)]

		C_3			C_5			
	粒径	T_1+T_2	$T_3+T_4+T_5$	$T_6+T_7+T_8$	粒径	T_1+T_2	$T_3+T_4+T_5$	$T_6+T_7+T_8$
大潮	0.5～4 μm	20.21	0.13	0.92	0.5～4 μm	−17.55	183.84	14.73
	4～16 μm	16.39	7.73	−0.88	4～16 μm	−18.59	41.97	7.95
	16～63 μm	3.50	10.23	−4.41	16～63 μm	−2.90	−98.19	−20.35
	63～250 μm	0.02	0.28	0.02	63～250 μm	0	−2.62	−3.62
小潮	0.5～4 μm	4.08	1.50	0.31	0.5～4 μm	2.59	−15.33	0.88
	4～16 μm	3.37	−0.32	0.65	4～16 μm	1.07	0.72	1.74
	16～63 μm	0.46	1.23	0.35	16～63 μm	0.08	3.59	1.19
	63～250 μm	0	0.02	0.01	63～250 μm	0	0.01	0.01

注："−"表示向海。

南汇东滩横断面上 C_3 测站和 C_5 测站分别处于 2.0m 和 3.5m 水深浅滩。由于涨、落潮流传入潮滩受地形阻力的影响，水流流速和含沙量随着水深的变化而发生较大差异(表 4.2.23 和表 4.2.24)，其悬移质泥沙通量分解项不一致性。

首先，表现在 C_5 测站单宽输沙通量绝对值分别明显大于浅水区的 C_3 测站，尤其体现在水深区 C_5 测站动力较强，再悬浮泥沙明显，黏土类级潮泵作用项输沙通量极大，C_5 测站大潮汛 0.5～16 μm 粒级的细颗粒泥沙的单宽输沙通量远高于 C_3 测站。说明从水深区带入浅滩的输沙量较大，随着浅水区流速减小，输沙能力降低，大量泥沙出现沉降，水体中的含沙量必然减少，与实测资料一致(表 4.2.24)。

其次，浅水区 C_3 测站主要机制分解输沙项泥沙均向近岸浅滩输运。水较深的 C_5 测站显示细颗粒粒径泥沙潮泵和潮振荡项输沙通量也基本以向近岸浅滩输送为主，这样的泥沙输移过程有利于南汇东滩淤涨发育，也有部分上滩细颗粒粒径泥沙没有来得及沉降而被落潮(平流项)水流携带归槽，尤其是在大潮期落潮归槽水流较强，体现近底层较粗颗粒粒径泥沙潮泵和潮振荡项输沙通量向海方向，表明南槽河道滩槽之间存在明显的水沙交换。

4.2.7　河口口门外邻近水域含沙量潮周期变化

2014 年 7 月在北港河道(P_7 测站)、北槽河道(C_8 测站)和南槽河道(C_7 测站)口门外邻近水域进行大小潮潮流速、含沙量和悬沙颗粒观测与沉积物采样(图 4.2.1)。该水域摆脱了河槽两侧岸线地形的控制，其水流开始扩散，并由河口河道的往复流向旋转流向过渡，又受近期流域来沙锐减的影响，水体含沙量普遍较低，而近期由于该水域因来沙不足，海床呈微冲状态，致使近底层含沙量普遍偏高。同样，该水域小潮和大潮悬沙浓度存在明显的潮周期变化特征，同时在平面上又受到不同河道出口水流速和泥沙扩散差异性的影响。

4.2.7.1 北港河道口门外邻近水域

小潮：小潮期间北港河道口外邻近水域垂向平均含沙量为 0.05 kg/m³，垂向平均最大值为 0.10 kg/m³(表 4.2.27)。涨落潮期垂向平均含沙量均为 0.05 kg/m³，涨落潮含沙量都很低，而且差异较小。从表层到底层各层次的含沙量略有增大(图 4.2.48)。

表 4.2.27 北港河道口门外邻近水域小潮含沙量特征值统计表 (单位：kg/m³)

项目	表层	0.2 H	0.4 H	0.6 H	0.8 H	底层	垂向平均
平均值	0.03	0.04	0.04	0.05	0.07	0.07	0.05
最大值	0.08	0.05	0.07	0.09	0.19	0.20	0.10
最小值	0.02	0.02	0.03	0.03	0.04	0.04	0.03
涨潮平均	0.04	0.04	0.04	0.05	0.06	0.06	0.05
涨潮最大	0.08	0.04	0.05	0.06	0.07	0.08	0.05
落潮平均	0.03	0.04	0.04	0.05	0.08	0.08	0.05
落潮最大	0.05	0.05	0.07	0.09	0.19	0.20	0.10

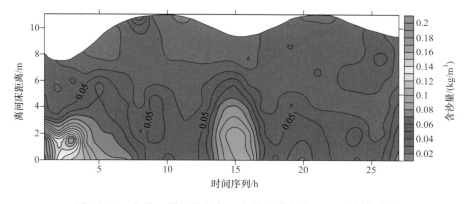

图 4.2.48 北港河道口门外邻近水域小潮含沙量等值线剖面图

大潮：大潮期间北港河道口门外邻近水域的含沙量略有增大，潮周期平均含沙量为 0.25 kg/m³，垂向平均最大值为 0.74 kg/m³，与小潮期间相比潮汐增强，含沙量增大，涨潮期最大含沙量为 0.43 kg/m³，落潮期为 0.74 kg/m³，落潮含沙量大于涨潮。而含沙量垂向分布发生一些变化，表层含沙量较低，仅为 0.12 kg/m³，近底层含沙量增大 3 倍多(表 4.2.28 和图 4.2.49)，与大潮期周期性水流强而海床泥沙容易被掀起再悬浮有关。

表 4.2.28 北港河道口门外邻近水域大潮含沙量特征值统计表 (单位：kg/m³)

项目	表层	0.2 H	0.4 H	0.6 H	0.8 H	底层	垂向平均
平均值	0.12	0.16	0.22	0.27	0.34	0.40	0.25
最大值	0.49	0.76	0.98	0.78	0.88	1.06	0.74
最小值	0.03	0.03	0.04	0.06	0.09	0.11	0.06

续表

项目	表层	0.2 H	0.4 H	0.6 H	0.8 H	底层	垂向平均
涨潮平均	0.06	0.09	0.13	0.21	0.29	0.33	0.18
涨潮最大	0.14	0.36	0.29	0.41	0.73	0.73	0.43
落潮平均	0.17	0.21	0.27	0.30	0.37	0.45	0.29
落潮最大	0.49	0.76	0.98	0.78	0.88	1.06	0.74

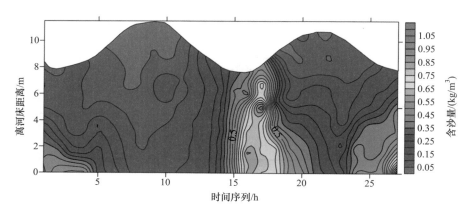

图 4.2.49　北港河道口门外邻近水域大潮含沙量等值线剖面图

4.2.7.2　北槽河道口门外邻近水域

小潮：小潮期间北槽河道口门外邻近水域平均含沙量为 0.12 kg/m³，垂向平均最大值为 0.55 kg/m³，其中，涨潮期垂向平均含沙量为 0.18 kg/m³，落潮期为 0.09 kg/m³，涨、落潮含沙量都很低，从表层到底层各层次的含沙量逐渐增大(表 4.2.29 和图 4.2.50)，符合含沙量垂向分布的基本规律。

表 4.2.29　北槽河道口门外邻近水域小潮含沙量特征值统计表　　　(单位：kg/m³)

项目	表层	0.2 H	0.4 H	0.6 H	0.8 H	底层	垂向平均
平均值	0.04	0.05	0.09	0.12	0.17	0.23	0.12
最大值	0.11	0.33	0.65	0.62	0.91	0.95	0.55
最小值	0.02	0.02	0.01	0.01	0.02	0.03	0.04
涨潮平均	0.04	0.06	0.16	0.19	0.29	0.34	0.18
涨潮最大	0.11	0.11	0.65	0.62	0.91	0.95	0.55
落潮平均	0.03	0.05	0.07	0.10	0.12	0.18	0.09
落潮最大	0.09	0.33	0.39	0.55	0.51	0.88	0.45

大潮：大潮期间北槽河道口门外邻近水域含沙量略有增大，潮周期平均含沙量为 0.24 kg/m³，垂向平均最大值为 0.50 kg/m³，与小潮期间相比潮汐增强，含沙量增高(表 4.2.30)，

而含沙量垂向分布变化较大，表层含沙量较低，仅为 0.10 kg/m³，近底层含沙量明显增长 3.5 倍，涨潮期最大含沙量为 0.50 kg/m³，落潮期为 0.23 kg/m³。再从图 4.2.51 看，在涨、落急后时段，从底床向上层延伸出的两股高含沙量的"沙舌"形非常清楚，但"沙舌"的含沙量仍然较低。

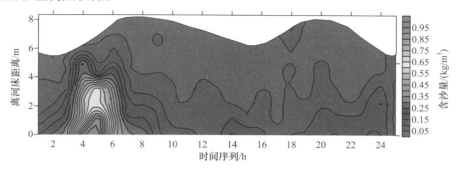

图 4.2.50　北槽河道口门外邻近水域小潮含沙量等值线剖面图

表 4.2.30　北槽河道口门外邻近水域大潮含沙量特征值统计表　（单位：kg/m³）

项目	表层	0.2 H	0.4 H	0.6 H	0.8 H	底层	垂向平均
平均值	0.10	0.21	0.23	0.27	0.31	0.35	0.24
最大值	0.29	0.52	0.47	0.51	0.56	0.83	0.50
最小值	0.03	0.04	0.10	0.13	0.16	0.21	0.14
涨潮平均	0.08	0.18	0.26	0.30	0.36	0.44	0.27
涨潮最大	0.14	0.52	0.47	0.51	0.56	0.83	0.50
落潮平均	0.12	0.23	0.21	0.25	0.27	0.28	0.23
落潮最大	0.29	0.43	0.44	0.44	0.52	0.47	0.43

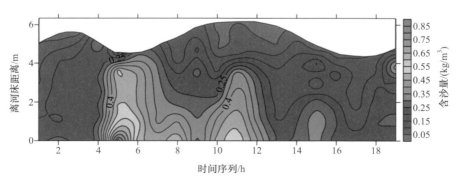

图 4.2.51　北槽河道口门外邻近水域大潮含沙量等值线剖面图

4.2.7.3　南槽河道口门外邻近水域

小潮：小潮期间南槽河道口门外邻近水域平均含沙量为 0.14 kg/m³，垂向平均最大值为 0.51 kg/m³(表 4.2.31)，其中涨潮期垂向平均含沙量为 0.17 kg/m³，落潮期为 0.12 kg/m³，涨、落潮期含沙量都很低，但涨潮含沙量大于落潮。从表层到底层各层次的含沙量逐渐增大，而且近底层含沙量较高。再从图 4.2.52 看，尽管小潮汛流速较小，而在在周期性涨、落潮水流作用下，含沙量仍然呈现出周期性高低变化，较高含沙量主要出现在涨急和落急时段，尤其是涨急时段垂向含沙量分层较明显，而且出现"沙舌"现象。

表 4.2.31　南槽河道口门外邻近水域小潮含沙量特征值统计表　　　（单位：kg/m³）

项目	表层	0.2 H	0.4 H	0.6 H	0.8 H	底层	垂向平均
平均值	0.03	0.05	0.06	0.15	0.20	0.43	0.14
最大值	0.05	0.27	0.26	0.65	0.70	1.29	0.51
最小值	0.02	0.03	0.03	0.03	0.04	0.08	0.04
涨潮平均	0.03	0.04	0.05	0.23	0.20	0.61	0.17
涨潮最大	0.05	0.07	0.09	0.35	0.38	1.29	0.31
落潮平均	0.03	0.05	0.06	0.10	0.19	0.34	0.12
落潮最大	0.05	0.27	0.26	0.47	0.70	0.88	0.43

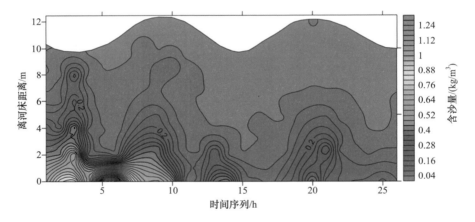

图 4.2.52　南槽河道口门外邻近水域小潮含沙量等值线剖面图

大潮：大潮期间南槽河道口门外邻近水域平均含沙量为 0.54 kg/m³，垂向平均最大值为 1.17 kg/m³(表 4.2.32)，其中涨潮期垂向平均含沙量为 0.49 kg/m³，落潮期为 0.60 kg/m³，涨、落潮含沙量均比小潮大。从表层到底层各层次含沙量逐渐增大，表层含沙量较低，仅为 0.19 kg/m³，近底层含沙量明显增长五倍多。再从图 4.2.53 看，从底床向上层延伸出非常清楚的高含沙量的"沙舌"。这与大潮期水流流速变大有关。

表 4.2.32　南槽河道口门外水域大潮含沙量特征值统计表　　　（单位：kg/m³）

项目	表层	0.2 H	0.4 H	0.6 H	0.8 H	底层	垂向平均
平均值	0.19	0.26	0.45	0.61	0.79	1.04	0.54
最大值	0.78	0.80	1.29	1.70	1.64	3.03	1.17

续表

项目	表层	0.2H	0.4H	0.6H	0.8H	底层	垂向平均
最小值	0.04	0.04	0.07	0.10	0.19	0.38	0.15
涨潮平均	0.14	0.22	0.36	0.50	0.76	0.94	0.49
涨潮最大	0.26	0.45	0.72	0.83	1.31	1.95	0.73
落潮平均	0.22	0.28	0.50	0.67	0.80	1.10	0.60
落潮最大	0.78	0.80	1.29	1.70	1.64	3.03	1.17

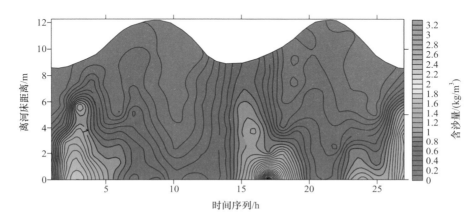

图 4.2.53　南槽河道口门外水域大潮含沙量等值线剖面图

　　总之，目前长江河口口门外邻近水域含沙量普遍较低，其含沙量平面分布呈现南高北低的趋势。含沙量垂向分布为表层低，近底层较高，表层和底层含沙量差异较大的分布规律，这与近期流域来沙锐减，海床出现微冲，导致部分床面泥沙再悬浮有密切的关系。

4.3　悬沙输移量及输沙能力

　　根据近几年长江流域不同水文年(2003 年丰水年、2007 年平水年和 2011 年枯水年)对应的河口洪枯季大小潮多点同步水文测验资料，对南、北支河道，南、北港河道，南、北槽河道主槽，计算其涨、落潮期间通过单位面积的平均悬移质输沙量，优势沙。其结果基本上表明，不同河道、不同年份以及洪、枯季，与大、小潮及涨、落潮单宽输沙量均存在差异(表 4.3.1)。首先，无论大小潮，河口最大浑浊带发育的北支下段河道，南、北槽河道单宽输沙量最大，洪季大潮落潮期单宽输沙量达到 30～50 t，涨潮期为 13～27 t。枯季大潮落潮期单宽输沙量达到 20～29 t，涨潮期为 11～34 t。不论是洪枯季和大小潮及涨落潮南支河道单宽输沙量最小。从整个河口来看，大潮单宽输沙量大于小潮。除个别测站以外，一般测站落潮单宽输沙量大于涨潮，净输沙向海，呈落潮优势沙。

表 4.3.1　典型水文年河口洪枯季大、小潮单宽悬沙输移量统计表

年份	季节	潮型	北支河道			南支河道			北港河道		
			输沙量/t		优势沙/%	输沙量/t		优势沙/%	输沙量/t		优势沙/%
			涨潮	落潮		涨潮	落潮		涨潮	落潮	
2003~2011	洪季	大	16.8	38.7	70	1.9	10.6	85	2.6	13.8	84
		小	1.3	14.0	92	0.1	8.6	98	0.3	6.3	95
	枯季	大	34.1	28.8	46	2.0	2.4	55	5.5	7.2	57
		小	8.5	15.1	63	0.5	1.2	70	0.4	0.9	69
年份	季节	潮型	南港河道			北槽河道			南槽河道		
2003~2011	洪季	大	7.2	10.4	59	12.5	31.2	71	26.6	50.2	65
		小	0.5	5.7	92	1.5	7.2	83	3.6	9.2	72
	枯季	大	5.7	5.7	50	10.5	21.6	67	15.5	19.7	56
		小	3.2	4.2	57	9.7	10.9	53	8.5	10.4	55

　　水流输沙能力指在一定水流动力条件下，单位水体所能携带的悬沙质泥沙数量(余文筹，1986)，在河口水域，由于受径流、潮流、波浪等水动力条件，以及泥沙颗粒物理特性等因素的影响，河口潮流输沙能力复杂化，诸多学者基于试验结果或实地观测数据建立适用于不同河口水域潮流输沙能力的经验公式(韩曾卒，2003；曹祖德等，2001；李九发等，2000；刘家驹，1988)。长江河口实测含沙量显示在周期性运动的潮流过程中，其水体含沙量包括水体中的本底含沙量(称为背景含沙量)、来自上下游水流携带的泥沙，以及本地河床再悬浮泥沙等。众所周知，在河口低流速时含沙量低，而在高流速时往往形成含沙量峰值，说明潮流速变化是导致水体含沙量变化的主要因素之一。利用北支河道 2011 年 4 月，南、北港河道 2011 年 6 月，北槽河道 2012 年 4 月及南槽河道 2012 年 6 月典型站点连续近 200 h 左右的实测潮流速、含沙量和水深资料，并主要考虑河口地区潮流作用下的水流输沙力，对公式(4.3.1)两边取对数，再运用线性回归方法得到相应参数 k 和 m 的值，从而得出近期各槽特定时段水流输沙能力参数。

$$S = k\left(\frac{U^2}{gH}\right)^m \tag{4.3.1}$$

式中，S 为垂向潮周期平均含沙量，kg/m^3；U 为垂向潮周期平均流速，m/s；H 为潮周期平均水深，m；g 取常数；k 和 m 为无量纲系数和无量纲指数。从小潮至大潮连续实测潮周期数据线性拟合出 $\ln S$ 与 $\ln(U^2/gH)$ 之间的相关性，图 4.3.1 显示，$\ln S$ 与 $\ln(U^2/gH)$ 之间存在良好的线性关系。

　　同时，利用线性回归方法得到 k 和 m 值，各槽输沙能力公式如下：

北支河道：$S = 11.673\left(\dfrac{U^2}{gH}\right)^{0.3197}$；南支河道：$S = 0.459\left(\dfrac{U^2}{gH}\right)^{0.197}$

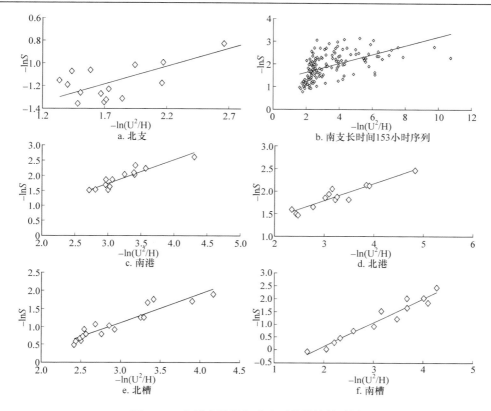

图 4.3.1　各槽含沙量与流速对数线性关系图

北港河道：$S = 1.304\left(\dfrac{U^2}{gH}\right)^{0.3874}$；南港河道：$S = 10.210\left(\dfrac{U^2}{gH}\right)^{0.7725}$

北槽河道：$S = 23.880\left(\dfrac{U^2}{gH}\right)^{0.8079}$；南槽河道：$S = 49.380\left(\dfrac{U^2}{gH}\right)^{0.9425}$

　　观测期间各河道输沙能力经验公式显示，反映近期各河道输沙能力，不同河槽输沙能力存在差异。虽然各河槽实测数据并非同步，但北支河道与北槽河道观测同在枯季 4 月，南槽河道与南、北港河道同在洪季 6 月观测，图 4.3.2 显示，枯季北支河道较北槽河道输沙能力强；洪季南槽河道较南港河道强，北港河道最小。就总体而言，最大浑浊带区域输沙能力较上游河道强，水体含沙量较上游河道高，这说明不同河槽参数 k 和 m 取值基本上能较好地反映实际现状，建立的输沙能力公式，可以用于对长江河口水沙关系的理解。

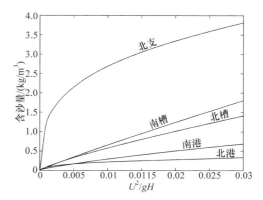

图 4.3.2　各河道含沙量 S 与 U^2/gH 关系图

4.4 环境泥沙

长江河口实测悬沙粒径分析，悬沙粒径普遍较细，中值粒径在 7.3～13.9 μm，属于细颗粒泥沙范畴，在河口盐度和有机质等多因子综合作用下，细颗粒泥沙常常发生絮凝。Laskowski(1992)认为细颗粒泥沙凝聚是相互作用的颗粒通过中和电荷而形成聚合体，絮凝是细颗粒物质与有机质，特别是与有机聚合物之间的桥连作用而形成的聚合体。

4.4.1 细颗粒泥沙絮凝的主要影响因素

(1) 潮流速

天然河口的细颗粒泥沙处于流动水体中，水流加速细颗粒泥沙之间的碰撞，促进絮凝。同时，水流的剪切破坏作用可将黏连不牢固的絮凝颗粒剪切分离(蒋国俊等，2002；阮文杰，1991)。因此，水流对细颗粒泥沙絮凝沉降的影响具有正负效应，中低流速的水流促进絮凝，高流速的水流破坏絮凝(李九发等，2008)。室内实验结果表明，随着水流流速减小，细颗粒泥沙絮凝沉降强度逐渐增大，在流速小于或等于 30 cm/s 时，细颗粒泥沙絮凝沉降强度随流速的减小逐渐增强，流速大于 40 cm/s 时，细颗粒泥沙发生絮凝沉降已不明显(蒋国俊等，2002)。

在自然界细颗粒泥沙形成絮团，必须是颗粒之间产生碰撞，也必须有一定比率的颗粒碰撞使颗粒黏结成团(张庆河等，2001)。自然河口中的水流紊动对泥沙絮凝的影响，主要体现在水流紊动增加了颗粒之间的碰撞机会，可以形成大絮团，增大颗粒沉速。同时，水流紊动产生的剪切应力使大絮团破裂，降低沉速。由此可知，在河口环境中，紊动强度是影响黏性细颗粒泥沙絮凝的重要因素，也是合理确定黏性泥沙沉速时必须考虑的因素(张庆河等，2001)。

长江河口潮周期中流速、含沙量的关系曲线表明，一旦流速小于某值后，细颗粒泥沙便迅速下沉，由此提出动水絮凝临界流速的概念。动水絮凝临界流速，就是絮凝团处于即将形成或即将破碎的临近状态时所对应的水流速度，可作为动水絮凝发生与否的判据。由于动水絮凝临界流速与水流条件有关，当细颗粒泥沙和水介质的性质改变时，动水絮凝临界流速值也随之改变(阮文杰，1991)。

(2) 水温

温度对于絮凝的影响具有双重性，温度升高使颗粒双电层厚度增加，两颗粒之间的排斥力增大，不利于两颗粒的碰撞絮凝。温度升高加剧了颗粒的布朗运动，增加颗粒的碰撞概率，对絮凝有利。

室内试验结果表明，细颗粒泥沙絮凝沉降受水温控制(蒋国俊等，2002)。水温较低时，细颗粒泥沙絮凝沉降强度较低，水温超过 25℃时，细颗粒泥沙就发生快速的絮凝沉降，且表现出随水温升高，絮凝沉降强度增大的趋势。水温对于絮凝团的形状也有明显制约，水温低于 25℃时，絮团较少，即使出现絮团，絮凝团多呈鲕状，颗粒粒径较小。水温超过 25℃后，细颗粒泥沙形成絮团，絮团形状类型增多。

　　长江流域的降水受到季风影响，长江河口洪季恰逢较高气温季节，而枯季对应的温度较低。因此，室内试验结果可以部分解释长江河口拦门沙洪淤枯冲与洪枯季细颗粒泥沙絮团沉降差异的关联性。

　　(3) 盐度

　　河口区泥沙颗粒在其含盐量为絮凝的主要影响因素时，主要以双电层压缩的静电效应为主，河口水体中的悬浮泥沙因盐度作用而脱稳絮凝。一是悬浮泥沙吸附河水中的高价阳离子而降低其表面电位；二是介质离子强度增大，双电层受压缩变薄，降低泥沙的 Zeta 电位。两者均使悬浮颗粒间的排斥作用减小，降低泥沙的稳定性，促使絮凝发生。

　　入海河口受周期性涨落潮流的影响，水体盐度变化是控制细颗粒泥沙絮凝的主要因素之一。河口细颗粒泥沙带有负电荷，随盐度增大，Zeta 电位逐渐降低。盐度小于 3 时，Zeta 电位随盐度的增大而迅速降低；盐度大于 3 时，降低速度缓慢(Hunter and Liss，1979；Edzwald et al.，1974)。陈邦林等(1995)通过对长江河口现场进行采样及实验模拟，认为长江河口泥沙在盐度为 5‰时进入快速聚沉范围，而在盐度为 13.5‰时细颗粒泥沙的 Zeta 电位最低，说明长江河口细颗粒泥沙最佳絮凝的盐度为 5‰左右(关许为等，1996；关许为和陈英祖，1995)。张志忠(1996)认为该特征盐度为 3‰，反映出盐度在影响细颗粒泥沙絮凝的众多因子中占主导地位。在长江河口低流速时段，细颗粒泥沙絮凝最佳阳离子浓度为 $170×10^{-3}$ mol/dm³(蒋国俊和张志忠，1995)。而在阳离子浓度相同的水体中，不同类型的阳离子影响细颗粒泥沙絮凝沉降的强度也不一致，高价离子的置换能力较强，能置换双电层水膜中的低价离子而进入吸附层，双电层中反离子的价位升高，对颗粒表面离子的吸引力加强，双电层变薄，Zeta 电位降低，颗粒间的范德华力加强，易形成较大絮团，絮凝沉降强度增大。长江河口常见的阳离子在浓度相同的情况下对絮凝影响的程度从小到大分别为 Na^+、K^+、NH_4^+、H^+、Mg^{2+}、Ca^{2+}、Al^{3+}、Fe^{3+}。在径流与咸水混合初期，由于对咸水中高价阳离子的吸附与离子强度的增大，细颗粒泥沙的 Zeta 电位突降，从而大大降低双电层间的排斥作用，显著降低细颗粒泥沙的稳定性(金鹰和王义刚，2002；关许为等，1996)。

　　就长江河口而言，一般以徐六泾作为河口盐水入侵上界，徐六泾以下河口呈多级分汊。据孔亚珍等(2004)对 2003 年洪枯季实测盐度资料统计，枯季北支河道上游河道潮平均盐度在 5.4‰～11.3‰，下游河道在 4.2‰～13.6‰。南支河道在 0.17‰～0.37‰。南港河道和北港上游河道在 0.4‰～0.66‰。南槽河道在 18.6‰左右。北槽河道在 12.4‰左右；洪季北支河道上游河道潮平均盐度在 0.3‰左右，下游河道盐度在 5.9‰～19.3‰。南支河道、南港河道和北港河道上游河道小于 0.14‰，北港河道口门在 5.75‰左右。南槽河道在 3.1‰左右。北槽河道在 2.2‰左右。可知，长江河口拦门河道盐度具备盐度絮凝的基本条件。同时，河口季节性阳离子浓度、离子类型和盐度的变化与流域来水来沙变化的多因子耦合，导致河口细颗粒泥沙沉降部位与沉降量呈规律性变化，与长江河口拦门沙季节性冲淤特征保持一致(张志忠等，1977；蒋国俊和张志忠，1995)，表明长江河口拦门沙的形成及冲淤变化与盐度水体中的细颗粒泥沙发生絮凝并沉降河床密切相关。

　　(4) 含沙量

　　室内试验表明，在相同的盐度情况下，泥沙含量越高，细颗粒泥沙絮凝沉降的平均速率越快，这主要是因为含沙量浓度高，颗粒之间的碰撞概率大，从而促进细颗粒泥沙的絮凝沉降(关许为和陈英祖，1995)。对于细颗粒泥沙絮凝沉降强度与悬沙量来源，洪季大气降水量多，由此造成流域地表冲刷而导致河流来沙量增加，促使河口洪季细颗粒泥沙絮凝沉降增强。

(5) 泥沙颗粒度

只有当泥沙颗粒小到一定程度时，黏结力对颗粒动力特性的影响才超过重力，絮凝等现象才凸现出来。因此，泥沙颗粒粒径是影响絮凝的一个重要因素。

Migniot(1968)首先使用絮凝因子 $F=\omega_{f50}/\omega_{d50}$ 的概念分析絮凝强度，其中 ω_{f50} 和 ω_{d50} 分别为极限和分散状态下(非絮凝)絮凝的平均沉速，并提出发生絮凝的临界当量粒径为 30 μm。钱宁和万兆惠(1983)把发生絮凝的细颗粒泥沙粒级上限取为 10 μm。Mehta 和 Lee(1994)、张德茹和梁志勇(1994)、张志忠(1996)分别提出絮凝的临界细颗粒泥沙粒径在不同的水质和泥沙类型，絮凝的临界粒径可取为 10~30 μm。可知，絮凝的临界粒径应视当地河流流域的泥沙性质和水质环境条件而定。

长江河口悬沙中有 90% 的泥沙颗粒粒径均小于 32 μm，泥沙表面电荷量的 92% 也集中在 32 μm 以下颗粒级，基本上可以确定长江河口泥沙絮凝的临界粒径为 32 μm(张志忠，1996；张志忠等，1995)，其实悬浮泥沙中发生絮凝的仅仅是泥沙粒径小于 32 μm 的细颗粒泥沙。这是因为泥沙颗粒越细，其比表面积越大，能吸附更多的负电基团，从而具有较强阳离子交换容量，Zeta 电位也越大，遇阳离子中和其表面负电荷后，其电位下降，更易形成絮团。

(6) 细颗粒泥沙矿物组成

自然界细颗粒泥沙中黏土矿物的含量可观，对于泥沙絮凝作用的影响不容忽视。长江河口悬沙中的黏土矿物含量在 26% 左右，其中 65%~70% 为伊利石，其余依次为绿泥石、蒙脱石和高岭石。不同黏土矿物的颗粒大小、表面电荷量不同，它们的沉速和絮凝盐度也各异，当盐度为 10‰时，伊利石的絮凝物沉速为蒙脱石的 9 倍；伊利石和高岭石在盐度为 9‰~13‰时絮凝物最多，而蒙脱石在盐度为 20‰~24‰时才形成大量絮凝物，导致涨、落潮时发生絮凝的主要黏土矿物类型不同，主要淤积部位也不同(张志忠，1996；张志忠等，1995)。

(7) 重金属元素

重金属污染物在水体中可与有机物质发生多种络合作用，形成简单的络合物、螯合物、混合配体络合物、羰基络合物，以及表面多配络合物。可溶性有机物对络合金属，可增加金属的溶解度，改变金属在氧化还原形态中的分配，降低金属毒性，改变金属的生物可利用性，影响金属被悬浮物吸附的程度，影响含金属胶体的稳定性等(陈宗团等，1997；Singer，1977)，天然河口水中最典型的有机物为腐殖质类高分子聚合物，含羟基、羧基、酚基、氨基醌基等活性基团，可与高价金属离子、悬浮泥沙颗粒形成三元络合物，继而形成有机絮团，使多价金属离子与腐殖质共同转入颗粒态(Daviaon，1993)。腐殖质也易于形成多价金属离子共同与泥沙聚合(夏福兴和沈焕庭，1996)。

河口生物对重金属污染物体现在积累和释放，Kumagai 和 Saeki(1981)测定生物体内有 Hg、Cd、Pb、As、Zn、Cu、Se、Co 等金属。就 Cu、Pb、Cd 而言，重金属含量最高的是环节动物，其次是甲壳动物，最低的是鱼类。九龙江河口的浮游植物体内的重金属含量与颗粒态金属呈正相关关系，Fe、Cu 的富集系数较大。微生物对重金属的释放表现为分解有机质、降低分子量、产生较易络合金属离子的有机质。新陈代谢活动使环境条件发生变化。Eh 的变化使无机化合物变成金属有机络合物等。

盐度变化是界面过程重金属行为的主要外部条件。盐淡水混合是河口的一个重要现象，由口内向口外盐度逐渐增加，总离子浓度增大，双电层厚度变薄，含有重金属的颗粒间的聚集能力明显增大，彼此相互吸引而絮凝沉积。河口混合期间可溶性 Fe、Mn、Ai、Ni、Cd 和 Co 的絮凝作用是盐度的函数，当盐度从 0 增大到 15‰～18‰时，绝大多数重金属絮凝量增大到最大值，而后趋于稳定(Sholkovitz，1978)。长江河口细颗粒泥沙对重金属的吸附作用表明，Cu 的吸附量与盐度关系不大，Pb、Cd 的吸附量随盐度增大而减小(夏福兴等，1987)。

Eh、pH 对于界面重金属的影响往往是相互的，界面重金属的积累与释放常与 Eh 的变化有关，特别是元素的扩散作用，如 Fe/Mn 结合态和有机结合态金属的行为主要与 Eh 和 pH 的变化有关。沉积物水界面若处于还原条件，界面水中 Cd、Hg、Pb 的浓度受硫化物支配，Fe、NI 受有机络合物控制，Mn 受氯的络合物控制，Cr 受羟基络合物控制(Lu and Chen，1977)。在 Elbe 河口，Mn 和 Cd 的活化迁移主要与 Eh 和沉积物的堆积方式有关(Brügmann，1995)。pH 不仅制约重金属元素在水体中的状态，同样也影响泥沙表面性质，随着 pH 增大，泥沙 Zeta 电位绝对值增大，泥沙对重金属 Pb、Cd、Cu 的吸附量增多。水体中溶解态的 Pb、Cu 浓度始终随 pH 增大而不断减小，溶解态 Cd 的浓度则在接近 pH 才急剧减小(邵秘华和王正方，1991；夏福兴等，1987)。密西西比河、黄河、长江等河口的 pH 较高(pH > 7.5)，使得溶解态的离子更容易被吸附，在高 pH 条件下，控制河口水中溶解态重金属微观机制已不再是吸附/解吸-溶解平衡，而为吸附/解吸-沉淀-溶解体系所取代(张经，1994)。

众所周知，泥沙颗粒越细，比表面积就越大，能够吸附越多的重金属。河口中的痕量金属 Ni、Co、Cr、Zn、Cu、Pb 等元素，随泥沙颗粒物粒径减小，吸附重金属含量增大(Regnier and Wollast，1993)。同样，长江河口、黄河口、珠江河口等河口中不同粒径颗粒物重金属均倾向于富集在细颗粒表面，黏土矿物对重金属吸附起了更重要的作用(林卫青，1993；Horowitz，1991；黄薇文，1988)。长江河口重金属元素的解吸或再活化引起的元素由溶液向颗粒态的迁移可能并没有显著地改变颗粒态重金属的分布(张经，1996)。

(8) 有机质

河口区泥沙颗粒有机质絮凝，Rosen(1978)认为是由颗粒表面电荷中和所致，当把具有相反电荷的有机分子加入到由静电排斥力稳定的分散体系中时，有机分子通过静电引力立即吸附到颗粒表面，并中和颗粒表面的电荷，导致电斥力降低，因而引起分散体系絮凝。而桥连作用引起的絮凝是多个颗粒由一个有机分子桥连所引起的絮凝(图 4.4.1a)，或者通过被吸附到不同颗粒表面上的有机分子链之间的相互作用进行桥连而引起絮凝(图 4.4.1b)。有机分子具有两个以上吸附链段，可发生如图 4.4.1a 所示的桥连作用。分子链足够长，可以吸附到两个以上的颗粒表面。如果有机分子吸附的表面覆盖度低，就有更多的机会使吸附的有机分子链，并从一个颗粒上伸展到另一个颗粒上，同样可发生如

图 4.4.1a 所示的桥连作用。这种桥连絮凝只有在有机分子浓度很低，即颗粒表面上的絮凝剂少于其饱和吸附值的一半时才发生。当有机分子链很长，且吸附颗粒的表面覆盖度高，以至于剩下的可吸附点很少，并且有机分子链在颗粒间伸展的概率也很低时，才可发生图 4.4.1b 所示类型的桥连絮凝，发生此类絮凝的另一个条件是相互作用分子链之间的亲和力相当大，足以克服由链的自由度减少所引起的熵排斥(Rosen，1978)，或归因于颗粒之间的桥连作用。

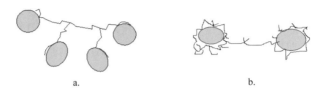

a.　　　　　　　　　　　　　　　　　b.

图 4.4.1　两种桥连絮凝模式

　　众所周知，河口区有机质成分极其复杂，其中腐殖质是河口区水体中有机质的重要组成部分，占水体中可溶有机碳的 40%～60%，它是一种多聚电介质，在水中，由于官能团解离而形成带负电荷的基团，因而不能直接与水体中带负电荷的黏土矿物发生絮凝。但由于其含有 COOH、OH、C=O 等多种活性基团，可以与金属离子，特别是多价金属离子发生反应形成稳定化合物。因此，1968 年爱德华斯和布雷姆纳提出了 C—P—OM(C 代表黏土，P 代表多价金属离子，OM 代表有机化合物)的有机—无机复合絮凝桥连构型(斯尼茨尔和汉，1979)。夏福兴和 Eisma(1991)用带电子探针的扫描电子显微镜测定了长江口的悬浮颗粒样品，在不同盐度试样中，首次发现了大小、形状、组成各不相同的有机絮凝团，表明复合吸附的桥连模式能比较满意地解释有机絮凝团的形成，且符合河口地区水体的实际情况。如图 4.4.2 所示，有机质-多价金属离子-泥沙矿物颗粒三元络合物，为有机絮凝团中最基本的结构单元。其中 1 个泥沙颗粒可以结合几个，甚至更多个有机质分子。同时，1 个有机质分子可以结合两个或多个泥沙颗粒。Tipping 和 Ohnstad(1984)认为有机物对氧化铁胶体的桥连絮凝必须有较高浓度的钙离子参与。同时，斯尼茨尔和汉(1979)认为 C—P—OM 构型忽略了氢键作用，连接极性有机分子和可交换的金属阳离子间的"水桥"是通过最初水合外层的一个水分子按图 4.4.3 构型形成的。M^{n+} 代表金属离子，RCOOH 代表有机分子，当阳离子具有较高的溶剂化能时，氢键作用特别重要，由此得出了 C—P—H_2O—OM 的模型，并通过试验证明这种键型比官能团和多价离子之间直接配位形成十分强有力的键，但也容易被声波或超声波的震动所破坏，更能充分解释河口区絮凝或解絮过程。由于有机物的胶结作用，泥沙颗粒会形成大的絮凝团或絮团，絮凝团或絮团内部存在或大或小的空隙。高价阳离子(Al^{3+}和Fe^{3+})也会形成较大絮凝团或席卷絮凝，可称为网捕作用，而初级絮凝团的这种捕获效能使得细颗粒泥沙絮凝沉降的效果不断放大。

　　一般而言，不同河流双电层中心的泥沙颗粒组成不同，会导致不同河流泥沙的电位不同，而英国的 Hunter 等用电泳仪测定了 4 条不同类型河流的悬浮颗粒，发现表面电性质十分相似，主要与有机裹层的影响有关(Hunter and Liss，1982，1979；Hunter 1980)。

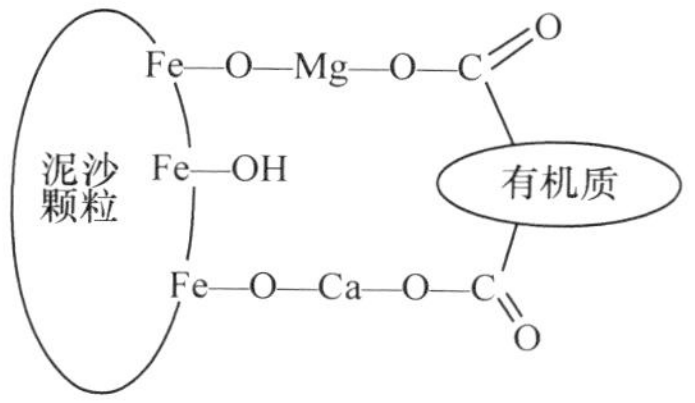

图 4.4.2 C—P—OM 复合絮凝基本结构示意图

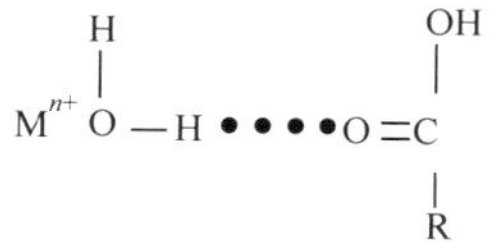

图 4.4.3 氢键的水桥作用

金鹰和王义刚(2002)曾用长江河口同一种粒径的泥沙,将去除有机质(加双氧水处理)和未去除有机质的泥沙,在同盐度人工海水中做泥沙絮凝沉降试验,表明去除有机质的泥沙絮团的中值粒径为 43 μm,未去除有机质的泥沙絮团的中值粒径为 30 μm,前者泥沙絮团的中值粒径明显较后者大,由此首先表明有机质含量大小与絮凝沉降量有较大关系。

(9) 其他水化学要素

入海河口细颗粒泥沙处于复杂多变的水化学环境之中,水化学因子,如水体 pH、Eh 值、水体有机质含量、水体阳离子浓度等直接影响细颗粒泥沙的表面性质,制约细颗粒泥沙的行为。

水体 pH、Eh 值对于细颗粒泥沙表面细菌、微生物的生理活动有直接影响,在很大程度上制约颗粒表面的有机特性,水体 pH 升高,使颗粒表面的羧基、羟基和氨基等活性基团发生离解或表面络合配位,增大颗粒表面的负电荷量。

水体溶解态有机质与颗粒态有机质与细颗粒泥沙表面吸附的有机物相互作用,絮凝吸附结合的有机质覆盖于颗粒表面,从而降低细颗粒泥沙表面水合氧化物活性基团的活性。

若带有较多负电荷的颗粒电负性强,颗粒更具有亲水性,降低颗粒碰撞絮凝率,增大悬浮泥沙的稳定性。颗粒表面富含 N、P 的有机质和金属水合氧化物含量低,颗粒稳定性降低,有利于絮凝沉降(林以安等,1997a)。

4.4.2 河口细颗粒泥沙絮凝因子现场观测

2006 年 2 月(枯季)(图 4.1.1:N_1、P_2、P_3、C_2、C_8、C_{10}、C_{12}、C_{14} 测站)和 8 月(洪季)(图 4.1.1:P_1、P_2、P_3、C_2、C_8、C_{10}、C_{11}、C_{12}、C_{14} 测站),分别在长江河口南支河道、南港河道、南槽河道和北槽河道设点取样,使用 NIskIn 采水器,分别于水面以下 0.5 处、0.6 H 水深处和河底以上 0.5 m 处采水样,分别用来过滤测定金属离子和用来去掉有机碳。在现场分别对所有沉积物样品进行不同药物处理,并用锡纸密封和冷藏等现场处理。同时,采集含沙量水样、观测流速、流向、浊度、水温、盐度和泥沙絮凝颗粒径。

4.4.3 河口阳离子时空分布和变化

4.4.3.1 总阳离子浓度空间分布

洪季在径流作用较强的南港河道($P_1 \sim P_3$ 测站),表层和底层的总阳离子含量变化范围在 3.77~8.66 mmol/L 和 2.62~20.64 mmol/L，平均浓度为 6.43 mmol/L；南槽河道(C_2 测站)表层和底层的总阳离子含量分别在 46.50~70.58 mmol/L 和 66.79~169.01 mmol/L，平均浓度为 91.89 mmol/L；而北槽河道(C_{10}~C_{14} 测站)表层和底层的总阳离子含量分别在 8.65~12.93 mmol/L 和 54.84~270.36 mmol/L，平均浓度为 70.56 mmol/L。总体而言，总阳离子含量由口内至口门递增。南港河道总阳离子浓度垂向分布差异不明显，而南槽河道和北槽河道存在明显的垂向变化，底层总阳离子浓度远远高于表层(刘启贞，2007)。

枯季同样受径流影响的南港河道(P_1~P_3 测站)，其总阳离子浓度在表层和底层分别在 5.39~6.94 mmol/L 和 8.64~15.84 mmol/L，平均浓度为 8.46 mmol/L；南槽河道(C_2 测站)表层和底层的总阳离子含量分别在 135.65~256.29 mmol/L 和 177.74~282.88 mmol/L，平均总阳离子浓度为 222.70 mmol/L；北槽河道(C_{10}~C_{14} 测站)表层和底层的总阳离子含量分别在 62.53~220.38 mmol/L 和 129.26~248.93 mmol/L，平均总阳离子浓度为 168.66 mmol/L。从长江河口总阳离子浓度的沿程变化看，南港河道受河流径流的影响，呈河海过渡型水体，总阳离子浓度偏低，细颗粒泥沙的絮凝沉积作用较弱，悬沙沉积强度低。随着向海方向的移动，在最大浑浊带发育的南槽河道、北槽河道总阳离子浓度逐渐增大，总阳离子达到细颗粒泥沙的最佳絮凝浓度，细颗粒泥沙极易发生絮凝作用而使沉降强度增大，形成高含沙量区域以及拦门沙地形。

4.4.3.2　总阳离子浓度随时间变化

长江河口阳离子浓度受径流和潮流的共同影响，南港河道在洪季和枯季总阳离子浓度相差不大，洪季稍小(刘启贞，2007)。由于枯季径流较小，南槽河道、北槽河道含盐量大的海水对该河道水域的影响较大，枯季总阳离子浓度较洪季高。

从南槽河道、北槽河道小潮期潮周期内 4 个特定时刻总阳离子浓度看(图 4.4.4 和图 4.4.5)，无论是洪季还是枯季，总阳离子浓度随涨、落潮有显著变化，落憩时最小，涨憩时最大，这主要是因为涨潮时盐度较高，所含阳离子浓度较大，而落潮时径流下泄，稀释盐水，导致阳离子浓度降低。

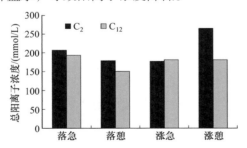

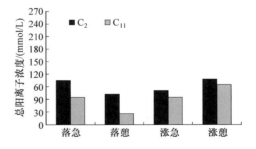

图 4.4.4　枯季总阳离子浓度随时间的变化　　　图 4.4.5　洪季总阳离子浓度随时间的变化

C_2 测站和 C_{12} 测站分别位于南槽河道和北槽河道的最大浑浊带发育核心水域，洪季总阳离子浓度变化范围在 40~110 mmol/L，枯季总阳离子浓度变化范围在 150~260 mmol/L。长江洪季来沙占全年输沙量的 87.2%左右，细颗粒泥沙碰撞概率增大，同时，来水中多含高价的钙镁离子，使得最佳絮凝阳离子浓度降低，絮凝作用增强，沉降强度增大，促成洪季拦门沙河道淤积。而枯季来沙量减少，絮凝作用受到一些抑制，同时，总阳离子浓度远超过最佳絮凝阳离子浓度，引起泥沙颗粒 Zeta 电位逆转，碰撞概率减小，造成细颗粒泥沙稳定性增强，不易形成絮团，潮流和风浪作用引起的河床冲刷量超过了泥沙淤积量，导致河口拦门沙河道呈现枯季冲刷现象。

4.4.3.3　金属阳离子浓度随时空变化

图 4.4.6 为河口枯季钠、钾、钙和镁离子浓度分布图。可知，钠离子浓度从南支河道的 5.95 mmol/L，至河口口门处逐渐增大为 219.6 mmol/L，增幅达到 36 倍；钾离子浓度由南港河道的 0.17 mmol/L，至河口口门处的 5.64 mmol/L，增大了 33 倍；钙离子浓度由南港河道的 1.21 mmol/L，至河口口门处的 3.98 mmol/L，增大了 3.2 倍；镁离子由南港河道的 0.99 mmol/L，至河口口门处的 20.79 mmol/L，增大了 21 倍。可见，钠、钾、钙、镁 4 种离子的浓度由河口上游至口门逐渐增大。

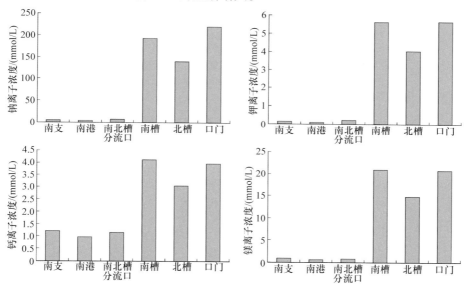

图 4.4.6　枯季 4 种金属阳离子浓度沿程变化图

图 4.4.7 为长江河口洪季钠、钾、钙和镁离子的浓度分布图。可知，钠离子浓度由南港河道的 2.06 mmol/L，至河口口门处逐渐增大为 140.7 mmol/L，增幅达到 68.3 倍；钾离子浓度由南港河道的 0.13 mmol/L，至河口口门处逐渐增大为 4.16 mmol/L，增大了 32 倍；钙离子浓度由南港河道的 0.56 mmol/L，至河口口门处逐渐增大为 4.14 mmol/L，增大了 7.4 倍；镁离子由南港河道的 0.35 mmol/L，至河口口门处逐渐增大为 20.00 mmol/L，增大了 56 倍。同样，洪季钠、钾、钙、镁 4 种离子的浓度由南港河道至口门逐渐增大。

总体而言，无论是洪季还是枯季，阳离子的沿程变化趋势明显，由河口河道上游至口门逐渐增大，洪季小于枯季，与流域来水量强弱变化影响有关。

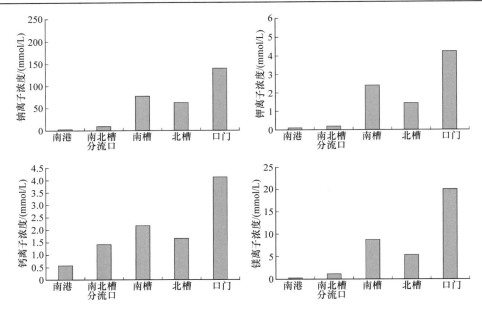

图 4.4.7　洪季 4 种金属阳离子浓度沿程变化图

4.4.3.4　金属阳离子浓度与盐度关系

河口水体在咸淡水混合过程中，主要阳离子浓度与盐度呈正相关关系(图 4.4.8，图 4.4.9)，即随着盐度增加而线性增加，且相关性良好，属于典型的保守组分。在河口区盐淡水混合使水体介质条件发生改变，促使水体中的化学物质在液相-固相之间吸附-解吸、沉淀-溶解等化学物质发生迁移过程，特别是各种阳离子参与了细颗粒泥沙絮凝过程，导致阳离子在混合过程中表现出一定表观上的非保守性，这在阳离子浓度与盐度关系图中得到充分体现。

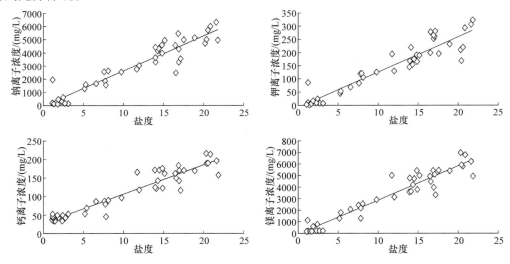

图 4.4.8　枯季阳离子浓度与盐度的关系

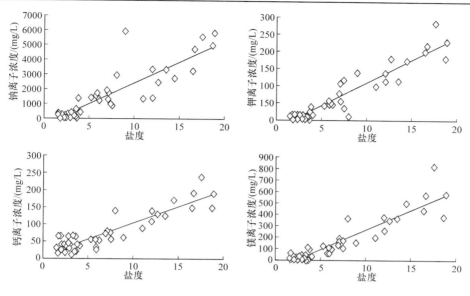

图 4.4.9 洪季阳离子浓度与盐度的关系

4.4.4 絮凝能力(FA)及时空变化

4.4.4.1 FA 的定义

根据胶体化学理论，当溶胶中加入过量的电解质后，往往会使溶胶发生聚沉。电解质中与扩散层反离子电荷符号相同的离子，由于同电排斥而将反离子压入到吸附层中，从而减少胶粒的带电量，ζ 电势降低。当扩散层中的反离子被全部压入吸附层内时，胶粒处于等电状态，ζ 电势为零，此时溶胶的稳定性最差，非常易于聚沉(王果庭，1990)。

根据舒尔兹-哈地规则，电解质中能使溶胶发生聚沉的离子，是与胶粒电性相反的离子，异电性离子的价数越高，聚沉能力越大。其定量关系有

$$\frac{1}{C_1}:\frac{1}{C_2}:\frac{1}{C_3}=1:2^n:3^n \tag{4.4.1}$$

式中，C_1、C_2、C_3 分别为一价、二价、三价起聚沉作用离子的聚沉临界浓度；而 n 为常数，约等于 6。

将舒尔兹-哈地规则引入细颗粒泥沙絮凝研究中，以 FA 表示各种阳离子的作用，絮凝能力

$$\text{FA}=\text{FA}_1+\text{FA}_2+\text{FA}_3=(C_1+C_2\times 2^6+C_3\times 3^6)/C_0 \tag{4.4.2}$$

式中，C_0 为单位浓度。

4.4.4.2 FA 空间分布

枯季阳离子的 FA：在南港河道 $P_1\sim P_3$ 测站，表层和底层的阳离子 FA 分别为 88.7～143.5 和 102.5～133.6，平均值为 123.6；南槽河道(C_2 测站)表层和底层的 FA 分别为 1357.5～2098.2 和 1539.8～2414.0，平均浓度为 1806.3；北槽河道($C_{10}\sim C_{14}$ 测站)表层和

底层的 FA 分别为 490.8～1744.2 和 1053.0～1942.1，平均浓度为 1286.25。总体而言，阳离子 FA 由河口口内至口门递增，南港河道垂向分布差异明显，而南槽河道、北槽河道底层 FA 远远高于表层。

洪季阳离子的 FA：在南港河道 P_2～P_3 测站，表层和底层的阳离子絮凝 FA 分别为 56.6～155.5 和 48.5～164.6，平均浓度为 105.3；南槽河道(C_2 测站)定点测量，表层和底层的 FA 分别为 369.6～730.4 和 630.7～1538.1，平均浓度为 780.2；而北槽河道(C_{10}～C_{14} 测站)表层和底层分别为 110.7～229.8 和 635.1～3109.8，平均浓度为 717.1。其 FA 分布和变化规律与枯季相似。

长江河口总阳离子 FA 的沿程分布与河口阳离子浓度的沿程分布相似，南港河道阳离子较弱，但是同总阳离子浓度相比，FA 的定义中突出了高价阳离子在絮凝中的作用，因此，能够较为合理地表现出此处的絮凝条件。随着河口纵向至河口口门水域，阳离子的 FA 逐渐增大。同时，由于南北槽河道细颗粒泥沙含量增大，絮凝强度随之增大，并在洪季可以观测到最大浑浊带和河床浮泥层发育现象。

4.4.4.3　FA 随时间的变化

从 FA 随时间的变化图看(图 4.4.10，图 4.4.11)，南槽河道、北槽河道小潮潮周期内涨、落急和涨、落憩 4 个特定时刻的 FA，无论是洪季还是枯季，阳离子 FA 随涨、落潮有显著变化。仅就各种阳离子对 FA 的作用而言，落憩时小，涨憩时大，主要是涨潮时盐度较高，所含阳离子浓度较大，FA 增强；而落潮时径流下泄，稀释盐水，导致阳离子浓度降低，FA 也随之降低。

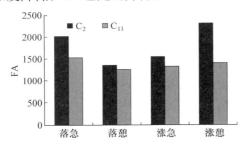
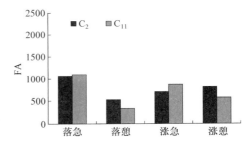

图 4.4.10　枯季阳离子作用下 FA 随时间的变化　　　图 4.4.11　洪季阳离子作用下 FA 随时间的变化

4.4.5　有机碳时空变化

每年河流通过河口向海洋约输送 10^{15} g 的有机碳，其中 POC 占 40%，DOC 占 60%。河口输送的有机碳来源非常复杂，主要包括：地表径流对土壤有机质的侵蚀，即天然的陆源有机物；人为排放的有机物，如工、农业及生活排污；河口浮游生物产生的有机物，包括初级生产力的产物、海洋植物或动物的残片以及活性生物(如浮游植物、大型水生植物和细菌菌团)等。河口作为陆地生态系统和海洋生态系统的交汇处，其水动力环境、盐度梯度变化较大，河口水体存留时间较短，溶解态物质的周转率快，生物地球化学过程复杂而剧烈，所以河口有机碳的时空分布和变化极为复杂。

4.4.5.1 溶解态有机碳(DOC)的空间分布

枯季 DOC 浓度空间分布:在南港河道的 $P_1 \sim P_3$ 测站,表层和底层的 DOC 浓度分别为 $2.65 \sim 3.65$ mg/L 和 $1.36 \sim 3.29$ mg/L,平均浓度为 3.27 mg/L;南槽河道(C_4站)表层和底层的 DOC 浓度分别为 $3.12 \sim 3.54$ mg/L 和 $2.81 \sim 3.67$ mg/L,平均浓度为 3.32 mg/L;北槽河道($C_{10} \sim C_{14}$测站)表层和底层的 DOC 浓度分别为 $2.44 \sim 3.38$ mg/L 和 $2.15 \sim 3.66$ mg/L,平均浓度为 3.06 mg/L;口门外侧 C_8 测站潮流作用较为强烈,平均浓度为 2.44 mg/L。总体而言,DOC 浓度由河口口内至口门有递减趋势,垂向变化不太明显,表层略高。

洪季 DOC 浓度空间分布:在南港河道的 $P_1 \sim P_3$ 测站,表层和底层的 DOC 浓度分别为 $1.96 \sim 2.29$ mg/L 和 $1.40 \sim 1.77$ mg/L,平均浓度为 1.77;南槽河道(C_2 站)表层和底层的 DOC 浓度分别为 $1.77 \sim 2.02$ mg/L 和 $1.33 \sim 1.78$ mg/L,平均浓度为 1.63 mg/L;北槽河道附近($C_{10} \sim C_{14}$ 测站)表层和底层的 DOC 浓度分别为 $1.36 \sim 1.78$ mg/L 和 $1.41 \sim 1.71$ mg/L,平均浓度为 1.60 mg/L;口门外侧 C_8 测站 DOC 的平均浓度为 1.66 mg/L。与枯季相似,洪季 DOC 的浓度由河口口内至口门外侧有递减趋势,垂向变化不太明显,表层稍高。

4.4.5.2 DOC 随时间的变化

长江河口 DOC 的浓度存在洪、枯季和涨、落潮变化。由图 4.4.12 和图 4.4.13 可知,枯季 DOC 浓度较高,而且随涨、落潮变化而变化的程度较大,落潮时含量稍高。而洪季 DOC 浓度较低,随涨、落潮变化并不明显。

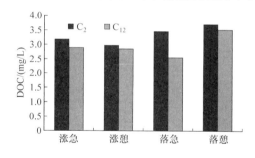

图 4.4.12 枯季南北槽河道 DOC 浓度随时间的变化

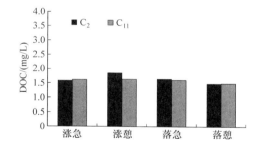

图 4.4.13 洪季南北槽河道 DOC 浓度随时间的变化

4.4.5.3 颗粒态有机碳(POC)空间分布

枯季 POC 浓度空间分布:在南港河道 POC 浓度受径流的影响,其表层和底层 POC 浓度分别为 $0.86 \sim 1.14$ mg/L 和 $0.84 \sim 1.04$ mg/L,平均浓度为 0.90 mg/L;南槽河道表层和底层 POC 浓度分别为 $1.34 \sim 2.40$ mg/L 和 $2.28 \sim 3.34$ mg/L,平均浓度为 2.70 mg/L;北槽河道表层和底层 POC 浓度分别为 $0.51 \sim 1.07$ mg/L 和 $2.66 \sim 4.62$ mg/L,平均浓度为 1.65 mg/L;口门外侧 POC 平均浓度为 3.26。总体而言,POC 浓度由河口口内至口

门有递增趋势，表层、中层、底层 POC 浓度依次升高。

洪季 POC 浓度空间分布：南港河道表层和底层的 POC 浓度分别为 1.48～1.75 mg/L 和 3.16～4.59 mg/L，平均浓度为 2.23 mg/L；南槽河道表层和底层的 POC 浓度分别为 0.87～2.27 mg/L 和 4.62～8.45 mg/L，平均浓度为 3.12 mg/L；北槽河道表层和底层的 POC 浓度分别为 0.81～1.56 mg/L 和 2.08～13.94 mg/L，平均浓度为 2.37 mg/L；口门外侧 POC 的平均浓度为 2.20 mg/L。南北槽河道 C_2 测站和 C_{10} 测站出现最高值 8.45 和 13.94 mg/L。与枯季相似，洪季 POC 浓度由河口口内至口门略有递增趋势，垂向变化十分明显，表层、中层、底层 POC 浓度依次升高，南槽河道 POC 平均浓度高于北槽河道。

4.4.5.4　POC 随时间的变化

长江河口 POC 随时间的变化表现为洪季 POC 含量高，而枯季 POC 含量低。再由图 4.4.14 和图 4.4.15 可知，枯季 POC 浓度随涨、落潮变化较小，而洪季 POC 随涨、落潮变化非常明显。总体而言，落潮时 POC 浓度大于涨潮时，落急时刻的 POC 浓度较高。

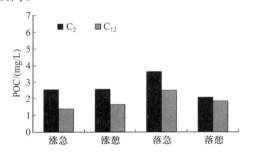

图 4.4.14　枯季南北槽河道 POC 浓度
随时间的变化图

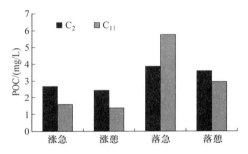

图 4.4.15　洪季南北槽河道 POC 浓度
随时间的变化图

泥沙颗粒作为有机质的载体，对有机质在河口的迁移转化起了重要作用。长江河口洪季丰水多沙，径流量占全年的 71.7%，来沙量占全年总来沙量的 87.2%（沈焕庭等，1986）。虽然径流中含有一定的有机质，但洪季大量径流来水对河口 DOC 的浓度起到了一定的稀释效应，同时，高浓度的含沙量使得有机质被泥沙颗粒吸附的概率增大，DOC 较多地转化为 POC，从而出现洪季 DOC 浓度小于枯季，而 POC 浓度大于枯季的现象。

4.4.5.5　POC 百分含量时空变化

枯季悬沙表层和底层 POC 百分含量分别为 0.66%～1.24% 和 0.56%～0.94%，平均含量值为 0.75%，而沉积物中的 POC 百分含量在 0.11%～0.64%，平均含量值为 0.44%。而洪季 POC 百分含量，表层含量在 0.64%～1.10%，平均含量值为 0.92%；底层含量在 0.41%～0.83%，平均含量值为 0.65%；浮泥层含量在 0.61%～0.65%，平均含量值为 0.63%；沉积物中含量在 0.19%～0.57%，平均值为 0.48%。可以看出 POC 百分含量从水面至河床的垂向变化明显，随着深度的增加而下降，沉积物中 POC 百分含量最低，这主要与底层含沙量较高,单位质量泥沙含有的 POC 下降有关。同时,部分包覆在沉积物中的有机质会重新转入水相,形成 DOC,继续参与细颗粒泥沙絮凝。枯季 POC 百分含量由河口口内至口外出现非常明显的下降趋势,南港河道悬沙中 POC 百分含量非常高,这与枯季长江流域来沙量较少密切相关。而悬沙中 POC 百分含量洪季高于枯季(图 4.4.16 和图 4.4.17)。

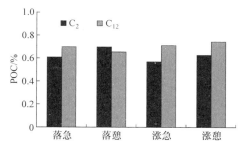 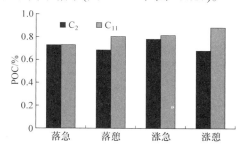

图 4.4.16　枯季 POC 百分含量潮周期变化　　　图 4.4.17　洪季 POC 百分含量潮周期变化

　　枯季南槽河道沉积物中的 POC 百分含量约为 0.35%,北槽河道沉积物中 POC 百分含量为 0.47%。而洪季南槽河道沉积物中的 POC 百分含量为 0.60%,浮泥中为 0.62%;北槽河道沉积物中的 POC 百分含量为 0.57%,浮泥中为 0.63%。无论是在南槽河道还是在北槽河道,沉积物中的 POC 百分含量,枯季都小于洪季,这主要是因为枯季来沙少,河口河床泥沙再悬浮现象明显(李九发等,2000),河床泥沙再悬浮的同时会释放有机质,部分 POC 转化为 DOC,则沉积物中的 POC 百分含量减小。而洪季来沙多,细颗粒泥沙絮凝沉积现象明显,甚至有浮泥形成,细颗粒泥沙吸附的有机质沉积在河床上,造成洪季沉积物的 POC 百分含量高于枯季,这也进一步验证了细颗粒泥沙行为在水体中有机碳迁移转化过程中的作用。

4.4.5.6　有机质与盐度、含沙量的相关性

(1) 有机质与盐度的关系

　　无论是洪季还是枯季,DOC、POC、POC 百分含量都与盐度(S)具有一定的关系(图 4.4.18)。其中 DOC 与 S 关系不明显,而 POC 与 S 呈正相关关系,POC 百分含量与 S 呈负相关关系,说明虽然随着盐度升高,水体中 POC 浓度增大,但单位质量悬浮物质(SSC)所含有机质降低,主要是因为取样位置位于长江河口最大混浊带,高含沙量分散了咸淡水混合区域的 POC 浓度,因此,相对于淡水区或淡水环境中 POC 百分含量呈降低现象。

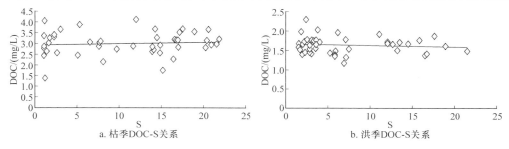

a. 枯季DOC-S关系　　　　　　　　　　　b. 洪季DOC-S关系

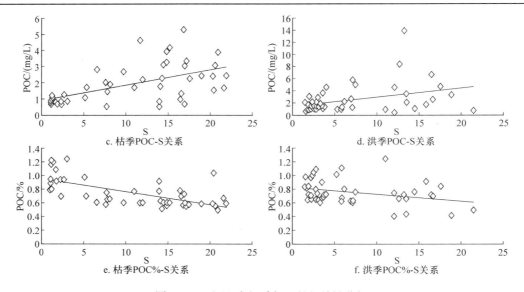

图 4.4.18　河口有机质与 S 的相关性分析

(2) 有机质与含沙量(SSC)的关系

无论是洪季还是枯季,DOC、POC、POC 百分含量与 SSC 具有一定的关系(图4.4.19)。其中 DOC 与 SSC 关系不明显,而 POC 与悬浮物质浓度呈正相关关系,而 POC 百分含量与其呈负相关关系。枯季相关性相对较好,POC 与 SSC 的 R^2 可以达到 0.97。而洪季可以分为两部分,当悬浮物质含量小于 1.00 g/L 时,相关性较好,相关性 R^2 达到 0.89;当超过 1.00 g/L 时,相关性较差,而且斜率变小。所以 POC 与 SSC 具有高度的相关性,由于洪季悬浮物质含量较高,单位质量 SSC 所含有机质减少,因此,线性相关系数降低。

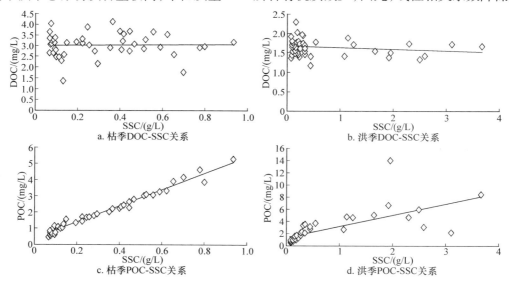

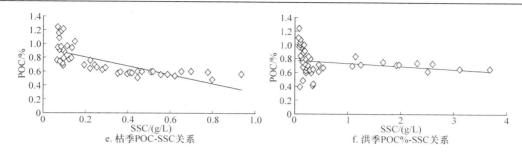

图 4.4.19　河口有机质与 SSC 的相关性分析

4.4.6　腐殖质(HS)空间分布

腐殖质是一种广泛存在于自然界中的天然高分子有机物，是自然界动、植物残体经腐殖化后形成的产物，是水体中有机物的主要成分，占水体可溶有机碳的 40%～60%(Thurman，1985)。根据 HS 在酸碱中的溶解程度可大致将其分为 3 类：①富里酸，既溶于酸，又溶于碱，分子量相对较小，从几百到几千；②腐殖酸，不溶于酸，只溶于碱，分子量从几千到几万；③胡敏酸，不溶于酸，不溶于碱，分子量在几万以上(杨敏，2002)。这 3 种腐殖质在结构上非常相似，只是在分子量、元素、官能团的含量上有所差别。因此，广义上所谓的腐殖酸其实是这 3 类腐殖质的总称。腐殖质分子在各个方向上带有很多活性基团，如苯羧基、酚羟基等，基团之间以氢键结合成网络，使得分子表面有许多孔，提供了良好的吸附表面，因而是良好的吸附载体。因此能与金属离子，尤其是多价金属离子及黏土矿物发生反应而形成稳定的化合物(杨春文，2004；李光林和魏世强，2003；Tao and Lin，2000)。同时，腐殖质是一种大离子、带负电荷的亲水胶体，所以，它具有胶体的性质，能被电解质所凝结。腐殖质的性质对其在河口水体中形成有机-无机复合絮凝团(C—P—OM)有着重要的作用。

在长江河口区纵向河道共设 12 个测站点(图 4.4.20)，取水样和沉积物样品。从表 4.4.1 腐殖质含量测试结果看，长江河口区水体中腐殖质浓度在 0.137～0.480 mg/L，平均值为 0.280 mg/L。因为河口潮流速较快，促进了水体中的物质交换。所以，整个河口纵向上的腐殖质含量变化幅度不大。每克沉积物中的腐殖质在 1.522～3.797 mg，平均值为 2.753 mg/g。从沉积物的性质和沉积物中腐殖质的含量进行比较看，黄色细泥类中的腐殖质含量最高，黄浦江口外 9 号站和南槽河道 20 号站腐殖质含量分别为 3.797 mg/g 和 3.533 mg/g，其次是灰色软泥，最后是粗粉砂质泥，而 5 号站和 18 号站以粗粉砂质为主要成分的腐殖质含量最低，分别为 1.522 mg/g 和 1.978 mg/g。颗粒大小是导致沉积物外观不同的主要因素，因此，沉积物中腐殖质含量和泥沙颗粒大小等泥质特性密切相关。

腐殖质的化学表征的紫外可见吸收光谱没有明显特征，只是随波长增大光密度减小，所以短波处光密度较高，是由芳香碳"核"上和与这些"核"共轭的不饱和结构上的 π 电子移动性加大引起的(赵卫红等，1999)。长江河口水体中提取的腐殖质的红外光谱表明(图 4.4.21)，3500 cm^{-1}～3300 cm^{-1} 处峰形较宽，为 O—H 和 N—H 的振动吸收；2850 cm^{-1} 和 2920 cm^{-1} 处属于脂肪族 C—H 振动吸收。因为腐殖质是混合物，所以在 1200 处的吸收峰可能是与酯类或者酚类相连的 C—O 键和 O—H 键共同作用的结果。1710 cm^{-1} 处的腐殖质波长处吸收较弱，形成一肩峰，而 1620 cm^{-1} 处的羧酸盐阴离子对称振动红外吸收峰比较明显，主要因为海水中的腐殖质在提取过程中已经转化成了羧酸盐的形式。另外，在 1040 cm^{-1} 处有一吸收峰，属于硅酸盐中的 SI—O 键振动吸收峰，说明海水中提取的腐殖质混入了少量的硅酸盐杂质。可见，腐殖质含有羟基、羧基和羰基等官能团，表明腐殖质能够与许多物质发生作用。

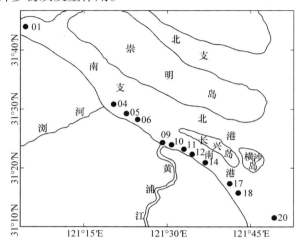

图 4.4.20　取样站位图

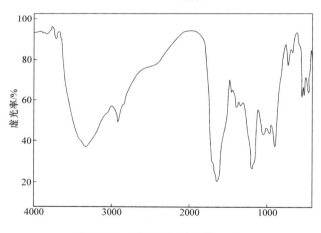

图 4.4.21　腐殖质红外光谱(cm^{-1})

　　对于河口水体中腐殖质的来源，历来众说纷纭。长江河口为典型咸、淡水混合水体，淡水下泄扩散，海水上溯入侵。所以，河口区域适合各种鱼虾类生长，并有多条支流和地表径流汇聚，河流带来的丰富的营养物质促使浮游生物大量繁殖。这些海洋生物的分泌物和尸骸在微生物作用下，经过复杂的生物化学过程分解成碳水化合物、氨基酸和其他简单小分子。同时，在海洋特殊环境中，这些小分子互相缩合、环化，从而生成了芳香族或者其他大分子有机化合物，再经过一系列生物化学合成作用，就形成了腐殖质。所以，长江河口大量的浮游生物是腐殖质来源之一。与 Nissenbaum 和 Kaplan(1972)和纪明侯等(1982)的观点基本一致。众所周知，水体中腐殖质的分布趋势，一般是河口区高于近海区，近海区高于外海区，由内河到外海依次递减，并不是因为内河中的浮游生物多于海洋，而是陆源生物形成的腐殖质溶入河水中的结果。如表4.4.1所示，9号站位于黄浦江口和长江河口交汇处，无论是河口水体中还是沉积物中，腐殖质含量都比较高，主要与黄浦江腐殖质含量较高有关，并且长江河口腐殖质与风化煤腐殖质的红外光谱极其相似，证明长江支流带来的陆源腐殖质成长江河口腐殖质的叠加来源。

　　流域来水来沙进入河口，必然会在入海口水域发生复杂的河口化学变化，在河水与海水交汇处，水体中离子强度因潮汐作用而急剧变化，溶存元素的形态也会随之变化，颗粒态与溶解态界面反应加剧。泥沙在急剧的离子强度变化过程中发生吸附、解吸、捕集、絮凝等物理化学过程。同样，流域物质在长距离输移到河口过程中又被吸附、缔合了许多有机质、金属氧化物、硫化物等。长江来水中的电荷与海水中的电荷相互作用，泥沙很容易发生聚沉，其中吸附的大量腐殖质也随之沉降下来，腐殖质在沉积物中的含量是海水中的几千倍。同时，腐殖质在铜、汞、铅、锌、镉等颗粒中的含量比在水相中要高数千倍以上，与泥沙的吸附、沉积作用密不可分。泥沙及其吸附的物质沉降后，经过生物地球化学作用，部分间隙水上升，发生早期成岩作用，使大部分污染物转化为矿物质。因此，长江河口沉积物中的腐殖质比水体中高(表4.4.1)，也显示出河口水体中存在明显的净化作用。

表 4.4.1　腐殖质含量统计表

站位	水体中腐殖质浓度/(mg/L)	沉积物性质	沉积物中腐殖质含量/(mg/g)
01	0.250	灰色软泥	2.616
04	0.305	灰色软泥	3.275
05	0.243	粗粉沙质泥	1.522
06	0.310	灰色软泥	2.736
09	0.328	黄色细泥	3.797
10	0.329	灰色软泥	2.600
11	0.353	粉沙质泥	2.828
12	0.480	粉沙质泥	2.780
14	0.137	粉沙质泥	3.096
17	0.209	粉沙质泥	2.271
18	0.244	粗粉沙质泥	1.978
20	0.176	黄色细泥	3.533
平均	0.280	平均	2.753

4.4.7　颗粒态金属

　　河口中颗粒态金属的行为是河口生物地球化学过程研究的基本内容，长江对溶解态及颗粒态化学物质的输运是东中国海海区重要的陆源物质来源之一。当河流物质进入河口以后，它们在河口中各种物质相间的重新再分配直接关系到向海洋输送的实际物质通量。总的来说，长江携带来的悬浮泥沙约有 50%，在河口及其附近海域沉积，其余的则被输运扩散到陆架海区和沿岸水域，河口区颗粒态金属也随之发生输移，或者转移为溶解态。

对长江河口悬沙及沉积物中的 Fe、Al、Mn、Zn、Cu、Cr、Pb、Cd 等颗粒态金属元素进行聚类分析，各金属元素的分布特性各不相同，但仍有规律可循，通过河口水域行为相似元素的聚类分析，Fe 和 Al 的分布特征相似，Mn 和 Zn 归为一类，Cu 和 Cr 归为一类，Pb 和 Cd 归为一类进行沿程分析。

4.4.7.1　悬沙中金属含量及空间分布

图 4.4.22 为洪季长江河口悬沙中金属含量及空间分布图，其中 Fe、Al 含量较高，分别在 28 000～38 000 mg/kg 和 52 000～72 000 mg/kg，南港河道分别为 32 287 mg/kg 和 65 601 mg/kg，南北槽河道分流口河段河道含量稍有增大，而南槽河道和北槽河道最大浑浊带附近出现高值区，其中南槽河道 Fe、Al 含量分别为 37305 mg/kg 和 71883 mg/kg，至口门外侧水域出现最低值。悬沙中 Zn、Mn 含量分别在 130～220 mg/kg 和 590～800 mg/kg，南槽河道、北槽河道含量较高，口门外侧水域出现最低值。而 Cu、Pb 含量的沿程分布则有所不同，由南港河道至口门出现明显的下降趋势，含量分别在 24～38 mg/kg 和 21～35 mg/kg。金属 Cd 的含量为 0.15～0.34 mg/kg，南港河道和南北槽河道分流口河段河道出现较高值。而金属 Cr 的含量在 41～60 mg/kg，南槽河道、北槽河道含量较高，口门外侧水域最低。总之，悬沙中各种金属含量在长江河口的沿程分布虽有差异，但总体上南槽河道、北槽河道拦门沙河道出现较高值，而此区上游和口门外出现略低现象。

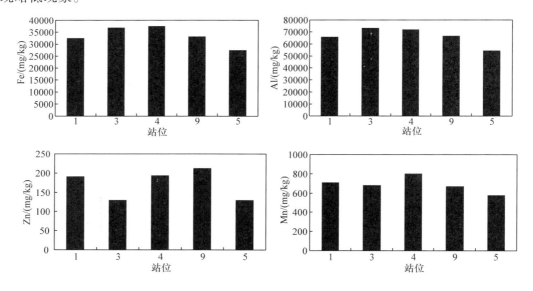

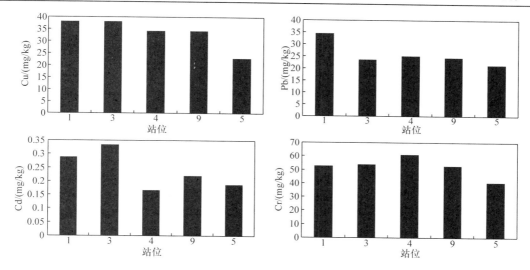

图 4.4.22　洪季悬沙中金属沿程分布
1. 南港河道；3. 南北槽河道分流口；4. 南槽河道；9. 北槽河道；5. 口门外侧

枯季长江河口悬沙中金属含量及空间分布(图 4.4.23)，悬沙中 Fe 和 Al 含量分别在 25 000～46 000 mg/kg 和 50 000～90 000 mg/kg，南港河道至南北槽河道分流口河段河道含量呈现降低趋势，而南槽河道和北槽河道最大浑浊带河道出现高值区，至口门外侧水域出现最低值。悬沙中 Zn 和 Mn 含量分别在 170～270 mg/kg 和 600～1000 mg/kg，沿程降低趋势明显，口门外侧水域出现最低值。而 Cu 和 Pb 含量分别在 25～55 mg/kg 和 25～40 mg/kg。金属 Cd 的含量 0.18～0.54 mg/kg，金属 Cr 的含量在 42～88 mg/kg，都出现沿程浓度降低的趋势。

总之，悬沙中各种金属含量在长江河口的沿程分布有差异。

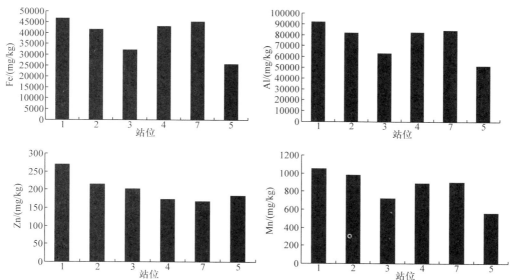

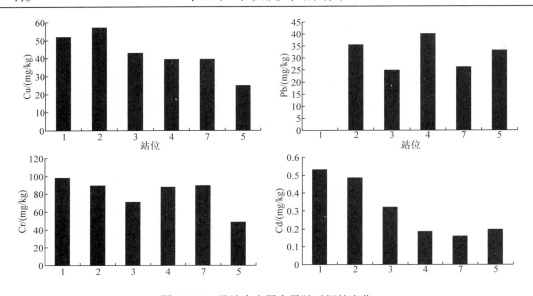

图 4.4.23　悬沙中金属含量随时间的变化

1. 南支河道；2. 南港河道；3. 南北槽河道分流口；4. 南槽河道；7. 北槽河道；5. 口门外侧

对比洪季和枯季金属含量的差异(图 4.4.22 和图 4.4.23)，枯季金属含量高于洪季，枯季金属以沿程降低趋势为主，而洪季更为明显地出现了南槽河道、北槽河道的高值区。这与洪季在南北槽河道最大浑浊带出现明显絮凝现象有关，絮团在沉降过程中吸附、捕集众多的金属(夏福兴等，1996，1991)，而枯季流域来沙较少，河口泥沙再悬浮现象明显，金属在细颗粒再悬浮过程中被释放至水体有关(Saulnier and Mucci，2000；Gerringa，1990)。

颗粒态金属存在潮周期变化规律(图 4.4.24)，以 Cu 和 Pb 为例，无论是洪季还是枯季，同一个潮周期内都出现了最大流速时颗粒态金属含量小于憩流时地金属含量，表明颗粒态金属的潮周期变化与流速变化引起的水动力强弱密切相关。潮流速较大时，受水流剪切应力影响，悬沙颗粒不容易吸附(絮凝)金属，反而会破坏原有絮凝团，使得悬沙中颗粒态金属含量减小(毕春娟等，2006)。憩流时，流速减弱，细颗粒泥沙絮凝增强，更容易吸附金属，因此，颗粒态金属含量增加。

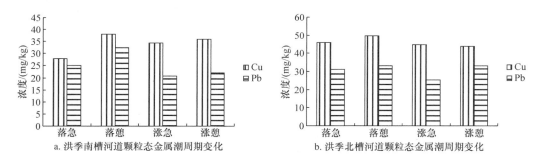

a. 洪季南槽河道颗粒态金属潮周期变化　　　　　b. 洪季北槽河道颗粒态金属潮周期变化

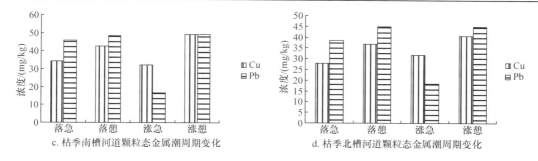

c. 枯季南槽河道颗粒态金属潮周期变化　　　　d. 枯季北槽河道颗粒态金属潮周期变化

图 4.4.24　河口颗粒态金属潮周期变化

4.4.7.2　沉积物中颗粒态金属含量空间分布

洪季长江河口沉积物中金属含量沿程分布比较复杂(图 4.4.25),其中颗粒态 Fe、Al 含量最高,每千克沉积物中其含量分别为 25 000~32 000 mg 和 43 000~60 000 mg,在南北槽河道分流口河段、南槽河道、北槽河道含量较高,南港河道略低,口门外侧水域含量最低。Zn、Mn 含量在 64~84 mg/kg 和 500~700 mg/kg,其中在南槽河道含量最高,口门外侧水域含量最低。Cu 含量在 12~28 mg/kg,其除在南北槽河道分流口河段河道含量偏低外,在其他水域含量较均等,为 26 mg/kg 左右。Pb 含量在 8~18 mg/kg,南槽河道和北槽河道含量较高。Cr、Cd 的含量分别在 22~44 mg/kg 和 0.10~0.24 mg/kg,其中 Cr 的最高值出现在南槽河道,而 Cd 的最高值出现在南港河道,这与悬浮物中的含量变化相似。除 Cd 以外,浮泥中的金属含量远远高于沉积物中的含量,与该河槽瞬时间细颗粒泥沙吸附大量金属絮凝成团,并沉降河床形成浮泥体有关,而河床沉积物经历潮涨、潮落水流不断冲洗,部分金属物伴随泥沙被再悬浮或释放于水体中。总之,沉积物中金属含量在南槽河道、北槽河道出现高值。

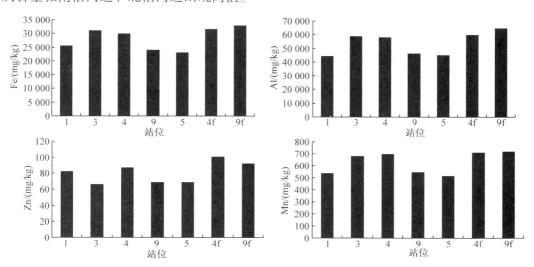

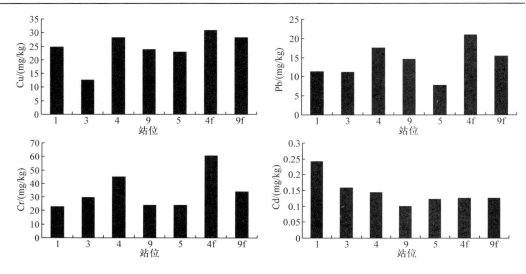

图 4.4.25　沉积物和浮泥中金属分布

1. 南港河道；3. 南北槽河道分流口；4. 南槽河道；9. 北槽河道；5. 口门；4f. 南槽河道浮泥；9f. 北槽河道浮泥

4.4.7.3　相关性分析

颗粒态金属含量与有机质百分含量呈正相关关系(刘启贞，2007)，说明泥沙中有机质含量增加，金属含量也有增加趋势，与有机质的吸附作用有关。有机质带有较多的官能团，可以与泥沙颗粒相互作用，形成大颗粒絮团，同时又可以通过螯合、络合作用吸附、捕集金属。长江河口悬浮体对金属元素的吸附主要是通过颗粒表面的有机物来进行的，并在长江河口最大浑浊带悬浮体浓度达到高峰时，随着有机物在最大浑浊带的聚集，其 COD 值形成高峰，金属元素也出现了峰值(李道季等，2001)。毕春娟等(2006)认定底层水体颗粒态 Cu、Pb、Zn、Cr 的含量与悬浮颗粒有机质及小于 10 μm 粒径的细颗粒含量呈显著正相关关系，颗粒态 Fe、Mn 与有机质含量的相关系数可以达到 0.91，这充分说明悬浮颗粒中的有机质含量影响细颗粒泥沙对金属的吸附作用。Fe 与 Mn 的相关性最好，并且二者与其它金属也有较好的相关性。这主要是因为 Fe、Mn 氧化物可以通过化学作用或者静电作用吸附其他金属，在细颗粒泥沙絮凝过程中容易共沉降(陈邦林等，1995)。在河口区，以至于整个海洋环境中，尤其是非污染地区，金属的转移过程明显受悬浮物中的 Fe-Mn 氧化物和有机质所控制。这种控制机理带有普遍意义(陈松等，1989)。

金属含量与盐度呈负相关关系(刘启贞，2007)，盐度增高，参加吸附竞争的离子增加，同时离子强度效应和 Cl⁻等离子的络合反应都会导致泥沙对金属的吸附能力降低。河口是盐淡水交汇区域，细颗粒泥沙吸附金属离子后或吸附过程中受盐度变化的影响较大，长江河口细颗粒泥沙对 Cd、Cu、Pb 等金属的吸附量随着盐度的增大而降低(陈邦林，1992)。

多数金属含量与悬沙浓度呈负相关关系(刘启贞，2007)，与细颗粒泥沙(<32 μm)在悬沙中的百分含量呈正相关关系，说明金属含量随着悬沙浓度的增大而减小，随着细颗粒泥沙所占比重的增大而增大。细颗粒泥沙对金属具有较强的吸附作用，当细颗

粒泥沙絮凝时，这些金属也随之发生絮凝沉降。因此，当悬沙中的细颗粒泥沙较多时，检测出的金属含量也较高。不同的颗粒物对金属的吸附能力是不同的，当化学结构类似时，颗粒越细，吸附能力越强。一般来说，>50%的金属被吸附在<4 μm 的颗粒物上(Regnier and Wollost，1993)。而河口水体中微量金属元素的固液分配常具有颗粒物浓度效应，即微量金属元素在悬沙-水溶液之间的分配系数随着悬沙浓度的增大有降低趋势(Wen et al.，1999；Benoit and Rozan，1999；Benoit et al.，1994；Honeyman and Santschi，1989)

　　总体上讲，长江河口是典型的丰水多沙的潮汐河口，存在着径流与潮流相互作用，水沙相互作用，水沙与生源要素相互作用等多相物理的、化学的、生物的过程，致使河口地区水体的成分及过程十分复杂(图 4.4.26)，有来自于陆地上的风化物质、城市生活污水、工业污水等随水流进入河口，这些物质在流动过程中受长江河口潮汐、盐水入侵的影响，又与水体细颗粒泥沙及河床沙相互作用，在固-液界面上发生吸附和解吸作用。颗粒物还会在河口发生表面物理化学性能的变化(如比表面、表面电性等)，从而产生絮凝、沉降等过程。此外，还有潮流和风浪掀沙、泥沙再悬浮等引起的金属污染物释放效应，构成了河口复杂的多相相互作用过程。其中细颗粒泥沙的河口行为对金属污染物的迁移起到了重要作用(包括絮凝沉降过程的吸附捕集、泥沙再悬浮过程的释放效应等)(陈邦林等，1985)。同时，图 4.4.27 更能直观地表明长江河口水体污染物在悬沙和沉积物中的转移过程。河口悬沙通过絮凝-解絮、沉降-再悬浮等过程与沉积物之间相互转化，同时也引起了细颗粒泥沙携带生化物质，特别是水体金属污染物质的河口迁移。悬沙中含有大量的细颗粒泥沙，能够较容易地吸附、捕集水体污染物。在有利的水环境条件下，悬沙发生絮凝，进一步富集了水体污染物，并沉降至水底，转化为沉积物。沉积物中的污染物一部分通过生物作用、矿化作用等在河床积累、转化；一部分以溶解态直接释放至水体中；较多的是随着泥沙再悬浮作用而重新转化为水体颗粒态污染物。

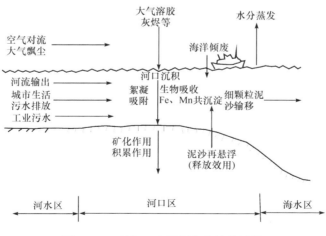

图 4.4.26　长江口金属污染物输移过程

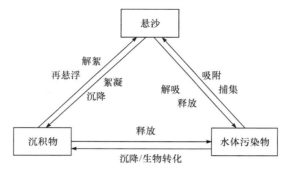

图 4.4.27　水体污染物与悬沙和沉积物的关系

4.4.8　细颗粒泥沙絮凝实验

河口海岸水体中细颗粒泥沙的絮凝沉降是引起河口海岸泥沙沉积的重要影响因素之一。由于受径流和潮流的相互作用及咸淡水交汇等因素的影响，河口区的泥沙颗粒常发生吸附—解吸、絮凝—解絮、沉降—再悬浮、扩散—浓集等复杂的物理化学变化过程。世界上许多以细颗粒泥沙为主的河口，其局部河段的含沙量比其上、下游高几倍，甚至几十倍，称为"最大浑浊带"现象(张莉莉等，2002；孙志林，1993；Schuchardt and Schirmer，1991；Seyler and Martin，1990；Nichols，1986；沈焕庭等，1984)。由于悬沙大量沉降有利于形成河口高浓度悬浮体，细颗粒泥沙絮凝作用是最大浑浊带发育的影响因素之一。因此，采用长江河口最大浑浊带发育的河道泥沙进行絮凝试验，以此能最大限度符合最大浑浊带特征，并以相同时间内的絮凝率变化表征 $AlCl_3$、$MgCl_2$、$CaCl_2$ 和腐殖酸对细颗粒泥沙絮凝的影响。同时，测定颗粒粒径和电位变化。采用絮凝率、颗粒径和电位三者结合的手段研究细颗粒泥沙的絮凝过程，进一步揭示河口高浊度区细颗粒泥沙絮凝团的形成机制。

4.4.8.1　实验材料与方法

首先，在长江河口南槽河道最大浑浊带水域采集水样和沉积物，4℃下冷藏保存。同时，在实验室内进行样品预处理，在泥沙样品中不断加入 30%的 H_2O_2，并在 50℃的水浴中搅拌，直到不再产生气泡时停止添加 H_2O_2，继续水浴加热半小时后，在 100℃中烘干、研磨，用 54 μm 分样筛筛分，其中值粒径为 9.624 μm，泥沙颗粒度分布见图 4.4.28。

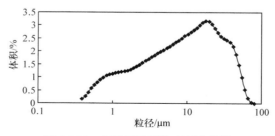

图 4.4.28　实验用沙颗粒度频率曲线

实验用试剂：NaCl(GR)、$AlCl_3$(GR)、$MgCl_2$(GR)、$CaCl_2$(GR)、腐殖酸(生化试剂)、

阳离子表面活性剂十六烷基三甲基溴化铵(CTAB)和非离子表面活性剂聚氧乙烯十二烷醇(BRIJ)。

实验用仪器：OBS-3A 浊度计。采用红外光后向散射测量水体浊度值，测量范围：0.2—4000 NTU，误差为 2%(薛元忠等，2004)。LISST-100 激光测沙仪，采用先进的小角度激光衍射原理测量水中的悬沙粒度及粒度分布，测量范围为 2.5～500 μm，误差为 20%(体积浓度)。JS94F 型微电泳仪，利用悬浮体系两端施加电压后形成的定向位移测量 Zeta 电位，误差为 10%。

图 4.4.29 为实验装置，装满 30 dm³ 的长江河口过滤水，加入 30g 过滤后的细颗粒泥沙及一定浓度的絮凝剂后，电动机带动叶轮以 500 rpm 高速旋转 5 min，使泥沙颗粒与絮凝剂充分混合。关闭电动机，在表层以下 10 cm 处由 OBS-3A 测其浊度变化，每秒测量一次，每分钟平均一组数据。同时，LISST-100 激光测沙仪测量絮团大小，JS94F 型微电泳仪测量电位变化，室温控制在 20°C 左右。絮凝率可用式 $F=[(T_0-T_f)/T_0]\times100$ 计算(Ozkan and Yekeler，2004a，2004b；Ozkan，2003；Osborne，1978)，式中，F 表示絮凝率，T_0 表示初始浊度，T_f 表示絮凝后的浊度。

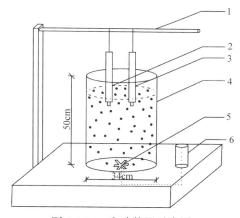

图 4.4.29　实验装置示意图

1.支架；2.OBS-3A 浊度计；3.LISST-100 激光测沙仪；4.水槽；5.叶轮；6.电动机

4.4.8.2　盐度和腐殖酸共同作用下细颗粒泥沙絮凝

(1) 盐度和腐殖酸共同作用下细颗粒泥沙絮凝参数变化

泥沙絮凝率：从动力学原理考虑，OBS 测量的浊度变化，可归因于泥沙沉降分选导致的水色变化、粒径变化和泥沙浓度变化，而泥沙沉降又与泥沙絮凝密切相关。因此，絮凝率反映了不同物质絮凝能力的大小，而一定时间内絮凝率的变化则同时反映了絮团沉速的变化。由图 4.4.30 看，随着盐度的增大，絮凝率升高。而随着腐殖酸的增大，絮凝率降低。在高盐度低腐殖酸区域，二维平面图中曲线较密，显示此区域絮凝率变化较大。而其他区域絮凝率变化极其缓慢，表明其受腐殖酸的影响较大。由于腐殖酸是一类高分子有机化合物，密度较低，而且带有多种官能团，可以和泥沙发生桥连作用而结合在一起，泥沙颗粒由于腐殖酸的加入而降低了絮团的密度。同时，腐殖酸本身带有负电荷，使得絮团静电斥力增加，因此，减缓了絮团的沉降速度，导致絮凝率降低。

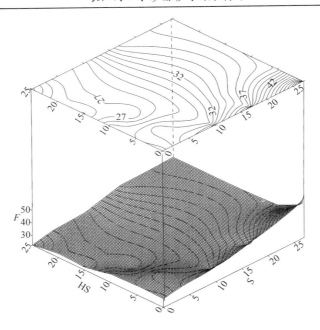

图 4.4.30　盐度和腐殖酸共同作用下泥沙絮凝的絮凝率

HS 为腐殖酸(mg/L)；S 为盐度(‰)；F 为絮凝率

絮团粒径变化：如图 4.4.31 所示，随着盐度的增大，絮凝团粒径略有增加，但不是很明显。而随着腐殖酸浓度增大，絮凝团粒径迅速增大，在高盐度高腐殖酸浓度控制下，絮凝团粒径达到最大值。可见，有机质是絮凝团大小的主控因子。图 4.4.31 平面图显示，低腐殖酸浓度区(0～5 mg/L)等值线十分紧密，随着腐殖酸浓度增大，絮凝团粒径迅速增大(50～80 μm)，而在高腐殖酸浓度区，变化趋势趋于缓和(80～90 μm)。当腐殖酸的浓度超过 5 mg/L 时，泥沙颗粒被腐殖酸包覆已经饱和，颗粒之间由于静电斥力和体积效应的作用而较难形成更大的絮凝团。虽然盐度单独作用对粒径有影响，但是有腐殖酸存在时，絮凝团粒径在高盐度区比较大，主要是因为高盐度的大量电解质降低了被腐殖酸包围的泥沙颗粒之间的静电斥力作用，使得泥沙颗粒絮凝团增大(Liu et al., 2007)。

泥沙絮凝过程中的颗粒电位变化：絮凝率可以表示絮凝能力的强弱，絮凝团粒径是絮凝的结果表现，而电位是絮凝本质的反应。根据 DLVO 理论(Sato and Ruch, 1980)，泥沙颗粒之所以发生絮凝在微观上是因为电位降低，静电斥力下降，通过频繁的布朗运动，泥沙颗粒更容易结合在一起，从而引起絮凝。从图 4.4.32 中可以看出，随着盐度的增加，泥沙絮凝团电位绝对值降低，而随着腐殖酸增加，电位绝对值略有升高。两种絮凝影响因子所起的作用不同，主要是因为电解质的增加压缩双电层，引起电位绝对值降低，而腐殖酸由于本身带负电荷，与泥沙作用的结果使得絮凝团负电增加，电位绝对值升高。在低盐度区，腐殖酸对电位的影响较大，特别是低盐度低腐殖酸区域，盐度和腐殖酸这两种具有相反作用机制因子共同作用的结果，使得该区域电位值变化较小。而在高盐度区，随着腐殖酸浓度的变化，电位没有明显改变，表明此区域电位主要受盐度控制(刘启贞等，2006b)。

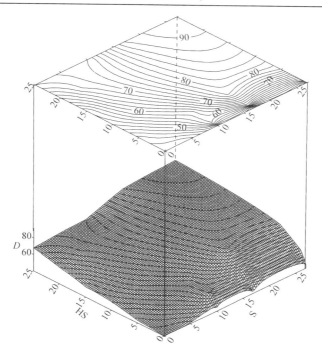

图 4.4.31　泥沙絮凝的絮凝团粒径变化图
D 为絮团粒径(μm)

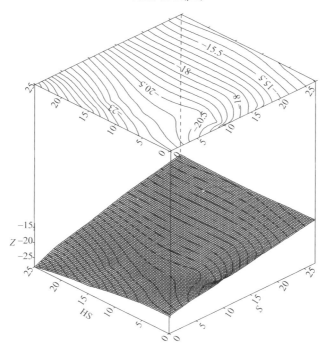

图 4.4.32　泥沙絮凝的絮团电位变化图
Z 为絮团电位

(2) 腐殖酸存在条件下盐淡水对絮团粒径的影响

图 4.4.33a 显示低盐度时腐殖酸对泥沙的絮凝分为两个阶段:腐殖酸浓度较低(0～2 mg/L)时，引起的泥沙絮凝比去除有机质的泥沙絮凝稍快。而超过 2 mg/L 后，泥沙絮凝变慢，而且随着腐殖酸浓度增大，此种趋势变得越为明显。从图 4.4.33b 絮凝率变化中更容易看出，腐殖酸浓度增加使得絮凝率略有升高后，出现迅速下降趋势。这主要是因为低浓度的腐殖酸对泥沙颗粒起到敏化作用，当少量腐殖酸吸附到泥沙表面后，疏水基团向外，泥沙絮凝团疏水性增强，加速了其絮凝沉速。而高浓度的腐殖酸疏水基团结合在一起，使得絮凝团表面亲水基团较多(陈邦林和陈国平，1993)。同时，高浓度腐殖酸的包夹作用导致絮凝团密度降低，腐殖酸越多，泥沙絮凝团粒径越大，絮凝团密度相对越低，絮凝团沉降速度越慢。

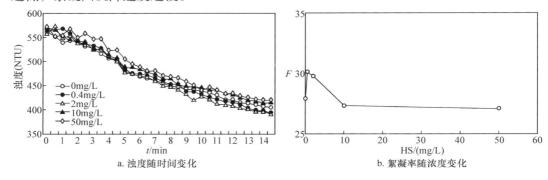

a. 浊度随时间变化　　　　　　　　　　b. 絮凝率随浓度变化

图 4.4.33　腐殖酸对淡水中细颗粒泥沙絮凝的影响

图 4.4.34 所示，当盐度达到 10‰时，随着腐殖酸浓度增大，絮凝沉速逐渐降低，絮凝率也呈现直线下降趋势。由于高盐度电解质的存在，腐殖酸更容易与其中的阳离子结合，打破了腐殖酸疏水基团和亲水基团有序排列，阳离子起到连接两个荷负电物质架桥作用，并且随着电解质增多，絮凝团之间的静电排斥力降低，更容易形成较大絮凝团加速沉降(刘启贞等，2006b)。

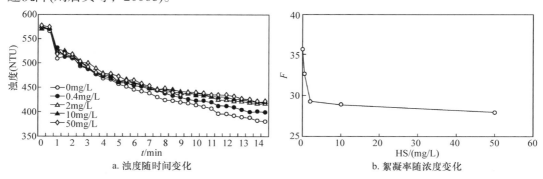

a. 浊度随时间变化　　　　　　　　　　b. 絮凝率随浓度变化

图 4.4.34　腐殖酸对盐水(S=10‰)中细颗粒泥沙絮凝的影响

(3) 盐度和腐殖酸的共同作用对絮凝团粒径的影响

在盐度和腐殖酸共同作用下，细颗粒泥沙絮凝团粒径变化较大，大颗粒粒径分布范围在 100～200 μm，小颗粒粒径在 30～50 μm，而两者之间粒径数量较少，主要是两者共同作用可以形成强度较大的絮凝团,结合比较紧密,絮凝初始阶段形成的絮凝团较小,但是高盐度提供了较多的电解质,使得絮凝团之间的静电排斥力降低,絮凝团之间的结合导致大颗粒絮凝团的形成。静水条件下腐殖酸为 50 mg/L 和盐度 S=27‰时形成的絮凝团呈双峰形态(图 4.4.35),显示了两种不同粒径絮凝团的存在。当以 200 rpm 低速搅拌 3 min 后观测到的动水絮凝团粒径,可以看出双峰立即变成单峰(图 4.4.35),实验证明 100 μm 以上大型絮凝团在轻微扰动下先增大尔后便被分解。因此,在河口区动水环境下,如此大的絮凝团不容易被捕获。所以,自然界河口由 LISST-100 测量的絮凝团,一般在 50~60 μm(程江等,2005;李九发等,2001b)。

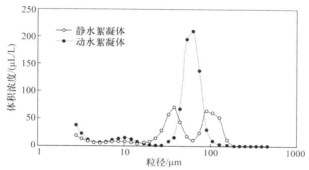

图 4.4.35　腐殖酸与盐度共同作用下絮凝团粒径分布图

(4) 细颗粒泥沙絮凝团表面形貌电镜扫描测试分析

图 4.4.36 表示细颗粒泥沙在不同环境条件下形成的絮凝团电镜扫描形貌图,从图 4.4.36a 看,去除有机质的泥沙颗粒淡水絮凝团粒径分布比较均匀,大约为 30 μm 左右,图形放大后(图 4.4.36b),显示絮凝团表面比较光滑,泥沙颗粒之间的相互作用力较弱,一般都是以单颗粒形式沉降,难以形成大的絮凝团。

图 4.4.36c 表示盐度 S=27‰时的盐水絮凝团,其平均粒径约为 40 μm,结构比较密实。而图 4.4.36d 中的高浓度腐殖酸形成的絮凝团粒径较大,约为 90 μm,结构较为疏松。可见,盐度和腐殖酸都可以增大细颗粒泥沙的絮体粒径,但腐殖酸是影响絮凝团粒径大小的主控因子。同时也表明无论是在盐度还是腐殖酸的单独作用下,都不能形成更大粒径的絮凝团,这在三维粒径图中已经得到证实。

图 4.3.36e 为腐殖酸浓度为 50 mg/L 与盐度 S=27‰共同作用下形成的絮凝团,絮凝团粒径分布没有规律性,大体可以分为两类,大颗粒平均粒径为 180 μm,且表面粗糙,结构疏松,并且有许多网状结构(图 4.4.36f)。而小颗粒平均粒径约为 50 μm,结构密实,表明结构疏松的大粒径絮体在流速较大时容易碎裂,与在椒江河口观测到的疏松絮凝团和密实絮凝团非常相近(Li et al.,1993b)。可以推断大粒径絮凝团的形成是盐度和腐殖酸共同作用的结果,腐殖酸等有机质的存在促使泥沙颗粒较易黏连在一起,形成较大粒径的疏松絮凝团。盐度作用机制是在提供电解质、压缩双电层形成密实絮凝团的同时,高浓度阳离子可以连接多个荷负电的絮凝团,形成更大的絮凝团(刘启贞,2007)。

图 4.4.36　细颗粒泥沙在不同环境条件下絮凝团电镜扫描形貌图

(5) 细颗粒泥沙絮凝团红外谱图分析

由细颗粒泥沙红外谱图(图 4.4.37)可知：3640~3630 cm^{-1} 为 O—H 振动吸收峰，3520~3450 cm^{-1} 处峰形较宽，为 N—H 振动吸收峰；2850 cm^{-1} 和 2920 cm^{-1} 处属于脂肪族—CH$_2$—振动吸收；1710 cm^{-1} 处的尖峰为羧基的 C=O 吸收峰，1400 cm^{-1} 是羧酸盐的振动吸收峰，由于羧酸盐的振动吸收峰较为明显，可推知泥沙絮凝团中羧酸盐比例很大，腐殖酸是以腐殖酸盐形式包覆在泥沙表面。1040 cm^{-1} 处有一强吸收峰，属于硅酸盐中

Si—O 键振动吸收峰。三张谱图形状十分相近，并且在 500～1200 cm⁻¹ 处趋于一致，表明絮凝团的黏性无机组分十分相近。由于此次絮凝实验用水均为长江河口过滤水，存在着大量胶体有机质(王江涛和黄河，1998)，因此，曲线 a 的细颗粒泥沙絮凝团红外谱图中仍有较为明显的有机峰出现，但相比于曲线 b 和曲线 c 中的有机质吸收峰要小得多，表明相应的官能团吸收强度小，絮体中有机质含量少。可见，河口泥沙絮凝团中含有一定量的有机质，而羧酸盐峰的出现也验证了有机质存在下 C—P—OM(C 代表黏土，P 代表阳离子，OM 代表有机化合物)的泥沙絮凝模式(夏福兴和 Eisma，1991；Thurman，1985)。

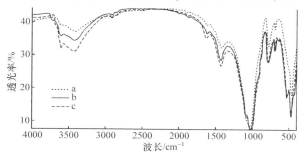

图 4.4.37 细颗粒泥沙絮凝团红外谱图

a 表示细颗粒泥沙絮凝团的红外谱图(去有机质)；b 表示实际河口泥沙颗粒絮凝团的红外谱图；c 表示泥沙颗粒加入腐殖酸试剂后的絮凝团红外谱图

4.4.8.3 高价金属阳离子及腐殖酸对细颗粒泥沙絮凝作用的影响

(1) 高价金属阳离子与腐殖酸对细颗粒泥沙浊度变化的影响

由图 4.4.38 看，随着铝离子浓度增加，而水体中细颗粒泥沙含量的浊度呈下降趋势，当铝离子浓度较小时(0～5 mg/L)，水体浊度变化趋势并不明显，而当铝离子浓度较大时(≥10 mg/L)，水体浊度下降趋势非常明显。钙离子和镁离子也会对泥沙絮凝产生较大的影响，随着离子浓度增大，水体浊度呈现不同的下降趋势(图 4.4.39，图 4.4.40)。可以看出，金属离子的加入使得细颗粒泥沙加速絮凝，水体浊度的下降趋势较细颗粒泥沙自然沉降时速快。然而，腐殖酸对细颗粒泥沙的作用与金属离子不同，比较图 4.4.41，可以看出加入腐殖酸后，随着腐殖酸浓度的增加，浊度下降趋势减小。

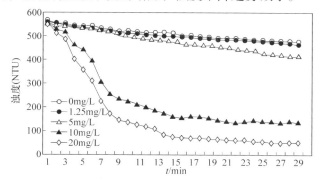

图 4.4.38 铝离子对细颗粒泥沙浊度变化的影响

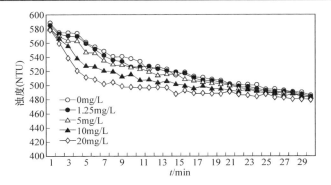

图 4.4.39　钙离子对细颗粒泥沙浊度变化的影响

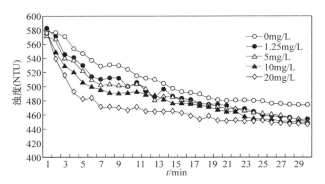

图 4.4.40　镁离子对细颗粒泥沙浊度变化的影响

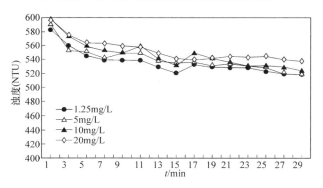

图 4.4.41　腐殖酸对细颗粒泥沙浊度变化的影响

(2) 高价金属阳离子作用下细颗粒泥沙絮凝参数变化

絮凝率和电位变化：为比较各种絮凝剂对细颗粒泥沙絮凝的影响作用，试验选取加入絮凝剂的 0～15 min 为絮凝过程的观测研究时段，各种絮凝剂引起细颗粒泥沙絮凝率的变化如图 4.4.42 所示，细颗粒泥沙絮凝率随着体系中金属离子浓度的增大而增大，相同浓度下铝离子引起的泥沙絮凝率最高，镁离子稍大于钙离子。当离子浓度为 20.00 mg/L 时，铝离子引起的泥沙絮凝率可以达到 91.01，而相同浓度下钙离子和镁离子的絮凝率较小，分别是 17.99 和 23.07。

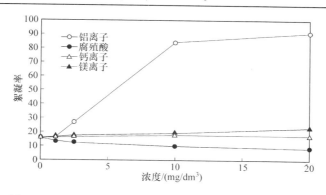

图 4.4.42　不同浓度下不同絮凝剂对细颗粒泥沙絮凝率影响

絮凝率变化仅为表观现象，而电位变化才是絮凝的本质。根据细颗粒泥沙在水中形成扩散双电层的原理，体系中金属离子浓度增大会减小泥沙颗粒表面双电层厚度，导致电位绝对值减小，降低势垒，泥沙颗粒容易絮凝。同时，高浓度金属离子起到电中和作用，减小了细颗粒泥沙之间的排斥力，使得泥沙颗粒更容易结成较大絮凝团沉降下来。如图 4.4.43 所示，随着金属离子浓度增大，细颗粒泥沙电位绝对值减小，当铝、钙和镁离子浓度为 20.00 mg/L 时，细颗粒泥沙电位值由−19.1 mV 分别降至−11.9 mV、−15.4 mV和−16.9 mV。另外，金属离子的固有性质也会直接影响电位和扩散层厚度，由于铝离子的离子势为 5.90e/Å，镁离子为 3.08e/Å，钙离子为 2.02e/Å(Ozkan and Yekeler，2004a)，离子势越大，即电荷越高，半径越小，越容易压缩双电层，降低电位，进而促进泥沙颗粒絮凝。相同离子浓度条件下，铝离子引起泥沙絮凝团的电位绝对值最低，而絮凝率最高(图4.4.42)。由此可见，金属离子浓度和性质引起泥沙絮凝团电位发生改变，进而影响了细颗粒泥沙的絮凝率。

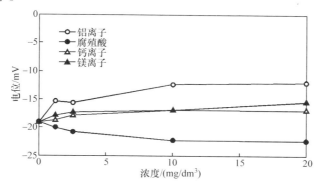

图 4.4.43　不同浓度絮凝剂对细颗粒泥沙絮凝团电位的影响

泥沙颗粒粒径变化：如图 4.4.44 所示，相同离子浓度条件下，铝离子引起细颗粒泥沙形成的絮凝团粒径最大，钙离子、镁离子使其形成较小絮凝团，而且随着离子浓度的增大，絮凝团粒径都有增大的趋势。当试验离子浓度为 20.00 mg/L 时，铝离子的作用使得细颗粒泥沙形成的絮凝团平均粒径可以达到 69.94 μm，而相同浓度的钙离子和镁离子作用下的泥沙絮凝团粒径分别是 45.96 μm 和 48.29 μm，这主要与 Al(OH)₃ 的卷扫絮凝作用有关。试验中 pH 范围为 9±0.5，根据 Kragten(1978)的研究，当 pH 为 9.3 时会形成 Al(OH)$_3$ 的絮状沉淀，而 Ca(OH)$_2$ 和 Mg(OH)$_2$ 的形成需要 pH 分别为 12.9 和 12~12.5。所以，在本试验的 pH 范围内，铝离子可以形成 Al(OH)$_3$ 沉淀。当体系中形成大量氢氧化物沉淀时，细颗粒泥沙即可被这些具有巨大比表面积的无定形的氢氧化物沉淀所包裹与拖带而产生卷扫作用。试验结果表明这种卷扫絮凝形成的絮凝团具有较大的粒径，这也是铝离子能够使细颗粒泥沙产生较高絮凝率的主要原因。

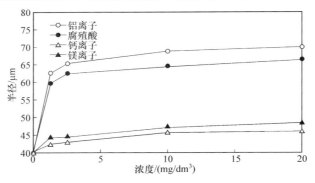

图 4.4.44　　不同浓度絮凝剂对细颗粒泥沙絮凝团大小的影响

(3) 腐殖酸作用下细颗粒泥沙絮凝参数的变化

如图 4.4.43 和图 4.4.44 所示，腐殖酸作用下细颗粒泥沙絮凝与金属离子絮凝现象明显不同，随着腐殖酸浓度增大，腐殖酸使细颗粒泥沙絮凝率降低，絮凝团半径和电位绝对值逐渐增大，这种现象与腐殖酸性质有关。

腐殖酸是一种多聚电介质，其在水中由于官能团的解离而形成带负电荷的基团，因而与水体中带负电荷的泥沙颗粒产生静电排斥力。但由于其含有 COOH、OH、C=O 等多种活性基团，可以和细颗粒泥沙中黏性组分发生作用，包覆在泥沙颗粒表面，形成有机裹层。有机裹层的存在一方面使得细颗粒泥沙絮凝团半径增大；另一方面由于腐殖酸本身带负电，形成有机裹层后，絮凝团的电负性增强，絮凝团之间的静电排斥力增强，使得泥沙絮凝团趋于稳定，导致絮凝率减小(Liu et al.，2006)。

(4) 其他有机质作用下细颗粒泥沙絮凝参数的变化

腐殖酸是河口区水体中有机质的重要组成部分，占水体中可溶有机碳的 40%~60%(沈焕庭，2001)。因此，河口细颗粒泥沙有机絮凝的作用机制主要受到腐殖酸的影响，有机质对细颗粒泥沙絮凝呈现两种机理，电荷中和和桥连絮凝。电荷中和理论认为，当把具有相反电荷有机分子加入到由静电排斥力稳定的分散体系中时，有机分子通过静电引力立即吸附到颗粒表面，并中和颗粒表面的电荷，导致电斥力降低，因而引起分散体系絮凝。所以，电荷中和具有选择性。而桥连絮凝主要是利用有机质本身的长链和官能团包覆细颗粒泥沙而引起絮凝，具有普适性。因此，实验选取了带不同电荷且不同长链的有机质研究其对细颗粒泥沙絮凝的影响。

如图 4.4.45 所示，为研究细颗粒泥沙有机絮凝特性，分别在细颗粒泥沙中加入阴离子表面活性剂腐殖酸(荷负电)、阳离子表面活性剂十六烷基三甲基溴化铵(CTAB，荷正电)和非离子型表面活性剂聚氧乙烯月桂醚(BRIJ，无电荷)。随着时间的推移，水体浊度显示出不同的下降趋势，CTAB 浊度下降最快，如表 4.4.2 所示，絮凝率达到 49.2%。BRIJ 为 25.8%，而腐殖酸下降最慢，絮凝率为 16.7%。细颗粒泥沙由于自身荷负电，根据电荷中和理论，它会吸引荷正电的 CTAB，排斥荷负电的腐殖酸，而 BRIJ 属于链节较长的聚合有机物，具有较强的包覆作用，也比较容易与细颗粒泥沙发生絮凝作用，并且絮凝团粒径最大，达到 66.4 μm。高分子量的聚合物对絮凝团的增长更有效。腐殖酸虽然荷负电，但由于本身的桥连作用，与细颗粒泥沙作用后形成的絮凝团电位绝对值最大，各个絮凝团之间的排斥力增加，因此，比较稳定地存在于水体中，导致絮凝率最低。

表 4.4.2　10 mg/L 有机质对细颗粒泥沙絮凝参数的影响

变量	无阳离子	腐殖酸(humic acid)	聚氧乙烯月桂醚(BRIJ)	十六烷三甲基溴化铵(CTAB)
$F/\%$	16.7	12.3	25.8	49.2
Z/mv	−19.1	−22.3	−20.5	−17.7
$D/\mu\mathrm{m}$	40.2	64.3	66.4	58.9

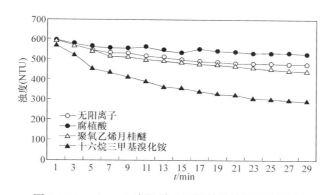

图 4.4.45　10 mg/L 有机质对细颗粒泥沙絮凝的影响

　　林以安等(1997)对长江口邻近海域泥沙的研究发现，泥沙颗粒的 ζ 电位绝对值反而升高，聚沉速度降低，而且分散体系的稳定性也没有出现明显下降趋势，这是"反常"之一；另外，既然河口邻近海域 ζ 电位绝对值大幅度提高，理应使絮凝下降，分散体系稳定性增强，不同粒级的颗粒沉速应更接近 Stokes 公式所描绘的倒抛物线形，但事实又与之相反，特别是新的絮凝团重新形成，各颗粒级的沉降速度反而呈正抛物线形，这是"反常"之二。长江河口细颗粒泥沙中有机性颗粒占总颗粒的 60%～75%，粗颗粒物质(＞8μm)主要为有机物质，细颗粒物质主要为黏土矿物、有机质附着或具有有机裹层的黏土矿物集合体(李道季等，2001)。因此，这些有机质的存在导致了"空间斥力位能"的产生，使得体系稳定性增强，聚沉速度降低；同时，由于泥沙颗粒表面吸附的有机质大多为带负电荷的表面活性物质，使得泥沙絮凝团的 ζ 电位绝对值升高。而"反常"之二则是因多数颗粒表面所吸附的海生有机质多为长链和多支链，并带有不同性质基团的高分子物质，桥连絮凝作用显著，沉降速度因为大量比重小的有机质加入而明显下降。可见，在河口近海区域，有机质的"空间斥力位能"和桥连絮凝作用对细颗粒泥沙絮凝起着非常重要的作用(刘启贞等，2006a)。

(5) 高价金属阳离子与腐殖酸共同作用下细颗粒泥沙絮凝

河口区物质成分比较复杂，细颗粒泥沙絮凝同时受到金属离子、有机质和生物等多种因素的影响，长江河口细颗粒泥沙中有机性颗粒占总颗粒的 60%～75%(李道季等，2001)。因此，对细颗粒泥沙在腐殖酸与 3 种金属离子共同作用下细颗粒泥沙絮凝进行实验研究。

由图 4.4.46 可知，当实验体系内同时加入浓度为 10 mg/L 的铝离子和腐殖酸后，水体浊度下降趋势比相同浓度的铝离子单独作用时有所缓和，絮凝率降低。而相同浓度的钙离子或镁离子与腐殖酸的共同作用引起的体系水体浊度下降趋势增强，絮凝率反而比在钙离子或镁离子单独作用下升高。这是因为金属离子与腐殖酸之间发生了相互作用，使得复合絮凝与各种絮凝剂单独存在时絮凝机理发生了改变。如图 4.4.47 所示，金属离子对细颗粒泥沙絮凝的影响主要是通过压缩双电层、降低电位(绝对值)，从而影响悬沙稳定性；腐殖酸的多种官能团虽然可以和细颗粒泥沙黏性成分发生作用，但由于二者都带负电荷，当金属离子存在时二者首先与金属离子发生作用，因此，形成了 C—P—OM(C代表细颗粒泥沙，P 代表多价金属离子，OM 代表有机化合物)复合絮凝模式(夏福兴和Eisma，1991；Schnitzer and Khan，1972)。在复合絮凝团系中，一方面多价金属离子可以起到连接细颗粒泥沙与腐殖酸的作用；另一方面，电荷中和作用降低了细颗粒泥沙絮凝团之间的静电斥力，因此，复合絮凝使得泥沙絮凝率比各絮凝剂单独存在时有所增加。但铝离子与其氢氧化物之间存在如下平衡关系：

$$Al^{3+} + 3OH^- \rightleftharpoons Al(OH)_3$$

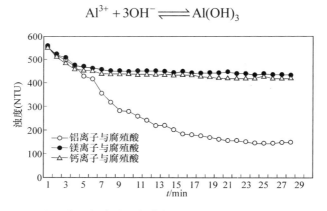

图 4.4.46　金属离子与腐殖酸复合絮凝对细颗粒泥沙浊度变化的影响

在复合絮凝团系中，腐殖酸与金属离子的螯合作用使得游离态的铝离子减少(杨春文，2004；Sposito and Weber，1986)，平衡向左移动，$Al(OH)_3$ 沉淀量减少，降低了卷扫絮凝作用，使得复合絮凝条件下细颗粒泥沙的絮凝率比铝离子单独存在时有所降低。同时，此时实测三种絮凝团平均粒径分别为 66.97 μm、45.34 μm 和 46.11 μm，与各种金属离子单独作用时的细颗粒泥沙絮凝团粒径相比略有减小，这与 C—P—OM 复合絮凝团结合更为紧密有关，并且此时的絮凝团粒径与在河口区的实测结果一致(程江等，2005)。可以看出 C—P—OM 复合絮凝模式能够较好地解释长江口细颗粒泥沙絮凝团的形成(Liu et al.，2006)。

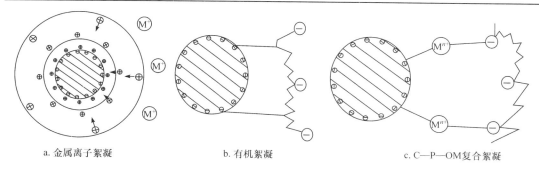

a. 金属离子絮凝　　　　　　　　b. 有机絮凝　　　　　　　c. C—P—OM复合絮凝

图 4.4.47　各絮凝剂单独絮凝与复合絮凝机理的转换

4.4.9　实测典型河道悬沙絮凝环境和絮凝团特征

由于河口区细颗粒泥沙的絮凝受到水动力、生物地球化学过程和细颗粒泥沙本身特性等诸多因素的共同影响，长江河口具有促使细颗粒泥沙絮凝的良好环境(Li and Zhang，1998)。但在整个河口区域，细颗粒泥沙絮凝环境又受到多种因素不均衡的影响，其絮凝颗粒粒径表现为极不稳定。2006 年枯季和洪季在长江口南支河道(徐六泾 N_1 测站)、南槽河道(自然河槽，C_2 测站)和北槽河道(工程整治疏浚河槽，C_{11} 测站)进行了小、中、大潮，以及 2012 年 4 月 15～23 日在北槽河道中游(C_{10} 测站和 C_{11} 测站)同步进行了连续 8d 的泥沙絮凝颗粒、浮泥和相关的流速、含沙量、盐度、生源要素等因素观测(图 4.1.1)。潮流速和流向由 ADCP 测量。同时，利用现场激光粒度分析仪(LISST-100)连续测量絮凝团粒径的垂向分布和变化(图 4.4.48)，并采取水样。在实验室测量盐度、含沙量和分散泥沙颗粒粒径。絮凝团样品的采取和处理过程要求极高，尽量避免絮凝团受到破坏，在实验室对样品进行喷金镀膜，最后用扫描电子显微镜(JSM-5610)扫描，观测絮凝团的微观形态和结构，并进行拍照。

图 4.4.48　LISST-100 激光粒度分析仪

4.4.9.1　潮流速

潮汐河口的水流流速存在大小潮和涨落潮周期性的变化，长江河口南、北槽河道实测水流流速变化幅度较大。2006 年实测大潮汛最大流速可达 2.50 m/s 以上。而小潮汛一般均在 1.0 m/s 以下，多数时段的水流流速在 0.4～0.7 m/s，而憩流时刻流速可以接近于零。2012 年实测小潮潮周期平均流速约为 0.60 m/s，其中涨潮平均流速为 0.41 m/s，落潮平均流速为 0.76 m/s。小潮涨、落憩前后及涨潮期间流速较小，一般在 0.65 m/s 以下

(表 4.4.3)，属于长江河口细颗粒泥沙发生絮凝，且絮凝团不会遭受较大破坏的最佳流速范围(李九发等，2001b；阮文杰，1991)。相比较而言，大潮流速较大，潮周期平均流速约为 1.01 m/s，接近小潮时的两倍，其中涨潮平均流速为 0.84 m/s，落潮平均流速为 1.06 m/s。但憩流前后流速仍然很小，也非常适合细颗粒泥沙发生絮凝。垂向上，小潮涨、落憩及涨潮期间流速垂向变化不大，落急时表层流速大，底层流速小。大潮时憩流前后流速垂向变化小，而落急时表底层流速相差较大。潮流流速变化是细颗粒泥沙絮凝及絮凝团粒径变化的主要影响因素之一。

表 4.4.3　C_{11} 测站平均流速、盐度、含沙量统计值

潮型	时期	流速/(m/s)	盐度/‰	含沙量/(kg/m³)
小潮	落憩	0.11	2.55	0.25
	涨急	0.64	3.85	0.35
	涨憩	0.17	7.47	0.09
	落急	0.94	3.50	0.17
大潮	落憩	0.36	1.10	0.71
	涨急	1.53	1.88	0.88
	涨憩	0.26	6.66	0.84
	落急	1.72	2.12	1.04

同时，由潮流引起的河口纵向环流有利于细颗粒泥沙发生絮凝。图 4.4.49 为观测期间北槽河道小潮纵向环流图。可知，上游河道优势流向海，下游河道下层优势流向陆，而中上层优势流向海，在絮凝团观测区域存在一个明显的纵向环流区，有利于泥沙汇聚和盐度锋面的形成，由此可为细颗粒泥沙絮凝和絮凝团的持续存在创造极好的水动力环境。

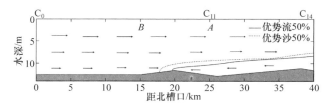

图 4.4.49　2012 年北槽河道枯季小潮纵向环流示意图

图 4.4.50 为南北槽河道洪枯季絮凝团粒径、流速、盐度过程线图，反映出三者之间的关系比较密切。首先，最大流速时刻对应的絮凝团粒径并不大，颗粒粒径极大值出现在中等流速条件下，这是因为流速增大可以增大泥沙颗粒碰撞的概率，但同时紊动效应产生较大的剪切应力，可以使大絮凝团破裂。而流速太小则会降低细颗粒泥沙的碰撞概率，也不容易形成较大絮凝团。所以，自然界河口存在一个最佳絮凝流速区间。但由于引起絮凝的因素较多，特别是自然界河口环境中含沙量、盐度、有机质、水动力条件等

在不同水域差别较大，并具有多种自然因素共存特点。因此，最佳流速也会因时间、地点的不同而发生变化。

如图 4.4.50a 所示，以南槽河道洪季为例，6 时起潮流开始落潮，对应的絮凝团粒径随着落潮流速逐渐增大而增大，8 时左右絮凝团粒径达到最大值(105 μm)。然后，随着流速增大而泥沙絮凝团粒径逐渐减小，至 11 时左右流速最大时絮凝团粒径达到最小值(60 μm)。14 时落憩，而随着涨潮流速增至中等流速时，絮凝团粒径(15 时左右)达到最大值 73 μm,而后随着涨潮流速增大粒径减小,至 17 时涨急絮凝团粒径达到最小值(53 μm)。可知，周期性的水流流速变化就成为控制细颗粒泥沙絮凝团大小的最敏感因素之一。南槽河道枯季(图 4.4.50b)、北槽河道洪季(图 4.4.50c)和枯季(图 4.4.50d)也都出现了相似的对应相关性，由于絮凝团粒径受多种因素的制约，因此对应关系有所偏差，但总体趋势反映出絮凝团粒径随流速变化而变化的趋势。

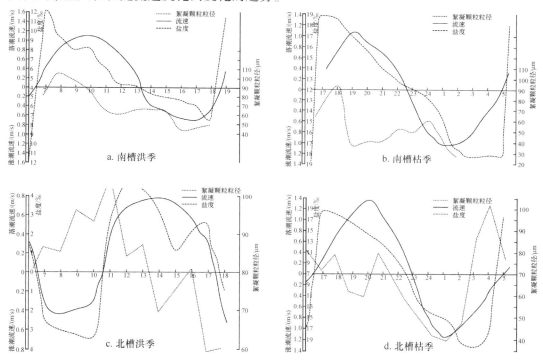

图 4.4.50　南槽河道、北槽河道絮团粒径与流速和盐度关系图

图 4.4.51 为每 10 min 实测平均流速和絮凝颗粒粒径建立的过程线图，从絮凝团粒径过程线与周期性的涨、落潮流速变化的大尺度看，其最大絮凝颗粒粒径出现在涨潮或落潮过程的中等流速时段，即流速为 0.4～0.7 m/s。而从流速和絮凝颗粒粒径过程线小尺度看，流速过程线仍然表现为光滑的曲线，在一个潮周期中形成一条较规则的正弦曲线，而絮凝颗粒粒径随流速变化出现波动性过程线，说明除了流速对自然河口水体中细颗粒泥沙絮凝团影响极大以外，水体中细颗粒泥沙在成絮凝团过程中，还受到其他因素的影响，即盐度、有机质、含沙量、泥沙颗粒粒径等因素的影响。

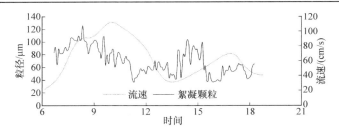

图 4.4.51   瞬时流速和絮凝颗粒粒径过程线图

图 4.4.52 为絮凝团粒径和各时间平均潮流速周期性变化图。不论大、小潮，絮凝团粒径存在明显的周期性变化规律，一个潮周期内出现两次峰值和两次谷值，涨、落憩前后中、小流速时段絮凝团粒径较大，而涨、落急时絮凝团粒径较小。同时，比较絮凝团粒径和平均流速潮周期变化过程的关系，絮凝团粒径和流速变化呈显著的负相关关系，流速大时絮凝团粒径小，流速小时絮凝团粒径大，表明细颗粒泥沙在具备絮凝基本条件下形成絮凝团后，潮流流速对絮凝团粒径的大小变化起到了控制作用。众所周知，潮流流速是影响细颗粒泥沙絮凝的主要水动力因素，在中、低流速条件下，水流在促进泥沙絮凝成团的同时又不至于剪切破碎絮凝团，容易形成并保持较大絮凝团的存在。因此，实测絮凝团粒径并非在憩流时刻，而是在憩流前后的中、小流速条件下达到峰值(图 4.4.52)。而在高流速条件下，水流剪切作用很强，絮凝团很容易被破坏(蒋国俊等，2002)。所以，大潮涨、落急时的絮凝团粒径和分散悬沙颗粒粒径几乎一致，表明高流速时中、小流速形成的絮凝团，可以彻底地破坏而恢复原有的分散颗粒径(表 4.4.4)。可见，实测小潮絮凝团粒径大于大潮，与小潮流速小、大潮流速大有关。

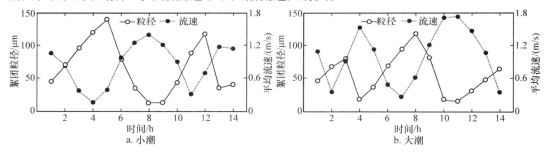

图 4.4.52   07 测站絮凝团粒径和平均流速潮周期变化图

表 4.4.4   2012 年北槽 C_{11} 测站絮凝团粒径和悬沙颗粒粒径统计值   (单位：μm)

潮型	时期	悬沙絮凝团			悬沙颗粒中值粒径
		最大粒径	最小粒径	平均粒径	
小潮	落憩	156.2	37.7	98.69	4.93
	涨急	68.1	15.7	42.60	7.04
	涨憩	181.6	90.6	138.9	5.40
	落急	31.3	13.4	18.76	8.86

续表

潮型	时期	悬沙絮凝团			悬沙颗粒中值粒径
		最大粒径	最小粒径	平均粒径	
大潮	落憩	110.4	32.4	69.14	7.46
	涨急	21.5	12.9	16.36	16.59
	涨憩	122.8	53.7	72.34	6.75
	落急	20.3	13.5	18.54	18.34

4.4.9.2　盐度

盐度对细颗粒泥沙絮凝过程的影响在长江河口区域上表现得极为明显。在河口盐水入侵的上界徐六泾河段，常年盐度值均小于 1‰，该区域絮凝颗粒团显得较小(表 4.4.5)。而常年盐度值均在 2‰～20‰的拦门沙河段，絮凝颗粒粒径与徐六泾河段相比明显增大，所以该区域盐度在细颗粒泥沙絮凝过程中贡献率明显增大。拦门沙河道总体上呈现涨潮时盐水入侵、水体盐度逐渐升高、落潮时水体盐度逐渐降低的变化规律。小潮落潮时盐度为 2.55‰～3.50‰，落潮过程中盐度逐渐降低。涨潮时盐度逐渐升高，至涨憩时达到最大值，此时垂向平均盐度为 7.47‰(表 4.4.3)，近底层盐度高达 12.55‰，表层盐度仅为 2.80‰。大潮落憩时平均盐度为 1.10‰，涨憩时平均盐度为 6.66‰，近底层盐度约为 10.10‰，表层盐度为 3.06‰。可见，北槽河道盐度范围符合细颗粒泥沙絮凝的基本值(张志忠，1996；蒋国俊和张志忠，1995)，而盐度值随涨、落潮周期性变化，又成为影响絮凝团粒径变化的主要因素之一。

从图 4.4.50 看，高盐度对应较大的絮凝团颗粒，低盐度的絮凝团粒径较小，絮凝团粒径与盐度变化趋势有较好的相关性，随着盐度增大而增大。然而，该河段水体常年均能保持细颗粒泥沙絮凝的必要盐度值。因此，在时间上盐度值的变化对细颗粒泥沙絮凝颗粒粒径的影响往往被其他更敏感的因素所掩盖，所以随时间上的盐度值变化与絮凝颗粒粒径的变化呈现波动性趋势(图 4.4.50)。但室内实验研究表明，盐度是影响絮凝的关键因素，其浓度在长江河口的时空分布对细颗粒泥沙絮凝有较大的影响。

4.4.9.3　有机质

有机质会对细颗粒泥沙的河口行为产生较大影响。洪季徐六泾河道悬沙单颗粒泥沙粒径为 4.2 μm，而絮凝团粒径为 45.4 μm(表 4.4.5)，尽管絮凝团粒径比南北槽河道区域小，徐六泾河道悬沙单颗粒泥沙粒径与絮凝团粒径相差近 10 倍之多，枯季也有类似结果。众所周知，徐六泾盐度接近 0 值，基本上属于淡水区域。因此，可以推断此区域发生的絮凝并不是盐度的作用。根据现场调查，此水域有机质含量较高，有机质虽然不能使泥沙迅速沉降，但是可以包覆在泥沙表面，形成有机裹层，同时每个小的有机裹层通过有机质的桥连作用，形成较大的絮凝团。同时，可以网捕其他细颗粒泥沙和颗粒态重金属等物质，絮凝团粒径增长较大。因此，有机质对长江河口细颗粒泥沙形成絮凝团粒径影响较大。

4.4.9.4　含沙量

细颗粒泥沙是发生絮凝的基本物质条件。总体上，近期北槽河道含沙量的潮周期变化特征和流速基本一致，大潮含沙量高，小潮含沙量低，涨、落急含沙量高，涨、落憩含沙量低。小潮含沙量潮周期平均为 0.17 kg/m³，其中涨潮平均含沙量为 0.17 kg/m³，落潮平均含沙量为 0.17 kg/m³，涨、落急时含沙量分别为 0.35 kg/m³ 和 0.17 kg/m³(表 4.2.16，表 4.4.3)，涨、落憩流时含沙量分别为 0.09 kg/m³ 和 0.25 kg/m³。垂向含沙量由表层至底层逐渐增大。大潮流速相对较大，含沙量远高于小潮，潮周期平均为 0.55 kg/m³，其中涨、落潮平均含沙量分别为 0.62 kg/m³ 和 0.50 kg/m³，涨、落急时含沙量分别为 0.88 kg/m³ 和 1.04 kg/m³(表 4.2.18，表 4.4.3)，涨、落憩时含沙量分别为 0.84 kg/m³ 和 0.71 kg/m³。垂向上表、底层含沙量相差很大，落憩时表、底层含沙量分别为 0.29 kg/m³ 和 1.12 kg/m³，涨急时表、底层含沙量分别为 0.18 kg/m³ 和 2.73 kg/m³。可知，总体上北槽河道水体具有较高的含沙量，可为细颗粒泥沙絮凝提供物质基础(金鹰和王义刚，2002；蒋国俊等，2002；阮文杰，1991)。

同时，如图 4.4.49 所示，C_{11} 测站附近絮凝团观测区域存在一个滞流区，从上游下泄的泥沙和从下游上溯的泥沙在近底层滞流点附近集聚，往往形成高含沙量的最大浑浊带，有利于泥沙发生絮凝及絮凝团聚集现象(李九发等，2001b)。

4.4.9.5　泥沙颗粒粒径

黏性细颗粒泥沙是泥沙颗粒发生絮凝的基本条件，泥沙颗粒越细，其比表面积越大，泥沙颗粒之间的吸力越大，就越容易发生絮凝。张庆河等(2001)认为悬浮泥沙中发生絮凝的仅仅是其中粒径小于 0.032 mm(32 μm)的细颗粒泥沙。当水流流速小于细颗粒泥沙絮凝临界流速时，主要以絮凝团粒的形式沉降(蒋国俊和张志忠，1995)。长江河口悬沙中粒径小于 32 μm 的颗粒占有量为 91%，其表面电荷量占有量为 93%。可见，长江河口悬沙絮凝临界泥沙粒径可定为 32 μm。

由表 4.4.5 中的 2006 年洪季现场实测泥沙颗粒粒径可知，南槽河道悬沙平均粒径为 4.5 μm，小于 32 μm 的细颗粒物质占 97%，小于 4 μm 的黏性颗粒占 47%。沉积物平均粒径为 13.8 μm，小于 32 μm 的细颗粒物质占 73%，小于 4 μm 的黏性颗粒占 26%。北槽河道悬沙平均粒径为 3.6 μm，小于 32 μm 的细颗粒物质占 98%，小于 4 μm 的黏性颗粒占 54%。沉积物平均粒径为 14.6 μm，小于 32 μm 的细颗粒物质占 74%，小于 4 μm 的黏性颗粒占 25%。

由表 4.4.5 中的 2006 年枯季现场实测泥沙颗粒粒径可知，南槽河道悬沙平均粒径为 6.8 μm，小于 32 μm 的细颗粒物质占 93%，小于 4 μm 的黏性颗粒占 35%。沉积物平均粒径为 14.7 μm，小于 32 μm 的细颗粒物质占 77%，小于 4 μm 的黏性颗粒占 24%。北槽河道悬沙平均粒径为 5.9 μm，小于 32 μm 的细颗粒物质占 95%，小于 4 μm 的黏性颗粒占 38%。沉积物平均粒径为 18.8 μm，小于 32 μm 的细颗粒物质占 67%，小于 4 μm 的黏性颗粒占 20%。

2012 年洪季北槽河道实测小潮悬沙颗粒中值粒径在 4.93~8.86 μm，大潮在 6.75~18.34 μm(表 4.4.4)。大潮时流速大，较粗颗粒泥沙容易被再悬浮，大潮悬沙中值粒径必然大于小潮。总体而言，拦门沙河道悬沙颗粒很细，非常适合泥沙絮凝的粒径组成(金鹰和王义刚，2002)。

表 4.4.5　2006 年典型河道泥沙颗粒粒径对比表

类型	站位	枯季				洪季			
		单颗粒/μm			现场实测絮张团粒径/μm	单颗粒/μm			现场实测絮凝团粒径/μm
		均值粒径	D<32/%	D<4/%		均值粒径	D<32/%	D<4/%	
悬沙	南支 N_1	6.3	—	—	42.5	4.2	—	—	45.4
	南槽 C_2	6.8	93	35	57.3	4.5	97	47	73.0
	北槽 C_{12}	5.9	95	38	66.6	3.6	98	54	79.2
沉积物	南槽 C_2	14.7	77	24	—	13.8	73	26	—
	北槽 C_{12}	18.8	67	20	—	14.6	74	25	—
浮泥	南槽 C_2	—	—	—	—	6.5	93	37	—
	北槽 C_{12}	—	—	—	—	9.2	80	33	—

4.4.9.6　现场实测悬沙絮凝团粒径

长江河口现场实测悬沙絮凝团较大(表 4.4.5)。2006 年洪季南支河道(徐六泾 N_1 站)絮凝团粒径为 45.4 μm，南槽河道(C_2 站)为 73.0 μm，北槽河道(C_{11} 站)为 79.2 μm。枯季南支河道絮凝团粒径为 42.5 μm，南槽河道为 57.3 μm，北槽河道为 66.6 μm。可知，洪季悬沙絮凝团粒径大于枯季，纵向上拦门沙河道悬沙絮凝团最大。

2012 年北槽河道实测平均絮凝团粒径为 16.4 μm~138.9 μm，最大絮凝团粒径为 181.6 μm。其中小潮涨、落憩时絮凝团粒径分别为 138.9 μm 和 98.7 μm，涨憩时絮凝团粒径大于落憩，絮凝团粒径是分散泥沙单颗粒径的 20~26 倍。涨、落急时絮凝团粒径分别为 42.6 μm 和 18.8 μm，涨急时絮凝团粒径大于落急，絮凝团粒径是分散泥沙单颗粒径的 2~6 倍。显然涨、落憩时絮凝团粒径大于涨、落急时。大潮涨、落憩时絮凝团粒径分别为 72.3 μm 和 69.1 μm，涨憩时絮凝团粒径略大于落憩时，絮凝团粒径是分散泥沙单颗粒粒径的 9 倍左右。涨、落急时絮凝团粒径分别为 16.4 μm 和 18.5 μm(表 4.4.5)，絮凝团粒径与分散泥沙单颗粒粒径相近，大潮涨、落潮絮凝团粒径差异不大。小潮期絮凝团粒径大于大潮期，而小潮期分散泥沙单颗粒粒径小于大潮期。垂向上，涨、落憩时实测表层絮凝团粒径为 32.4~90.6 μm，底层为 92.0~154.0 μm，平均粒径由表层至底层逐渐增大(图 4.4.53)。可知，长江河口北槽河道水体中存在不同粒径大小的悬沙絮凝团。

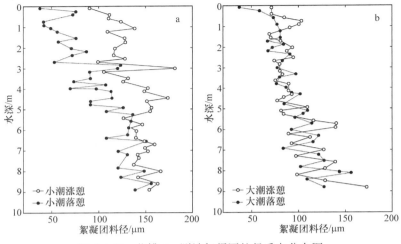

图 4.4.53　北槽 C_{11} 测站絮凝团粒径垂向分布图

4.4.9.7　现场实测悬沙絮凝团形态特征

北槽河道位于陆海动力相互作用区域，在周期性潮流流速、盐度、有机物和含沙量等物理化学因素综合作用下，实测细颗粒泥沙絮凝团形态结构存在多样性，主要归纳为松散状絮凝团、蜂窝状絮凝团和密实状絮凝团等。图 4.4.54 所示为松散状絮凝团，实测

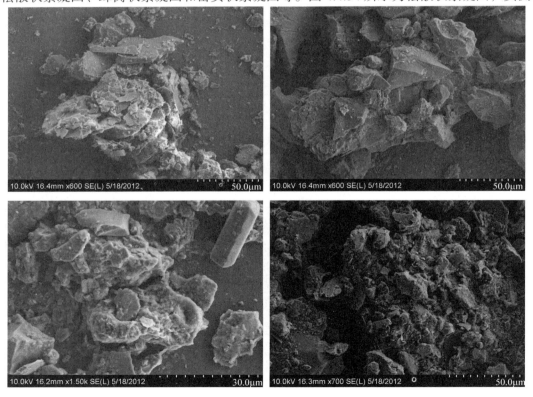

图 4.4.54　松散状絮凝团

样品中该类絮凝团数量最多,主要由粗细不均的悬沙颗粒絮凝而成,多为细粉沙类泥沙,少量较粗的中粉沙类颗粒。絮凝团外表极为粗糙,形状极不规则,结构比较松散。现场实测与此类絮凝团同步流速相对较大,代表了较大流速时河床较粗泥沙颗粒被掀起后又在流速递减过程中,与相关絮凝因素综合作用形成的絮凝团,真实地体现出北槽河道在潮流流速较大,且潮周期流速变化幅度更大、悬沙浓度高、盐度和悬沙单颗粒适中的自然环境下悬沙颗粒发生絮凝的必然结果。图 4.4.55 所示为蜂窝状絮凝团,实测样品中该类絮凝团数量较多。该类絮凝团中悬沙颗粒组成均较细,主要包括极细粉沙和黏土类泥沙。絮凝团的轮廓比较明显,形状略不规则,结构比较紧密,但存在很多孔隙,现场实测与此类絮凝团同步流速较小,代表了较小流速时较粗颗粒泥沙已经下沉后,水体中的细颗粒泥沙快速絮凝的结果。图 4.4.56 所示为密实状絮凝团,实测样品中该类絮凝团数量较少。该类絮凝团轮廓明显,而且呈准圆形状,几乎无孔隙,密实性好,代表较小流速时黏性极细颗粒泥沙与有机质絮凝的结果。

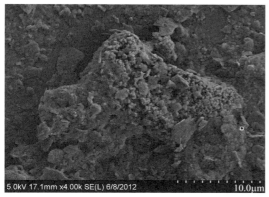

图 4.4.55 蜂窝状絮凝团

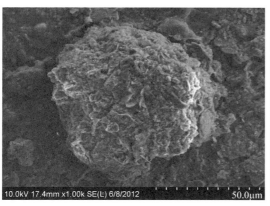

图 4.4.56 密实状絮凝团

由此可知,利用高倍数、高精度扫描电镜所获得的大量原始泥沙絮凝团图片数据,反映了长江河口北槽河道在复杂的水沙环境下呈现多样性絮凝团的必然结果。

4.4.10　浮泥发育及变化

　　浮泥是一种含沙浓度很高的泥水混合体。自从 Inglis 和 Allen(1957)报道泰晤士河口浮泥现象以来，在世界其他河口，如美国的密西西比河口、法国吉龙德河口以及我国瓯江口、椒江口和长江河口等都相继发现存在大规模的浮泥现象(刘启贞等，2008；Liu et al.，2007；曹祖德等，2001；李九发等，2001b；张志忠等，1997；徐海根等，1994；Li，1991；Kirby，1988；Dyer，1986；Puls，1984；Wellershaus，1981；等)。浮泥的生成与消失以及变化直接涉及河口泥沙的絮凝、径潮流动力作用和盐淡水混合等过程和人类活动的影响。浮泥是河口过程中的重要自然现象之一。同时，浮泥的存在以及沉积与河口航道通航能力、"适航水深"有密切的关系，所以浮泥的厚度、沉积性质和变化等则成为河口泥沙运动和沉积过程，以及航道部门在规划和整治河道并以此增大航槽水深、增大通航能力时的核心研究内容之一。

　　先后在长江河口北支河道下段河道、南槽河道和北槽河道进行了浮泥观测(李九发等，2001a)，尤其是北槽河道是大吨位船只的主要通海航道，其已初步成为人工控制的河道。由于北槽河道复杂的水动力条件、泥沙沉降和输运过程多变性，以及人工采用的河槽整治工程类型不同，北槽河道浮泥会间断性地出现。从时间跨度来看，20 世纪 80 年代中期，北槽河道被选定为长江入海航道初期，因为疏浚航槽水深仅有 7m，其浮泥的规模较小，至 90 年代在北槽河道基本上未发现明显的浮泥现象(曾守源，1989)，然后随着北槽河道航槽疏浚到 8.5m 水深后，主槽中心出现明显的浮泥现象(李九发等，2001b)。目前，北槽河道已通过修建导堤工程与疏浚相结合，使中心航槽整治后的水深达到 12.5 m，浮泥成为航槽淤积的主要物源(戴志军等，2015)。

　　河道浮泥定义采用国内外通用规则，即容重为 1.04～1.25 t/m³，称为浮泥。从图 4.4.57和图 4.4.58 看，长江河口河道水沙容重垂向上出现第一个折点，其水沙容重为 1.04 t/m³左右，确定为浮泥的上界面，随着深度的增大，浮泥容重也增大，容重增大到 1.25 t/m³左右，确定为浮泥的下界面。长江河口河道浮泥垂向分布因受水流、盐度和泥沙沉降速率等多种因素的影响，其浮泥容重表现为不规则变化，如图 4.4.57 所示浮泥的容重曲线出现多次转折点，说明即使浮泥具有两个明显的界面，但上、下界面之间的浮泥层仍然存在波动变化过程。

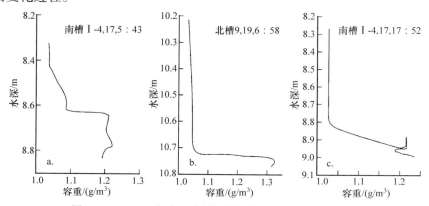

图 4.4.57　2006 年南、北槽河道浮泥层容重垂向分布图

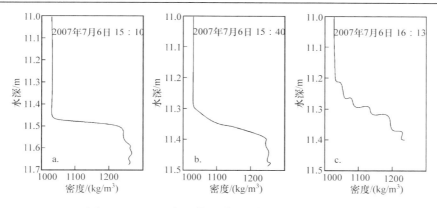

图 4.4.58　2007 年北槽河道浮泥容重的垂向分布图

　　2006 年洪季在南、北槽河道，2007 年洪季、2012 年枯季在长江河口北槽河道现场对泥沙絮凝颗粒径、浮泥和与此有关的流速、含沙量、盐度和地形等要素进行观测和采样。从表 4.4.6 看，南槽河道小潮期实测浮泥厚度为 0.11~0.35 m，北槽河道为 0.32~0.65 m。

　　另外，北槽河道航槽回淤较大的中段河道浮泥厚度监测表明(图 4.4.59)，浮泥厚度似乎具有多周期性的变化特征。大潮期间的浮泥厚度在观测期 19：00 以前即具有正弦曲线变化，以 10 cm 为中心出现 5 cm 上下波动的变化幅度。而 19：00~22：00 浮泥再次出现另一个正弦曲线波动，其中，波动过程中的波峰和波谷差相对较大，约为 20 cm 的幅度。自 22：00 以后浮泥厚度又开始较小幅度的正弦波动；小潮期间的浮泥较厚且波动性较为复杂，在约 12h 的观测期间，6：10、12：10、14：50 和 16：00 先后出现 25~35 cm 的浮泥厚度，在出现较大浮泥厚度的几个时刻期间，浮泥厚度又具有某种准周期的振荡模式。小潮期间浮泥厚度的振荡可由 30 cm 厚的峰值递减到仅 5 cm 厚度。大潮期间的浮泥厚度主要是在 10~25 cm 变动。小潮期间浮泥的平均厚度比大潮期间要厚 5~10 cm。

表 4.4.6　实测流速、流向和浮泥厚度统计值(2006 年洪季小潮)

地点	项目	6：00	7：00	8：00	9：00	15：00	16：00	17：00	18：00
北槽	流速/(m/s)	0.29	0.34	0.43	0.36	0.73	0.49	0.33	0.47
	流向/(°)	132	279	210	205	123	157	134	298
	近底含沙量/(kg/m³)	0.67	2.47	2.83	0.38	0.33	2.00	2.06	0.65
	絮凝颗粒粒径/μm	78	86	85	69	75	81	59	60
	浮泥厚度/m	0.32	0.56	0.65	—		0.32	—	—
地点	项目	12：00	13：00	14：00	15：00	16：00	17：00	18：00	19：00
南槽	流速/(m/s)	0.11	0.36	0.34	0.47	0.60	0.69	0.46	0.40
	流向/(°)	137	138	227	299	304	302	265	144
	近底含沙量/(kg/m³)	1.32	0.94	0.46	0.55	1.29	0.29	0.63	0.17
	絮凝颗粒粒径/μm	107	100	67	73	70	60	53	47
	浮泥厚度/m	0.35	0.11	—	0.23	0.14	0.22	—	—

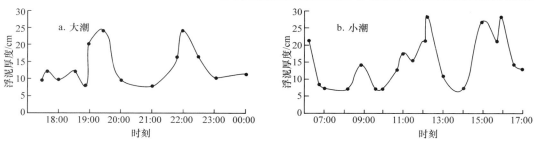

图 4.4.59　北槽河道浮泥厚度变化图(2007 年洪季)

北槽河道主航道人工浚深为"U"形槽谷形(图 4.4.60),航道"适航"水深为 12.5 m。大、小潮涨憩期间航道横断面走航测量水深和浮泥厚度观测结果表明:小潮期间的浮泥厚度远远大于大潮期间,在主航道出现最大约 32 cm 的浮泥厚度(图 4.4.60a),即横断面上呈现航槽"两侧河道浮泥厚度薄、主槽中间厚"的浮泥分布特征,整个航道呈现浅"U"形河槽,而此期间实测浮泥层容重均小于 1.25 t/m³,可作为"适航"水深(徐海根等,1994),通常通过即时疏浚清理航槽淤泥基本能保持 12.5 m 通航水深。而大潮涨憩期间的浮泥厚度基本维持在 5～10 cm 的厚度,并且随着主航道水深变大,浮泥厚度曲线存在折点变化,即接近主航槽的浮泥厚度突然变小乃至消失,而浮泥厚度在横断面上呈现航槽"两侧河道厚、主槽中间薄"的浮泥分布特征,整个航槽仍然保持深"U"形槽谷形态(图 4.4.60b)。

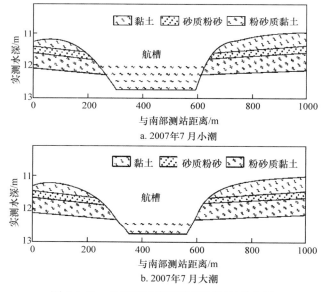

图 4.4.60　北槽河道实测横断面浮泥分布图

浮泥形成及变化的影响因素众多,主要因素有潮流速和径潮流互相作用的动力结构、盐度及盐淡水混合、细颗粒泥沙絮凝沉降及人造工程等。由于潮汐河口存在不同年份、不同季节和大、小潮等周期性多变的动力环境,其河口的浮泥成因及其变化必显复杂。从表 4.4.6 看,南、北槽河道浮泥发育期,其实测潮流速均小于 0.50 m/s。而结合长江河口北槽河道浮泥厚度变化图(图 4.4.60),基于现场观测的定点同步垂向流速分布(图 4.4.61)、同步垂向悬沙浓度分布(图 4.4.62)，以及同步的盐度垂向分布图(图 4.4.63)：当底层流速增大至涨急时，近底层因潮流速增大泥沙再悬起使得垂向上悬沙浓度增大，浮泥厚度逐渐变薄乃至消失；当底层流速减小时，水体中的悬沙颗粒絮凝下沉，使垂向上的悬沙浓度降低，底层悬沙浓度逐渐增大，浮泥厚度也增大。例如，大小潮悬沙浓度峰值分别出现在 0：00、13：00 和 2：00、14：30 时，相应近底层流速超过 1.0 m/s，大量近沉积物沙被再悬浮，此时浮泥厚度则出现相应的最小值(厚度约为 10 cm)。而大潮和小潮期间浮泥厚度分别在 19：30、22：00 和 6：20、12：00 出现最大值，近底层流速均小于 0.5 m/s，而在大潮 19：30 左右近底层流速超过 1.0 m/s，尽管大量底部泥沙被悬浮，但由于前期低流速时形成的浮泥较厚，所以此时段近底层浮泥未完全被冲散，表现近底层含沙量仍很高(图 4.4.62)，床面仍停留浮泥厚度达 24 cm(图 4.4.60)；一般在涨憩、落憩时流速最低，浮泥出现最大峰值。例如，小潮期间自 4：00 开始，近底层流速为 0.1 m/s，至 6：00 近底层悬沙浓度在 3.0 kg/m³ 以上，浮泥厚度为 25 cm。7：00 流速开始增大，8：30 表层流速达到 2.5 m/s，近底层流速也逐渐增大至 1.5 m/s，浮泥厚度变薄，其厚度在 5~17 cm 波动。可见，随着近底层流速增大，河床表层浮泥中的沉积物起动悬浮进入水体，使水体垂向上的悬沙浓度增大，河床浮泥层变薄；当近底层流速降低时，水体中悬沙中的絮凝颗粒则因自身重力而沉降，使河床浮泥层变厚，即观测期内的北槽河道浮泥厚度基本随底层流速的变化而变化，同时其因流速的周期性变化而具有一定的振荡特征。

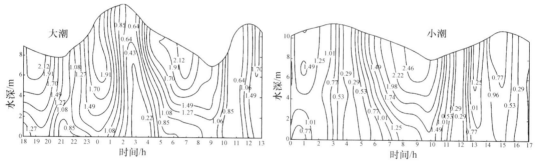

图 4.4.61　北槽河道流速(m/s)垂向分布剖面图(2007 年洪季)

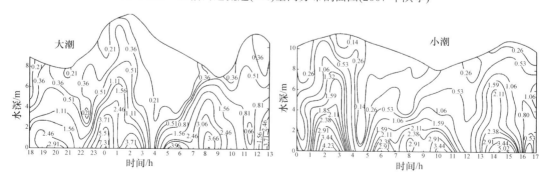

图 4.4.62　北槽河道悬沙浓度(kg/m³)垂向分布剖面图(2007 年洪季)

　　盐度对浮泥形成的贡献表现在多方面。大潮 1：00~3：00、小潮期间 6：00 和 12：00~

15：00 出现盐水楔(图 4.4.63)，当盐度达到 10‰的时候，相应的近底层悬沙浓度开始出现较高含沙量并逐渐达到最大值(图 4.4.62 和图 4.4.63)。一方面，盐水楔前缘是盐淡水混合区，促使细颗粒泥沙絮凝沉降；另一方面，盐水楔产生的密度差可以直接拦阻并捕集陆域和海域的泥沙，导致大量泥沙汇聚于此，一般容易生成浮泥层。由此，再次说明盐水楔的存在也是浮泥生成的重要因素之一。

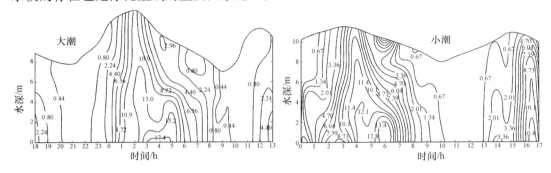

图 4.4.63 盐度(‰)垂向分布剖面图(2007 年洪季)

长江河口北槽河道经过导堤和疏浚整治，中心主航槽横断面基本呈"U"形，航槽纵剖面呈向北微弯形态，河道宽度仍然较大(两导堤之间宽度为 5～7 km)，在科氏力作用下，涨、落潮流分异，其中落潮主流偏向南侧，涨潮流偏向北侧，尤其是在弯曲河段，因为弯曲水流的产生，涨潮时段形成明显的横向环流(于东生等，2004)，由此将不同方向的泥沙输移到环流核心地带。图 4.4.64 为 2007 年洪季小潮汛涨潮初期利用 ADCP 实测数据提取的水深、流速和流向绘制的横断面流场图，由图可知，河道南北侧流向均呈向上游方向的涨潮流向，且流速较大，实测水流流速可达 1.0 m/s，而河道断面中心位置流速较小，实测水流流速则不到 0.1 m/s，而且出现明显的旋转向水流，在整个横断面上形成一个横向环流水体，导致河道两侧较大流速挟带的泥沙向低流速河槽中心区输运，为河槽中心区浮泥的形成提供了丰富的泥沙来源，当时主槽中央同步实测浮泥厚度在 32 cm以上(图 4.4.60a)，河道横断面由大潮时的深"U"形至小潮时成为浅"U"形河槽，由

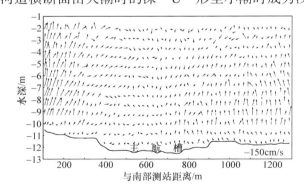

图 4.4.64 2007 年洪季小潮初涨期实测横断面流场图

于此时实测浮泥容重值较小(均小于 1.25 t/m³)，加上航槽即时疏浚清淤，保证了航槽通

航的必要水深要求。同时,河口河道纵向环流可促使来自流域和海域的泥沙汇集滞流区,而北槽河道主槽局部区段(微弯段)明显的横向水沙环流也是观测期间浮泥形成和发展的重要影响因素。可见,近期长江河口,尤其是北槽河道,具有浮泥生成和发育的动力、盐度、泥沙来源、泥沙絮凝成团和河槽形态等诸多有利条件和必需的环境。如今北槽河道浮泥出现的频率较高,这与航槽整治疏浚工程对浮泥生成必要环境的改变有关。所以多次实测浮泥资料证明,北槽河道浮泥生消变化过程是自然和人造工程等多种因素综合作用的结果。

　　此外,台风和寒潮大风过后,河槽往往容易有浮泥存在。1983~2016 年发生台风或寒潮大风浪之后进行过数十次现场浮泥观测,在南、北槽河道,尤其是在疏浚航槽,浮泥广泛发育。风暴潮浮泥表现为典型的初生、发育和消亡 3 个阶段特征。风暴潮期间,河道及周边水域浅滩被掀起的再悬浮泥沙可以直接进入航槽,或随潮流输移入航槽后沉降富集,形成较为稀薄的浮泥,此阶段即为浮泥的初生阶段,浮泥层内整体密度均较低,其上层密度界面尚未明显形成,而下界面则普遍较低,浮泥密度基本介于 1.05~1.125 t/m³,平均密度不超过 1.06 t/m³,稳定性极低,随潮流运移迅速,且极易在涨、落急时段消散(图4.4.65a)。风暴潮过后,水体紊动强度降回常态,风暴潮期间形成的过饱和水体中的泥沙开始沉降至浮泥层内,此时浮泥即开始转入发育阶段,浮泥层内的泥沙总量和平均密度均表现为增大趋势。加之浮泥层内含沙量向底层渐次增大导致泥沙沉速向底层减小,浮

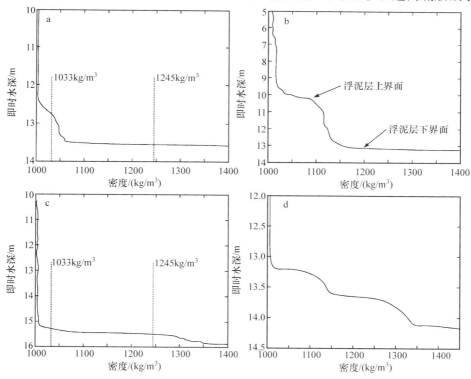

图 4.4.65　不同浮泥密度垂向剖面特征值分布图

泥层上界面渐趋明显,密度垂向剖面趋于"h"形分布(图 4.4.65b),已具备一定的稳定性,随潮流运移速率缓慢。当水体中的泥沙沉降量继续减少,强水流将浮泥层泥沙掀起并悬浮被带走时,浮泥随即进入消亡阶段,该阶段浮泥层平均密度仍继续增大,但下界面因密度梯度趋于减小而渐趋模糊,浮泥层内密度垂向分布逐渐由"h"形转变为"L"形分布形态(图 4.4.65c)。当浮泥进入消亡阶段后,在强于浮泥悬扬流速不足以使浮泥层彻底消亡时,浮泥层的上部活动层往往存在周期性的削弱和增长过程,加之下部的非活动层内泥沙持续沉降,浮泥层内密度垂向剖面往往呈现多层分布特征,即潮流动力环境下消亡期浮泥往往存在多个密度突变界面(图 4.4.65d)。

早在 1983 年,8310 号台风曾侵袭长江河口及其邻近海域,风力超过 12 级,大风正面袭击南汇东滩,其中潮滩地带普遍出现冲刷,滩面上形成的一串串带状冲刷坑深度均超过 30 cm,大量泥沙顺潮流而下进入南槽河道(李九发,1990),短短几天内靠疏浚维持 7.0 m 水深的通海航槽内出现明显浮泥层,初步统计航槽淤积量高达 $4.0 \times 10^5 m^3$,整个航槽内平均淤浅 0.5 m,最大淤积厚度多于 1.0 m(顾伟浩,1986),迫使长江河口通海航槽由南槽迁入北槽。另外,随着北槽 12.5 m 通海航槽开通,大风浪掀沙潮流输沙成为航槽淤积泥沙的重要来源。根据近十年来基于音叉密度计多次测试的密度剖面观测资料,北槽河道高强度风暴潮浮泥主要分布于航槽区域,一般最大浮泥厚 0.5～1.0 m,平均 0.7 m。最大厚度发生时的浮泥层平均密度在纵向上表现为中游低、上下游高的反抛物线形态,表现出浮泥越厚,密度越低的趋势,在涨、落潮潮流的作用下,浮泥层厚度存在明显的潮周期变动。

潮动力对风暴潮浮泥的影响机制较为复杂。一方面,潮流可与波浪耦合作用起悬床沙为风暴潮浮泥提供泥沙来源;另一方面,浮泥的悬扬流速较低,易被潮流悬扬冲散,使得局地浮泥消亡,并为下游浮泥的生成提供泥沙来源。相应大风天气过程结束后,潮动力越强,则北槽河道风暴潮浮泥消亡周期越短。例如,201509#台风后适逢中潮转大潮阶段,其造成的北槽河道风暴潮浮泥消亡速率明显比风后适逢小潮转中潮的 201109#台风快(图 4.4.66)。同时,浮泥层内因水流扰动、掺混作用变得稀薄,并大量悬扬随潮流扩散至下游水体和随潮流震荡,成为北槽河道风暴潮浮泥局地消亡的重要表现形式。

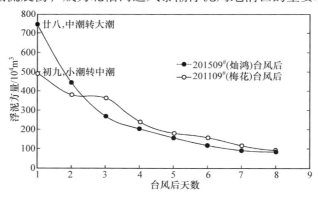

图 4.4.66　不同台风和潮汛过程风暴潮浮泥通量随时间变化对比图

4.5 工程泥沙

20世纪末至21世纪初，上海在南汇嘴浅滩0 m左右水深完成了筑堤圈围土地工程，新建现代化卫星城，即临港新城。其中，与杭州西湖面积相当且蓄水量大其1倍的滴水湖成为新城的标志性景点，与此配套的出海枢纽工程既是人工湖排水出海的唯一通道，又是临港新城水系中泄洪排涝的重要控制工程之一(图 4.5.1)。由于出海通道建在港城近岸浅滩水域，位于南汇南滩的东端，在长江河口与杭州湾两股水流合流范围内，也是长江入海泥沙进入杭州湾的重要输沙通道(李九发，1990)，水流复杂，波浪较大，常年水体含沙量较高，与国内众多淤泥质河口水闸出海通道类似，必将发生淤积(罗肇森，2004；王宏江，2002；韩曾萃等，1997；张相峰，1994；金元欢和沈焕庭，1991；陈才俊，1991)。

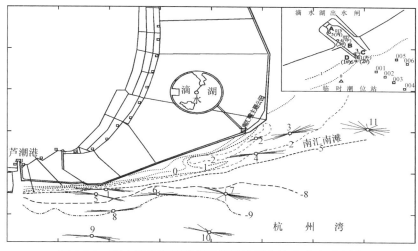

图 4.5.1 滴水湖出海通道邻近岸滩地形和流速玫瑰示意图

4.5.1 影响出海通道淤积的主要动力条件

潮流：潮流是输送泥沙的主要动力因素，该水域潮流流向与杭州湾北岸岸线走向基本一致，通道口门外浅滩水域实测涨潮流向为270°左右，落潮流向为90°左右，出海通道走向与此基本垂直(图 4.5.1)。涨、落潮流都较强，最大潮流速在2.00 m/s以上，大潮汛平均流速在1.00 m/s左右，小潮汛平均流速在0.70 m/s左右，大潮汛呈涨潮优势流(表 4.5.1)。

表 4.5.1 2004年枯季滴水湖出海通道口门外浅滩水域实测流速和含沙量特征值统计表

潮汛	站名	水深/m	涨潮				落潮				优势流/%	优势沙/%
			流速(m/s)		含沙量/(kg/m³)		流速(m/s)		含沙量/(kg/m³)			
			平均值	最大值	平均值	最大值	平均值	最大值	平均值	最大值		
大潮	2	4.3	0.73	1.39	1.439	1.838	0.51	1.42	1.562	3.518	44	40
	3	7.7	0.7	1.53	1.634	2.489	0.91	1.71	1.664	3.315	50	47
	4	8.3	0.86	1.73	1.321	1.93	0.9	1.67	1.344	2.425	47	45

潮汛	站名	水深/m	涨潮				落潮				优势流/%	优势沙/%
			流速(m/s)		含沙量/(kg/m³)		流速/(m/s)		含沙量/(kg/m³)			
			平均值	最大值	平均值	最大值	平均值	最大值	平均值	最大值		
小潮	2	4.3	0.36	0.67	1.234	2.362	0.47	1.49	1.104	1.789	50	45
	3	7.6	0.69	1.17	1.193	1.547	0.55	1.52	0.966	1.838	42	40
	4	8.7	0.72	1.35	1.022	1.912	0.65	1.54	1.086	2.191	44	44

风浪：风浪是影响水体含沙量变化最活跃的海洋动力因素，风浪的变化可以直接影响潮滩水流泥沙运动和潮滩冲淤变化。长江河口和杭州湾北岸浅滩的大冲刷期与暴风浪出现时期有关。该地区每年平均波高 0.9 m，而年均遭台风影响 1.3 次，强寒潮 2-3 次，6 级以上的大风有 27 次。一般大风引起的最大波高均在 3.3 m 左右，长江河口引水船台风期目测最大波高达 6.2 m(朱慧芳等，1984)。2005 年 8 月 "麦莎" 台风期滴水湖水闸近岸浅水域实测最大波高为 2.3 m(当时实测水深为 4.8 m)，波向为 SE 向岸浪。同时，在现场调查中注意到，外海传入的涌浪对该岸滩泥沙运动和地形剖面塑造的影响极大。

4.5.2　近岸水域水体含沙量

滴水湖出海通道近岸水域是长江河口向杭州湾输沙的主要通道之一，常年水体含沙量很高，实测平均含沙量在 1.00 kg/m³ 以上，垂向平均最大含沙量在 2.00 kg/m³ 左右(表 4.5.1)。

该水域遇上向岸大风天气或在涌浪条件下，水体含沙量可成倍增高，如 2005 年 9 月 2 日 "泰利" 台风登陆浙江东部温州地区，又遇天文大潮汛，9 月 6 日大风已过，而涌浪强劲，当时实测涨潮中层含沙量达 3.60 kg/m³，近底层为 5.08 kg/m³，比无风无涌浪条件下高出 3 倍左右。

从表 4.5.2 看，近岸水域含沙量年内变化很大，枯季含沙量明显大于洪季，枯季含沙量是洪季的两倍。其中 12 月含沙量最大，月平均值为 2.08 kg/m³，6 月最小，仅有 0.29 kg/m³，两者相差 7 倍多。

该水域含沙量变化，一方面与长江流域来水来沙季节性变化及长江河口拦门沙存在洪淤枯冲有关；另一方面高含沙量均出现在多风浪月份，也就是说，该水域水体含沙量变化与风浪有较大的关系。

表 4.5.2　2004～2005 年滴水湖出海通道堤外近岸水域高潮时实测含沙量　　(单位：kg/m³)

项目	12	1	2	3	4	5	6	7	8	9
大潮	2.936	1.086	2.189	2.639	0.777	0.276	0.312	0.479	0.988	3.424
中潮	1.890	0.841	0.935	0.791	0.623	0.596	0.324	0.702	0.274	0.628
小潮	1.644	0.892	1.057	1.303	0.845	0.625	0.238	0.282	0.386	0.404
月平均	2.081	0.863	1.265	1.243	0.751	0.473	0.290	0.536	0.731	1.260

4.5.3 出海通道淤积过程

感潮河口边滩排水通道的泥沙淤积可分为通道口门外边滩淤积和通道内淤积。

(1) 通道口门外边滩淤积

该水域处在长江河口与杭州湾二股涨潮分流、落潮合流的缓流地带，属于长江三角洲淤涨外延速度最快的区域，据统计，20 世纪 50～80 年代，频繁圈围土地，年均外移 70～90 m。1997～2003 年在 0 m 水深浅滩筑堤圈围，使海岸又一次外移达 1～5 km。此后，出海通道近岸浅滩地貌进入了重塑过程，从图 4.5.1 看新大堤走向呈西南—东北，方位角为 66°，与此相接的老大堤走向为东—西向，方位角为 90°，两者成 24°夹角。杭州湾北岸落潮潮流流向为 90°左右，这样出海通道近岸水域成为落潮潮流的扩散区域，有利于泥沙落淤和滩地发育，在近岸地形上形成三角形浅滩(图 4.5.1)。出海通道口在三角滩的东端，反映出新一轮浅滩淤涨特征。目前，三角滩依然有所发展，滩地宽度增大，滩面增高。同时，通过三角滩表层沉积物分析，发现组成物质是细砂和粉砂质细砂，D_{50} 均大于 0.10 mm，比邻近水域表层沉积物粗，这与该海岸面对开阔的东海，大风浪，尤其是暴风浪和涌浪对沉积物的搬运和筛选作用有关。2005 年"麦莎"台风期间，在出海通道口外浅滩区域发现有大量底沙推移到滩坡上淤积，一次强台风浪可使浅滩最大淤积厚度达 0.7 m 以上，证明大风浪搬运粗颗粒底沙的能力极强，是该浅滩淤涨发育的重要动力条件。目前，出海通道口外水深仅有 0 m，与通道开通时水深大于 1.0 m 相比，淤积厚度达 1.0 m 左右。

(2) 通道内淤积

2005 年于洪枯季分别进行了现场含沙量观测(表 4.5.3)。洪季在一般天气条件下平均含沙量为 0.323 kg/m³，其中涨潮含沙量为 0.405 kg/m³，落潮为 0.303 kg/m³，涨潮含沙量比落潮高；在大风浪天气和涌浪条件下，通道内含沙量明显增大，比无风浪天气条件下高出 2～3 倍。枯季大潮汛实测平均含沙量为 0.543 kg/m³，枯季含沙量大于洪季。通道内水域含沙量比通道外水域低，在无风浪天气条件下，二者相差两倍左右；在有风浪天气条件下，通道口门含沙量与通道外水域基本相近。而一般情况下出海通道闸门关闭，形成一条半封闭通道，水流流动极为缓慢，实测水流流速在 0.027 m/s 以下，泥沙随涨潮带入通道内，经过沿程淤积后，部分泥沙又随落潮水排出通道，基本上以缓流或静水沉降淤积为主，与非稳定潮流水流输沙不同，在涨潮和落潮过程中均存在泥沙沉降淤积，一般以悬沙淤积为主。

表 4.5.3　2005 年出海通道内实测含沙量　　　　　　　　(单位：kg/m³)

站号		A#（通道内端）			B#（通道中）			C#（通道口门）			D#（西导堤外侧）			备注
日期	潮型	涨潮	落潮	平均	涨潮	落潮	平均	涨潮	落潮	平均	涨潮	落潮	平均	
7.29	小潮	—	—	—	—	—	—	0.36	0.23	0.26	0.53	0.37	0.49	无风
8.3	大潮	—	—	—	0.30	0.31	0.28	1.02	0.83	0.84	0.81	0.82	0.82	有风
8.27	小潮	0.06	0.09	0.07	0.15	0.14	0.14	0.54	0.22	0.37	—	—	—	无风
9.6	大潮	0.89	0.54	0.72	1.22	0.96	1.08	2.73	1.59	2.16	—	—	—	涌浪
12.2	大潮		0.23			0.50			0.90					无风

4.5.4　通道淤积量计算

(1) 实测地形计算法

根据通道内地形变化数据推算水闸运行时段通道的淤积量，2005 年 5 月通道开通时水深为 1.0 m，8 月实测通道内水深为 0.27～0.43 m，平均水深为 0.34 m，100d 内床面平均淤高 0.66 m，计算得到每天淤积量为 89 m³，年淤积总量为 32 485 m³，每天淤积厚度为 0.66 cm。并未在淤积量推算中加入此期间开闸放水冲掉的泥沙量，实际淤积量略比此值大。

(2) 潮棱体计算法

出海通道概况：出海通道长 314 m，水深 1.0 m，0 米水深以下通道呈长方形，通道宽 43 m，而 0 米以上通道随着水位的涨落，升降通道水体呈梯形，边坡为 1：4.4，当水位达到 3.2 m 时，通道水面宽 71 m。

淤积量计算公式：该海区每天为二涨二落半日潮流区，由于通道水面的宽和深度均随涨落潮变化，在计算中将一个涨、落潮周期划分为 12 个时段，分别计算 $\triangle t_i$ 时段内的泥沙淤积量，再累加成一个潮周期或一天或一年的淤积量。

一般表达式：

$$P = \sum_{n=1}^{6} \Delta S_n \Delta A_n \Delta h_n \Delta t_n$$

逐时淤积量计算公式：

$$P_n = (S_f - S_e) \times L \times \left[(H_n - H) \times \frac{B_n + B}{2} \right] \times \beta$$

式中，t 为一个涨、落潮周期中某一时刻；A 为涨潮或落潮第 n 时刻通道水域平面的面积；S_f、S_e 分别为涨、落潮实测平均含沙量；L 为闸下通道长度；H 为涨落潮平均最低潮位；H_n 为涨潮或落潮第 n 时刻通道的潮位；B 为涨、落潮平均最低潮位对应的通道宽度；B_n 为涨潮或落潮第 n 时刻通道的水面宽度；β 为泥沙输移系数。

淤积量计算：从实测含沙量数据看(表 4.5.3)，含沙量存在明显的随时间变化特点，根据实测数据分别计算了洪季强浪大潮、平静天气大小潮和枯季大潮等不同含沙量条件下的淤积量及平均淤积量(表 4.5.4)。

表 4.5.4　出海通道每天淤积量汇总表

计算法		无风浪大潮		无风浪小潮		涌浪大潮		无风浪平均值	
		淤积量 /(m³/d)	厚度 /(cm/d)	淤积量 /(m³/d)	厚度 /(cm/d)	淤积量 /(m³/d)	厚度 /(cm/d)	淤积量 /(m³/d)	厚度 /(cm/d)
地形淤积计算法		—	—	—	—	—	—	89	0.66
潮棱体计算法	洪季	103	0.76	124	0.92	669	4.95	117	0.87
	枯季	—	—	—	—	—	—	40	0.30

从表 4.5.4 看，出海通道洪季无风大潮期每天淤积量为 103 m³，平均淤积厚度为 0.76 cm；

小潮期淤积量为 124 m³,平均淤积厚度为 0.92 cm,比大潮期淤积量略大,这与小潮期流速比大潮期小,以及水面比降不同有关。在大风浪和涌浪条件下,进入通道的水体含沙量很高,在通道内相对平静的环境条件下,淤积速率成倍增大,一天淤积厚度可达 4.95 cm。枯季实测含沙量比洪季高,但淤积量远比洪季小。洪季时期通道内水深大,有利于悬浮泥沙落淤,淤积量也大。而进入冬季由于滴水湖水量有限,开闸冲泥次数减少,通道已淤浅到水深为 0 m 处,通道床面与口外的正比降加大,涨进与落出含沙量比值减小,洪季的涨、落潮含沙量差值为 0.102 kg/m³,枯季减小到 0.035 kg/m³,所以枯季的淤积量减小,与实际情况基本相符。而尽管在潮棱体计算法中基于实测含沙量和水位计算淤积量,其换算成淤积厚度仍然属于理论值,与地形测量淤积厚度计算值一样,均未考虑此期间开闸放水冲失的泥沙量。所以,闸下通道实际淤积厚度比计算值小。

4.5.5　通道清淤措施

(1) 开闸放水冲沙

2005 年洪、枯季分别进行了开闸冲沙试验,得到通道沿程含沙量随时间的变化值(表 4.5.5 和表 4.5.6,图 4.5.2),主要表现为:开闸放水过程中通道含沙量明显增大数十倍,夏季实测平均含沙量为 3.4 kg/m³,最大含沙量为 6.04 kg/m³,冬季实测平均含沙量为 4.2 kg/m³,最大含沙量为 12.76 kg/m³。一般闸门启动后,首先闸门段底床泥沙受冲刷,水体含沙量最高,向通道口门方向逐渐变低,数分钟后(4 min 左右),闸门段含沙量明显降低,而通道的中下段一直保持高含沙量,高含沙量时段可保持 15 min 左右(图 4.5.2),证明该时段整个通道普遍发生了冲刷。此后,由于冲刷水量不足和冲刷后床面高程有所下降,冲刷强度逐渐降低,含沙量也降低。按照通道开闸放水清淤实测数据推算,一次三孔开闸 20 min,洪季河床条件下可冲走泥沙 918 t(合 1106 m³),平均通道床面可刷深 8.2 cm,相当于正常天气条件下 9.4 d 的累积淤积量。所以,从出海水闸半年多的运行状态看,开闸放水清淤效果较好,只要保持 10 d 左右周期性开闸放水清淤一次,出海通道基本上能够满足港城滴水湖水闸正常排水的要求。同时值得注意的是,大风浪可导致出海通道内的淤积量成倍增大,大风浪后需要立即放水冲淤才能保持通道正常排水畅通。

表 4.5.5　洪季开闸放水时刻闸下通道实测含沙量　　　　　(单位: kg/m³)

日期		A(闸门口)	B(通道中段)	C(通道口门)	D(导堤西侧)	备注
2005.8.3 (大潮)	13：00	0.118	0.526	0.594	—	关闸
	13：48	1.756	4.233	—		开闸
	14：06	—	—	6.039		开闸
	14：10	—	4.777		1.111	开闸
	14：12	—	—	—	—	开闸
	14：18	0.975	—	—	—	开闸
	15：00	0.593	0.893	1.109	—	关闸

表 4.5.6　枯季开闸放水时刻闸下通道实测含沙量　　　　　（单位：kg/m³）

日期		A(闸门口)	B(通道中段)	C(通道口门)	备注
2005.12.3 (大潮)	14：30	0.298	0.483	0.663	关闸
	13：36	9.156	2.098	0.398	开闸
	14：40	1.409	7.802	6.450	开闸
	14：43	0.5584	3.171	10.745	开闸
	14：46	—	1.916	12.757	开闸
	14：50	0.734	0.897	10.750	开闸
	14：53	0.471	0.989	7.573	开闸
	14：56	0.615	0.565	6.484	开闸
	17：00	0.658	1.182	8.511	开闸
	17：20	0.179	2.128	3.351	河床露出

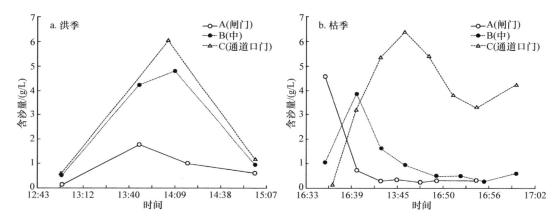

图 4.5.2　开闸放水通道水体含沙量变化图

(2) 延长导堤措施

针对近年来出海通道口外浅滩淤涨发育，使出海口水深减小到 0 m，而沉积物颗粒较粗，开闸放水冲刷点难以延伸到通道口外水域，对具有"流沙特性"的沉积物用疏浚方式效果欠佳。可以适当延长导堤方式拦阻底沙推移，使通道口外的水深能基本满足出海通道的排水要求。

总之，滴水湖闸下出海通道水域属于高含沙区，工程区域内淤积量较大，一般以悬沙淤积为主。在正常情况下，保持每 10 d 左右开闸放水清淤一次，出海通道水深基本上能满足滴水湖排水要求。但大风浪过后需要立即开闸放水冲淤，以保通道正常排水畅通。同时，该水域处在杭州湾口北岸落潮流扩散区，对三角形岸滩的形成发育影响较大。近年来，该岸浅滩正处在缓慢淤涨阶段，水深减小，可通过适当延长通道导堤拦阻底沙推移，满足出海通道排水要求。

4.6　泥沙颗粒粒径组成及分布

长江河口原生泥沙主要来源于流域,而河口瞬时水体悬浮物和河床沉积物的来源是多方位的,除了直接来源于流域以外,还有海域来沙,而且在河口周期性潮流及波浪等水动力作用下,河口不断地发生泥沙输运、悬浮、沉降、再输运、再悬浮、再沉降等物理过程,甚至发生生物化学过程(泥沙絮凝等),当河床泥沙发生再悬浮时,必然会导致河床沉积物和悬沙颗粒变粗。在流速较小时,受重力作用,粗颗粒悬沙发生沉降河床,通常会导致河床沉积物和悬沙粒径不断细化。

近年来多次在长江河口进行了小潮至大潮的连续现场观测,在室内对悬沙和沉积物样品进行颗粒度分析,获得各河道不同年份洪、枯季不同潮汛分散颗粒状态下悬沙和沉积物颗粒粒径组成(表 4.6.1 和表 4.6.2)。

4.6.1　悬浮泥沙颗粒粒径组成

整体上看,长江河口悬沙粒径普遍较细。2011 年洪季实测中值粒径在 7.3～13.9 μm。其中南支河道悬沙中值粒径在 7.9～10.8 μm,北港河道悬沙中值粒径在 10.2～13.9 μm,南港河道悬沙中值粒径在 8.3～12.8 μm,北槽河道悬沙中值粒径在 7.3～7.7 μm,南槽河道悬沙中值粒径在 8.3～8.8 μm(表 4.6.1)。与 2006 年南支河道,南、北槽河道悬沙颗粒粒径相比(表 4.6.2),河口悬沙颗粒存在年际波动变化现象,表明河口悬沙颗粒粒径受流域来水来沙年际变化的影响。

从洪枯季看(表 4.6.2),2006 年洪枯季现场实测悬沙颗粒粒径特征值表现为,南支河道洪季悬沙平均粒径为 4.2 μm,枯季悬沙平均粒径为 6.3 μm。南港河道洪季悬沙平均粒径为 5.5 μm,小于 32 μm 的细颗粒物质占 95%,小于 4 μm 的黏性颗粒占 40%;枯季悬沙平均粒径为 6.6 μm,小于 32 μm 的细颗粒物质占 91%,小于 4 μm 的黏性颗粒占 36%。南槽河道洪季悬沙平均粒径为 4.5 μm,小于 32 μm 的细颗粒物质占 97%,小于 4 μm 的黏性颗粒占 47%;枯季悬沙平均粒径为 6.8 μm,小于 32 μm 的细颗粒物质占 93%,小于 4μm 的黏性颗粒占 35%。北槽河道洪季悬沙平均粒径为 3.6 μm,小于 32 μm 的细颗粒物质占 98%,小于 4 μm 的黏性颗粒占 54%;枯季悬沙平均粒径为 5.9 μm,小于 32 μm 的细颗粒物质占 95%,小于 4 μm 的黏性颗粒占 38%。长江流域来沙存在明显的季节性变化(沈焕庭等,1986),在河口周期性变化的水流流速,以及径、潮流相互作用下,河口区,尤其是拦门沙河段河槽悬浮泥沙颗粒组成存在随季节而变化的规律,主要表现在枯季流域来沙少,悬沙颗粒粗,河口平均颗粒粒径为 5.9～6.8 μm;洪季流域集中来沙,悬沙颗粒细,平均颗粒粒径为 3.6～5.5 μm。

再从涨、落潮特征值看(表 4.6.1),南支河道,以及南、北港河道涨、落急时刻悬沙中值粒径比涨、落憩时刻的悬沙中值粒径大,两者相差 2.2 μm 左右。而南、北槽河道涨、落急时刻悬沙中值粒径与涨、落憩时刻悬沙中值粒径几乎相同,两者仅相差 0.1 μm。这主要是不同河槽的河床沉积物组成及海陆水动力相互作用性质具有差异,由此导致悬沙与床沙交换量和再悬浮泥沙组成不一致。

表 4.6.1　2011 年洪季各槽悬沙组成特征

区域	潮流特征	<4 μm/%	4～63 μm/%	>63 μm/%	D_{50}/μm
南支河道	涨急	22.94	74.43	2.63	9.2
	涨憩	26.76	71.51	1.73	7.9
	落急	19.76	70.86	9.38	10.8
	落憩	21.92	73.76	4.32	9.5
北港河道	涨急	18.31	70.19	11.50	13.6
	涨憩	21.64	72.85	5.51	10.2
	落急	18.32	68.87	12.81	13.9
	落憩	20.84	72.81	6.35	11.3
南港河道	涨急	22.69	71.38	5.93	10.1
	涨憩	26.80	70.73	2.47	8.3
	落急	18.64	71.39	9.97	12.8
	落憩	22.28	71.33	6.39	10.0
北槽河道	涨急	30.24	68.67	1.09	7.1
	涨憩	27.32	71.81	0.87	7.5
	落急	28.79	69.99	1.22	7.3
	落憩	27.15	72.05	0.80	7.7
南槽河道	涨急	22.62	76.58	0.80	8.8
	涨憩	23.27	76.38	0.35	8.4
	落急	23.06	76.73	0.21	8.3
	落憩	23.86	75.68	0.46	8.3

表 4.6.2　2006 年洪枯季河口泥沙悬沙粒径对比

季节	河道	<4 μm/%	<32 μm/%	D_{50}/ μm
洪季	南支河道	—	—	4.2
	南港河道	40	95	5.5
	南槽河道	47	97	4.5
	北槽河道	54	98	3.6
枯季	南支河道	—	—	6.3
	南港河道	36	91	6.6
	南槽河道	35	93	6.8
	北槽河道	38	95	5.9

从近期南北港河道分流口河段水域悬沙颗粒组成看(表 4.6.3), 实测大潮悬沙中值粒径平均为 9.3 μm, 其中涨急时刻悬沙中值粒径为 9.1 μm, 涨憩时刻悬沙中值粒径为 7.9 μm, 落急时刻悬沙中值粒径为 10.8 μm, 落憩时刻悬沙中值粒径为 9.5 μm。可知, 涨、落急流速大, 悬沙颗粒相对较粗, 憩流时流速小, 悬沙颗粒组成细。落潮悬沙颗粒组成粗于涨潮, 这与落潮流速大于涨潮流速有关。近期悬沙中出现极粗颗粒现象, 最大颗粒径一般在 100 μm 左右, 极值达到 388 μm(表 4.6.3), 相当于中细砂类(图 4.2.22a)。众所周知, 对于由冲积物形成的河口, 其水流与河床作用结果主要体现在水体含沙量大小和河床沉积物组成的变化幅度, 当水流含沙量达超饱和, 或水流流速极小时, 水体中的泥沙就会落淤河床, 河床表面的沉积物就会出现细化现象, 而当水流含沙量未达到饱和或水流流速很大时, 河床泥沙就会被冲起, 此时河床表面沉积物中部分较粗泥沙就会被悬浮。近期由于长江流域来沙锐减, 南支河道水体含沙量明显减少, 水流挟沙能力增强, 河床出现冲刷现象, 部分较粗颗粒床沙被冲起就成为悬浮物, 由于周期性潮流速的紊动强度有限, 此类极值粗颗粒径泥沙仅出现在水体中的近底层, 并且数量有限。而整个悬沙中小于 62 μm 的泥沙颗粒占 87%以上, 整体上该河段河道悬沙颗粒组成较细(表 4.6.3)。

表 4.6.3　南支河道实测大潮悬沙粒径统计表(2011 年洪季)

潮汛	相对水深层次	小于某粒径累积沙重百分数/%							$D_{50}/\mu m$	$D_{max}/\mu m$
		粒径级/μm								
		250	125	62	31	16	8	4		
涨急	0.0	100.0	99.8	98.0	91.6	77.9	54.5	30.9	7.1	177
	0.6	—	100.0	97.1	87.4	68.8	41.6	20.3	9.9	113
	1.0		100.0	96.5	87.3	70.1	44.1	22.1	9.3	134
落急	0.0	—	100.0	96.8	85.5	66.3	40.8	20.0	10.2	113
	0.6	99.3	93.8	86.5	76.2	59.6	36.2	17.4	12.0	333
	1.0	99.6	95.4	88.6	78.3	62.1	39.0	19.6	11.1	388

从北槽河道悬沙粒度特征看(表 4.6.4), 2012 年枯季在长江口北槽河道最大浑浊带发育水域连续 8d 进行定点水文泥沙观测(图 4.2.1, C_{10} 和 C_{11} 测站), 其悬沙粒度特征及变化表现为, 平均中值粒径介于 5~18.1 μm, 其颗粒径主要集中在 2~62.5 μm, <2 μm 的颗粒次之, >62.5 μm 的粒径最少。其中小潮汛悬沙的中值粒径为 3.8~10.2 μm, 均值为 5.8 μm, 在潮周期内变化不明显。中潮汛悬沙的中值粒径为 5.0~18.3 μm, 均值为 7.9 μm, 落潮时水体中悬沙的中值粒径明显大于涨潮时。大潮汛悬沙的中值粒径为 5.1~31.0 μm, 均值为 12.1 μm, 涨、落潮水体中悬沙的中值粒径相差不明显。随着潮流作用的大小变化, 悬沙的中值粒径逐渐由小潮至大潮呈现增大趋势, 大潮的悬沙粒径比小潮大 1 倍多, 而且悬沙颗粒径介于 2~62.5 μm 的颗粒百分含量保持稳定。再从图 4.6.1 看, 悬沙级配曲线出现明显变化, 小、中、大潮时的峰值粒径范围呈规律性变大趋势, 分别为 2~20 μm、2.5~32 μm、3~50 μm, 即由小潮至大潮, 粒径峰越来越宽平。同时, 悬沙级配在潮周

期内变化复杂，小潮汛潮周期内悬沙级配曲线基本一致。中潮汛涨潮时段悬沙级配曲线的峰值宽于落潮时段，落急至落憩时段悬沙峰值粒径最宽。大潮汛涨潮悬沙级配曲线中峰值尖锐且峰值粒径较小，落急时悬沙级配曲线呈明显正偏，峰偏向粗颗粒一侧。从悬沙和沉积物粒径频率曲线图看(图 4.6.2)，大潮涨、落急时刻底层悬沙粒径与河床沉积物粒径分布曲线基本一致，表明大潮涨、落急时悬沙和河床沉积物交换频繁，近底层悬沙主要来自于河床沉积物的再悬浮作用。涨、落憩时悬沙与河床沉积物的粒径分布曲线差异较大，此时近底层悬沙来自于上层泥沙的沉降作用。表明北槽悬沙和河床沉积物粒径在组成上相互联系、相互影响，泥沙再悬浮和沉降是二者的纽带(李占海等，2008)。

表 4.6.4　悬沙粒度统计表

潮汛	分层	中值粒径/μm		<2 μm 的颗粒百分含量/%		2~62.5 μm 的颗粒百分含量/%		>62.5 μm 的颗粒百分含量/%	
		变化范围	平均值	变化范围	平均值	变化范围	平均值	变化范围	平均值
小潮	表层	3.8~5.9	5.0	15~26	19	72~85	79	0~6	2
	0.6H	5.4~7.4	6.2	13~18	15	76~85	83	0~10	2
	底层	5.0~8.1	6.2	13~19	16	81~84	82	0~6	2
中潮	表层	5.1~7.0	6.0	15~19	17	80~85	83	0~2	1
	0.6H	6.1~15.3	8.3	12~17	15	77~84	82	1~11	3
	底层	6.5~17.1	9.8	11~17	15	77~83	80	1~12	5
大潮	表层	5.1~8.8	6.7	14~18	16	55~68	82	0~16	2
	0.6H	5.6~28.8	13.2	9~18	13	58~74	81	0~25	6
	底层	6.9~31.0	18.1	8~17	12	61~71	77	1~24	12

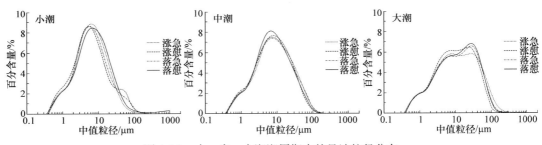

图 4.6.1　小、中、大潮潮周期内的悬沙粒径分布

从悬沙粒径的垂向分布看，主要表现在上层细下层粗，表层粒径为 5~6.7 μm，中层粒径(06H)为 6.2~13.2 μm，底层为 6.2~18.1 μm，而且颗粒粒径<2 μm 的颗粒含量在小、中、大潮时随深度的增加而减少。颗粒粒径介于 2~62.5 μm 的颗粒含量小潮时随深度增加而增加。颗粒径>62.5 μm 的颗粒含量小潮时变化不明显，中、大潮时随深度的增加而增加。再从 2011 年洪季大潮实测悬沙中值粒径垂向分布看(图 4.6.3)，河口水体悬沙粒径在垂向分布上，表层悬沙粒径分布比较平稳，纵向上没有大幅度波动。而在 0.6H 水深层和近底层的悬沙粒径呈南北港河道先增大，至南北槽河道迅速减小，纵向上出现

"小—大—小"的变化过程。南北港河道以上河段上层与中、下层悬沙粒径差异很大，而南北槽河道表、底层悬沙粒径差异大幅下降，这进一步表明拦门沙河段悬浮泥沙与河床沉积物交换频繁。

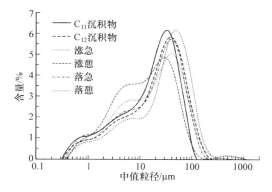

图 4.6.2　大潮期近底层悬沙与沉积物粒径频率分布曲线

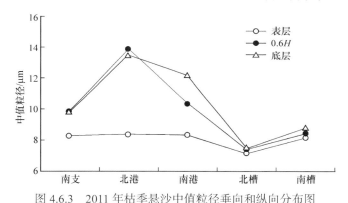

图 4.6.3　2011 年枯季悬沙中值粒径垂向和纵向分布图

可见，长江河口悬浮物颗粒粒径存在明显的时空变化特征。

4.6.2　河床沉积物

4.6.2.1　河床沉积物组成

长江河口河道沉积物类型和分布差异性较大，这与不同河道水动力条件和地貌类型多样性有关。从 2011 年长江河口采取的河床表层沉积物中的黏土、粉砂和细砂组成类型看(图 4.6.4)，主河槽中黏土、粉砂和细砂组分百分比表现为，南支河道分别为 2%、17% 和 81%；北港河道分别为 9%、24% 和 67%；南港河道分别为 11%、23% 和 66%；北槽河道分别为 31%、64% 和 5%；南槽河道分别为 23%、69% 和 23%。表明南支河道沉积物组成以细砂为主，南北港河道沉积物以细砂为主，粉砂组成次之，而拦门沙河道及口外水域沉积物以粉砂为主，黏土组成次之。同样，从 2015 年长江河口河槽表层沉积物中值粒径(D_{50})组分百分比看(表 4.6.5)，南北支河道、南北港河道沉积物中值粒径(D_{50})比拦门沙河道和口外水域大，南槽河道沉积物中值粒径(D_{50})大于 63 μm 的较粗颗粒占有量较大，这与最近南槽河道上游河段河床发生冲刷而引起沉积物粗化有关。

表 4.6.5　2015 年沉积物平均颗粒粒径统计表

河道名	$D_{50}/\mu m$	D_{50} 颗粒粒径组分百分比/%			
		≤16μm	16～63μm	63～125μm	≥125μm
北支河道	59	1	54	29	16
南支河道	76	1	41	37	20
北港河道	63	1	54	28	17
南港河道	71	0	38	48	14
北槽河道	36	2	79	15	4
南槽河道	41	0	68	29	3
口外	19	13	76	11	0

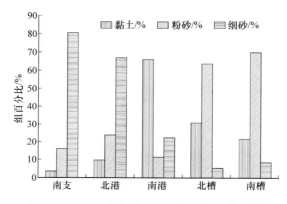

图 4.6.4　2011 年河床沉积物颗粒组分柱状图

图 4.6.5 为 2015 年河口沉积物中值粒径(D_{50})分布图，真实地反映了近期长江河口不同河道、不同地貌单元沉积物类型分布现状。与图 4.6.4 和表 4.6.5 显示的沉积物颗粒粒径组成极为一致。

4.6.2.2　河床沙波运动

长江河口与世界许多著名大河口一样，水体中携带着大量泥沙，除了随水流运动的悬移质泥沙以外，河床还存在大量的表现为单颗粒泥沙运动、沙波运动和沙洲推移运动形式的推移质运动，或称底沙运动，常常引起河床此淤彼冲的频繁交替演变(李九发等，1995)。长江河口呈三级分汊、四口入海的复杂河道体系涵括于典型的河流动力作用控制向海洋动力作用控制的完整过渡区域，河口床沙自上游向海方向也表现出由河流相过渡为浅海相的复杂多样性沉积物体系。例如，南支河道、南港河道以及南北槽河道的进口河段，河床沉积物中砂质含量占 60%以上。在涨、落潮流速作用下，河床常常出现大量底沙运动(推移质运动)，而且在床面上形成微地貌形态。1997～2015 年十余次从江阴

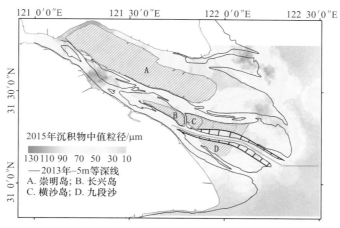

图 4.6.5 2015 年河床沉积物中值粒径(D_{50})分布图

至南北槽河道河床表层沉积物和床面形态及相关的动力因子进行现场观测(表4.6.6，图4.6.6和图4.6.7)。首先，1997年、2002年和2006年3次枯季现场调查结果表明(表4.6.6和图4.6.6)，江阴至南港河道发育有沙波，枯季时沙波高平均为 0.5～2.4 m，波长平均为 14～41 m。最大沙波高在 1.0～2.5 m，最大沙波长在 45～15.1 m，相对于河流相沙波而言，其平面尺度较小。平面分布一般为断续蛇曲状沙波(图4.6.6a)，也有条带状形态(图4.6.6b)。

表 4.6.6 沙波特征值统计表

河道名(年.月)	波高/m		波长/m		背流侧倾角/(°)		迎流侧倾角/(°)	
	最大	平均	最大	平均	最大	平均	最大	平均
南支河道(2002.03)	1.1	0.6	72.4	40.7	22.7	6.6	12.2	6.3
南港河道(1997.12)	1.3	0.5	51.6	24.3	11.8	5.6	7.5	3.8
南港河道(2002.03)	1.0	0.5	48.5	41.4	8.1	4.3	5.6	3.5
南港河道(2006.02)	1.4	0.6	55.7	14.1	11.0	5.0	6.5	3.2
南港河道(2006.08)	2.0	0.9	83.4	36.0	25.1	6.5	13.9	5.8
南港河道(2013.06～07)	2.5	0.6	120.0	24.0	—	—	—	—

其次，2013 年洪季在南港河道至北槽河道进口圆圆沙河道使用多波束测深系统和单波束测深仪开展了沙波的测量、水文泥沙观测，图4.6.8为沙波观测航迹线及位置分布。河床表层沉积物粒径组成较粗，圆圆沙河道两侧附近表层沉积物中值粒径在 30～60 μm；其他区域河床表层沉积物颗粒中值粒径均大于 100 μm，属于细砂类，分选系数较好；横沙通道出口附近河床表层沉积物也相对较粗，在 100～150 μm。图4.6.8 给出了观测区域沙波的总体分布，表明观测区域普遍存在沙波。南港河道上段以零星沙波分布，且尺度较大、陡坡朝向下游方向。自南港河道中段至南北槽河道分汊口沙波连续分布，尤其是南港下游河道主航槽内沙波分布连续性较好，但沙波尺度较小，对称性较好。但贴近长兴岛一侧，涨潮槽南小泓水道中沙波尺度较大，以及北槽河道上游的横沙通道口外区(即为圆圆沙航槽北侧)沙波发育明显，有些沙波陡坡出现朝向上游的现象。目前，南港河道至圆圆沙河道水域河床沙波分布较广。

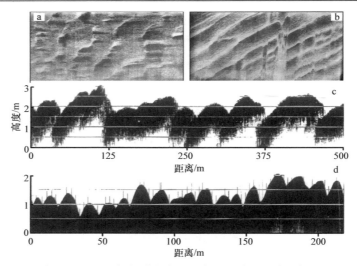

图 4.6.6　2002 年冬季张家港、南港河道微地貌形态图

注：a、b、c 为张家港河道探测图像，d 为南港河道探测图像

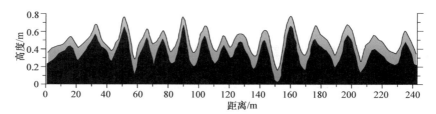

图 4.6.7　2006 年冬季南港河道下段实测沙波形态

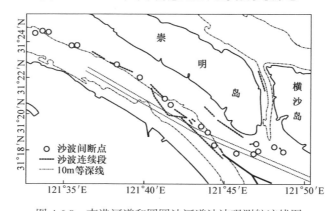

图 4.6.8　南港河道和圆圆沙河道沙波观测航迹线图

从沙波高度(H)看，最小波高为 0.25 m，最大波高为 2.50 m，平均波高为 0.54 m。95%的沙波波高均小于 1.00 m，波高统计频率分布图呈马鞍形(图 4.6.9a)，波高为 0.45 m 左右所占比值最大，占 23%；波高为 0.65 m 次之，所占比值为 21%；波高为 0.55 m 所占比例为 18%。从沙波长度(L)看，最小波长为 5.0 m，最大波长为 120 m，平均波长为 24 m。95%的沙波波长均小于 70 m，波长统计频率分布图呈单峰型(图 4.6.9b)。10～15 m 波长

所占比例最高，达 23%，5～10 m 和 15～20 m 波长所占比例次之，均达到 20%。整体上看，观测区域的河床沙波波高主要集中在 0.3～0.8 m、波长为 5～35 m。

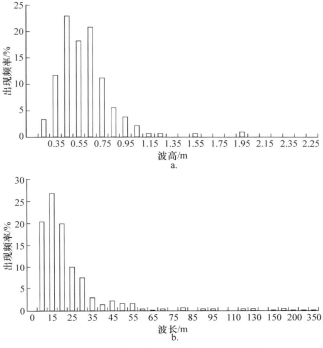

图 4.6.9　波高和波长统计频率分布图

再从波高分布看(图 4.6.10)，南港河道上游河段沙波波高总体上较大，沙波波高大于 1.0 m 的主要出现在 121°40′以西，表现南支河道河床推移下来的底沙较多，水流也较强。南港河道中下游河道沙波波高略有起伏，平均值在 0.6 m 左右。圆圆沙河道沙波波高较均匀，为 0.10～0.35 m。

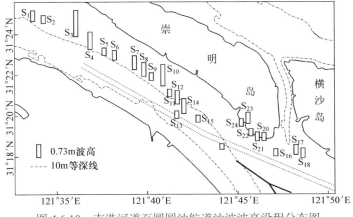

图 4.6.10　南港河道至圆圆沙航道沙波波高沿程分布图

再从沙波长度分布看(图 4.6.11)，沙波波长在南港河道中上段河道较长，最大可至 120 m 以上。而自南港河道下段河道至圆圆沙河道，波长较小，在 5～15 m，波长较为均一。

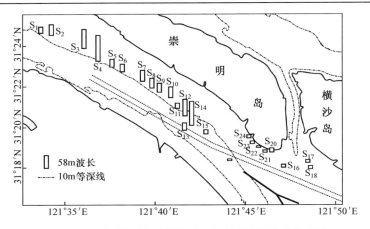

图 4.6.11　南港河道至圆圆沙河道沙波波长沿程分布图

　　再从沙波对称性分布看,将向陆(上游)坡度与向海(下游)坡度之比(R)作为沙波对称性指标,R 小于 1 时,表示陡坡向海;R 越接近于 1,对称性越好;R 大于 1 时,表示陡坡向陆(图 4.6.12 和图 4.6.13)。南港河道中上游河道与圆圆沙河道沙波近似对称,R 接近或达到 0.8。而南港河道中下游河道对称性稍弱,但陡坡向海明显,R 低于 0.6。横沙通道口外附近和圆圆沙河道沙波对称性指标甚至大于 1(表 4.6.7),与当地水流结构有关。

表 4.6.7　沙波对称性统计表

位置	S_1	S_2	S_3	S_4	S_5	S_6	S_7	S_8	S_9	S_{10}	S_{11}	S_{12}
R	0.57	0.92	0.66	1.05	0.80	0.51	0.52	0.56	0.83	0.59	0.47	0.39
位置	S_{13}	S_{14}	S_{15}	S_{16}	S_{17}	S_{18}	S_{19}	S_{20}	S_{21}	S_{22}	S_{23}	S_{24}
R	0.49	0.63	0.48	0.58	1.38	0.74	1.24	0.69	0.90	0.80	0.72	0.92

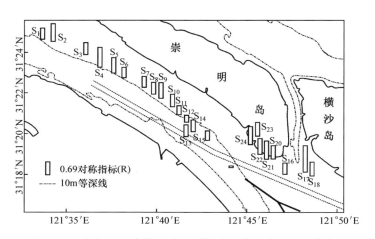

图 4.6.12　长江河口南港河道至圆圆沙河道沙波对称性分布图

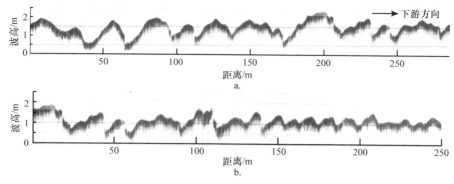

图 4.6.13　实测沙波形态剖面

再从多年沙波几何特征值看(表 4.6.6)，长江河口沙波发育尺度洪、枯季差别较大。洪季时南港河道沙波波长最大达 120 m，波高最大可达 2.5 m，沙波平面分布范围较广。而枯季时沙波尺度则相对明显偏小，最大波长为 72.4 m，最大波高为 1.4 m，且平面分布范围较小。整体上看，与以往沙波观测资料相比，近期沙波分布范围不断扩大，南港河道中段河道向两侧拓展，并向下游圆圆河道水域下延，表明南港河道底沙运动区已向下游河道移动。

此外，随着长江河口南港河道河床沙波的发育且不断向下游移动，其河床沙颗粒级配趋于粗化(图 4.6.14 和图 4.6.15)。换言之，近年来南港河道床沙表现出粗化趋势不仅是由水流挟沙能力变强所致，而且还应归咎于该床沙补给来源变粗，即存在物源型床沙粗化过程。

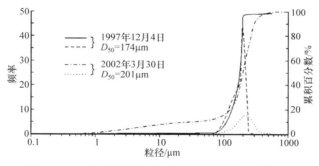

图 4.6.14　南港河道中游河段床沙颗粒级配变化图

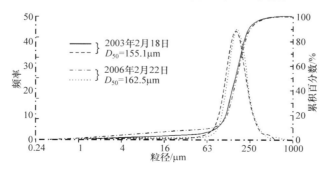

图 4.6.15　南港河道下游河段床沙颗粒级配变化图

4.6.2.3 河床沙粗化试验

河口床面微地貌形态特征与床沙粒度特性和水动力强度密切相关，基于床沙粒度特性和水动力强度参数预测床面形态(程和琴等，2004；van Rijn，1993；Southard and Boguchwal, 1990；Southard et al.，1990)。李为华利用水槽对河床沙粗化过程进行了试验(李为华，2008)，试验水槽为波、流、泥沙、变坡水槽，全长 30 m，宽 0.7 m，高 0.5 m，试验段长 15 m，测验段长 6 m，基本结构如图 4.6.16 所示。水槽由平水塔、水泵、备沙搅拌池、阀门、电磁流量计、玻璃水槽等组成，相关控制均已实现自动化电脑操控。平水塔有进水管、出水管和溢水管，溢水管和水泵联合可提供恒定水位，并可提供流量为 0~240 m³/h 的稳定水流，精度为 1.0 m³/h。水流流量由阀门控制，由电磁流量计量测，并由电脑控制的阀门和流量计自反馈系统可以自动控制阀门，从而控制流量。水槽设有尾门、悬挂和造波机，出水口尾门开度可用来控制水槽内的水位。变坡系统用来控制水槽底坡，可变坡−2%~+2%，造波机由伺服液压机提供动力，也为电脑自动化控制，可以产生规则波、随机波和破碎波。水槽试验用沙颗粒级配组成中值粒径为 173 μm，黏土占 3.7%，粉砂占 6.9%，砂占 89.4%(图 4.6.17)。

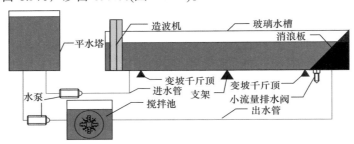

图 4.6.16　波、流、泥沙变坡水槽

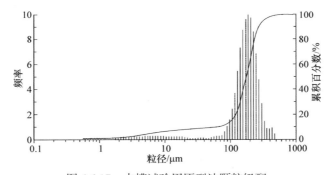

图 4.6.17　水槽试验用原型沙颗粒级配

临界起动：试验过程中南港河道床沙分别进行了起动流速试验和起动波高试验，试验结果列于表 4.6.9 中。

表 4.6.8　南港原型沙临界起动特性

D_{50}/μm	试验水深/m	起动流速/(m/s)	起动摩阻流速/(cn/s)	波周期/s	起动波高/cm
173	0.35	0.258	1.25	5	10.8

　　表 4.6.8 为试验床沙起动特性参数。其中，起动摩阻流速由所得试验起动流速基于对数流速公式求得：

$$u_* = \frac{U_c}{2.5\ln(\frac{11h}{k_s})} \tag{4.6.1}$$

　　由表 4.6.8 可知，南港河道床沙起动摩阻流速为 1.25 cm/s。同时，由图 4.6.18 可知，试验结果与张瑞谨起动流速公式(4.6.2)(张瑞谨，1989)计算值较一致。

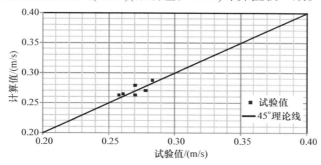

图 4.6.18　水槽试验起动流速与张瑞谨公式比较

$$U_c = \left(\frac{h}{D_{50}}\right)^{0.14} \sqrt{17.6D_{50}\frac{\gamma_s - \gamma}{\gamma} + 0.000000605\frac{10+h}{D_{50}^{0.72}}} \tag{4.6.2}$$

　　床面粗化层发育的试验结果列于表 4.6.9 中。试验过程中床沙粗化层形成的水力条件与河道内粗化层的发育条件显著不同，其完成的标志为沙波波高厚度内的床沙粒度组成趋于均一，且床面沙波尺度趋于稳定，并以一定速度向前推移，即床面仍存在一定程度的推移质输沙。孙志林和孙志锋(2000)认为河道内以卵石为主的床沙粗化过程中粗颗粒对细颗粒的"隐蔽作用"占主导作用，其完成的标志为床面推移质输沙率近似为零，而由起动流速试验可知，河口区域床沙颗粒组成偏细，泥沙颗粒组成均匀度相对较好，细颗粒间黏滞力作用显著，粗颗粒对细颗粒的"屏蔽作用"有限，所以床沙粗化过程主要依靠翻滚沙波冲走较细颗粒泥沙，从而增大床面阻力来完成(秦荣昱和胡春宏，1997；韩其为等，1983)。

表 4.6.9　床沙粗化层发育水槽试验结果

试验组次	中值粒径/μm		标准偏差		水深/cm		沙波波长/cm		沙波波高/cm		单宽流量/[m³/(s·m)]
	初始	形成	初始	形成	初始	形成	初始	形成	初始	形成	
1	173.2	184.3	1.167	0.425	25.0	25.8	0.0	14.7	0.0	2.2	0.0643
2	91.2	119.1	1.338	0.387	25.0	28.6	0.0	13.3	0.0	2.4	0.0690
3	107.8	137.2	1.312	0.325	25.0	28.6	0.0	17.1	0.0	2.4	0.0683

　　试验结果表明，在试验水深为 25.0 cm、单宽流量为 0.0643～0.0690 m³/(s·m)的水流条件下，床沙发生显著粗化，其泥沙颗粒度特征表现为细颗粒组分大部分被水流冲刷带

走，优势颗粒级趋于集中，标准偏差普遍降至 0.5 以下，且床沙原始颗粒组成越细，则粗化后的中值粒径增大幅度越大。此外，由图 4.6.19 可见，床沙粗化后中值粒径的增大幅度与沙粒雷诺数明显呈负相关关系。

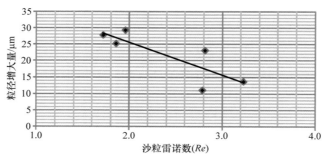

图 4.6.19　粗化前后床沙中值粒径与沙粒雷诺数的关系

从图 4.6.20 看，对于混合沙河床沙粗化后的冲刷深度明显与床沙初始粒度呈对数负相关关系，初始床沙颗粒越细，相应引起的冲刷深度就越大。其原因在于床沙粒度组成偏细，则粗颗粒组分相应偏少，富集同样数量的粗颗粒泥沙相应所需冲刷体积也较多，反映到冲刷深度上则表现为颗粒度组成偏细的床沙粗化时，冲刷深度相应大于粒度组成较粗的床沙。

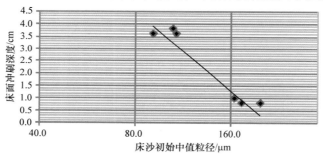

图 4.6.20　床沙粗化初始中值粒径与床面冲刷深度的关系

所有组次床沙粗化试验中均发育有沙波，沙波平面形态以链状为主。图 4.6.21 表明，床沙粗化完成后，沙波波高与沙粒雷诺数也呈线性相关关系。且由图 4.6.22 可知，试验中沙波波高与张瑞谨经验公式[式(4.5.3)]预测结果吻合良好。

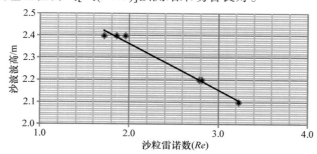

图 4.6.21　床沙粗化后沙粒雷诺数与床面沙波波高的关系

$$\frac{\eta}{h}=\frac{0.086U}{\sqrt{gh}}\left(\frac{h}{D_{50}}\right)^{\frac{1}{4}}$$
(4.6.3)

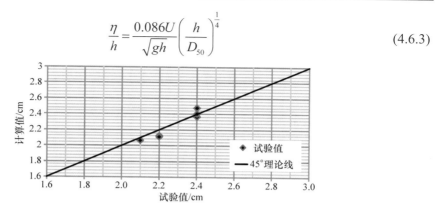

图 4.6.22　沙波波高水槽试验结果与张瑞谨经验公式计算结果比较

第5章 河 口 演 变

长江河口为沙岛(浅滩)与河槽相间的分汊型河口(图 5.0.1)，自徐六泾以下被崇明岛分隔成南、北两支，即南支河道和北支河道，南支河道被长兴岛分隔成南、北港河道，即南港河道和北港河道，南港河道由九段沙分隔为南槽河道和北槽河道。经历了 2000 余年来的河口发育而形成了三级分汊、四口入海的基本地形格局(陈吉余等，1979)。徐六泾至河口口门附近，全长约 182 km，徐六泾断面河宽约为 5.7 km，拦门沙区域宽度约为 90 km(王永忠和陈肃利，2009)，河口展宽率较大。

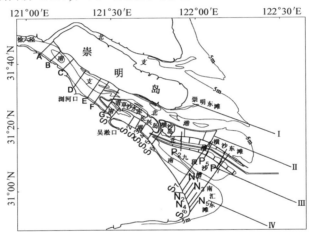

图 5.0.1 长江河口形势和典型地形断面图

随着近期长江流域来沙锐减和河口众多涉水工程建设，河口泥沙分布发生显著变化，河口河槽和浅滩相应地出现微冲微淤不平衡的时空变化，而河口冲淤演变必然会引起河道形态变化，并且正在对河口新水沙环境持续地做缓慢适应性自我调整过程。从河道近期冲淤量总体上看(表 5.0.1)，主要以冲刷量为主的河道有南支河道、南港河道、北港河道和河口口门外邻近海域。仍以淤积量为主的河道有北支河道、南槽河道和北槽河道。从河道冲淤区域分布看(图 5.0.2)(张晓鹤等，2015a)，南、北支和北港河道中上游河道呈槽冲滩淤，南槽上游河道、北槽主航道和河口口门外 5～15m 水深海域为冲刷区域，北港河道口门河段、南槽中下游河道和北槽主航道南北两侧为淤积区域。

表 5.0.1 1997～2013 年长江口 0 m 以下河道冲淤量计算统计表　　(单位：$10^8 m^3$)

河道名	1997～2002 年		2002～2013 年		1997～2013 年	
	总冲淤量	年均冲淤量	总冲淤量	年均冲淤量	总冲淤量	年均冲淤量
北支河道	—	—	—	—	9.11	0.57
南支河道	−0.70	−0.14	−4.64	−0.42	−5.34	−0.33
南港河道	−0.66	−0.13	−1.25	−0.11	−1.91	−0.12

续表

河道名	1997～2002 年		2002～2013 年		1997～2013 年	
	总冲淤量	年均冲淤量	总冲淤量	年均冲淤量	总冲淤量	年均冲淤量
北港河道	−1.54	−0.30	1.37	0.12	−0.17	−0.01
南槽河道	0.67	0.13	0.74	0.07	1.41	0.09
北槽河道	−0.23	−0.05	3.40	0.31	3.17	0.20
口门外 5～10m 水深	—	—	—	—	−4.73	−0.30
口门外 10～15m 水深	—	—	—	—	−2.55	−0.16

注：负值为冲刷

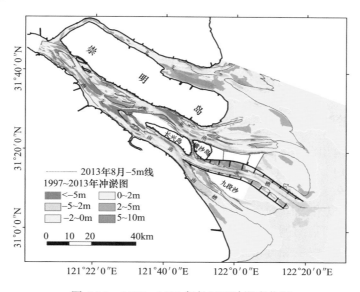

图 5.0.2　1997～2013 年长江口冲淤变化图

5.1　北支河道

　　南、北支河道为长江河口第一级分汊河道。目前，南支河道为主要分流通道，北支河道为支汊性质的分流水道。北支河道位于崇明岛以北，是上海市与江苏省的分界河道，河道长度为 103 km 左右。北支河道河槽的平面形态呈弯曲态势，弯顶在北岸大洪河至大新河之间，弯曲系数约为 1.2，弯顶上、下游河槽均较顺直。目前北支河道进口处崇头宽 2.5 km 左右，出口连兴港宽达 12 km，最窄处在上段青龙港附近，仅为 2.0 km 左右(图 5.0.2 和表 5.1.2)，河形呈喇叭状。

　　从图 5.1.1 看，自从长江主流改道南支河道以后，北支河道分流量开始减少，1915 年北支河道分流量仅占南北支河道总水量的 25%(刘曦等，2010)，从此北支河道逐渐由主泓演变成支汊。自 20 世纪 50 年代以来，随着北支河道进口河段岸滩的不断围垦(李伯昌等，2011，2010，2006；冯凌旋等，2009；张静怡等，2007)，河道进口段逐渐缩窄淤浅，落潮分流量逐年减少，而且出现水量倒灌现象，河槽萎缩。至 1958 年，北支河道分流量为南北两支总水量的 11.8%(小潮)和 3.2%(大潮)。1958～1978 年，北支河道进口段北侧的江心沙左汊被立新坝封堵，以及与此相对应的南岸的崇明边滩大规模围垦，使长江径流由崇明岛北侧进入北支河道，加大了北支河道与主流的交角，导致北支河道径流条件严重恶化，分流量也进一步减小。目前，北支河道汊道分流比稳定在 2%～3%，南支河道通道分流比为 97%左右，表明南、北支河道主次分明。所以，北支河道成为典型的涨潮槽河道性质。

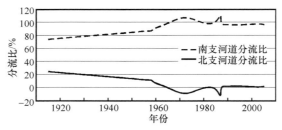

图 5.1.1　南、北支河道分流比变化图

5.1.1　河道冲淤演变

近期北支河道出现有淤有冲刷现象，据统计，1997～2013 年北支河道淤积量达 $9.11×10^8m^3$(表 5.0.1、表 5.1.1 和图 5.0.2)。再从李伯昌等(2010)对北支河道 1984～2008 年的冲淤量统计值看(表 5.1.1)，北支河道冲淤过程存在时空变化，主要淤积期出现在 1984～1997 年和 2003 年以来，其淤积量位于长江河口各河道之首。再从图 5.0.2 看，北支河道中游河道和上下游河道南侧以淤积为主，以浅滩淤积为多，下游河道北侧的连兴港近岸河床以冲刷为主。这些主要与北支河道涨潮槽水沙不平衡运动规律有关。

表 5.1.1　北支河道不同水深冲淤变化统计值(李伯昌)　　　(单位：10^8m^3)

年份	≤0m	0～2m	2～5m	≥5m
1984～1991	3.43	1.46	1.32	0.65
1991～1998	0.93	0.24	0.72	−0.03
1998～2001	−0.23	0.54	0.17	−0.94
2001～2003	−0.39	0.18	−0.16	−0.41
2003～2005	1.21	0	0.50	0.71
2005～2008	0.95	0.61	0.29	0.05
1984～2008	5.90	3.03	2.84	0.03

注：负值为冲刷，正值为淤积

5.1.2　河道形态变化

随着河道的不断淤积和圈围造地的不断实施，河道形态随之而变。根据李伯昌等(2010)的研究成果，20 世纪 80 年代中期，尤其是 90 年代后期以来，北支河道两岸的圩角沙、老灵甸沙和新跃沙、永隆沙以下的崇明北缘边滩等岸滩实施圈围面积近 60 km²，同时，在新隆沙头、黄瓜二沙尾，以及新隆沙与黄瓜二沙之间筑坝堵汊，在海门港附近、三条港至连兴港实施岸线调整工程，河漫滩减少，由此致使近期北支河道岸线外移幅度较大，河道平面形态有所缩窄，河宽平均缩窄了1/3(表5.1.2)，主流线归槽，中下游主河槽略有冲刷(图5.0.2)，有利于北支河道趋向于相对稳定。

表 5.1.2　北支河道各分段平均河宽变化统计表(李伯昌)

年份	海门港至青龙港/m	青龙港至灵甸港/m	灵甸港至三和港/m	三和港至启东港/m	启东港至吴仓港/m	吴仓港至连兴港/m	平均/m
1984	3285	2547	3790	5944	8648	12745	6160
2008	2289	2088	2837	3324	5032	9360	4155

利用刘高峰等(2005b)提出的河槽类型系数(λ)，根据涨、落潮最大流速、平均流速、潮量、涨落潮最大含沙量、平均含沙量、单宽输沙量等因子，以此来综合判定河槽的性质，即当河槽类型系数λ大于1时为涨潮槽，λ小于1时为落潮槽，其λ定义为

$$\lambda = \alpha_{Y\max}\alpha_{\bar{v}}\alpha_Q\beta_{S\max}\beta_{\bar{S}}\beta_{ts} \tag{5.1.1}$$

式中，$\alpha_{Y\max}$为涨潮和落潮最大流速之比；$\alpha_{\bar{v}}$为涨潮和落潮平均流速之比；α_Q为涨潮和落潮潮量之比；$\beta_{S\max}$为涨潮和落潮最大含沙量之比；$\beta_{\bar{S}}$为涨潮和落潮平均含沙量之比；β_{ts}为涨潮和落潮输沙量之比。据此，利用2005年多次现场观测数据计算不同测站位的河槽类型系数λ(表5.1.3)。

表 5.1.3　各测站河槽类型系数λ

站位	时间	潮别	系数λ
B_1	2005.6	大潮	1.68
B_2	2005.6	大潮	2.00
B_3	2005.7	大潮	7.25
B_4	2005.7	大潮	14.14
B_5	2005.7	大潮	31.08

由表5.1.3可知，即使是在洪季大潮期间，北支河道河槽各测站的河槽类型系数λ均大于1，最大值为31.1，涨潮槽特征显著。由此再次证明北支河道表现为涨潮槽特征。

总体上讲，北支河道仍然为涨潮槽性质，为弯曲状的喇叭形河道。河道以淤积为主，局部河槽略有微冲刷，整个河道呈现滩、槽互存的形态格局，河道水深较小。近年来，两岸滩地先后持续圈围，河道逐渐缩窄，有利于北支河道向相对稳定方向发展。

5.2　南支河道

南支河道位于崇明岛以南，河道长63 km左右，河道上游与南通水道相连，即徐六泾河段，河道下游与南、北港河道相通。徐六泾断面南、北岸相距5.7 km左右，被称为河口控制节点，向下游至七丫口河段，河道长为28 km左右，其间有白茆沙将河道分为白茆沙南水道和北水道。七丫口江面宽9 km左右，再下行12 km至浏河口河段，江面拓宽至13 km左右。南支河道又被扁担沙分隔成南支河道主槽和新桥水道副槽，长期以来

南支河道保持复式河型(图 5.2.1)。南支河道江面较宽，江中沙洲众多，有白茆沙、扁担沙群、中央沙、浏河沙群。所以，按地貌类型南支河道主河道可分为白茆沙江心洲河道、七丫口微弯河道和南北港分流口多汊河道。

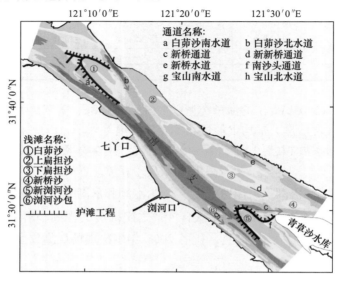

图 5.2.1　南支河道形势图

再从图 5.1.1 看，近 1 个世纪以来，南支河道成为河口主要分流通道，分流量占南、北支河道总水量的 97%左右，20 世纪 70~80 年代还出现北支河道水沙倒灌南支河道现象，南支河道承担了超过 100%的下泄水量。所以，目前南支河道为长江河口主要泄水河道。同时，北支河道泥沙倒灌现象致使北支河道进入南支河道口局部区域形成倒三角特有的地貌类型(图 5.2.1)。

5.2.1　河道冲淤演变

近期南支主河道普遍出现冲刷现象(表 5.0.1,图 5.0.2 和图 5.2.3),据统计,1997~2013 年 0 m 水深以下区域共计冲刷量达 5.34×10⁸ m³, 年均冲刷量为 0.33×10⁸ m³, 其中 2003~2013 年冲刷量是 1997~2002 年冲刷量的 6 倍之多, 同时存在明显的间歇性时空变化(表 5.2.1)。

1997~1999 年 0~5 m 水深浅滩区域共计淤积量为 0.268×10⁸ m³, 而 5 m 水深以下河槽共计冲刷量达 0.510×10⁸ m³(表 5.2.1), 其冲刷量较大, 以河槽区冲刷为主。众所周知,1998 年和 1999 年长江流域连续两年发生特大洪水, 即 1998 年 8 月 1 日大通站当日流量达到 81 700 m³/s, 1999 年 7 月 22 日大通站当日流量达到 84 500 m³/s, 基本上遵循了长期以来长江河口若遇大洪水年, 河口河道必然会出现大冲大淤, 或冲出新河道现象(恽才兴, 2004a), 号称河口发生大"动乱", 此时期不仅 5m 水深以下河槽发生不均衡冲刷, 而且位于南支河道下游的浏河沙洲被冲刷, 形成了一条新的汊道, 即称为宝山北水道, 成为特大洪水冲刷的产物。河道大冲刷以后必然出现间歇性微冲或微淤期, 所以, 1999

年 12 月～2002 年 12 月将河道调整为微淤来适应正常状态下的流域来水来沙环境，5 m 水深以下河槽出现回淤，共计淤积量为 $0.469×10^8$ m^3，0～5 m 水深浅滩区域发生微冲现象，共计冲刷量为 $0.290×10^8$ m^3(表 5.2.1)，此期间出现槽淤滩冲现象，与前两年特大洪水年槽冲滩淤正好相反，为不同时期河道在适应不同水沙环境下的自我平衡调整过程的具体表现。

长江三峡蓄水拦沙后，引起河口河道较强的冲刷，南支河道主河道普遍持续冲刷，尤其是 2002 年 12 月至 2006 年 5 月三峡蓄水拦沙的头 3 年，0～5 m 水深浅滩区域共计冲刷量达 $0.549×10^8$ m^3，5 m 水深以下河槽共计冲刷量达 $2.034×10^8$ m^3(表 5.2.1)。可见，此期间滩槽均发生较强冲刷现象，以主河槽冲刷为主。众所周知，南支河道位于河口段上游，其水沙特性基本上受控于流域来水来沙的影响(李九发等，2013b)，三峡水库拦沙导致来沙量大幅度锐减，致使该河道含沙量相应地成倍减少(表 4.1.2)，河道水体含沙量未达到饱和，水流挟沙能力逐渐增强，实测近底层悬沙中出现 388 μm 的细砂类极值泥沙颗粒(图 5.2.2)，表明河床沙已被再悬浮而进入水体中，南支河道主河道出现普遍持续冲刷现象，此时段河床冲刷量占近 15 年中冲刷量的 50%多，与流域来沙锐减具有直接关系。2006 年 5 月～

图 5.2.2 近底水体悬沙颗粒电镜扫描图

2007 年 2 月南支河道再次出现大冲刷后的回淤现象，淤积量为 $0.282×10^8$ m^3，而浅滩区发生微冲刷，不仅为滩地泥沙搬运至河槽淤积而已，更重要的是，还体现出此期间河道在前期因来沙量突变引起河床冲刷后，对河道组成粗化和形态变化所作出的新平衡性调整过程，使河道进一步适应新水沙环境，即向着冲淤平衡的状态发展。

2008 年 5 月以来，南支河道持续以微冲为主(表 5.2.1)，与此期间河道先后建造多个涉水工程有关，上游有白茆沙护头工程，下游有中央沙围垦和青草沙圈水工程，以及新浏沙护滩工程，工程前沿局部地带出现强冲刷点或带(图 5.2.3)，新浏河沙护滩工程前沿水深达到 32 m 之深，青草沙圈水工程深水带已逼近大堤前沿水域，均属于堤坝工程沿堤流冲刷性质。此时段南支河道冲刷的主控影响因素与局部涉水工程有关。

表 5.2.1 1997～2012 年长江口南支河道冲淤量计算统计表 （单位：10^8m^3）

时间	0～5m 水深区域	5m 水深以下区域
1997.12～1999.12	0.268	−0.510
1999.12～2002.12	−0.290	+0.469
2002.12～2006.5	−0.549	−2.034
2006.5～2007.2	−0.211	+0.282
2008.5～2009.5	−0.074	−0.356
2010.2～2011.8	+0.177	−0.022
2011.8～2012.8	−0.122	−0.816
Σ	−0.801	−2.987

注：理论基面。负值为冲刷，正值为淤积

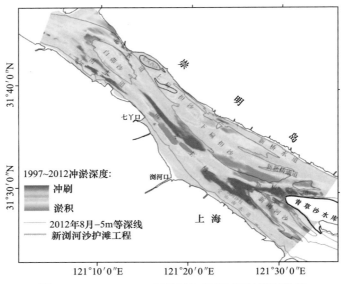

图 5.2.3　1997～2012 年长江口南支河道冲淤变化图

5.2.2　河道形态变化

　　白茆沙江心洲河道：白茆沙河道位于徐六泾河口节点下游区域，由于其节点下游河宽突然放大，水流挟沙能力降低，涨、落潮动力分离作用将泥沙汇集江中堆积，从而形成了白茆沙江心沙体，由此在白茆沙两侧形成南、北两水道。近期在上游河势和来水来沙变化的影响下，白茆沙河道的河槽容积、断面宽度、江心沙体和河槽形态等有所响应(表 5.2.2～表 5.2.6 和图 5.2.4 和图 5.2.5)。仇汉江等(2005)的研究表明，白茆沙南、北水道的 12m 等深线以上容积比由 1997 年的 54∶46 至 2004 年的 69∶31。再从表 5.2.2 看，南、北水道 10m 深槽容积之比由 1992 年的 64∶36 至 2012 年的 81∶19，表明南水道得到发展，北水道出现衰退现象。

表 5.2.2　白茆沙南、北水道 10 m 深槽容积变化统计表

年份	容积/10^8 m³		比例/%
	南水道	北水道	南∶北
1992	3.91	2.20	64∶36
1998	4.30	1.95	69∶31
2006	5.07	1.51	77∶23
2008	5.25	1.42	79∶21
2012	5.40	1.30	81∶19

　　根据表 5.2.3，2004 年以后白茆沙北水道的落潮分流比在进一步减小。从动力条件来讲，南支河道为落潮优势流，同时是径流作用较强的河槽，科氏力作用使河槽主流向南水道偏移。从地形上看，北支河道泥沙倒灌使北水道入口水域淤浅，北水道河道过长阻力较大，因此，大部分水量由南水道通过。基于基本动力条件塑造的南强北弱的态势，

白茆沙南、北水道形成"南冲北淤"的态势将继续存在(图 5.2.3)。

表 5.2.3 白茆沙南、北水道的实测落潮分流比变化

年份	大潮		中潮		小潮	
	南水道/%	北水道/%	南水道/%	北水道/%	南水道/%	北水道/%
2002	59.6	40.4	60.7	39.3	61.6	38.4
2004	64.2	35.8	63.9	36.1	64.5	35.5
2005	66.5	33.5	66	34	65.9	34.1
2007	65.6	34.4	—	—	66.0	34.0
2008	—	—	67.4	32.6	—	—
2010	70.2	29.8				

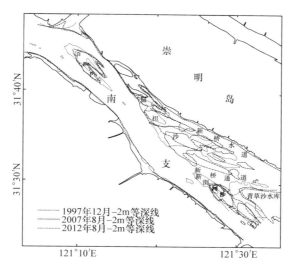

图 5.2.4 1997~2012 年南支河道 2 m 等深线变化图

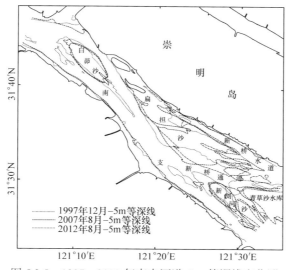

图 5.2.5 1997~2012 年南支河道 5 m 等深线变化图

同时分别选取 1997 年、2002 年、2007 年和 2012 年南支河道数字化水深点，绘制白茆沙河槽上、中、下 3 个断面地形变化图(图 5.2.6)，A—A′为白茆沙河道上口断面，B—B′为白茆沙中部断面，C—C′为白茆沙尾部断面(断面位置见图 5.0.1)。

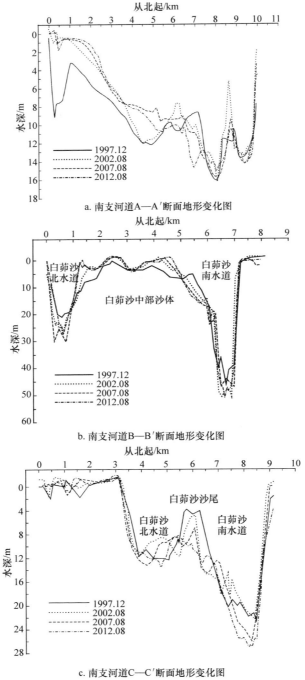

a. 南支河道A—A′断面地形变化图

b. 南支河道B—B′断面地形变化图

c. 南支河道C—C′断面地形变化图

图 5.2.6　南支河道不同断面地形变化图

从 A—A′ 断面地形变化来看,1997 年崇头沿河槽横断面向南约 500 m 有明显的冲刷坑,且 2002 年后,冲刷坑及横断面靠近崇头北侧区域断面整体淤积,且 2007 年以后北侧逐渐稳定。整体来看,复式河槽的形态并未改变,但河槽中部,即白茆沙沙头附近不断发生冲淤变化,总体向北侧淤涨,南侧不断拓宽,与白茆沙南水道的不断发展一致。主要原因为 1998 年的洪水将北侧的冲刷坑填平后造成北侧河槽淤积,进而其南侧河槽不断发展。

B—B′ 断面为白茆沙中部地形断面,南、北水道基本格局稳定不变,自 1997 年以后白茆沙北水道在纵向上发生了冲深和淤浅的交替变化。从横向上看,2012 年北水道的河槽坡面坡度增大,有明显的南偏趋势,河槽断面面积减小。白茆沙南水道左侧河槽上部坡度变缓,河槽下部水深明显增加,中轴线基本稳定。1997 以来,沙头被冲刷而将泥沙带入滩顶淤积,而且滩顶逐渐露出水面。整体上看,近期中部断面呈微冲微淤状态其变化较小。

C—C′ 断面为白茆沙尾部地形断面,位于北岸的东风西沙串沟发育,有冲有淤。北水道滩槽间的坡度陡且较稳定。北水道下端持续冲淤交替变化,最大冲淤幅度达 5 m。2002 年以后南水道冲刷多于 4 m,河槽水深已达 26 m,近几年基本趋于稳定。2002 年以后,白茆沙尾持续冲刷后退,近几年来冲刷速度明显变小。

白茆沙江心洲曾随着南、北水道的变迁,发生多次沙洲北移拼靠崇明岛成陆。图 5.2.7 为白茆沙沙洲发育过程图,20 世纪 60~80 年代中期,新一轮白茆沙处于逐渐发育阶段,至 90 年代初期,沙洲体积量增加到最大,然后沙洲则开始被冲刷而渐渐萎缩。近期,白茆沙南、北水道的演变,同时伴随着白茆沙洲的冲淤变化。从图 5.2.8~5.2.9 白茆沙沙洲 2 m 和 5 m 等深线的变化来看,经历了 2002 年以前由下挫到上提,再到 2006 年以后持续下挫的转变过程(表 5.2.4 和表 5.2.5)。1997~2002 年白茆沙沙头 2 m 和 5 m 等深线分别下移了 1350 m 和 1830 m,年均分别下移 270 m 和 366 m,与 1998 年、1999 年特大洪水流量下泄出徐六泾断面后,因其大水走直线顶冲沙头部有关。大冲后必然会出现淤积,这是河口河道冲淤自我调整的基本规律。然而,2002~2006 年沙头出现了淤涨上提现象,白茆沙沙头 5 m 等深线累计上提了 647 m,而白茆沙沙头 2 m 等深线先淤涨上提(2002 年),后冲刷下移(2007 年)(图 5.2.8),其原因为,此时段流域来水来沙同时减少,小水走弯,沙体沙头部水流减缓,泥沙容易淤积,并自我逐步恢复了沙洲基本原型。2007 年以后,白茆沙沙头又进入了缓慢的、较为稳定的冲刷下移时期。随着南水道强化和北水道弱化的演变过程,白茆沙尾端正处在较强涨潮流区域,白茆沙沙洲尾部的持续冲刷过程使整个白茆沙 5 m 等深线包络的沙洲长度、面积和体积呈逐年减少趋势(图 5.2.9 和表 5.2.6)。

表 5.2.4　白茆沙沙头 5 m 等深线上、下移距离统计表　　　　(单位:m)

项目	1997~2002 年	2002~2006 年	2006~2010 年	2010~2012 年
下移总距离	1830	−647	1186	356
年均下移距离	366	−162	297	178

注:正值表示下移方向

表 5.2.5　白卯沙沙头 2 m 等深线下移距离统计表　　　　　（单位：m）

项目	1997～2002 年	2002～2007 年	2007～2010 年	2010～2012 年
下移总距离	1350	503	583	150
年均下移距离	230	101	194	75

表 5.2.6　白茆沙 5 m 水深以浅沙体形态变化统计表

时间	体积/10^8 m^3	面积/km^2	长度/km	最小滩顶水深/m
1997.12	1.08	37.5	21.1	−0.7
1999.12	1.26	35.9	16.0	−1.9
2002.12	1.25	32.7	13.5	−2.6
2006.05	1.04	28.5	12.3	0.0
2008.11	1.01	27.3	11.2	−2.2
2012.08	0.96	26.9	10.2	−1.8

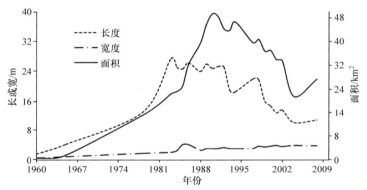

图 5.2.7　白茆沙 5 m 等深线以上面积、长度及宽度年变化图

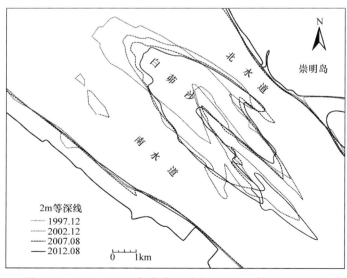

图 5.2.8　1997～2012 年南支河道白茆沙 2 m 等深线变化图

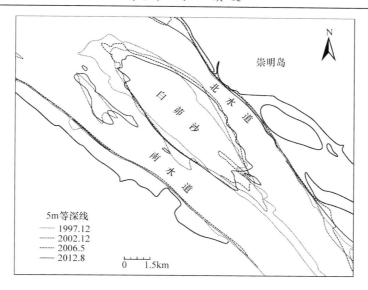

图 5.2.9　1997～2012 年南支河道白茆沙 5 m 等深线变化图

　　近期白茆沙沙洲护滩工程的实施，对南、北水道分流和水道流态，以及河道稳定性极其有利。白茆沙河段在人造工程控制下处于较稳定状态。

　　七丫口微弯河道：从图 5.0.2 及 D—D′断面(图 5.0.1 和图 5.2.10)来看，1997 年以来，该河道南、北两侧地形相对冲淤变化较小，而主槽主泓区发生了明显北偏现象，北移距离达 1200 m 左右。首先，1997～2002 年原深槽最深处发生了明显淤积现象，由 1997 年最深处的约 36 m 水深淤积为 22 m 左右。而北移的主槽发生冲刷，冲刷后的水深约为 29 m，主河槽横断形成阶梯地形，紧靠主槽两侧存在小深槽，至今主泓槽位置继续保持稳定。因此，南支河道七丫口河段主泓槽出现北偏现象，形成微弯河道，主槽北侧靠近下扁担沙坡度增大，且近期保持稳定。其主要原因是，南支河道主流在白茆沙南水道南偏，进入七丫口以后形成北偏的态势，造成主泓河道冲刷北偏。

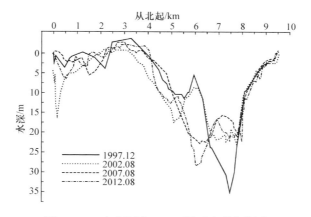

图 5.2.10　南支河道 D—D′断面地形变化图

　　扁担沙沙洲：扁担沙位于南支河道江心区，并呈东西向的长条沙洲，沙洲生成至今已有悠久历史，其地理位置较稳定(图 5.2.11)。目前扁担沙 5 m 等深线包络的沙体东西长 38 km，南北最宽处约 5 km。小于 0 m 水深的滩涂面积为 40 km²，小于 5 m 水深的浅滩面积为 130 km²。众所周知，扁担沙北侧的新桥水道为涨潮槽，南侧的南支河道主河道为落潮槽，南、北河道水动力性质具有差异性，从而导致两侧水位在相同时刻常常不一致，水位之差使扁担沙局部地带冲刷，从而形成一系列串沟(图 5.2.1、图 5.2.10 和图 5.2.11)，串沟之间露出水面会显现众多浅洲体，尤其是在低潮时，最为典型的有东风西沙、东风东沙和新桥沙，而且沙体在不断淤积扩大，据统计，1982 年东风西沙面积为 0.36 km²，东风东沙面积为 0.74 km²。1995 年东风西沙 3 m 以上面积达 4.63 km²，东风东沙为 1.5 km²。2011～2014 年东风西沙与新桥水道顶端实施圈水工程，扁担沙顶端与崇明岛相连，扁担沙由江心沙变为陆连沙洲。再从图 5.2.11 看，扁担沙尾处呈现多通道水流交汇地带，尾沙极不稳定，时有串沟发育，尾端时而下延，时而上提。2007～2011 年新桥沙整体下移，此期间 2 m 水深的沙洲线下移 3750 m，5 m 水深的沙洲线下移 600 m，同时，新新桥通道相应下移过程拓宽，而且 5 m 水深通道与新桥水道贯通。

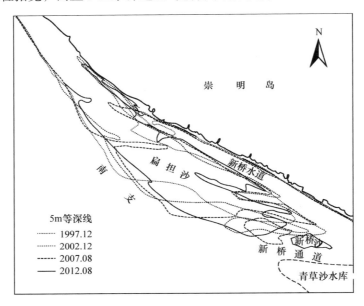

图 5.2.11　扁担沙沙洲 5 m 等深线变化示意图

　　南北港分流口多汊河道：南北港分汊口河道属于南支河道下段典型的多汊河道，长期以来稳定性极差(阮伟等，2011；应铭等，2007；薛鸿超，2006；陈小华等；2004)，1998 年长江特大洪水将浏河沙沙洲冲开，形成浏河沙包和新浏沙两个平行沙洲(图 5.2.12)，两个沙洲之间为宝山北水道，南北港河道分流河道呈现 7 个沙洲(浏河沙包、新浏河沙、瑞丰沙头、中央沙、青草沙、新桥沙和下扁担沙)和 5 条通道(宝山南水道、宝山北水道、南沙头通道、新桥通道、新新桥通道)河势形态(图 5.2.12)。近期新浏河沙护滩及南沙头通道护底和中央沙圈围及青草沙圈水等工程先后实施，短期内众多涉水工程建造极大地改变了分流口的地貌冲淤调整及分布格局。

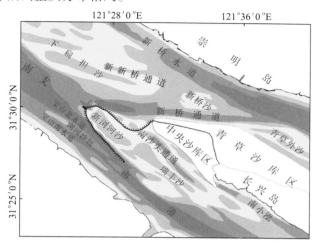

图 5.2.12　南北港河道分流口河势图

中央沙为历史时期分流口河道主体沙洲,沙洲经历了多次上提下挫演变过程。自 1980 年新一轮沙洲形成以后，其沙头进入新一轮冲刷下移过程，1982～2005 年下移 4.5 km，平均每年下移 196 m(表 5.2.7、图 5.2.13 和图 5.2.14)。其中 1998 年、1999 年长江发生大洪水以后，沙头下移速度加快，2000～2003 年平均每年下移 333 m 左右，然后中央沙沙头下移速度有所减慢，2003～2005 年 5 m 等深线沙头年下移速度减为 150 m。必须指出的是，中央沙整个下移过程其沙头方位指向保持在 300°左右(图 5.2.14)。2006 年开始，中央沙伴随着青草沙圈水工程实施其沙洲边界线基本实现稳定。

表 5.2.7　中央沙头–5 m 等深线距石头沙钢标距离　　　　　　(单位：km)

项目	1982 年	1996 年	2000 年	2002 年	2003 年	2005 年
5 m 水深沙头线距石头沙钢标距离	15.3	12.6	12.1	11.4	11.1	10.8

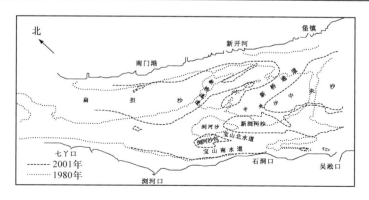

图 5.2.13　南北港河道分流口河势变化示意图(1980～2001 年)

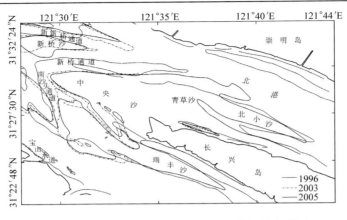

图 5.2.14　1996、2003、2005 年 5 m 等深线变化图

再从图 5.2.15 看，1998 年和 1999 年两次洪水将浏河沙切开，宝山北水道形成，浏河沙包和新浏河沙成为两个平行的独立沙洲，至 2002 年前后，宝山北水道 10 m 等深线贯通，成为南支河道入南港河道的主汊道。随之新浏河沙包和新浏河沙整体沿南支河道轴线方位角走向向下游迁移，由表 5.2.8 可以看出，2000~2003 年 0 m 等深线新浏河沙沙头平均下移速度为 497 m/a，2003~2005 年下移速度减为 251 m/a，下移速度有所减慢。2000~2003 年 5 m 等深线沙头新浏河沙沙头平均下移速度为 495 m/a，2003~2005 年下移速度减为 229 m/a。2007 年开始对新浏沙实施了护滩工程，沙体位置基本稳定，但是护滩工程根部普遍发生不同程度的冲刷。而 2000~2003 年浏河沙包沙头 0 m 等深线年均下移速度为 556 m/a，2003~2005 年为 495 m/a。2000~2003 年 5 m 等深线沙头均下移速度为 290 m/a，2003~2005 年为 422 m/a，下移速度有所加快。至 2006 年，浏河沙包 5 m 等深线包络的沙体冲刷消失，而 10 m 等深线北压，使宝山北水道断面缩窄，而且在 2010 年后继续冲刷下移变为狭长形，最终将逐渐下移消逝(图 5.2.15)。

表 5.2.8　浏河沙包、新浏河沙下移距离统计表

水深	沙洲名	2000~2003 年		2003~2005 年	
		下移距长/m	年平均/(m/a)	下移距长/m	年平均/(m/a)
0 m	浏河沙包	1669	556	989	495
	新浏河沙	1490	497	501	251
5 m	浏河沙包	869	290	843	422
	新浏河沙	1484	495	458	229

中央沙南侧下端受涨潮流冲击出现冲刷，而冲刷泥沙被落潮汇流水带入端丰沙头淤积，瑞丰沙沙头出现向南(南港河道)淤涨扩大的现象，2007~2011 年 5 m 水深的沙洲线向南(即向南港河道主槽)扩移 1300 m，使南支下段进入南港的过渡河道缩窄，对南港河道分流，尤其是向下游下泄的主流线走向的稳定性不利。

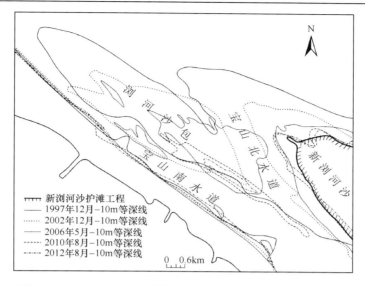

图 5.2.15　1997～2012 年浏河沙包 10 m 等深线包络沙体变化图

再从分流口区域地形 E—G 断面看(图 5.0.1)，E 断面穿越宝山南水道—浏河沙包—新桥通道—扁担沙—新桥水道，2002～2007 年宝山南水道南侧近岸滩出现微淤，导致宝山南水道缩窄，河槽最大水深超过 10 m。浏河沙包呈冲刷状态，沙洲顶端由 2002 年水深在 0 m 以上，至 2004 年刷深到 3 m 水深，到 2007 年沙洲基本消失，仅出现 10 m 水深的沙体。同时，通往北港河道的新桥通道也出现淤积 2 m 左右，深槽主流线向北移动了千余米之多，河槽最大水深超过 15 m。与此同时，扁担沙反而向南淤涨扩大 1700 m 多，使新桥通道缩窄。此期间，新桥水道出现冲刷多于 2 m(图 5.2.16a)。

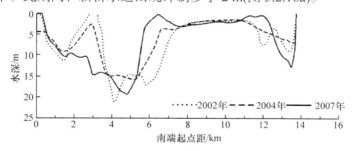

图 5.2.16a　E 断面地形变化图(2002～2007 年)

2007～2011 年分流口河道正为多项人造工程实施期间，使整个横断面地形均发生了不均匀的冲刷调整过程，尤其是宝山南水道—浏河沙包—新桥通道普遍冲深 2～4 m，整个河槽最大水深均有所增大(图 5.2.16b)。

F 断面穿越宝山北水道—新浏河沙头部—新桥通道—扁担沙—新桥水道。2002～2007 年整个地形断面表现为有冲有淤，由于地形断面线穿越新浏河沙头部，2002～2004 年沙洲头部出现大冲刷，沙头后退，至 2007 年冲刷初步被遏制(图 5.2.17)。

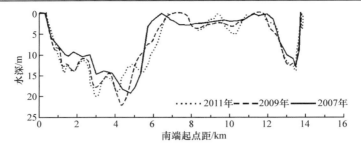

图 5.2.16b　E 断面地形变化图(2007～2011 年)

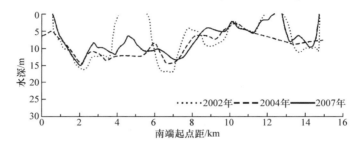

图 5.2.17　F 断面地形变化图(2002～2007 年)

2010 年新浏河沙已实施护滩工程,工程前沿普遍发生冲刷,2011 年海图上显示沙头前缘水域最大水深超过 30 m,由此形成了冲刷坑,由此将对工程的维护和主流线的走向产生不利影响。此期间新桥通道主槽发生冲刷,并与扁担沙双双南移(图 5.2.18)。

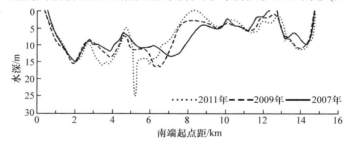

图 5.2.18　F 断面地形冲淤变化图(2007～2011 年)

G 断面穿越南港河道进口段水道—新浏河沙尾部—新桥通道—扁担沙尾部—新新桥通道上段—扁担沙串沟—新桥水道。2002～2007 年为宝山北水道下延南港河道进口段河道发展期,主槽以冲深为主,并且北移。而新浏河沙由于沙头冲刷,其泥沙向沙洲尾输移,致使沙洲尾部表现为淤积增高,并以向北扩展为主。此期间新桥通道略有冲深并缩窄,河道呈“V”形(图 5.2.19)。

2007～2011 年地形断面主要表现为南港河道进口段水道冲刷,而新浏河沙尾呈淤积状态的同时出现多条串沟。扁担沙以冲为主(图 5.2.20)。

众所周知,目前,南、北港河道分流口区域仍由 5 条通道、7 个沙洲构成复杂的沙洲群。随着南、北港河道分流口中央沙(青草沙)圈围和新浏沙护滩工程实施,部分沙洲位置基本得到稳定。但沙洲仍处于冲淤演变中。对于沙群变化动态及演变趋势,可利用盒维数模型分形方法加以判断(周银军等,2009;朱晓华,2007;宗永臣,2007;金德生等,1997)。

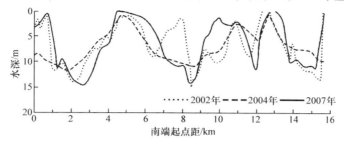

图 5.2.19　G 断面地形变化图(2002～2007 年)

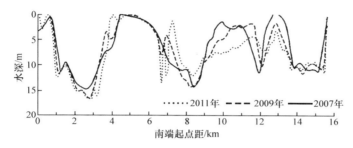

图 5.2.20　G 断面地形变化图(2007～2011 年)

首先利用一个盒维数模型,假设有一块面积为 S 的平面,如果用边长为 r 的单位小正方形去度量,并且量得 N 个小方块,则

$$N = \frac{S}{r^2} \tag{5.2.1}$$

当正方形网格的边长 r 出现变化时,其度量的 N 值数也会发生相应的变化,如有 D 表示分形维数值,且当 r 趋于无限小时,N 逐渐增大:

$$D = \lim_{r \to 0} \frac{\lg N(r)}{\lg r} \tag{5.2.2}$$

在实际计算中,可以通过取不同 r 值的小正方形来覆盖研究区域,通过对 r 与 $N(r)$ 进行最小二乘法拟合,得出 D 值,式(5.2.3)中 A 为常数:

$$\lg N(r) = -D \lg r + A \tag{5.2.3}$$

结合 GIS 软件,将 1997～2012 年南北港河道分流口区域大比例尺数字化地形图统一转化为理论基面,采用 1954 坐标系,插值后转为 50 m×50 m 的 DEM 栅格数据,提取 5 m 等深线及其包络的沙洲区域,将不闭合边界闭合。在 ArcGIS 中利用渔网模块建立研究区域的网格并转化为封闭面要素,根据研究区域尺寸,分别用边长 r 为 0.05 km、0.1 km、0.2 km、0.4 km、0.6 km、0.8 km、1.6 km、3.0 km 的正方形网格去覆盖各年的 5 m 水深基面封闭面(图 5.2.21),求得覆盖数 $N(r)$,采用最小二乘法对 $\lg N(r)$ 和 $-\lg r$ 进行线性回归分析(图 5.2.22),其直线斜率即为分形维数 D(张晓鹤,2016)。

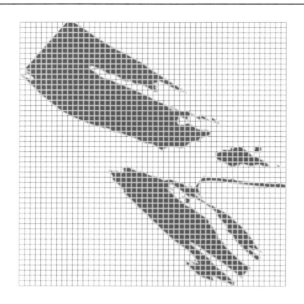

图 5.2.21　研究区域 $r=0.4$ km 的网格覆盖示意图

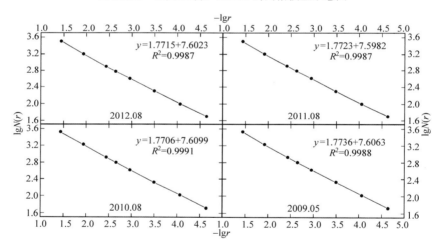

图 5.2.22　对部分年份 $\lg N(r)$ 和 $\lg r$ 的线性拟合图

　　图 5.2.23 所示，分形维数 D 的变化对应于分流口区域护滩工程前后的 3 个时段：工程前(1997～2006 年)、工程期间(2007～2009 年)及工程后(2010～2012 年)。工程前 D 值总体上较小，但有较大的波动性，与此期间不同年份流域来水量有较好的对应关系，1999年 D 值大(1.7695)，与 1998～1999 年长江出现特大洪水有关，当年实测浏河沙被洪水冲开为两个平行沙洲，即浏河沙包和新浏河沙。2006 年 D 值最小(1.7538)，与当年长江特枯年水量偏少有关(Dai et al.，2008)，特枯年水量对沙洲冲淤影响最小。工程期间分形维数明显增大，D 值在 1.7702～1.7823，此期间长江来水量基本稳定在多年平均值(图 2.1)，低于 1999 的年径流量，而 D 值明显大于 1999 年，表明中央沙(青草沙)圈围和新浏河沙护滩工程施工干扰，对分流口区域的沙群冲淤变化产生了很大影响。工程后 D 值减小到

1.7706～1.7715，且趋于稳定，但 D 值大于工程前期，小于工程施工期，表明目前分流口
活动沙群中新浏河沙护滩工程存在沿堤流冲刷现象，整体上将处于平稳变化之中。

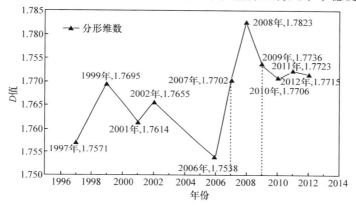

图 5.2.23　5 m 水深基面活动沙面积分形统计维数随时间变化图(1997～2012 年)

　　活动沙群的面积与周长之间的相互变化在一定程度上可以表示其整体形态的变化。
面积不变或变小，其周长变大，说明其整体形态向狭长发展或沙体边缘冲淤变化剧烈。
由图 5.2.24 可知，新浏河沙护滩等工程施工期间，面积变大，周长变小，说明沙体整体
形态向宽扁状发展。2009 年工程竣工后，其变化正好相反。对比活动沙体积变化，淤积
时沙体向宽扁状发展，冲刷时向狭长状发展。

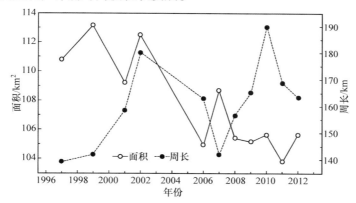

图 5.2.24　南北港河道分流口 5 m 等深线以上活动沙面积及周长变化图

　　分形维数 D 是用来表示自然物体不规则程度的参数，河口沙洲的 D 值是表征人类活
动与自然过程综合作用的指标。对于长江河口南北港河道分流口河段，D 值的变化是上
游来水来沙、南支河道河床形态及局部工程影响的结果。
　　1997～2006 年分形维数 D 与大通站年径流量变化基本一致，其对应性较好(图 5.2.25)，
而 2006 年以后分形值增大，但两者相关性较差，特别是 2011 年枯水年时，分形维数
反而略有增大，说明局部工程对活动沙体的影响已经超过上游来水来沙的塑造作用。
图 5.2.25 中点线为 1997～2006 年分形维数 D 与年径流量的相关性，推算出 2006～2012

年的分形维数 D 的自然延长线，即为削除新浏河沙护滩等工程影响下的分形维数 D 值。可以看出，分形维数延长线与大通站年径流量波动线非常吻合，表明中央沙圈围和新浏河沙护滩等工程对局部河床，尤其是沙群的稳定性有一定的影响作用。

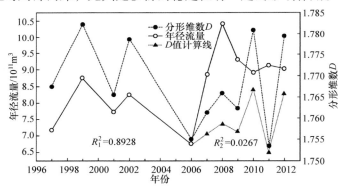

图 5.2.25　活动沙体分形维数 D 与大通站年径流量变化图

可知，分形维数 D 与传统的地形冲淤及等深线分析方法均可描述其时空变化过程，而分形维数 D 在一定程度上更能表示整个研究区域内活动沙体稳定性的变化状态，因此，作为活动沙体稳定性分析的一种新方法，分形维数 D 可以定量化表示整个区域的活动沙体的变化剧烈程度和指示主要影响因素。

新桥水道：新桥水道为南支河道的副槽，即为涨潮槽性质，于 2011 年 11 月～2014 年 1 月在新桥水道顶端的东风西沙河段被圈围为蓄水库。近年来，扁担沙常常发育多条串沟，致使南支河道主河道与新桥水道保持长期水量交换，有利于新桥水道河道基本河形的维持。目前，上游河道有冲有淤、中游河道微淤、下游河道有冲有淤变化较小。

总之，从图 5.2.26 上看，2003 年以来大通站年输沙量在三峡大坝蓄水拦沙后急剧减少，与此相适应的表现为：南支河道河槽容积增大，河槽容积形态发生变化。2003～2006 年，0～5 m、0 m 和 5 m 等深线以下河槽容积迅速增加，表明此期间 0 m 等深线以下河槽呈现冲刷态势，河槽容积不断增大。2006 年以来，5 m 等深线以下河槽继续冲刷，且容积不断缓慢增大，而 0～5 m 等深线包络的区域呈现略有淤积的态势，呈现滩涨槽冲现象。整体来看，2003 年以来，小于 0 m 水深河槽容积增大，河床持续冲刷，且其年冲刷量与大通站来沙量相关系数较高(图 5.2.27)，可以认为上游来沙量锐减是导致南支河道河槽不断冲刷的主要因素，尤其是 2003～2006 年三峡水库蓄水拦沙初期的三年多，来沙量突然锐减，南支河道水体含沙量极不饱和，引起河床沙泥再悬浮，河槽容积增大。随着河床沙泥不断再悬浮，河床沉积物出现显著粗化态势，随之水流挟沙能力不断降低，河槽冲刷趋缓，河槽容积增速也有所减慢，说明整个河道已经对上游来水来沙进行了一定的自适应调整过程。此外，南、北港河道分流口涉水工程，如新浏河沙护滩工程，青草沙水库造成的局部区域强冲强淤对河道整体的冲淤变化有一定的影响。所以，近期长江河口南支河道的冲淤演变主要受上游来水来沙的变化所影响，而局部涉水工程作为辅助影响因素，在短期内对局部河槽冲淤演变影响较大。目前，南支河道仍以滩槽相间呈"W"

形复式河道，近期南支河道为了适应流域来沙锐减环境，河床以适量的冲刷做出自我调整过程，槽冲滩淤，河床沙粗化。随着白茆沙和新浏河沙的护滩工程，以及中央沙(青草沙)圈围工程的实施，河道活动沙减少，有利于河道向稳定性发展，但是扁担沙频繁的串沟发育和沙尾不断地冲淤变化，成为南支河道最不稳定的区域(张晓鹤，2015b)。

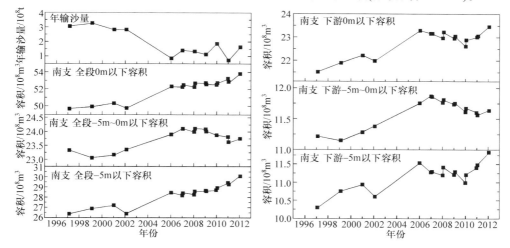

图 5.2.26　南支河道容积及来沙变化图(1997~2012 年)

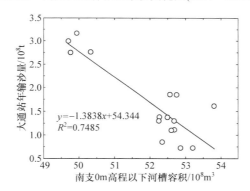

图 5.2.27　南支河道河槽容积与大通年输沙量关系图

5.3　北港河道

　　南支河道于 19 世纪 60 年代因长江多次发生大洪水而将长兴岛头部水域的散乱沙滩冲开，与长兴岛头部北侧的涨潮槽贯通，从此南、北港河道成为长江河口的二级通海水道，北港河道长 79 km 左右。长期以来南、北港河道间分水分沙基本上呈 40%~60%交替变换(图 5.3.1)，这与该河段沙洲和分流通道较多又善变有关，汊道此冲彼淤，出现主、支汊地位多次改变和分流口位置上提下挫的变化。近期最为典型的 1998 年和 1999 年长江大洪水将分流口新浏河沙沙洲冲开，从而进入南港河道通道，出现多条不稳定的水道，水流不顺，而进入北港河道的分流比增加到 55%左右，随着宝山南、北水道冲深继而发展，南、北港河道分流比基本保持在 50%的平分状态。近几年，随着分流口众多整治工程实施，从而进入北港河道的水流更为顺畅，分流北港河道水量又略高于 50%。但是南、北港河道并未形成为主、支汊之分，两条河道同为长江河口二级分汊的主要泄水排沙通道，表明南支河道，尤其是南、北港河道分流口河段具有不断的调整能力。所以，北港河道在长江河口中保持较稳定的主要通海泄水河道。目前，北港河道上游接南支河道主槽和新桥水道副槽，下游直通东海，并在河道中段出现分汊通道，即通过横沙通道与北槽河道相连。北港河道主河道仍是以主槽为主的滩槽相间地形，目前，上游至河道出口分布有六滧沙、青草外沙、奚东外沙和北港北沙等链状沙洲，沙洲内侧分布着多条涨潮槽，位于口门的北港河道北汊为最典型的涨潮槽，但均为北港河道副槽。沙洲外侧为北港河道主槽，主槽线呈现微弯走向，口门水域拦门沙浅滩地形明显(图 5.3.2)。

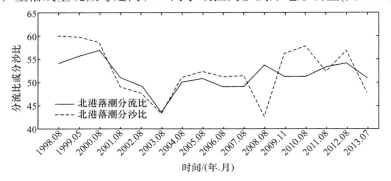

图 5.3.1　北港河道落潮分流分沙比图

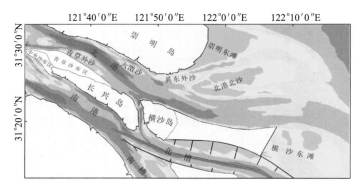

图 5.3.2　北港河道形势图

5.3.1　河道冲淤演变

1997～2013 年北港河道冲淤变化，除了受流域曾发生过特大洪水和干流兴建蓄水拦沙大坝改变来水来沙过程的影响外，此期间北港河道中上游河道实施了多项涉水工程，直接引起中上游河道以冲刷为主，而河道口门处拦门沙水域仍遵循以淤积为主的演变规律。近期整个北港河道 0 m 水深以下河道净冲刷量为 0.17×10^8 m^3，年均净冲刷量为 0.01×10^8 m^3，年均净冲刷量小于南支河道和南港河道(表 5.0.1)。但是由于北港河道上中下游河道水动力条件及河道涉水工程分布差异性极大，在冲淤时空分布区域上必然存在不均衡。1997～2002 年北港河道均发生冲刷，冲刷水域延伸到拦门沙顶部地带，而河道部分被冲刷的泥沙在拦门沙前沿就近淤积，促使拦门沙向海延伸(图 5.3.3)。整体上看，中上游河道泥沙冲刷量大于下游拦门沙河段，年均泥沙冲刷量位于各河道之首，这主要是因为 1998～1999 年长江流域连续两年均发生特大洪水，导致北港河道，尤其是中上游(包括新桥通量)河道泥沙冲刷量较大(表 5.3.1 和表 5.0.1)。

2002 年以来中上游河道冲刷减缓，近十年累积泥沙冲刷量为 $1.09×10^8$ m³，年均泥沙冲刷量为 $0.10×10^8$ m³，而拦门沙河段由冲转为淤积(表 5.3.1、图 5.3.3 和图 5.3.4)，此期间累积淤积量达 $2.46×10^8$ m³，年均淤积量为 $0.22×10^8$ m³，该时段北港河道年冲刷量略小于淤积量(表 5.3.1)。可见，北港河道表现为中上游河段冲刷，而口门拦沙淤积的分布格局，其原因更为复杂，影响因素更多，除与近期流域来沙减少导致河床挟沙力增强有关以外，还与近期北港河道分流口的新浏河沙护滩和青草沙圈水，以及横沙东滩大量圈围浅滩和过江桥墩等工程实施，致使中上游河段河道出现缩窄和演变，呈微弯形河道走向等有关(图 5.3.2)，这直接与局部工程产生的冲刷有关，而被冲刷泥沙主要在拦门沙水域淤积，形成河道中上游河段冲刷而下游河段淤积的态势(图 5.3.4)。目前，该河道涉水工程基本完成，工程导致局部河段冲刷趋于缓慢，而拦门沙河段淤积区域较宽广，淤积量显示较大。北港河道的平面冲淤分布格局代表了近年来流域来沙锐减和河道涉水工程综合影响的通海河道的冲淤时空变化特性。

表 5.3.1　北港河道 0 m 水深以下河道冲淤量统计表　　　(单位：10^8 m³)

河道名	1997～2002 年		2003～2013 年		1997～2013 年	
	总冲淤量	年均冲淤量	总冲淤量	年均冲淤量	总冲淤量	年均冲淤量
北港河道中上游河道	−1.20	−0.24	−1.09	−0.10	−2.29	−0.14
北港河道拦门沙河道	−0.34	−0.06	2.46	0.22	2.12	0.13
全河道	−1.54	−0.30	1.37	0.12	−0.17	−0.01

注：负值表示冲刷；正值表示淤积

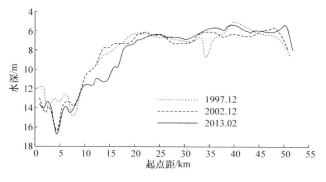

图 5.3.3　北港河道拦门沙滩顶水深变化图

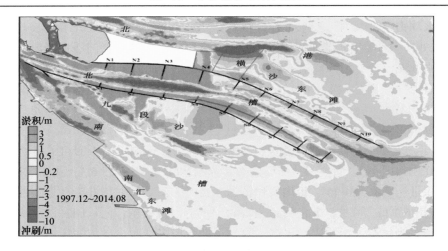

图 5.3.4　北港河道、北槽河道和南槽河道冲淤变化图(1997～2014 年)
注：负值表示冲刷；正值表示淤积

5.3.2　河道形态变化

21 世纪初期以来，众多建设工程实施，北港河道遵循长江河口围堤近岸冲刷、主槽发展、北岸沙洲不断下移和拦门沙持续发育的河道形态演变规律(图 5.3.5)，整个河道正在逐渐适应人类活动的影响而不断地进行自我调整，从而向较稳定的河道形态发展。

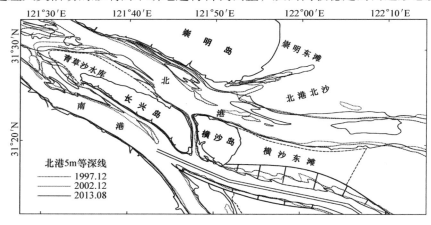

图 5.3.5　北港河道 5 m 等深线变化图(1997～2013 年)

青草沙(中央沙)水库围提河道：中央沙和青草沙作为南、北港河道分流口活动性沙洲，历史时期沙洲经历了多次上提下挫剧烈的冲淤变化(应铭等，2007；薛鸿超，2006；陈小华等，2004)，青草沙沙洲为中央沙北翼的附属沙洲，并与长兴岛之间夹有一条涨潮沟，称为北小泓(图 5.3.6)(徐敏，2012)。随着中央沙和青草沙圈围及新浏河沙护滩工程基本上稳定了南、北分流口地形分布格局，同时束窄了北港河道中上游河槽宽度，进而导致河槽水流增强，尤其是围堤近岸形成沿堤水流结构，致使围堤上段河道近岸水域河床发生明显冲刷，深水线开始逼向近岸(表 5.3.2)。1997～2002 年分流口水域处于自然

状态，受 1998 年长江流域特大洪水的影响，分流口水域地形发生颠覆性的冲淤演变，
首先是中央沙(青草沙)沙头冲刷下移(恽才兴，2004a)；其次是青草沙上段主河道出现整
体冲深 2 m 左右，浅滩北侧滩坡最大冲刷深度超过 10 m，滩坡变陡。2002 年比 1997 年
5 m 等深线平均向青草沙浅滩移动了 925 m，10 m 等深线平均移动了 1098 m(表 5.3.2，
图 5.3.7 和图 5.3.8)。随着分流口沙洲护滩和圈水工程的实施，青草沙上段河道冲淤演变
又发生了新的变化，河道冲刷区明显向围堤近岸发展，至 2013 年 5 m 等深线逼近青草沙
水库堤坝，与 2002 年相比，又向青草沙浅滩移动了 635 m，尤其是 2013 年 10 m 等深
线平均离 Z 断面起点(断面位置见图 5.3.7)，即青草沙水库堤坝距离为 280 m，离岸 600
m 左右最大水深超过 15 m，已经出现深水近岸(图 5.3.9)，对围堤坝安全构成了威胁，
而此期间主河槽发现淤积(图 5.3.8)。

表 5.3.2 青草沙围堤上段近岸水域 Z—Z′断面等水深线与 Z 点距离统计表

项目	①1997 年	②2002 年	③2013 年	①-②	②-③
5 m 水深与 Z 点距离/m	1560	635	0	925	635
10 m 水深与 Z 点距离/m	1908	810	280	1098	530

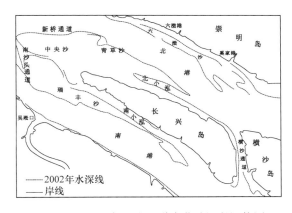

图 5.3.6 2002 年北港河道青草沙河段河势图

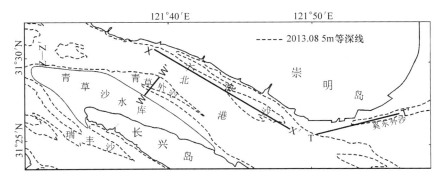

图 5.3.7 北港河道 Z—T 各沙洲断面剖面位置

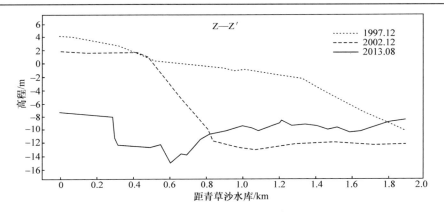

图 5.3.8　青草沙水库 Z—Z'地形断面变化图

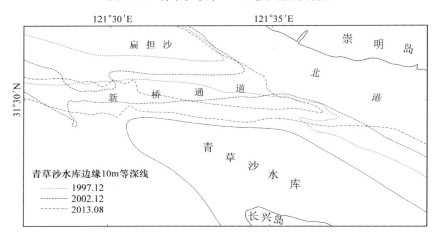

图 5.3.9　青草沙围堤上段近岸水域 10 m 水深变化图

　　青草外沙：青草外沙是紧随青草沙圈围后重新生成的外形类似于原青草沙地貌形态及类型的新型沙洲(图 5.3.2 和图 5.3.10)，目前附属在青草沙水库大堤中段的外侧。由于青草沙围堤在其外侧保留了部分沙体，受到涨潮和落潮双向流路及其差异性的影响，沙体迅速发展为新的附属沙体，沙体内侧为涨潮槽，称为北小内泓(图 5.3.2 和图 5.3.10)。从表 5.3.3 和表 5.3.4 及图 5.3.10～图 5.3.12 看，在青草沙圈围工程之前，青草沙沙洲保持缓慢淤涨，2002 年比 1997 年 W 断面起点滩面淤高 2.5 m 左右，2 m 等深线离 W 起点(青草沙围堤坝，断面位置见图 5.3.7)仅外移了 120 m，5 m 等深线内移了 55 m。随着青草沙圈围工程之后，青草外沙急速发展，至 2013 年 2 m 等深线离 W 起点距离扩展为 2330 m，外扩了 1630 m 之多。尤其是 2002 年 5 m 等深线平均离 W 起点距离为 820 m，2013 年 5 m 等深线平均离 W 起点距离外移至 2710 m，外移了 1890 m 之多。再从图 5.3.12 看，围堤外侧的近岸边滩明显受涨潮流的影响，出现强冲刷现象，由 2002 年滩面基面为理论基面以上 3 m 左右，至 2013 年滩面基面为理论基面以下 3.5 m 左右，冲刷幅度达 6 m 之多，由此沙体内侧的涨潮槽得到充分发育。而青草外沙外侧沙体明显淤涨，滩面基面在零基面附近。从表 5.3.4 看，2013 年青草外沙小于 5 m 等深线包络的体积、面积出现成倍增长。青草外沙的形成、发育及冲淤演变，除了与涨、落潮双向水流的动力结构有关以外，最重要的是，与青草沙围堤上段水域冲刷下来的大量泥沙在此淤积有关，而且青草外沙遵循历史上青草沙发育规律持续以淤涨为主的演变模式，对青草沙中段围堤坝安全有利，也需要防范青草沙下段围堤坝外侧新的涨潮槽(即北小外泓)的持续发展，以及围堤外侧水域沿堤流的产生给围堤坝近岸水域带来新的河床冲刷，从而对青草沙下段围堤坝的安全产生影响。

表 5.3.3　青草外近岸水域 W—W'断面等水深线与 W 点距离统计表

项目	①1997 年	②2002 年	③2013 年	②-①	③-②
2 m 水深与 W 点距离/m	580	700	2330	120	1630
5 m 水深与 W 点距离/m	875	820	2710	-55	1890

表 5.3.4　青草外沙 5 m 等深线包络沙体体积及面积统计

项目	①1997 年	②2002 年	③2013 年	③-①
沙体体积/10^8 m^3	0.32	0.40	0.56	0.24
沙体面积/km^2	8.80	10.72	16.83	8.03

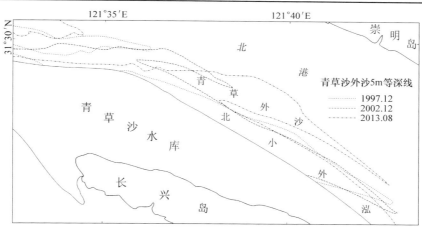

图 5.3.10　青草外沙 5 m 水深形势图

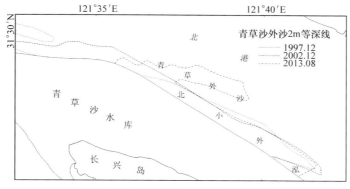

图 5.3.11　青草外沙 2 m 水深形势图

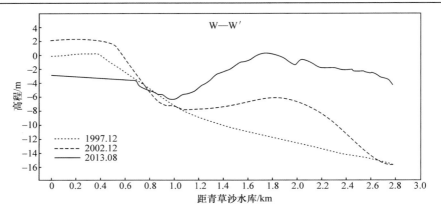

图 5.3.12　青草外沙 W—W'断面地形变化图

六潋沙洲：六潋沙洲为 20 世纪 80 年代初由崇明堡镇边滩被水流切割发展而成的独立沙体，目前位于崇明岛南岸六潋港至奚家港近岸水域，沙洲呈长条形带状体，沙体长度保持在 14~17 km，沙洲内侧为窄长的涨潮槽。从图 5.3.13 和图 5.3.14 及表 5.3.5 看，近期沙洲相对较稳定，沙头 2 m 水深与 X 断面原点(断面位置见图 5.3.7)距离保持在 2026 m，仅 2002 年曾经上溯了数十米。而 5 m 水深沙头有所冲刷，2013 年沙头比 2002 年下移了 447 m，而且沙体发生内移，可能与青草沙圈围工程促使青草外沙不断发育并向主河道扩大，使局部水流略向北偏有关。沙洲尾部处于北港河道放宽河段，常受河道北侧涨潮流的影响，沙洲尾端冲淤较大，近期以冲刷为主，除 2002 年比 1997 年 5 m 水深沙尾淤积下移了 4068 m 以外，至 2013 年 2 m 水深沙尾端比 1997 年上溯了 3793 m，比 2002 年上溯了 2555 m。5 m 水深沙尾端比 1997 年上溯了 1048 m，比 2002 年上溯了 5116 m。与此同时，沙洲面积和体积均缩小(表 5.3.6)，而且随着时间的推移，沙洲仍呈现不断缩小的趋势演变。众所周知，六潋沙洲同样遵循长江河口沙洲从发育期到成年期，由沙体内外水位差异而导致的横向水流切滩，致使沙体中下段沙体分离，2013 年地形图显示出六潋沙洲曾被横向水流切滩而形成上下两个沙体(图 5.3.13 和图 5.3.14)。总之，六潋沙洲将长期稳定在六潋港至奚家港近岸水域。

表 5.3.5　六潋沙洲沙头及沙尾等深线变化统计表

项目	1997 年	2002 年	2013 年
沙头 2 m 水深距 X 原点距离/m	2 026	2 000	2 026
沙头 5 m 水深距 X 原点距离/m	0	1 522	1 969
沙尾 2 m 水深距 X 原点距离/m	17 093	15 855	13 300
沙尾 5 m 水深距 X 原点距离/m	17 508	21 576	16 460

表 5.3.6　六潋沙洲 5 m 等深线包络沙体体积及面积统计表

项目	1997 年	2002 年	2013 年
沙体体积/10^8 m³	0.45	0.58	0.35
沙体面积/km²	18.03	21.43	12.84

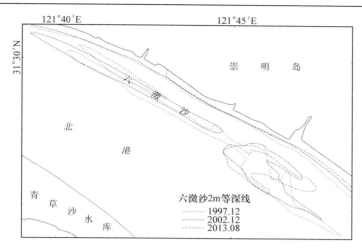

图 5.3.13 六滧沙洲 2 m 水深形势图

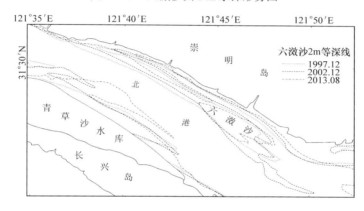

图 5.3.14 六滧沙洲 5 m 水深形势图

奚东外沙沙洲：奚东外沙沙洲位于崇明岛朝阳镇奚东沙近岸地带，处于北港河道中下游向南微弯且为放宽河道的北侧水域，沙洲呈带状长条形，其长度保持在 10 km 左右(图 5.3.15 和图 5.3.16)，沙洲内侧为涨潮沟。近期沙洲体积及面积仍在增长(表 5.3.7)，2013年 2 m 等深线包络沙体体积比 1997 年增长了七倍多，比 2002 年增长了三倍多。2013 年 2 m 等深线包络沙体面积比 1997 年增长了六倍多，比 2002 年增长了 3.6 倍。表明近期奚东外沙洲来沙较丰富。其一，泥沙主要来源于六滧沙洲冲刷下来的泥沙，其实奚东外沙沙洲就是六滧沙洲的连续体。其二，近期北港河道主流线明显南偏，导致河道南侧冲深，并形成向南微凹河型，河道北侧的奚东外沙洲就成了微凸地形，所以河道南侧微凹地带部分被冲刷的泥沙由微弯河道横向环流带入奚东外沙洲淤积。由于沙洲头部处于河道转折地带，头部向上延伸或向下移动均受到转折地形的影响，仅以沙尾不断下移为沙洲主要演变特征，而沙尾延伸到一定长度后，同样被横向水流切断，而被切断的沙尾成为北港北沙淤涨的主要泥沙来源地。再从图 5.3.15 看，由于沙洲处于北港开阔的河道下游水域，受外海风浪的影响，沙洲难以涨高，滩顶部基面仅为 0 m 左右。总之，奚东外沙沙洲受到的影响因素较多, 微冲微淤变化是奚东外沙沙洲长期演变的主要特点。

表 5.3.7　奚东外沙沙洲 2 m 等深线包络沙体体积及面积统计表

项目	1997 年	2002 年	2013 年
2 m 等深线包络沙体体积/10^6 m^3	1.17	2.58	7.99
2 m 等深线包络沙体面积/km^2	1.59	2.65	9.58

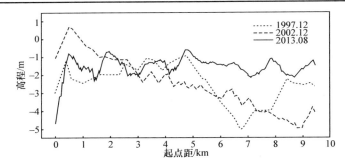

图 5.3.15　奚东外沙沙洲 T—T′地形断面变化图

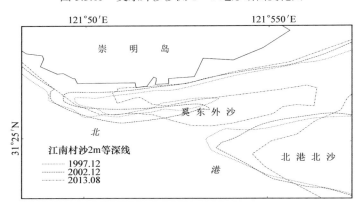

图 5.3.16　奚东外沙沙洲 2 m 水深形势图

北港北沙和北汊通道: 北港北沙和北汊通道是北港河道拦门沙河段开阔水域涨潮流偏北, 落潮流偏南, 导致涨、落潮流路之间出现缓流区泥沙落淤沉积的产物。历史上曾经多次出现过类似沙洲(李九发等, 2006), 团结沙为近代期间最典型的一例(图 5.3.17)。而北港北沙和北汊通道又是继 1979~1982 年实施团结沙夹泓促淤阻坝工程, 以及 1991年团结沙围垦成陆后形成的沙洲, 并逐渐发育与团结沙同类型的新一代沙洲和汊道(图 5.3.18), 原名为团结外沙, 后来改称为北港北沙和北汊通道。随后北港北沙和北汊通道基本遵循历史上团结沙的发育和演变规律, 从图 5.3.18(1995 年)看, 北港北沙形成初期 0 m 水深包络的面积非常小。徐文晓等(2017, 2016)认为近期北港北沙沙体形态开始不断地向东、南两个方向延伸, 2015 年 0 m 线包络面积达到 81.7 km^2(图 5.3.19), 沙体有所下移, 沙尾持续延伸, 但分成南、北两块, 近两年北港北汊 0 m 沙洲面积和形态变化不大(图 5.3.18 和图 5.3.19)。

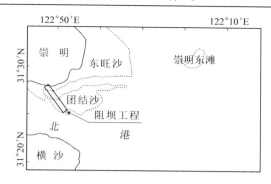

图 5.3.17 1982 年北港河道团结沙图

图 5.3.18 近年北港北沙 0 m 水深包络沙洲变化图

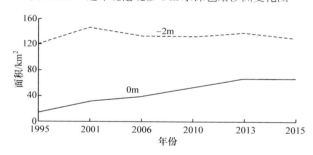

图 5.3.19 北港北沙 0 m、2 m 等深线包络面积变化图

1995 年北港北沙形成时，2 m 等深线包络的面积约为 119.1 km^2(图 5.3.19)，此时北汉 2 m 水深通道并未贯通，所以北沙西头仍与崇明东滩相连(图 5.3.20)。再从图 5.3.20 看，2001 年北港北沙分离崇明东滩，成为独立的沙洲，2 m 水深线包络面积增加至 146.2 km^2(图 5.3.19)。奚东外沙沙洲尾部下移，并不断地伸入到北汉上口水域，迫使落潮水流顶冲北沙头部，导致北港北沙头部冲刷下移(图 5.3.20)，2 m 水深线包络面积不断减少，2013 年沙洲面积比 2001 年减少了 8.3 km^2，2015 年沙洲面积较 2013 年又减少了 9.1 km^2。但是北港北沙 0 m 以上滩地仍保持淤大，并且不断涨高，而奚东外沙沙洲尾部常常被横向水流切割，被切断的沙尾成为北沙泥沙来源之一。

众所周知，北港北沙和北汉通道属于河口口门区域拦门沙浅滩地形的一部分，直至目前北沙并未构成 5 m 等深线包络的独立沙体(图 5.3.21)，北汉通道 5 m 水深通道没有贯通，北港北汉通道长约 34.5 km，平均宽度约 3.04 km，最大水深达 6.9 m，汉道中心发育有一条 5 m 等深线包络面积约为 0.48 km^2 的涨潮槽(图 5.3.21)。

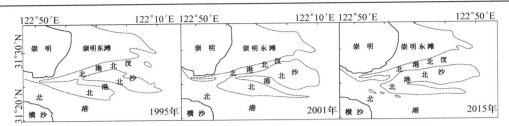

图 5.3.20　近年北港北沙 2 m 水深包络沙洲变化图

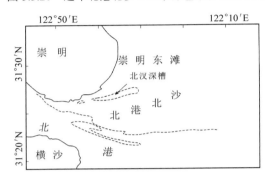

图 5.3.21　2015 年北港北沙 5 m 水深包络沙洲变化图

　　主泓河道：近期随着北港河道进口段至河道中下段众多涉水工程实施，局部河段河道出现不均衡的冲淤过程，拦门沙以上主泓河道以冲刷为主，主要表现为：其一，10 m 水深主深槽逐年向下游延伸(图 5.3.22)，10 m 水深主深槽已经向河口拦门沙河段发展；其二，北港河道上段河道受新桥沙下压的影响，尤其是青草沙圈围和青草外沙的发育，主泓线略有北移。而河道中下游主泓线明显南偏，已接近横沙东滩圈围堤岸。河道中上游主泓线较为稳定，并成为河道上游主泓线北移与下游主泓线南偏的过渡区(图 5.3.23)。再从图 5.3.24 和图 5.3.25 看，中上游河道平均水深和容积明显增大，中下游河道平均水深略有增大，而容积变化不大，尽管该河段南侧冲刷水深增大，但与北侧沙洲略有淤积有关。拦门沙河段河道平均水深和容积均有减小，主要与河道北侧的北小沙淤涨发育有关，航道拦门沙仍然呈淤积状态(图 5.3.3)。

图 5.3.22　北港河道 10 m 等深线(1997 年、2002 年、2013 年)

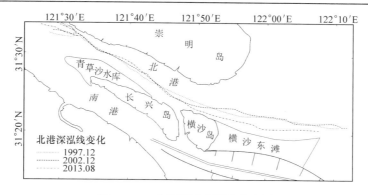

图 5.3.23 北港河道主泓线分布图

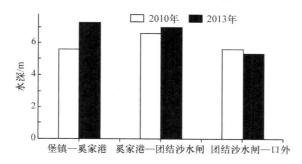

图 5.3.24 北港河道平均水深变化图(莫若瑜等,2015)

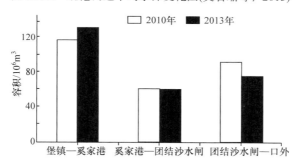

图 5.3.25 北港河道容积变化图(莫若瑜等,2015)

横沙通道:横沙通道是位于长兴岛与横沙岛之间,并受到陆域人工堤岸控制的一条横向通道,由北港河道通往北槽河道的支汊水道(图 5.3.2 和图 5.3.26)。自从通道形成以来经历过冲刷、淤积、再冲刷过程。近期横沙通道表现为以冲刷为主的变化过程(表 5.3.8),历史时期主槽水深均在 4~7 m,1997~1999 年主槽水深已经出现增大到 8.1 m,与 1998年长江特大洪水年和北槽河道深水航道实施一期整治工程有关,随着北港河道主流线南偏,进入横沙通道的水量增大,同时北槽河道深水航道 12.5 m 水深整治成功,致使横沙通道比降加大,以及横沙东滩圈围将原经由横沙东滩窜沟进行南北通道交换的水量改由横沙通道下泄等因素的综合作用下,必然导致通道发生较强的冲刷,通道内 10 m 河槽基本贯通,并在通道上游近横沙岛一侧形成超过 15 m 深槽,而且在横沙岛头部近岸形成冲

刷坑，2017 年最大水深超过 53 m 左右，横沙通道 5 m 水深以下河槽容积迅速增大，1997
年为 $0.3×10^8$ m³，2001 年开始增大，然后稳定在 $0.43×10^8$ m³ 左右(图 5.3.26)。目前，横
沙通道出口断面受到限流坝的控制，横沙通道较为稳定，通道平均宽约 1.2 km，长约 8 km，
主槽水深保持在 10 m 以上。

表 5.3.8　横沙通道主槽水深变化统计表　　　　　　　　　(单位：m)

项目	1958~1965 年	1973~1976 年	1978~1986 年	1990~1993 年	1997~1999 年	2001 年	2003 年	2005 年	2009 年	2017 年
水深	6.6	4.5	3.9	6.9	8.1	9.5	10.6	11.8	10~14.9	10.2~15.8

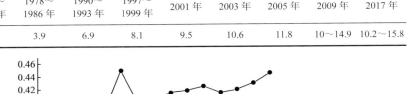

图 5.3.26　横沙通道 5 m 等深线河槽容积变化图

　　总体上讲，北港河道较宽，滩、槽平面分布格局较为复杂，河道北侧多为浅滩发育，
冲淤演变较频繁，而南侧为弯曲形主河道，河床略有冲刷，水深较好。近年来，北港河
道不平衡的冲刷与众多涉水工程的实施有关。拦门沙河段河道仍以淤积为主，滩顶向
外推移，其泥沙来源于河道上游底沙下移和陆海两股水动力相互作用下的悬浮泥沙沉
降落淤。

5.4　南港河道

　　南港河道上游承接南支河道的南北港分流口河段，下游连接南、北槽河道，河道长
33 km 左右。目前，南港河道由瑞丰沙沙洲，南港河道主河槽，南港河道副槽，即长兴
岛南小泓涨潮槽，南北槽河道分流口河道等主要地貌单元构成向南略微弯的典型"W"
形复式河道(图 5.4.1)。南港河道始终是一条上下游贯通的入海通道，长期以来受南支河
道下游沙洲的上提下挫频繁切滩冲刷，并导致南北港河道间分水分沙不平衡影响，近 20
年来南港河道绝大多数年份分流比和分沙比均在 40%~56%波动(图 5.4.2)，1998 年和
1999 年长江大洪水将分流口新浏河沙洲冲开初期，进入南港河道通道的水流不顺，2000
年进入南港河道的分流比减少到 43%左右，随着宝山南、北水道冲深继续发展，南、北
港河道分流比基本保持在 50%的平分状态。尽管受南支河道下游沙洲的频繁切滩冲刷呈
现分流比波动，并出现大量泥沙向南港河道输移的影响，但南港河道主河槽航道水深基
本上能满足不同时期船只的通海需求，是一条主河道水深较稳定的入海通道。

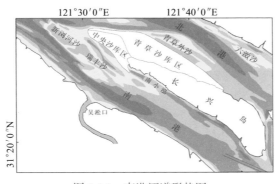

图 5.4.1　南港河道形势图

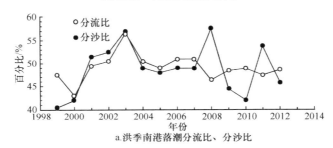

a.洪季南港落潮分流比、分沙比

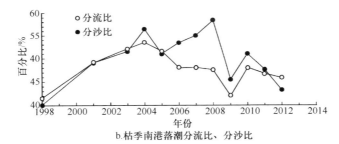

b.枯季南港落潮分流比、分沙比

图 5.4.2　洪枯季南港河道落潮分流比、分沙比过程线图

5.4.1　河道冲淤演变

　　1997～2013 年河道有冲有淤，主要冲刷区分布在吴淞口河段和端丰沙中段，而淤积区位于端丰沙上段和河道下游水域(图 5.4.3)，此期间累积冲刷量大于淤积量。从表 5.0.1 看，0 m 水深以下区域共计冲刷量达 1.9×10⁸ m³，年均冲刷量为 0.12×10⁸ m³。其中南港河道 1997～2002 年共计冲刷量为 0.66×10⁸ m³，年均冲刷量为 0.13×10⁸ m³。2002～2013 年共计冲刷量为 1.25×10⁸ m³，年均冲刷量为 0.11×10⁸ m³。南港河道属于上连南支河道，下通南北槽河道的中间过渡性河道，受控于流域和海域来水来沙的影响，含沙量减少，河道持续缓慢冲刷，年均冲刷量少于南支河道，含沙量大于南支河道(表 4.1.2)，表明南港河道冲刷也与近期流域来沙锐减有关，同时与河口和近海再悬浮泥沙略有补给也有关联。再从表 5.0.1 看，近期年均冲刷强度反而比 1997～2002 年略小，其原因与引起南港河道的冲刷除与近期来沙减少导致河床挟沙力增强有关以外，还与南港河道人工大量挖沙有关，使此期间该河道计算的冲刷量反而大(李茂田等，2011)。近期河道仍呈微冲状态，

实测近底层悬沙中泥沙颗粒出现 344 μm 的细砂类，而且底沙推移运动极为活跃，床面普遍发育微地貌沙波，大量底沙运动对南港河道下游河道 12.5 m 水深的深航槽维护具有较大影响(图 5.4.3)。

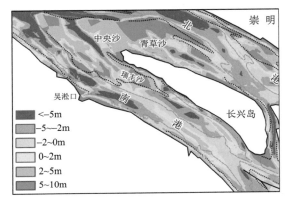

图 5.4.3　1997～2013 年南港河道河床冲淤变化示意图

5.4.2　河道形态变化

瑞丰沙沙洲：瑞丰沙沙洲的形成始于 20 世纪 60 年代初期，首先是南支河道下泄的落潮水流出现直冲长兴岛西端石头沙海岸的现象，据初步统计，当时被落潮水流冲刷崩塌的 $6.7×10^7$ m³ 泥沙中的 $6.6×10^7$ m³ 淤积在南港河道，除南港河道普遍发生淤积以外，在涨、落潮双向水流作用下，大量泥沙在河道中心略偏北的河床中淤积，从而成为瑞丰沙发育的基础。随着南、北港河道分流口河段的浏河沙与中央沙的形成，并不断地上移下挫数十年的冲淤演变过程(应铭等，2007；薛鸿超，2006)，大量泥沙持续不断地向南港河道，尤其是瑞丰沙沙洲输移，使瑞丰沙沙洲不断扩大并持续下延伸，仅 1961～1986 年共延伸了 13.4 km，成为南港河道江中长条沙洲(图 5.4.4)，迫使南港河道由"U"形河道形态演化为"W"形复式河道形态，多年来瑞丰沙沙洲成为南港河道主要地貌单元之一，也成为南港河道冲淤演变最不稳定的区域。

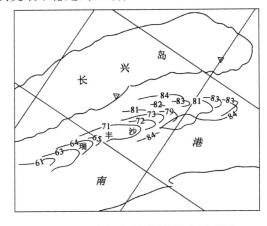

图 5.4.4　瑞丰沙沙洲尾端演化示意图

瑞丰沙浅滩沙体从开始形成至今就一直处于不断演化之中。1983 年长江发生洪水过程使南支河道下段浅滩泥沙进入南港河道，引起瑞丰沙上段沙体淤高扩大，5 m 水深包络的沙体体积增大了近 2.00×10^7 m³，同时导致吴淞口外南港河道主槽河宽缩窄。至 20世纪 90 年代中期瑞丰沙沙体面积有所缩小，部分沙体尾端被切断而移至九段沙头淤积(李九发等，2006，1995)。然后，1998 年长江特大洪水将南港河道大量切滩泥沙向瑞丰沙输移，1999 年为沙体发育的鼎盛期，5 m 等深线包络的沙体体积为 8.92×10^7 m³，而且瑞丰沙头部南侧(南港河道)快速淤涨扩大(图 5.4.5 和图 5.4.6a)，1997～2013 年 5 m 水深沙洲线向南(即向南港河道主槽)扩移 1250 m，使南支河道进入南港河道明显缩窄，引起南港河道落潮主流轴明显向南偏移，吴淞口外主河槽冲刷(图 5.4.3)，同时，下泄水流又受沿岸密集的码头工程外伸影响，而使下泄水流出现北挑现象，迫使部分水流向河道东北方向下泄，此期间人们又在此河道无序地大量采沙，对瑞丰沙沙体的破坏十分严重。据初步统计，2000～2005 年瑞丰沙采沙量在 5.00×10^7～6.00×10^7 m³，在主槽落潮水流北偏冲刷和人工开挖浅滩沙体两者的共同作用下，2001 年 8 月瑞丰沙沙体脊部 5 m 等深线中部断开(表 5.4.1)，从而加大了南港河道主槽向长兴岛涨潮槽内的水流，引起槽内冲淤变化，而且瑞丰沙沙洲断开处的间距扩大、加深，造成瑞丰沙沙洲分裂为上、下两个沙体，上段沙体仍保持了沙嘴形态，下段沙体遭到冲刷后出现萎缩，在形态上已成为相对独立的水下沙洲，此后在南港河道主槽水流和涨潮槽内水流的共同作用下，加上人工挖沙，瑞丰沙沙洲上、下段沙体日益缩小。2001～2005 年下段沙体沙尾前端 5 m 等深线已下移了近 2.0 km，而且面积明显缩小，由 2001 年的 4.08 km² 减小为 0.26 km²，直至 2006年下半年，下段沙体 5 m 水深线包络的沙体完全消失(表 5.4.1，图 5.4.4、图 5.4.7 和图 5.4.8)。与此同时，上段沙体头部 S_1 断面区域(断面位置见图 5.0.1，下同)由于向南扩张而呈凸形形态，近年来沙体头部南侧受南北港河道分流口多通道落潮水流冲刷，北侧又受到涨潮水流冲刷，导致上沙头区域出现 3 条串沟，从图 5.4.6a 看，2013 年南侧串沟水深达到 8 m左右，中间串沟水深达到 9 m 多，北侧串沟水深为 5 m 左右，尤其是南侧(外侧)串沟有可能进一步发展，外侧沙体被冲开，与上沙母沙体分离，沙尾也正在萎缩(图 5.4.6b)，所以，上段沙体将有可能进一步缩小。总之，近期瑞丰沙沙洲在自然因素影响下，尤其是在人为干扰下，仍然处在冲淤演变和地貌形态自我调整适应之中。

图 5.4.5 近期瑞丰沙沙洲 5 m 水深线变化示意图

表 5.4.1　瑞丰沙 5 m 水深包络的上、下段沙体间距和面积及中段最大水深变化统计表

时间	上、下段沙体间距/m	上段沙体面积/km²	下段沙体面积/km²	中段最大水深/m
2001.02	—	—	—	6.2
2001.08	2500	15.70	4.08	6.0
2002.08	2226	14.60	3.72	7.0
2004.08	5410	13.50	1.79	8.0
2006.02	7010	12.50	0.26	9.7
2010.08	—	9.30	0	10.5
2013.08	—	9.05	0	10.8

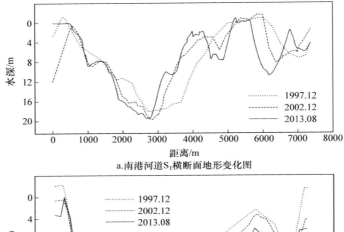

a.南港河道 S_1 横断面地形变化图

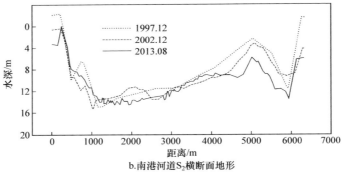

b.南港河道 S_2 横断面地形

图 5.4.6　南港河道 S_1 和 S_2 横断面地形变化图

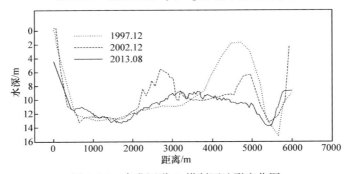

图 5.4.7　南港河道 S_3 横断面地形变化图

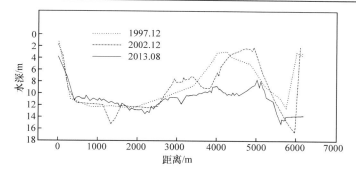

图 5.4.8 南港河道 S_4 横断面地形变化图

南小泓涨潮槽：南小泓位于南港河道的瑞丰沙与长兴岛之间，成为独立的地貌单元类型，河槽呈现小喇叭形态，河槽头端窄浅，下口端宽深(图 5.4.1)，属于涨潮槽性质(王永红等，2009；李九发等，2004)，为南港河道副槽。众所周知，南小泓涨潮槽与瑞丰沙的发育有密切的关系，南小泓涨潮槽基本上伴随着瑞丰沙沙洲的发育而生成，随着其演变而发生变化。从图 5.4.6 和图 5.4.9 看，目前南小泓河槽水深良好，由于瑞丰沙沙洲中段被冲断，上沙体仍然保持完整，并呈微冲微淤状态，而下段沙体小于 5 m 水深沙体基本被冲散，致使南小泓河槽上部出现整体微淤积，10 m 水深线明显下移数百米(图 5.4.9)，同时又受到上游多汊道落潮下泄水流的影响，以及南小泓涨潮流对中央沙南侧岸滩的冲刷作用，河槽头部端出现内、外两汊道，内汊小而浅，2013 年汊道宽度为 200 m 左右，水深在 5 m 左右。而外汊大而深，2013 年汊道宽度为 888 m 左右，水深在 9.5 m 左右(图 5.4.6a 和表 5.4.2)，尽管近几年外汊道宽度变化不大，但由于瑞丰沙沙头北侧遭受冲刷，整个外汊道向南移动，2013 年比 1997 年移动了 850 m(图 5.4.6a)。近年来，由于瑞丰沙沙洲中段被冲断，下段沙体基本逐渐消散，导致南小泓河槽不断拓展(图 5.4.6～图 5.4.8 和表 5.4.2)，尤其是 2013 年 S_3 断面的 10 m 水深河槽宽度比 1997 年增大 823 m，S_4 断面增大 1136 m。可见，南小泓涨潮槽河床变化主要受瑞丰沙沙洲演变的影响，目前其河槽水深总体较稳定。

表 5.4.2 南小泓 5 m、10 m 等深线河槽宽度 (单位：m)

年份	水深	S1	S2	S3	S4	S5
1997	5 m	850	737	835	1100	0
	10 m	—	345	540	501	1440
2002	5 m	908	878	0	1033	0
	10 m	—	0	686	671	1460
2013	5 m	888	0	0	0	0
	10 m	—	511	1363	1637	1323

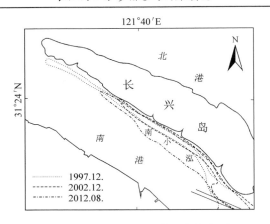

图 5.4.9   南小泓 10 m 等深线变化图

主泓河槽：南港河道主河槽呈略微弯的顺直河道(图 5.4.1)，主河槽水深优良，长期以来成为贯通上、下游河道的通海主航槽，总体上主河槽形态较稳定，河床冲淤幅度较小。从同一时期整个主河槽沿程水深变化看(图 5.4.6~图 5.4.10)，南港河道主河槽断面形态自断面 S_1~S_5 由 "V" 形向 "U" 形逐渐展宽，至 S_5 断面主河槽断面基本呈 "L" 形(图 5.4.10)，沿程最大水深也逐渐变小，S_1 断面南港河道主槽最大水深基本稳定在 18~20 m，S_5 断面南港河道主槽趋于平坦，没有明显深泓，2013 年主河道水深在 12 m 左右，而人工疏浚航槽水深超过 12.5 m 的窄深槽在河道断面上的痕迹极其明显(图 5.4.10)。从同一断面不同时期的水深来看(图 5.4.6~图 5.4.10)，S_1 断面主河槽自 1997 年至今，水深基本稳定在 18 m 左右，近岸深槽略有南移之后再未发生明显变化，深泓线基本稳定在距南岸 2.7 km 左右，主深槽呈窄深的 "V" 形，两侧边坡较陡。S_2 断面南港河道主槽南坡陡峭、北坡平缓，1997 年主槽最大水深为 16 m 左右，深泓距南岸约 1000 m，之后主槽水深逐年变浅，2013 年距南岸 1000 m 处水深为 14 m 左右，而且南港河道主槽深泓位置有所北偏，整个主槽断面底床无较大的起伏，但微地貌沙波发育，无明显深泓槽沟，河床趋于相对平坦，平均水深维持在 13 m 左右。S_3 断面位于南港河道中游，2002 年以前整个南港河道断面呈 "W" 形复式形态，而且南港河道主河槽 "U" 形河槽明显，其后随着瑞丰沙沙体中部串沟的发展，以及局部沙洲人工取沙和部分泥沙被水流逐渐冲散，南港河道主槽淤积，深泓区位置有所北偏，南港河道主槽断面扩大，其河床起伏小，趋于相对平坦，13 m 左右深泓区位置基本与人工开挖的航槽一致。S_4 断面位于南港河道主槽中下游，2002 年以前整个南港河道断面呈 "W" 形复式形态，近年来主槽呈现南侧淤、北侧冲的变化特点，在离南岸 1000 m 处，水深从 2002 年的 15.2 m 淤浅至 2013 年的 10.5 m 左右，而北坡瑞丰沙滩顶水深由 2002 年的 2 m 左右冲深为 2013 年的 6 m 左右，而且瑞丰沙体的南边坡也逐渐冲失，水深达到了 10 m 左右。南港河道主槽河床形态趋于平坦，由 "V" 形主槽转变为 "U" 形，河道整个断面形态由 "W" 形趋于 "U" 形，2013 年河槽断面上深泓位置基本与人工开挖的航槽一致。

同时，主河道 10 m 等深线的变化在很大程度反映了主泓河槽主流的变化。1965 年南港河道 10 m 等深线显示，南港河道最初为单一的 "U" 形冲刷河槽，主泓位于南港河道主槽中部，10 m 等深线的主流方向偏向南槽河道(图 5.4.11a)。1979 年，南港河道中上游河道已由"U"形转为"W"形河槽，且出现两个 10 m 的冲刷性河槽，由两个 10 m 等深线形态来看(图 5.4.11b)，南港河道下泄主流仍以进入南槽河道为主。再从南港河道主槽深泓线纵向变化看(图 5.4.12)，2002 年以前南港河道主槽中段的深泓线一直靠近南岸，此后深泓线开始北偏，2010 年以后，随着九段沙沙头护滩工程和分流潜坝工程建设，南北港河道分流口的基本稳定和南港河道 12.5 m 深水航道的疏浚工程的实施，南港河道主槽的深泓相对顺直，并与人工航槽走向一致。

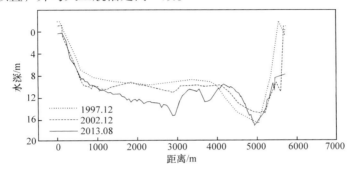

图 5.4.10　南港河道 S_5 横断面地形变化图

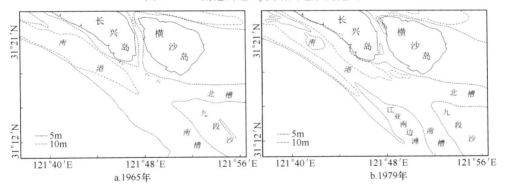

图 5.4.11　南港河道 10 m 等深线变化图

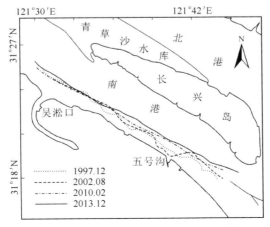

图 5.4.12　南港河道主槽深泓线平面变化图

南北槽分流口河道：南北槽分流口河道属于南港河道尾端区域，以九段沙为分流沙洲，位于南侧汊道为南槽河道，位于北侧分汊道为北槽河道，该河道呈倒"Y"形(图 5.4.13)，是长江河口第三级分汊口河道。于 20 世纪 50 年代初期形成，长期以来，南北槽河道分流口河道随着南港河道冲与淤，或深泓线的南、北摆动，以及九段沙沙头不断地上提和下移变迁而发生频繁的演变过程，基本遵循了长江河口所有的分汊口河道普遍存在的自然演变规律(谢华亮等，2014；陈炜，2012；冯凌旋，2010；应铭等，2007；薛鸿超，2006)。

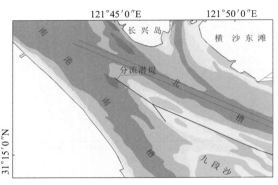

图 5.4.13　南北槽河道分流口河道形势图

众所周知，20 世纪 50 年代以前，南港河道为单一的出海通道，深泓线位于主槽偏南位置，涨、落潮流路基本一致，河道水流较顺畅。自 1954 年北槽河道贯通后，涨、落潮流路发生变化，尤其是 60 年代以后，南港河道主槽北侧瑞丰沙沙洲形成并发生冲淤演变，瑞丰沙沙洲尾端不断地延伸至分流口河道(图 5.4.4 和图 5.4.14)，而且在此河段，南岸江亚南边滩发育，成为分流口河道边滩，并不断地淤涨外延，至 80 年代中期，边滩 5 m 等深线离岸最大距离可达 6 km。此时，瑞丰沙沙洲尾部与江亚南边滩之间的主航道中的鸭窝沙浅滩形成(图 5.4.14)，主泓线出现南、北向多次摆动。与此同时，分流口九段沙洲头处于自然变化的状态，在涨、落潮水流的交互作用下，形成了上提下移的过程。其中 1965～1981 年，在落潮下泄水流的长期冲刷作用下，沙洲头向下游移动超过 2 km (图 5.4.15)，最大冲刷年份洲头移动速率超过 300 m，尽管沙洲头部不断被冲刷，但沙洲在涨、落潮双向水流的作用下，沙洲头方位角基本稳定在 305°左右(表 5.4.3)。可知，自从南港河道下段形成了两槽并行入海的格局，分汊口河段河道的河势稳定性较差，滩、槽演变剧烈，属于近代长江河口河道冲淤演变最动乱的水域之一。

表 5.4.3　南北槽河道分流口沙洲洲头方位角统计表

项目	1971	1981	1991	1997	2002	2005	2011
方位角/(°)	305	305	307	312	311	316	313

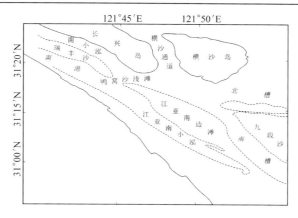

图 5.4.14　1985 年南、分流口河道河势图

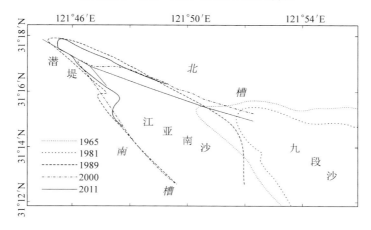

图 5.4.15　1965~1981 年分流口沙洲洲头 5 m 等深线变化图

　　随着 20 世纪 80 年代中期长江河口主航道由南槽河道改为北槽河道通海,采用人工疏浚对鸭窝沙浅滩 7.5 m 航槽开通、尤其是江亚南边滩根部被冲开(图 5.4.14),形成江亚南小泓,并持续发育成为南港河道向南槽河道延伸的主河道,被冲开的江亚南边滩逐渐北移,至 1998 年期间,其 5 m 等深线包络的沙体随后与九段沙连为一体,成为九段沙上沙沙体,使得南北槽河道分汊口上提约 10 km,此期间南北槽河道分流口河道已向良好河势发展,而且部分活动沙洲合并或消失,南北槽河道水流基本畅通。随后开始的长江口北槽河道深水航道整治工程建设,首先于 1998~2000 年实施了南北槽河道分流口河道分流潜堤和南浅堤,以及九段沙上沙(江亚南边滩)护滩工程,分流口沙洲洲头基本处于稳定态势,但沙洲洲头 5 m 水深线上提下移的变化仍然存在(图 5.4.15),同时潜堤的修建改变了分流口河道局部地形和水动力条件,使得南、北槽河道的分水分沙发生显著变化。到 2011 年,北槽河道分流比大致在 41~43%变化,分沙比则是在 28~41%变化(图 5.4.16),九段沙上沙头部 5 m 水深线包络沙洲受工程施工的影响,沙洲头部仍然出现冲刷下移的现象,2001 年分流口工程竣工后沙洲头部则整体向北槽河道方向淤涨延伸,沙洲洲头以平均每年约 60 m 的速度上提(表 5.4.4),沙洲洲头方位角向北偏

移至 313°左右(表 5.4.3 和图 5.4.15)。

表 5.4.4　南北槽河道分流沙洲洲头平面位置变化统计表

年份	移动距离/m	移动速率/(m/a)
1994	—	—
1997	−983	−328
2000	−349	−116
2001	+805	+805
2004	+1366	+455
2011	+124	+62

注: 正值表示向上移动, 负值表示向下移动

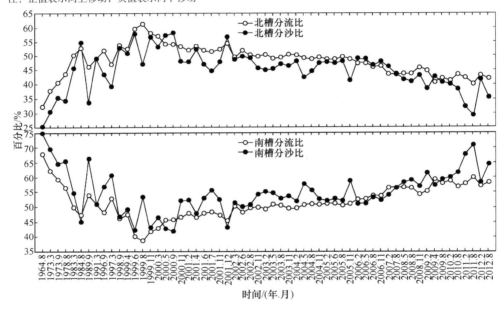

图 5.4.16　南北槽河道落潮分流比和分沙比图

　　南港河道主槽下游 S_5 断面位于南北槽河道分流口潜堤西侧, 南港河道主槽基本处于冲刷状态, 分流鱼嘴所对应的位置受到水流的影响, 离南岸 3000 m 水域地形冲刷明显, 1997 年该水域水深仅有 9 m 左右, 至 2013 年水深达到了 14.5 m(图 5.4.10)。S_6 断面形态反映了分流口分别进入南槽河道和北槽河道的水流变化状态。与潜堤工程建造之前的 1997 年断面形态相比, 进入南槽河道口断面形态由最大水深不到 8 m 的明显圆滑状断面形态不断下切成为 "V" 形断面形态, 2012 年最大水深超过 15 m, 过水断面则由 25 000 m² 增大到 2012 年的约 36000 m², 其中断面的下切主要是沿潜堤南侧冲刷(图 5.4.3 和图 5.4.17)。与此同时, 进入北槽河道口的断面形态则由先前的 "V" 形转变为 "W" 形, 且水深不断变浅, 由 1997 年的超过 20 m 水深到 2012 年的约 15 m 的水深, 过水断面面积由 1997 年的约 37 000 m² 呈阶梯式下降, 在 2000 年工程结束时, 过水断面减少到 35 000 m², 至 2005 年, 过水断面已减少到 30 000 m², 2005～2012 年过水断面基本维持在 29 000 m²。近期

南北槽河道进口断面地形冲淤变化较小(图 5.4.18)。图 5.4.19 分别为南槽河道和北槽河道进口过水断面面积与进入南槽河道和北槽河道的分流比关系图,分流比的加大将通过冲刷河床而增大断面面积,分流口北槽河道断面的减少也反映了进入北槽河道流量降低,河床出现局部淤积的现象。

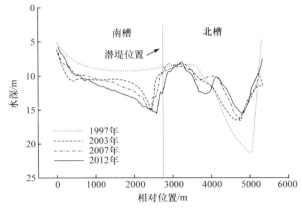

图 5.4.17 S_6 断面地形变化图

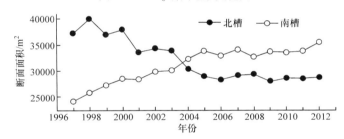

图 5.4.18 南北槽河道入口段 0 m 水深以下过水断面面积变化图

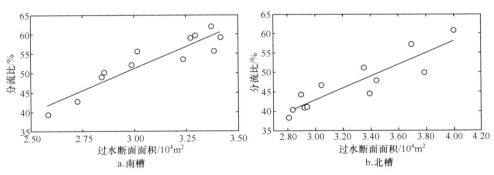

图 5.4.19 过水断面面积与分流比的关系图

同时,南北槽分流口河道 10 m 等深线的变化在很大程度反映了分流口河槽主流的变化。1989 年长兴岛一侧的 10 m 等深线因江亚南沙与九段沙相连而延伸至九段沙沙头,但南港河道南侧的 10 m 等深线维持不变(图 5.4.20a),反映了分流口地形变化与南北槽河道分流比之间的相互变化。1998 年分流口潜堤工程实施,至 2000 年 10 m 等深线显示南港河道南侧 10 m 等深线出现萎缩,而长兴岛南侧的 10 m 等深线则向北槽河道偏南方向延伸(图 5.4.20b)，反映了南港河道分入南北槽河道落潮水流的变化。随后在 2004 年二期工程期间，潜堤南侧 10 m 等深线因为萎缩而开始沿潜堤顺势而下，但潜堤北侧 10 m 等深线发生中断，而在北槽河道上端发育 10 m 新槽(图 5.4.20c)。2011 年南港河道 10 m 等深线进一步向南槽河道发展，而北槽河道中断的 10 m 河槽得到恢复下延(图 5.4.20d)。

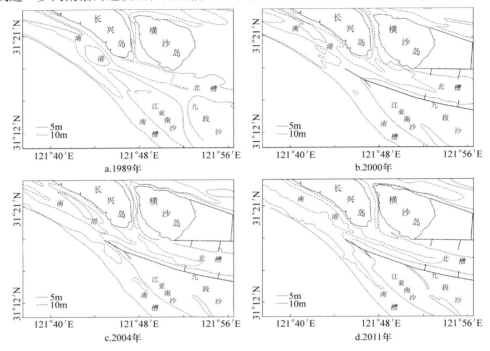

图 5.4.20　南港河道下段和南北槽河道分流口 10 m 等深线变化图

　　同时，于 2013 年 7 月 7 日 15：22～17：06、2013 年 7 月 8 日 6：49～8：08 及 2013 年 7 月 8 日 16：06～18：00 在现场进行了 3 次漂流实验，漂流十字板和重砣放在水面以下 5 m 水层(图 5.4.21)，基本代表微风浪环境下的中下层水流流向，漂流实验的起点选择在南北槽河道分流口的不同位置(图 5.4.22)，A、B、C 分别为第 1 次、第 2 次、第 3 次漂流实验的起点和所对应的轨迹。由图 5.4.22 可见，漂流物入水后，第 1 次、第 2 次漂流实验体顺南槽河道向下游运动，其运动方向基本与岸线平行走向，水流质点流入南槽河道，第 3 次漂流实验物流入北槽河道。这表明潜堤延伸方向上的水流质点的运移方向明显朝向南槽河道，实际落潮水流的分流点并不在目前潜堤延伸线方向，而应该在潜堤延伸线方向的北侧，可以认为实际落潮水流的分流点位置大概在第 2 次漂流实验起点附近。第 1 次漂流实验过程水流流速介于 0.88～1.3 m/s，第 2 次漂流实验过程水流流速介于 1.04～1.20 m/s，第 3 次漂流实验过程水流流速介于 0.80～1.00 m/s。由此可见，在靠近潜堤的河道中央处水流流速较大，水流作用也强于两侧水域。同时，当沿潜堤尖端勾绘出平行岸线的中轴线时(即第 2 次漂流实验轨迹)，中轴线以南的水流将不断向南偏约 15°，从而最终进入南槽河道，中轴线以北水流进入北槽河道。漂流迹线走向结果反映了目前南北槽河道分流口主流地形变化过程的水流流态。

 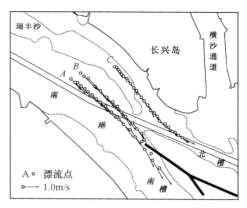

图 5.4.21 南北槽河道分流口漂流实验图　　图 5.4.22 漂流物运动轨迹图

总体上看，历史上南港河道主要地貌类型和形态基本处于自然的冲淤变化过程之中，虽然存在不同程度的而又不均衡的冲淤变化，但是河道总体形态由 20 世纪 60 年代以前的"U"形，尔后转变为保持相对稳定的"W"形。1998 以来，受到不同涉水工程和瑞丰沙人工采沙等人为因素的影响，瑞丰沙沙洲发生剧烈变化，河道出现局部区域不平衡的冲淤过程。南港河道上游河道仍保持"W"形，而中下游河道逐渐向"U"形转变，分流口河道形态逐渐稳定。南港河道中下游深泓线北移，其位置基本与人工疏浚航槽一致，其主河道由自然演变主控制因素转化为人工干扰和自然因素共同影响。随着时间的推移，南港河道正处于对流域新的来水来沙环境和河口涉水工程的影响做出自我适应性调整过程之中。

5.5 北槽河道

众所周知，1954 年以前南港河道为长江河口最古老的出海通道之一(图 5.5.1)。1954 年长江特大洪水将南港河道下段北侧水域的铜沙浅滩冲开，与铜沙浅滩下端的涨潮沟贯

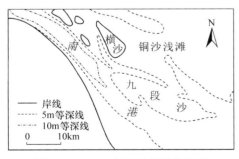

图 5.5.1 1945 年南港河道形势图

通，即北槽河道形成，成为长江河口最新的通海河道。目前，北槽受人造工程控制，呈向北侧微弯形河道，河道北侧为横沙岛和横沙东滩及北导堤工程，南侧为九段沙和南导堤工程。北槽河道航槽在导堤、丁坝和人工疏浚等整治工程控制下，航槽水深维持在 12.5 m，河道总长 55 km 左右(图 5.5.2)。

南北槽河道分流河道自 20 世纪 50 年代中期形成以来，随着北槽河道的发育、稳定，其分流比和分沙比呈持续增大趋势，至 1983 年北槽河道分流比达到 50%以上，分沙比在 45%左右。而近 30 年来随着分汊口九段沙洲上移下挫自然演变，其分流比和分沙比呈 45%~55%交替变换过程(图 5.4.16)。其中由于 1998 年和 1999 年两次大洪水时北槽河道落潮分流比和比达到 60%以上，分沙比接近 60%，此期间分流比和分沙比出现较大值。其后北槽河道分沙比跟随分流比一直处于平稳下降趋势，至 2009 年以后，北槽河道分流

比和分沙比基本稳定在 42%左右。北槽河道分流比和分沙比平稳下降与北槽河道深水航道整治工程有关。但是，南北槽河道并未形成为主、支汊道之分，南北槽河道同为长江河口主要通海水道。

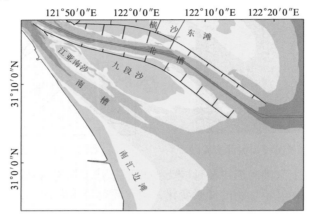

图 5.5.2　南北槽河道形势图

5.5.1　河道冲淤演变

北槽河道属于河口拦门沙河道，长期以来冲淤频繁，以淤积为主。仅 1997～2013 年河道共计淤积量分别达 $3.17×10^8 \text{ m}^3$，年均分别淤积量为 $0.20×10^8 \text{ m}^3$(表 5.0.1)，其中丁坝坝田内累积淤积量超过 $3.00×10^8 \text{ m}^3$(张晓鹤等，2015a；潘灵芝等，2011)，成为严重淤积区，坝田内已经基本达到淤积平衡(图 5.5.3)。同时，航槽中游处于陆海二股水动力平衡带的拦门沙浅滩顶部区域，泥沙回淤量较大，年疏浚量为数千万立方米(图 5.5.4)。当然，北槽河道航道水深得到明显改善，航槽依靠疏浚维持水深达到 12.5 m，其中人工疏浚起到较大效果。而值得一提的是，北槽河道冲淤变化既受流域来沙锐减的影响，更重要的表现为，其与河口区域和海域再浮悬泥沙补给、拦门沙特有的动力环境及整治工程关系极其密切。

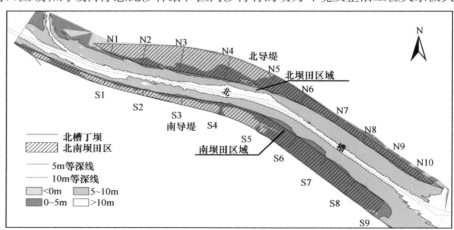

图 5.5.3　北槽河道深水航道河形示意图(2013.08)

注：根据 2013 年 8 月地形数据绘制；基面为理论基面。

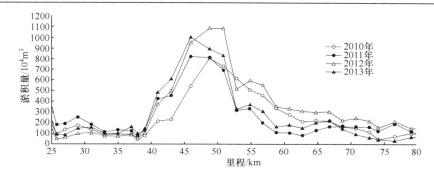

图 5.5.4　主航道沿程淤积分布图

5.5.2　河道形态变化

北槽河道自形成以后，一直处于发展之中，1965 年北槽河道 5 m 等深线上下贯通。此后，随着河槽两侧九段沙、横沙东滩 5 m 等深线不断向海延伸和淤高，河道逐渐成型。同时，20 世纪 60 年代中期开始，北槽河道分流比不断增大，分流比由 1964 年的 32%，至 1983 年增长到 55%(见图 5.4.16)。水深不断增大，河槽逐渐稳定。

1983 年的一次台风导致南槽河道 7 m 通海航槽严重淤积，随之而来的 1984 年改选北槽河道为入海新航槽，并通过人工疏浚，航槽水深达到 7 m。随着国家社会经济和国际航运事业的蓬勃发展，于 1998 年开始在北槽河道实施了重大的航道整治工程，从此河道基本格局受到人工控制，航槽水深达到 12.5 m。由此，北槽河道冲淤及形态发生了重大变化(图 5.5.5 和图 5.5.6)。

首先，由于北槽河道进口水域实施了潜坝工程，导致该河段河势发生了较大变化，主要表现在九段沙沙洲洲头越过分流潜坝向北偏转进入北槽河道，不断淤涨上延(图 5.4.15)，导致整个河段河道严重淤积，尤其是深槽淤积幅度大，北槽河道断面形态则由先前的 "V" 形转变为 "W" 形(图 5.4.17)，从而北槽河道进口水域分流潜坝工程改变了原有的河道格局。

图 5.5.6 为北槽河道整治工程后上、中、下河道断面地形变化图，可以看出不同整治工程阶段河道冲淤及形态变化过程，1997 年河道整治初期，河道断面地形呈 "碟" 状形，河槽水深较小，两侧边坡较平缓。2002 年一期整治工程实施完成，主航槽水深增大，达到 8.5 m 左右，而河道两侧导堤，尤其是丁坝的实施，坝田的严重淤积，上游段 P2 断面总体上发生了槽冲(疏浚)滩淤，丁坝坝田区域明显淤积，平均淤积强度多于 2 m，滩槽高差增大，河槽明显缩窄。二期整治工程实施完成后，主航槽水深进一步浚深到 10 m，丁坝坝田区域持续淤积，平均淤积强度增加 1 m 左右，而且南滩淤积增速大于北滩。三期整治工程实施完成后，主航槽水深浚深到 12.5 m，横断面地形形态呈 "漏斗" 形，主航槽呈漏斗尖嘴形，河槽两侧丁坝区继续淤高，滩顶最大基面在正 2 m 以上，与 1997 年相比，淤积厚度超过 4 m。中下游河段 P_5、P_7 与 P_2 断面形态变化过程类似，总体上发生了槽冲(疏浚)滩淤，滩槽高差加大，边坡变陡。

同时，随着坝田不断淤高，伴随而来的两侧浅滩均向河道淤涨，5 m 等深线基本成为丁坝坝头的连线,5 m 等深线之间的河槽宽度明显缩窄(图 5.5.5)。目前,主航槽不断疏浚,丁坝长度有限,5 m 等深线外扩并不明显,5 m 等深线的河槽宽度在较小的量值中变动(表 5.5.1)。

表 5.5.1　北槽河道 5 m 水深河道断面宽度变化统计表　　　　　　　(单位：km)

断面	1989 年	1997 年	2000 年	2005 年	2008 年	2010 年	2013 年	2016 年
S_7	6.9	3.6	4.2	4.1	3.6	3.0	3.1	3.8
S_8	4.7	4.5	4.8	4.9	4.2	3.5	3.5	3.4

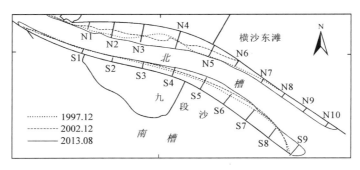

图 5.5.5　1997～2013 年北槽河道 5 m 等深线变化示意图

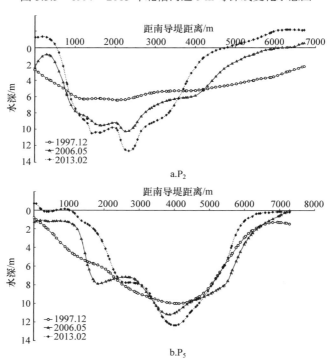

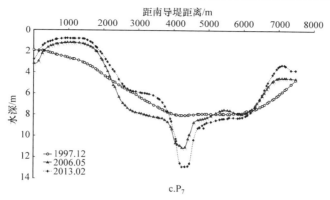

图 5.5.6 河道典型河段横断面地形变化图

从河道纵向上看，沿河槽做纵剖面图拦门沙地形明显(图 5.5.7)，而 1995 年与 1980 年拦门沙滩顶水深变化不大，稳定在 5.8 m 左右，拦门沙位置呈现出相对比较稳定的态势，同时，拦门沙以外至出海河槽水深变化也不大，而河槽进口段发生明显冲刷。北槽河道拦门沙呈现双峰形态，上游的峰称为"前峰"，下游的峰称为"后峰"，其中拦门沙前峰比较窄陡，而后峰相对宽平。图 5.5.4 为目前北槽主航槽疏浚量(即淤积累积量)分布图，表明河道中游呈现与历史时期相似的拦门沙形态，可称为无形的隐形"拦门沙"。

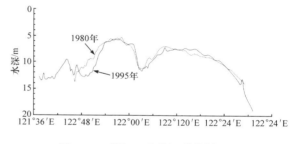

图 5.5.7 长江口北槽河道纵剖面图

总之，北槽河道由潜坝、导堤和丁坝等人造工程控制下的河形，近期主要呈现滩淤槽冲(疏浚)，横断面地形形态呈为"漏斗"形，主航槽呈漏斗尖嘴形，其航槽水深超过 12.5 m。尽管流域来沙出现锐减，但水体含沙量较高，泥沙淤积带成为维护航槽深水的主要疏浚区。目前，整个河道较为稳定。

5.6 南槽河道

众所周知，南槽河道属于原南港下游河段出海通道，于 1954 年之后伴随着北槽河道同期而生(图 5.6.1 和图 5.5.2)。目前，南槽河道位于九段沙与浦东南汇陆域岸线之间，河道长 59 km 左右(图 5.6.2)。

5.6.1 河道冲淤演变

南槽河道属于长江河口最典型的拦门沙河道，经历了长期的冲淤演变过程，近百年来拦门沙浅滩顶部持续外移(和玉芳等，2011)。近年来主河道有冲有淤，以净淤积量为主，据统计，1997~2013 年河道共计淤积量为 1.41×10^8 m³，年均淤积量为 0.09×10^8 m³ (表 5.0.1)，比北槽河道和北港河道拦门沙河道淤积量少。南槽河道的冲与淤在时间和空

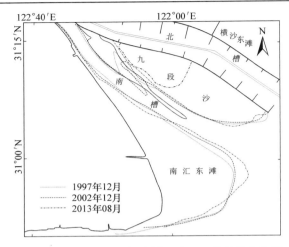

图 5.6.1　1997~2013 年南槽河道 5 m 等深线变化图

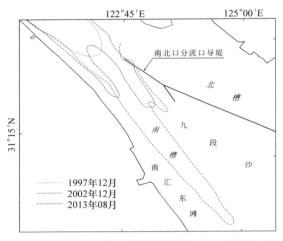

图 5.6.2　1997~2013 年南槽河道上段 10 m 等深线变化图

间上变化较大，从图 5.3.4 看，河道上游呈强冲刷，中下游河道淤积，而从表 5.0.1 看，1997~2002 年河道年均淤积量 0.13×10⁸ m³，比 2003~2013 年年均淤积量 0.07×10⁸ m³ 大，这主要与 1998~2002 年南北槽河道分口潜坝工程实施而导致南槽河道分流比变化，南槽河道由 1998 年的分流比为 46.3% 增至目前 57% 左右(图 5.4.16)，从漂流图(图 5.4.22) 看，南港河道下游的主流线走向南槽河道，致使此时期南槽河道上游河床出现强冲刷，大量泥沙向下游河段输送并淤积河床，所以，1997~2002 年总淤积量强度大于 2002~2013 年。同时，尽管在流域来沙锐减条件下，河道淤积带处在最大浑浊带区域，有多方位的泥沙来源，并存在有利于聚集泥沙的必要动力条件(沈焕庭和李九发，2011)。所以，目前该河道水体含沙量仍然较高，具备河床持续淤积的基本泥沙来源和动力环境。

5.6.2　河道形态变化

南槽河道形成以来的形态变化主要体现在河道两侧的滩地淤涨和拦门沙外延，长期以来，伴随着南汇边滩和九段沙洲的不断淤涨，尤其是 20 世纪 90 年代初南汇边滩临港地块圈围，岸线外推 5 km 左右，目前正在实施新的促淤工程，南汇边滩岸线最大外推距离在 8 km 左右，河道宽度不断缩窄。同时由南槽上游河段河床冲刷，大量泥沙推移至下游拦门沙顶部淤积，不仅拦门沙顶部出现外移现象，而 5 m 水深河槽中上游宽度变化较小，下游拦门沙顶部河段宽度逐渐变窄(表 5.6.1)，而且随之河道向海延伸。1998 年南北槽河道分流口水域潜堤和南导堤修建以后，九段沙上沙受工程控制，而九段沙上沙与九段原沙体(称为九段中沙)之间蜕变成一条朝向西北的涨潮槽，涨潮槽不断发育，其九段沙上沙沙尾不断沿河槽下移，1998～2004 年下移 5.3 km，2004～2011 年下移趋势甚快，达9.2 km，年平均下移距离为 1.0 km，沙尾端伸入到南槽河道中央，并使河道呈现淤积态势。同时，北槽河道深水道的南导堤工程使得九段沙中下段沙体平面变幅较小，南汇边滩不断向东北淤涨，而且南槽河道两侧 5 m 等深线构成连续且不显凌乱的形态(图 5.6.1)，5 m等深线作为滩、槽间的分界线，基本上表征了近期南槽河道主体形态变化特征。

表 5.6.1   南槽河道 5 m 水深典型断面河道宽度变化统计表   (单位：km)

断面	1989	1996	2000	2005	2008	2010	2013	2017
S_7	5.1	3.2	4.4	7.0	4.6	4.4	5.6	5.8
S_8	4.6	4.1	4.8	6.0	3.7	2.3	2.2	2.8

图 5.6.2 为近期南槽河道 10 m 等深线变化图，1997 年 10 m 深槽下端位于南北槽河道分流口水域，然后由于分流口河道分流工程的影响，南槽河道上段河道发生冲刷，10 m 深槽不断下延，据统计，1997～2002 年深槽下移 4 668 m，2002～2013 年深槽又下移 10 295 m，最大下切深度超过 5 m，而南槽河道中下游河道水深较小，由图 5.6.3 可以看出,河道拦门沙为南槽河道纵向主要地形特色,1997 年以前南槽河道有上(江亚)下(铜沙)两个拦门沙沙体，在地形上呈现双峰拦门沙结构，江亚拦门沙滩顶水深在 5 m 左右，铜沙拦门沙滩顶高度在 6 m 左右。1998 年以后，南槽上段河道伴随河床冲刷而江亚拦门沙不断削平并已消逝，南槽河道拦门沙由双峰逐渐转变为单峰，同时铜沙拦门浅滩长度略有缩短，滩顶高度变化不大，水深仍然维持在 6 m 左右。

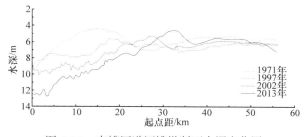

图 5.6.3   南槽河道河槽纵断面水深变化图

总体上看，近期南槽河道冲淤和形态演变主要受到深水航道工程的影响。首先，九段沙上沙的尾部不断淤涨下延，尾端已伸入到南槽河道中央。其次，南槽上游河道持续冲刷，10 m 深槽不断下延，江亚拦门沙消逝。铜沙拦门沙滩顶仍保持 6 m 左右水深。南汇边滩多期圈围工程对滩地冲淤的影响较小，5 m 水深滩地线仍然呈淤涨外延势态，5 m

外延等深线保持连续不显零乱形态。南槽河道正在逐渐缩窄。河道有冲有淤，近期仍然显现为净淤积量。

5.7　邻近海域

图 5.7.1 为近期长江河口邻近海域地形分布格局图。长江河口邻近海域 5～10 m 水深线所包络的面积为 $1.18 \times 10^3 \, km^2$，10～15 m 水深线所包络的面积为 $1.03 \times 10^3 \, km^2$。历史时期有冲有淤，主要以淤积为主。而冲与淤的时空平面分布，常常与河口各通海河道出水出沙的分配比关系密切(陈吉余，1995)。因为近期流域供沙不足而局部区域海床转变为以冲刷为主。

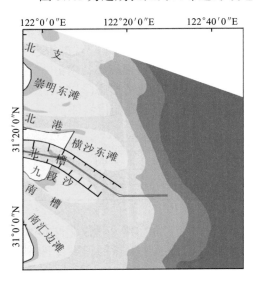

图 5.7.1　长江河口邻近海域河势图

5.7.1　海床冲淤演化

由于近年来长江流域来沙锐减，河口口门邻近海域来沙不足，在潮流，尤其是涨潮流的作用下，邻近海域出现不均衡的冲刷。从图 5.0.2 和表 5.0.1 看，河口口门外侧的近海 5～10 m 水深区域已成为目前长江河口及邻近海域冲刷最明显的水域，据统计，5～10 m 水深线所包络的 $1.18 \times 10^3 \, km^2$ 区域，1997～2013 年累积冲刷量为 $4.73 \times 10^8 \, m^3$，年均冲刷量为 $0.30 \times 10^8 \, m^3$。

10～15 m 水深线所包络的 $1.03 \times 10^3 \, km^2$ 区域，1997～2013 年累积冲刷为 $2.55 \times 10^8 \, m^3$，年均冲刷量为 $0.16 \times 10^8 \, m^3$，该区域冲刷强度明显小于 5～10 水深区域，而且最强冲刷区域主要出现在拦门沙前坡区域，而拦门沙水域仍然为淤积区，15 m 左右水深区域为冲淤过渡缓冲带。河口口门外侧前沿海域坡度较陡，在外海潮流进入河口前沿加速的作用下，近期流域供沙量大幅度减少，水体含沙量远未达到饱和状态，致使潮流挟沙能力增强，海床必然发现冲刷，并将再悬浮泥沙进入河道，成为河口拦门沙河道淤积泥沙来源之一。可见，流域来沙锐减是该水域海床出现冲刷现象的主要原因。而随着逐渐远离河口口门海域，其冲刷强度呈逐渐减缓趋势：一来其潮流速强度逐渐减缓，水流挟沙能力减弱；二来落潮水流携带的部分泥沙随着水流减缓而沉降。所以，目前主要冲刷区集中在河口口门邻近海域。

5.7.2　海床形态变化

首先从图 5.7.1 看，长江河口邻近海域不同等水深线均显示由北向南逐渐变宽的地形分布形态，纵向地形坡度呈现北陡南缓的形态，这主要与长期以来北半球大河河口形成的落潮主流线南偏，涨潮水流北偏，以及口外由北向南的横向水流等动力过程对地形塑造的差异性有关。大量实测资料也表明流域来水来沙主要通过南支河道下泄出海，为邻近海域，尤其是南部海区地形塑造提供了丰富的泥沙来源(万新宁等，2006)，而流域的来水来沙和不同出海通道分水分沙的差异性变化也必然影响不同时期邻近海域的海床冲淤和形态变化(图 5.7.2～图 5.7.9)。

南汇嘴向海延伸断面(图 5.7.2，断面位置见图 5.0.1，下同)，以 6 m 左右水深为界，以小于 6 m 水深为滩，以长期保持均匀淤积状态为主，1959 年显示地形凸凹不平，此后随着滩地至水下长距离逐渐淤积，地形剖面出现平缓光滑状态，表现为河口边滩沙嘴向海淤涨发育的特性。2002～2013 年 8～13 m 水深区域转为冲刷地带，最大冲深在 1.0 m 左右，年均冲刷强度较小，而 2010 年以后冲刷带向海延伸，冲刷强度更小，地形坡度略有变陡。6～8 m 水深为滩地与邻近海床冲淤的过渡带，长期显示冲淤量较小。而 15 m 水深是地形坡度分界线，此分界线以上从浅滩至水下较长距离为微淤微冲状态，地形剖面出现平缓光滑，此分界线以外海床地形坡度突然变陡峭的海床形态分布格局(图 5.7.2)。

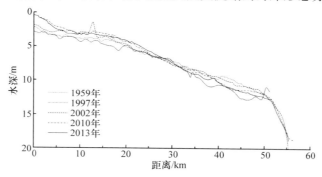

图 5.7.2　南汇嘴外邻近海域地形纵断面变化图

南槽河道向海延伸断面(图 5.7.3)，该河道作为河口水沙的主要下泄通道，尤其是 20 世纪 70 年开始 7 m 疏浚航槽开通，南槽河道口外呈现不均匀的冲淤现象，而 10～15 m 水深区域为主要淤积地带，最大淤积厚度为 3.5 m 左右。所以，在纵向地形坡度上小于 15 m 水深水域坡度平缓，大于 15 m 水深水域坡度明显变陡，15 m 水深成为平缓与陡峭地形的分界线，与河口河道水沙向海扩散及其地形淤涨发育性质有关。

2002 年以来，南槽河道口外 7～9 m 水深区域呈现逐年微冲刷现象，最大冲刷深度为 0.75 m 左右，而部分被冲刷泥沙被搬运到前坡区域淤积。在纵向地形坡度上，小于 10 m 水深坡度仍然较平缓，10 m 水深以下水域坡度逐渐变陡。如今该海域纵向地形呈倒抛物线形(图 5.7.3)。

九段沙向海延伸断面(图 5.7.4)，九段沙为河口最大江心沙洲，随着沙洲不断向海延伸，以及岛影的动力缓流环境，5～7 m 水深沙尾区最大淤积厚度达到 6 m，7～12 m 水深在原微凸地形坡度上出现相对淤积量较小的平台，而 15～17 m 水深淤积量较大，淤积厚度为 4 m 左右，由此至 1979 年构成新的地形形态。1959 年不规则地形坡度逐渐变成平滑的地形面，符合沙洲外延的水下地形发育规律。

近年来，九段沙洲尾部延伸至 10 m 水深区，发生较大冲刷带，最大冲深达到 1.5 m，除与流域来沙锐减有关以外，还因为北槽河道航道工程在九段沙建造南导提阻挡涨潮水

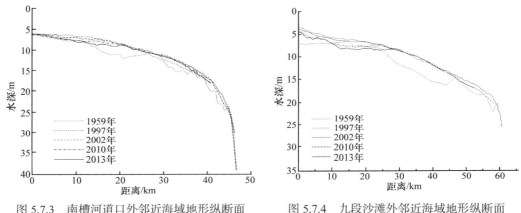

图 5.7.3　南槽河道口外邻近海域地形纵断面
变化图

图 5.7.4　九段沙滩外邻近海域地形纵断面
变化图

流，致使涨潮流对沙洲尾部产生顶冲而形成冲刷带，而冲刷带区域在地形坡度上出现相对微凹形状态。大于 10 m 水深区域冲淤变化较小，地形坡度较陡且平滑。

北槽河道向海延伸地形断面(图 5.7.5)，1997 年以前河道口外区域为正常的缓慢的均匀淤积带，随着河道向外淤积带不断向海延伸，10～19 m 水深区域出现强淤积现象，最大淤积厚度在 5 m 左右，地形坡度明显变缓，但仍然比南槽河道口外海域坡度陡。

近期北槽河道口门区域航道疏浚挖槽，水深由原来的 8 m 左右浚深到现在的大于 12 m，地形坡度明显变缓。以此向外海域呈微冲微淤状态，地形坡度明显较陡。有利于北槽河道深水航道出水出沙，以及航槽水深维护。

横沙浅滩向海延伸断面(图 5.7.6)，横沙浅滩和滩外邻近地带均为横沙岛的岛影区。整体上为淤积区域，随着沙洲淤涨外延，1997 年以前 12～20 m 出现强淤涨现象，最大淤积厚度在 5 m 左右，地形坡度明显变缓，但是整体地形坡度仍然较陡。

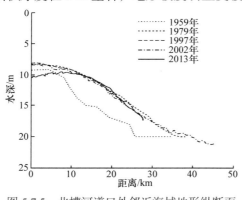

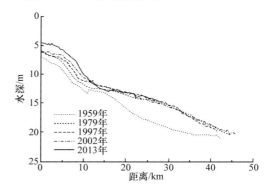

图 5.7.5　北槽河道口外邻近海域地形纵断面
变化图

图 5.7.6　横沙东滩外邻近海域地形纵断面
变化图

近期横沙浅滩至 10 m 水深仍然出现强淤涨现象，最大淤积厚多于 2 m，地形坡度明显变陡，而 10 m 水深地带成为明显的地形转折点，大于 10 m 水深呈现微冲刷现象，地形坡度仍然较陡且平滑(图 5.7.6)。

北港河道向海延伸断面(图 5.7.7)，1997 年以前在 6～15 m 水深区淤积量较大，最大淤积厚度在 4 m 左右，由于大于 15 m 水深地形突然变陡，河道扩散泥沙容易被带走，所以此区域淤积不明显，整个区域地形坡度仍然较陡。

近期北港河道口外水域以 20 m 水深为界，地形剖面上呈现上段冲下段淤的状态，冲刷深度和淤积厚度均在 1.0 m 左右。地形坡度略呈微凹形，整个区域地形坡度仍然较陡(图 5.7.8)。

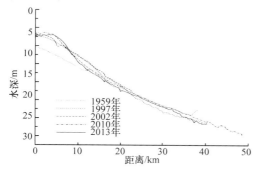

图 5.7.7　北港河道口外邻近海域地形纵断面
变化图

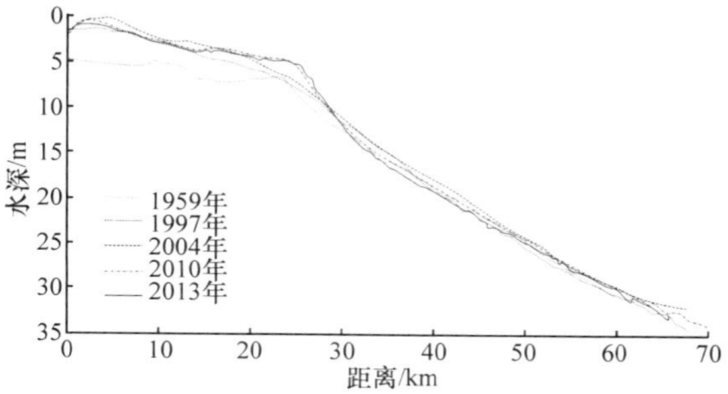

图 5.7.8　崇明东滩外邻近海域地形纵断面
变化图

崇明浅滩向海延伸断面(图 5.7.8)，崇明浅滩和滩外邻近地带均为崇明岛的岛影区，1997 年以前呈均匀淤积状态，最大淤积厚度在 3 m 左右，水深大于 8 m 的区域仅为少量均匀淤积，而且地形坡度也以 8 m 水深为界，上段海域地形坡度略缓，下段海域地形坡度较陡，且平滑。

近期崇明浅滩和滩外邻近地带呈均匀淤积状态，最大淤积厚在 2 m 左右，水深大于 10～20 m 的区域出现均匀的微冲刷现象，而在 25 m 水深以外海域发生微淤。整个地形坡度较陡，并呈现沙尾上凸而中段微凹的地形坡度，且平滑(图 5.7.8)。具有岛影地形形态特征。

北支河道向海延伸断面(图 5.7.9)，口外海域地形显示微冲微淤状态。

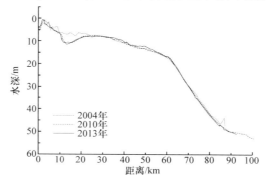

图 5.7.9　北支河道口外邻近海域地形纵断面变化图

总体上看，2002 年以前河口邻近海域有冲有淤，以淤积为主。拦门沙浅滩沙洲地域显示沙洲尾端延伸地带淤积较大，向海淤积强度逐渐减小，河口整体出现外延现象。在纵向地形形态上，一般上段海域坡度略缓，下段海域坡度较陡。21 世纪以来，由于流域来沙量锐减，同时河口实施了众多大型涉水工程，致使邻近海域海床出现不均衡的冲刷，海域地形形态发生不同程度的变化。

5.8 拦门沙沙洲

众所周知，长江河口发育有宽阔的滩、槽相间的拦门沙系地形，其中航道拦门沙通道有南槽河道、北槽河道、北港河道和北支河道等。而航道拦门沙南北两侧岸边发育了边滩，并在通道之间形成了江心沙洲浅滩地貌。在河口柯氏力的作用下，河口涨、落潮流路发生分歧，来自不同方位的悬沙和底沙被两股分歧潮流推移到两者之间的缓流区堆积，从而形成江心沙洲，并不断地发育长大，成为长江河口最重要而又最敏感的浅滩地貌单元。主要拦门沙浅滩有南汇东滩、九段沙洲、横沙岛东滩、崇明岛东滩、顾园沙和启东沙嘴等。目前，拦门沙浅滩及邻近地区 0 m 水深以上的浅滩面积为 575 km^2(缺启东沙嘴浅滩面积数据)，小于 5 m 水深的面积为 2196 km^2(缺启东沙嘴浅滩面积数据)。目前，九段沙和崇明东滩浅滩为湿地保护区，南汇东滩和横沙岛东滩以局部圈围开发为主，近期拦门沙湿地浅滩总面积变化较小。

5.8.1 南汇东滩

南汇东滩属于长江河口南槽河道南岸边滩(又称南汇边滩)，为长江河口拦门沙系中最南端的浅滩，是长江河口南岸潮间带最宽阔地带，为长江河口口门南岸的凸角地带，也称为南汇嘴(图 5.6.2)。目前，吴淞高程 2 m 以上的浅滩面积仅为 2.8 km^2，0 m 以上的浅滩面积为 74 km^2，5 m 水深以上的浅滩面积达到 423 km^2，近 20 年来由于大面积低滩圈围(李九发等，2010)，高滩面积减小，而水下滩面积仍然在持续增大。

5.8.1.1 水沙环境

南汇东滩历来是上海陆缘岸滩淤涨速度最快的滩地，它位于长江河口与杭州湾之间，主要受长江河口潮流和杭州湾北岸水流的控制并相互影响，主要潮流特征表现为：①该岸滩位于河口湾口门附近，涨潮流时为 5.0 h 左右，落潮流时为 7.0 h 左右，落潮流时长于涨潮。②根据南汇潮滩水域及邻近主槽实测潮流玫瑰图的分析(图 5.8.1)，东滩和南槽河道潮流均为往复流性质，东滩水域潮流长轴方向呈东南—西北向，涨潮流向为 310°～320°，落潮流向为 114°～140°，涨、落潮流流向相对较为集中，仅南汇嘴尖端水域受长江河口和杭州湾两股水流的影响，流向略有分散。③南汇东滩涨、落潮流随着滩地水深的减小，地形阻力加大，涨、落潮流速也减小，而涨、落潮潮流速之比逐渐增大。大潮期水深小于 3.0～3.5 m 的浅滩涨、落潮平均流速均在 0.5～0.8 m/s，涨潮流速大于落潮流速，潮流呈涨潮优势。水深大于 3.0～3.5 m 的深水区和邻近河槽涨、落潮水流较强，涨、落潮平均流速均在 1.0 m/s 左右，并呈落潮优势流。3.0～3.5 m 水深地带为涨潮优势流与落潮优势流的转换地带,优势流组合形成平面环流系统,表明目前该水域滩、槽之间的水流流态与历史时期流态相比基本一致(Li, 1991),有利于泥沙上滩淤积,促使岸滩淤涨发育。小潮期涨落潮流速略有减小,而潮流速空间分布基本上与大潮期类似。

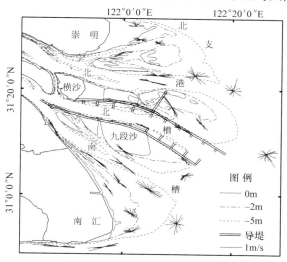

图 5.8.1 拦门沙浅滩水域实测潮流玫瑰图

南汇东滩地处河口口门拦门沙地带,水体含沙量很高,尽管 2003 年南汇潮滩 0 m 水深浅滩促淤拦沙圈围工程后,由于浅滩平均水深增大,潮流流速略有增大,但近期水体含沙量变化基本不大。2006 年 7 月大潮汛涨潮期测点水深为 1.0 m 水域,水体含沙量为 2.27 kg/m^3;测点水深为 2.0 m 水域,水体含沙量为 1.67 kg/m^3;测点水深为 3.5 m 水域,水体含沙量为 1.32 kg/m^3,表明涨潮期水深越浅,含沙量越高。至落潮期,测点水深为 1.0 m 水域水体含沙量为 0.92 kg/m^3,测点水深为 2.0 m 水域水体含沙量为 1.26 kg/m^3,测点水深为 3.5 m 水域水体含沙量为 1.45 kg/m^3,近岸浅水区水体含沙量明显减小,说明大量泥沙在浅滩上落淤。同时,南汇东滩含沙量变化与长江河口来水来沙和河口潮周期动力变化有十分密切的关系。一般表现为洪季含沙量高于枯季,大潮水体含沙量大于小潮,浅水地带涨潮平均含沙量大于落潮平均含沙量,比值为 1.2～2.4,深水地带则相反。同时,利用 2004～2009 年南汇潮滩现场观测资料,通过分析计算并绘制出图 5.8.2,显示出南汇东滩的滩槽之间和高低滩之间仍然存在明显的泥沙交换过程,由此极有利于泥沙进滩沉降淤积。

南汇东滩表层沉积物主要以粉砂为主,其次粉砂-黏土-细砂的混合体为多。从图 5.8.3 看,没冒沙河段近岸沉积物主要为粉砂,没冒沙小泓内为粉砂质黏土,没冒沙沙体及两侧至 2 m 水深为细砂类。东滩近岸滩涂区以黏土质粉砂为主,大于 2 m 深水域为粉砂、黏土质粉砂。而南汇凸嘴附近出现圆饼状细砂、粉砂质砂堆积区,这是长期经受迎面波浪动力作用筛选的结果。

近岸沉积物中值粒径一般小于 30 μm,而没冒沙和南汇凸嘴滩局部区块为 119.9～141.0 μm。分选系数主要集中在 1.2～1.8,分选程度中等。其中分选程度相对较好的是南汇凸嘴，以及没冒沙所处的以砂为主的沉积物分布区；偏态的变化趋势是由近岸向海逐渐递减，并主要集中在 0.2~0.5。峰态主要集中在 1.5 左右。

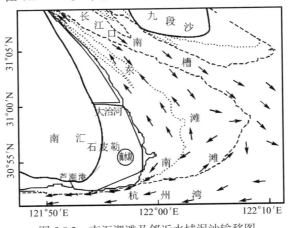

图 5.8.2　南汇潮滩及邻近水域泥沙输移图

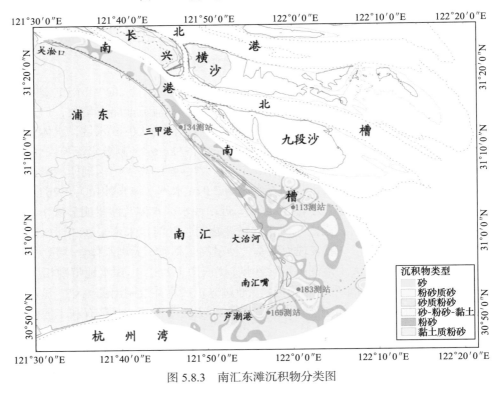

图 5.8.3　南汇东滩沉积物分类图

　　南汇东滩垂向沉积构造常常以水平层理为主，中下层低滩沉积带也常见小型波痕，交错层理为多。由于该潮滩频繁圈围，潮滩高低和宽窄分布非常不均匀，其动力条件和泥沙来源差异较大，所以不同区域和不同基面沉积物组成也不一致(表 5.8.1)。Ⅰ号站位于南汇东滩中低潮滩，以黏土质粉砂层为主,滩面在吴淞基面以上 1.5 m 左右，整个 60 cm 柱状样剖面以黏土质粉砂层为主，也呈现多层黏土质粉砂和粉砂互层，而粉砂层较薄，仅为几厘米厚。整个柱状剖面沉积物的垂向分布反映了中低潮滩潮流与波浪交互作用下不同泥沙颗粒沉积的结果。

Ⅱ号站位于南汇嘴凸端北侧中潮滩，滩面在吴淞基面以上 2.8 m 左右，该区域面向东海，常受风浪影响，将近岸海床较粗颗粒泥沙推向近岸地带，形成以砂质为主的沉积区，中值粒径为 26～139 μm(表 5.8.1)，整个 70 cm 取样剖面以砂层为主，也呈现多层较薄的砂质粉砂和粉砂质砂交互层，仅为几厘米厚。整个柱状剖面沉积物的垂向分布反映了取样点中潮滩波浪作用较强的结果。

表 5.8.1 柱状样沉积物颗粒径组成表

取样点	深度/cm	中值粒径/μm	黏土/%	粉砂/%	细砂/%	沉积物分类
南汇东滩中低潮滩(Ⅰ号站)	0	13.7	23.12	75.62	1.26	黏土质粉砂
	5	13.5	23.90	75.65	0.415	黏土质粉砂
	10	15.2	19.61	80.36	0.03	粉砂
	15	13.9	24.00	74.18	1.82	黏土质粉砂
	20	10.1	27.53	72.44	0.03	黏土质粉砂
	30	30.8	13.75	82.47	3.78	粉砂
	40	9.4	29.29	70.70	0.01	黏土质粉砂
	44	35.1	13.06	69.84	17.10	粉砂
	50	9.8	28.88	70.65	0.47	黏土质粉砂
	60	9.4	29.39	70.55	0.06	黏土质粉砂
南汇凸嘴中潮滩(Ⅱ号站))	0	53.5	9.45	43.63	46.92	沙质粉砂
	10	130.5	7.77	11.99	80.24	细砂
	30	148.9	4.00	6.51	89.49	细砂
	50	125.3	10.35	20.61	69.04	砂质粉砂
	65	138.4	6.67	12.54	80.79	细砂
	70	26.6	17.21	60.41	22.38	粉砂质砂

5.8.1.2 潮滩冲淤变化

南汇东滩属于河口边滩地貌类型。因为岸滩长期频繁地实施促淤圈围工程，高中潮滩极少，水下滩较大。常年受流域来水来沙和潮流及风浪的影响，岸滩存在不同程度的冲淤变化，潮滩以淤涨为主。根据现场地形断面高程定期观测和多年地形图剖面资料(断面位置见图 5.0.1，下同)，采用不同时间对比分析，东滩有明显的不均衡淤积分布特征。

南汇东滩自上游向下游，其宽度逐渐变大，滩坡平缓，平面形状呈犁头形向海突出。众所周知，南汇东滩是上海陆缘淤涨速度最快的滩涂，根据沉积、地貌、考古和历史资料记载(图 5.8.4)，一条一条保留在大地上不同年代的海塘线，显示南汇嘴整体上向东偏南方向海域伸展过程，历史时期海岸线平均每年外涨 24 m，而近期向外涨的速度有所变大(李九发等，2010)。

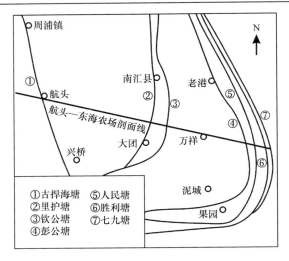

图 5.8.4　南汇边滩海塘迁移示意图

　　南汇东滩仍为目前上海市陆缘最宽大的潮滩。20 世纪 90 年代中期以来，上海市在南汇东滩 0 m 等深线地带实施了筑坝促淤圈围，使海岸线一次性向海推进 1.0～5.0 km。目前，由于浅滩水流较平顺，多方位来沙丰富，整个浅滩平面呈较快的淤涨趋势(图 5.8.5～图 5.8.7)。从图 5.8.5 可以看出，2002～2007 年，小于 2 m 水深的浅滩平均淤积厚度为 1.0 m 左右，近岸浅滩基面已多于 2.0 m，局部人工种草区域浅滩基面已超过 3.0 m(图 5.8.6)。

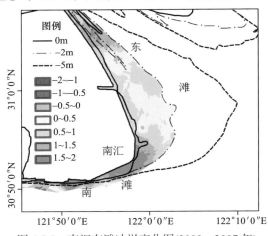

图 5.8.5　南汇东滩冲淤变化图(2000～2007 年)

图 5.8.6　人工草滩图

再从图 5.8.7 看，南汇东滩 2 m、5 m 等深线均向外推移，其中 2 m 等深线外推速度明显大于 5 m 等深线，同时也显示出浅水区受主槽演变的影响很小，而 5 m 等深线浅滩区受主槽主流线摆动的影响较大，5 m 等深线浅滩不仅存在淤涨不均的现象，而且九段沙上沙尾部伸入南槽河道江中心，迫使南槽河道上游区水流南压，导致没冒沙外侧的浅滩冲刷，5 m 等深线出现蚀退。整体上看，南汇东滩平面呈稳定的淤涨趋势。

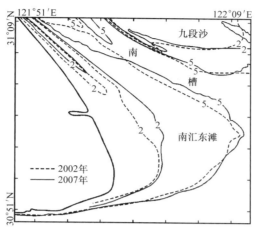

图 5.8.7　南汇东滩等水深线变化图

N₅ 为固定观测断面，每个月大潮期观测滩面的相对基面高度。同时，每年 9 月用 RTK 量测滩面的绝对基面。从表 5.8.2 和图 5.8.8 看，整个观测断面的滩地均出现淤涨现象，近岸滩淤涨速度快于远岸滩，近岸滩年淤积厚度可达 50 cm 左右，远岸滩年淤积厚度也在 10～30 cm，代表 2003 年东滩低滩促淤圈围垦后滩地淤涨特性，同时表明近期南汇东滩仍处于快速淤涨期，而且近岸向远岸随着水深加大，淤涨速率出现较均衡的递减趋势，尤其是近岸浅滩随着滩面的淤涨抬高到某基面后淤涨速率明显变大，符合一般潮滩的淤涨规律。

表 5.8.2　N₅ 断面地形吴淞基面高程观测数据表

起点距/m	基面以上高程/m			③－①/m
	2007 年①	2008 年②	2009 年③	
0	1.14	1.20	2.31	1.17
10	1.03	1.08	2.15	1.12
20	1.02	1.09	1.66	0.64
30	1.03	1.09	1.48	0.45
40	0.99	1.08	1.30	0.31
50	0.97	1.06	1.28	0.31

续表

起点距/m	基面以上高程/m			③-①/m
60	0.91	1.01	1.13	0.22
70	0.81	0.96	1.08	0.27
80	0.72	0.88	0.94	0.22
90	0.59	0.77	0.84	0.25

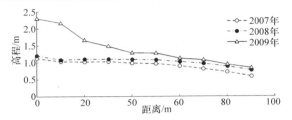

图 5.8.8　N₅断面岸滩实测地形冲淤变化剖面图

同时，在南汇东滩再取 5 条地形横断面(N₁、N₂、N₃、N₄、N₆)。2003 年南汇东滩圈围堤竣工后至 2005 年，0 m 等深线外移了 414～636 m，年平均外移速度多于 250 m(李九发等，2010)。再从表 5.8.3 和图 5.8.9～图 5.8.13 看，2005～2009 年整个东滩年均外移速度达到 231 m，其中 0 m 等深线平均外移了 60 m，2 m 等深线外移了 193～1412 m，5 m等深线有冲有淤，平均外移多于 200 m，而且平面上淤涨的差异与地形形状非常一致。首先，0 m 等深线区域淤涨强度差异性不大，直接受主河槽水流的影响较小。其次，位于凸出的沙嘴地带的 N₃、N₄断面，其 2～5 m 水深区域地形外移距离最大，2 m 等深线年均外移速度达到 300 m 左右，5 m 等深线年均外移速度达到 500 m 左右。而位于南槽河道上游的 N₁断面，地形外移速度较小，5 m 等深线出现内退 20 m/a 左右，与近期主河槽演变有关。总体上看，2003 年圈围大堤工程完成后，南汇东滩继承着长江河口南边滩向海伸展的自然淤涨规律，并充分显示出南汇东滩淤涨地貌已经进入到快速塑造过程。

表 5.8.3　2005～2009 年南汇东滩不同水深延伸长度表　　　　(单位：m)

水深	N₁	N₂	N₃	N₄	N₆
0m	259	218	298	210	223
2m	193	707	1412	1196	655
5m	-65	348	2264	2019	60

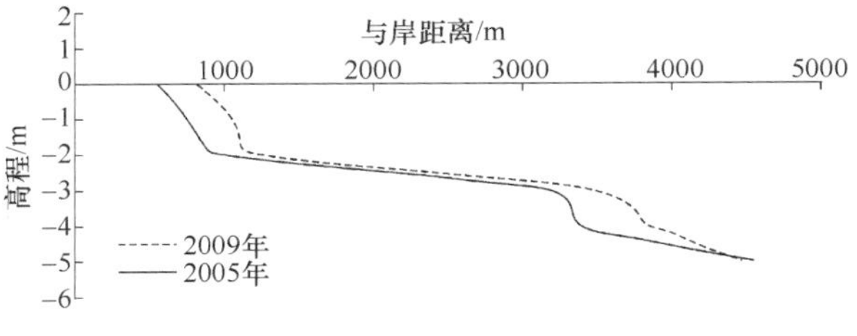

图 5.8.9　N₁断面岸滩地形冲淤变化剖面图

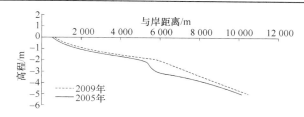

图 5.8.10 N_2 断面岸滩地形冲淤变化剖面图

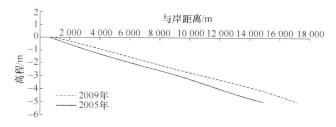

图 5.8.11 N_3 断面岸滩地形冲淤变化剖面图

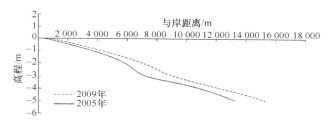

图 5.8.12 N_4 断面岸滩地形冲淤变化剖面图

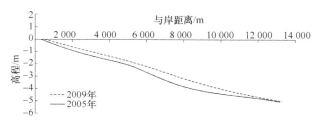

图 5.8.13 N_6 断面岸滩地形冲淤变化剖面图

没冒沙沙脊：南汇东滩江镇到老港岸段存在一条潮汐沙脊，因为该沙脊形成初期基本被淹没在水面下，所以其被称为没冒沙沙脊(图 5.8.14)。

20 世纪初期，一次极强台风将宽阔的南汇东滩浅滩冲散，从此南汇东滩浅滩上开始出现沙嘴形地貌形态(图 5.8.14)，至 1953 年，没冒沙仍然属于南汇东滩浅滩的组成体，0 m 水深包络的沙嘴长曾达 14 km。因为主槽和边滩倒套之间存在水位差，特别是 1954 年长江发生特大洪水，沙嘴上游一侧(根部)浅滩被切开，于是沙嘴成为独立的岸外潮流沙脊(图 5.8.15)，1959 年 2 m 水深包络的沙体长度为 19 km 左右，成为当地民众称为的没冒沙，而它的倒套转化为没冒沙浅水槽，独特的脊槽地貌结构在没冒沙水域特定的动力条件作用下，已经稳定地存在了百年之久。

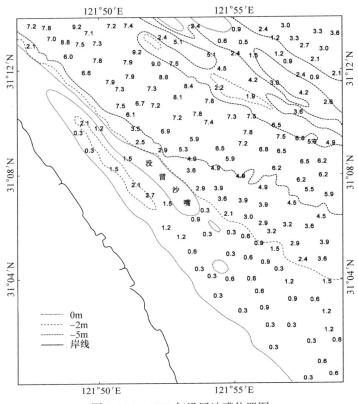

图 5.8.14　1953 年没冒沙嘴位置图

　　没冒沙形成后，在涨、落潮流的作用下，沙脊也存在着上下移动过程。1961~1965
年，没冒沙沙头位置略有下移(表 5.8.4)，其沙脊走向未变，尾部向下游延伸近 2.2 km。
至 20 世纪 70 年代前后，南北槽河道分流口主流向北摆动，南边滩来沙量增加，发生快
速淤涨，1980 年没冒沙沙头上提千余米，同时，在整个南边滩淤涨形势下，没冒沙浅水
槽下部 2 m 等深线曾经出现中断，没冒沙 2 m 等深线范围内，其下部已与南边滩连成一
体，但其沙体的隆起特征依然明显。尽管没冒沙浅水槽下端点出现较大幅度上提过程，
但西北—东南走向没有变化。

表 5.8.4　没冒沙 2 m 水深线沙体上下移动距长统计表

年份	沙头/m	沙尾/m
1961		
1965	−40	−2195
1978	−380	+8032
1980	+1141	+4341
1986	+692	+7274
1997	+293	−4049
1999	−786	−2140
2003	−2314	−2010

注：与 1961 年对比，向上游移动为正，向下游移动为负；1978 年以后，没冒沙的下端点量测以没冒沙浅水槽下端为终点

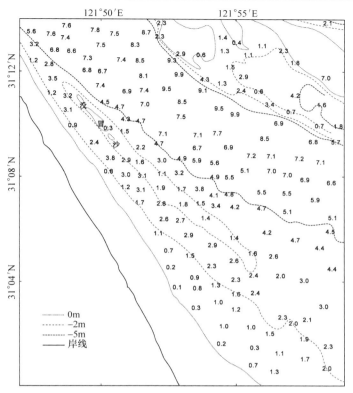

图 5.8.15　1959 年没冒沙沙脊位置图

　　20 世纪 90 年代后期以来，进入南槽河道的水量有所增加，没冒沙沙体随着南槽河道上中游段河道出现冲刷而沙体下移。如图 5.8.16 和表 5.8.5 所示，与 1997 年没冒沙 0 m 沙头位置相比，1999 年、2001 年、2003 年依次向下游迁移，至 1999 年下移了 1048 m，2001 年又下移了 401 m，至 2003 年又下移了 1612 m，反映了落潮优势流作用下沙头侵蚀下移的特征，这与同期的南槽河道中上游河床发生冲刷相一致(图 5.0.2)。0 m 水深沙尾

表 5.8.5　没冒沙 0 m 沙体上提下移距长统计表

年份	沙头/m		沙尾/m	
	与 1997 年相比	差值	与 1997 年相比	差值
1999	−1048		−2265	
		−401		−2361
2001	−1449		−4626	
		−1612		+3526
2003	−3061		−1100	
		−1835		−3364
2009	−3283		−1262	

注：与 1997 年对比，向上游移动为正，向下游移动为负

与 1997 年相比，至 2001 年沙尾下延 4626 m，反映了沙头受侵蚀泥沙向下游搬运而加
速沙尾延伸的特征。但是，2002 年 0 m 沙尾被切割，致使 2003 年出现沙尾向上游退缩
3526 m 的情况。2003 年南汇边滩 0 m 水深线大规模促淤圈围后，到 2009 年没冒沙伴随
0 m 水深沙头下移 223 m，沙尾下移 162 m，此后没冒沙沙体位置处于变幅最小期，0 m
水深包络的沙体轴线方向相当稳定(图 5.8.16 和图 5.8.17)。如今没冒沙水域实施了新一轮
促淤圈围工程，以往的没冒沙沙脊成陆后，此地貌名词将在长江河口中永远消逝。

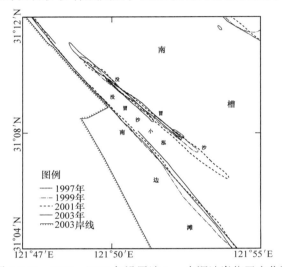

图 5.8.16   1997～2003 年没冒沙 0 m 水深沙脊位置变化图

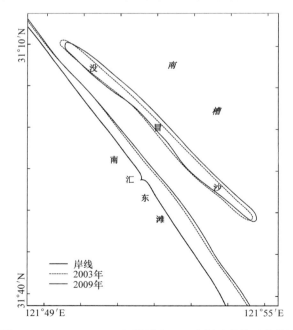

图 5.8.17   2003～2009 年没冒沙 0 m 水深沙脊位置变化图

总体上看，南汇东滩主体区域地处河口拦门沙地带，含沙量高。2003 年南汇潮滩 0 m 水深浅滩圈围工程完成后，长江河口和杭州湾落潮合流、涨潮分流的缓流区泥沙堆积而成的地形格局基本未变，有利于将深水区泥沙输移到浅水区淤积，岸滩淤涨速度较快。但其淤涨速率在时空上也存在着较大变异，总体上南汇东滩属于淤涨性岸滩类型。

没冒沙作为南汇东滩水域的潮汐沙脊，沙脊自形成以来，无论是纵断面变化还是平面变化，均反映了其沙头部位冲刷下移，沙尾部分不断淤积延伸，在稳定的往复性潮流作用下，没冒沙自然具有潮流沙脊性质，沙体形态有较好的稳定性。但没冒沙沙脊已成为历史中的长江河口地貌名词。

5.8.2 九段沙沙洲

长江河口为典型的江心洲型的分汊河口。九段沙沙洲位于南、北槽河道之间，是长江河口发育过程中河床底沙推移堆积而成的典型拦门沙沙洲，成为河口第三级分汊口沙洲，继崇明岛、长兴和横沙沙岛后的第 3 代新生冲积沙洲(岛)。经过 60 多年的泥沙不断搬运和沙洲演变过程，如今小于 5 m 水深东西长轴方向长度为 49.8 km，南北向最大宽度为 12.8 km，0 m 水深以上沙洲面积为 154 km²，5 m 水深包络的面积达 417 km²(表 5.8.6)，平面外形呈长椭圆形沙洲，出露水面滩地可分为上沙、中沙和下沙三部分(图 5.8.18)。它位于河口口门而不断承接南港河道下移的底沙来源，它又处于河口最大浑浊带区域接受悬沙的淤积。所以，成为长江河口面积最大的原始湿地浅滩，2005 年九段沙湿地已被列为国家级自然保护区，同时又与南北槽河道通海航槽形成唇齿相依的关系，必然有着重要的地理位置和丰富的湿地资源。

表 5.8.6 九段沙等深线包络的面积变化统计表

等深线	1958 年	1961 年	1973 年	1980 年	1989 年	1994 年	1998 年	2004 年	2007 年	2010 年	2013 年
0 m	32	36	59	77	81	123	121	176	176	152	154
2 m	87	92	—	—	—	244	230	247	288	229	228
5 m	159	180	264	276	317	404	393	392	420	418	417

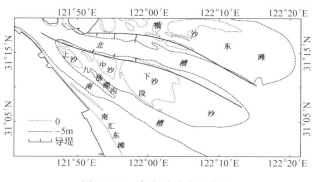

图 5.8.18 九段沙沙洲形势图

5.8.2.1 水沙环境

九段沙处在南、北槽河道之间，面向东海。沙洲沙头受南、北槽河道分流口水流的影响，沙尾受东海潮汐潮流控制。九段沙为长江河口口门区域湿地沙洲，直接受潮流动力控制，涨、落潮潮时基本相等，为 6h 左右。潮流流向呈东南—西北向(图 5.8.1)，潮流速偏弱，涨潮平均流速为 0.52 m/s，测点最大流速为 1.07 m/s，而落潮平均流速为 0.42 m/s，测点最大流速为 0.95 m/s，涨潮流略强于落潮，符合潮滩潮流特性。

九段沙地处河口拦门沙水域，水体含沙量较高，涨潮平均含沙量为 0.70 kg/m³，测点最大含沙量为 2.79 kg/m³；而落潮平均含沙量为 0.76 kg/m³，测点最大含沙量为 2.04 kg/m³。涨、落潮含沙量差异较小，代表了测站所处的 3 m 水深浅滩区域泥沙输移特性。而高滩靠近北槽河道深水航道南导堤区域含沙量在 1.00 kg/m³ 左右，最大可达 3.00~5.00 kg/m³。九段沙涨潮沟最大含沙量可达数十千克，体现了涨潮沟的输沙特性。

再从图 5.8.19 看，涨潮时段潮流速过程线出现波动，涨潮后 1 个多小时，潮位(水深)在涨高，潮流速出现持续 2h 的下降现象，然后潮流速快速增大，而且流向明显北偏 20 多度，此现象与北槽河道深水航道南导堤有关，涨潮初呈潮滩自然水流，然后随着水位波动缓慢升高，水流被导堤阻挡，流速减缓，而随着水位继续升高，出现越堤水流，潮流速快速递增，其潮流流向偏向北槽深水航道(图 5.8.19)。潮动力的波动变化过程必然导致含沙量出现类似的波动现象(图 5.8.20)。

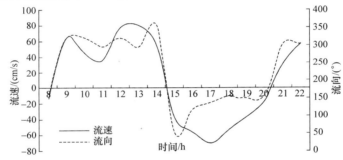

图 5.8.19　中潮汛九段沙 3 m 水深浅滩流速流向过程线图(2008 年秋季)

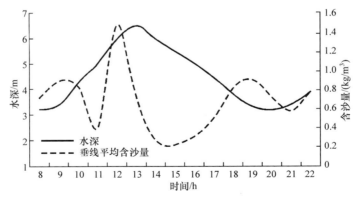

图 5.8.20　中潮汛九段沙 3 m 水深浅滩水沙过程线图(2008 年秋季)

九段沙水下滩沉积物类型主要包括细砂、粉砂质砂、细砂质粉砂、细砂—粉砂—黏土、粉砂和黏土质粉砂 6 种类型(Yan et al., 2011)，其中以细砂、黏土质粉砂在潮滩沉积物中占的比例最大。0 m 水深以上的潮滩湿地随着基面增加，沉积物逐渐以黏土为主，

并伴随有一定数量的粉砂成分。九段沙水下滩湿地中值粒径范围介于 5.5～177 μm，自
0 m 等深线到 5 m 等深线滩面上，中值粒径由细到粗、到细、再变粗。九段沙尾北翼沉
积物相对较粗，中值粒径为 177 μm 左右，反映了波浪的经常颠选作用。而九段沙尾南翼
的 2～5 m 水深的地带中值粒径较小，为 7.8～15.6 μm，以黏土、粉砂为主。在临近 5 m
等深线处又稍微变粗，中值粒径可达 105 μm。

5.8.2.2　沙洲冲淤变化

九段沙沙洲的母体原是长江河口长兴和横沙沙体的复合体(图 5.5.1)。张莉莉等(2002)
认为，1879～1908 年海图上的横沙南面铜沙涨潮槽外侧形成了一条类似于今日南港瑞丰
沙一样的下延沙嘴，沙嘴下游端 5 m 水深线已延伸到 122°06′52″(图 5.8.21)，该沙嘴已取
名为九段沙。此后，九段沙伴随着长兴岛和横沙岛成陆及铜沙浅滩的演变而发生了复杂
的冲淤变化(图 5.8.22)，南港河道冲深，被冲泥沙向凸岸搬运，此时期九段沙南侧出现明
显淤涨现象。至 1945 年海图仍显示九段沙为铜沙浅滩和横沙岛岛影的沙洲(图 5.5.1)，但
沙洲中间出现上、下两条串沟。1954 年长江特大洪水将两条串沟之间的浅滩冲开而全线
贯通，即时北槽河道形成，九段沙从此脱离母体而成为独立的沙洲(图 5.8.23)，可以说九
段沙成为独立江心沙洲经历了漫长的演变过程后，并为长江特大洪水作用的结果。可见，
洪水对河口浅滩冲刷和底沙推移的作用是巨大的。

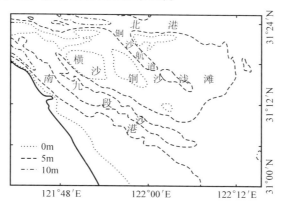

图 5.8.21　1879～1908 年九段沙沙洲形势图

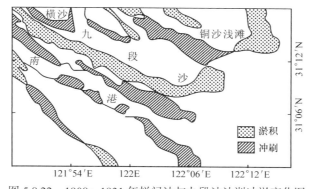

图 5.8.22　1908～1931 年拦门沙与九段沙沙洲冲淤变化图

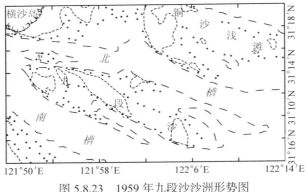

图 5.8.23　1959 年九段沙沙洲形势图

九段沙沙洲淤涨与上游河道频繁的底沙运动和泥沙输移有关。根据初步计算分析，长江河口以沙洲形式推移运动的底沙每年达 3.5×10⁸t 以上。曾经中央沙不断地冲淤变化，大量底沙进入南港河道后首先在南港河道主槽北侧停留，并形成瑞丰沙嘴，使瑞丰沙嘴不断下延(图 5.4.4)，1986 年瑞丰沙嘴因下延超长，有 5.3 km 长的沙尾被横向水流切割，以散体或块状沙体向下游九段沙沙洲运移。与此同时，南槽河道上口南岸边滩，于 20 世纪 80 年代中期被落潮水流冲开，于 1986～1989 年被称为江亚南沙边滩，开始向九段沙沙洲方向移动，并逐渐成为九段沙沙滩的新沙头，称为九段沙上沙(也称为江亚南沙)，九段沙新增沙洲体积达 1.02×10⁸ m³(图 5.8.24)。可见，这些活动的沙体均成为九段沙沙洲不断扩大的主要沙源。所以，九段沙沙洲成为独立沙洲 60 多年来，0 m 水深以上沙体平面面积是原始面积的 4.8 倍，2 m 水深包络的平面面积是原始面积的 2.6 倍，5 m 水深包络的平面面积从 1958 年的 159 km² 增大到 2013 年的 417 km²，成倍增长(表 5.8.7 和图 5.8.25)。

表 5.8.7　九段沙等深线包络的面积变化统计表

等深线	1958 年	1973 年	1980 年	1989 年	1994 年	1998 年	2001 年	2004 年	2007 年	2010 年	2012 年	2013 年
0 m	32	59	77	81	123	121	139	176	176	152	153	154
2 m	87	—	—	—	244	230	262	247	288	229	226	228
5 m	159	264	276	317	404	393	420	392	420	418	412	417

图 5.8.24　江亚南沙向九段沙移靠示意图

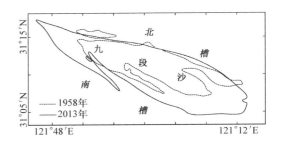

图 5.8.25　九段沙 5 m 等深线沙体平面扩展图

　　九段沙在不断承接上游底沙来源的同时，由于在河口不平衡动力作用下，九段沙沙洲局部冲淤变化频繁，图 5.8.26a 和图 5.8.26b 为 1965～1996 年不同时段九段沙不同部位冲淤图，表明该沙洲呈不规则淤涨，总体上沙体南侧和下端淤涨和延伸较大，尤其是 20 世纪 80 年代中后期为九段沙南侧淤涨最快时期。与此同时，由于九段沙位于开阔的河口地带，常受不同方向风浪的影响，尤其是强台风和强寒潮对沙洲产生强烈的冲刷作用，浅滩基面变化不大，以光滩为主。

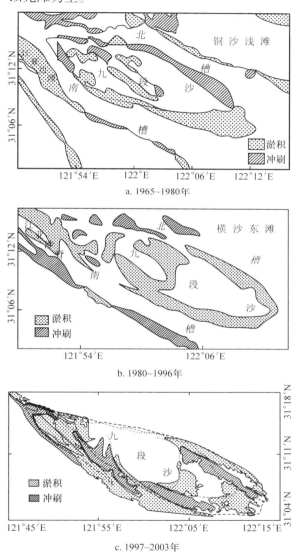

a. 1965~1980年

b. 1980~1996年

c. 1997~2003年

图 5.8.26　九段沙冲淤变化图

　　1997～2003 年(图 5.8.26c)，北槽河道深水航道整治工程完成后的九段沙仍然以淤积为主。同时，此期间九段沙人工种青和深水航道工程实施，九段沙开始逐年长高(图 5.8.27)，至 2013 年 0 m 水深以上高滩面积增长 60%。这与历史时期九段沙"涨大不涨高"的规律有所不同。人类活动的强烈干扰促使九段沙沙体呈现出长高的趋势。

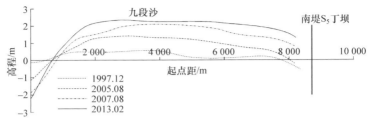

图 5.8.27　九段沙 S_5 丁坝断面横向滩面基面变化图

　　沙洲头、尾冲淤变化：长江河口为典型的潮汐河口，沙洲的冲淤受到涨、落潮水流影响，长期以来绝大多数江心沙洲均为头部冲刷、沙尾淤涨，然后上游河道沙洲被冲刷下移，泥沙又增补下游沙洲体头部，周而复始，成为长江河口沙洲长期演变的普遍规律。一般沙洲头部冲刷下来的泥沙沿着沙体边缘向沙尾堆积。图 5.8.28 为九段沙头部冲淤变化图，九段沙沙头在落潮水流的冲击作用下基本上呈年年后退的趋势。20 世纪 80 年代初期沙头后退速度最快，1980～1981 年后退速度为 450 m/a，1981～1982 年后退速度为 780 m/a。初步分析计算，1973～1990 年九段沙小于 5 m 水深沙头被冲走的泥沙共 $1.36×10^8$t。此后，一方面九段沙沙头后退速度逐渐减慢，1990～1998 年沙头 5 m 等深线后退了 1936 m，平均每年后退 242 m，后退方位角度为 125°，与落潮主流方向一致；另一方面，江亚南沙的合并使九段沙沙头上提了多于 7.4 km(图 5.8.24)，1998 年开始在九段沙沙头实施护头和分流潜坝工程，从此九段沙沙头在人造工程控制下出现新的冲淤变化过程。

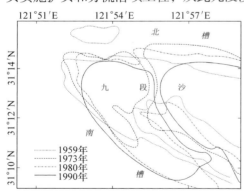

图 5.8.28　九段沙沙头 2 m 等深线变化图
(1959～1990 年)

　　在 1998～2000 年深水航道南北槽河道分流口潜堤工程实施期间，堤根工程布置在沙头 2 m 浅水带(范期锦和高敏，2009)，此期间沙头 5 m 等深线仍然持续后退，但后退速度比工程实施前有所减慢，年均后退约 155 m，后退方位角为 137°左右，说明分流口潜坝沙头的后退速度受到明显的抑制作用。由于分流潜坝工程完工后的分流效应显现，南槽河道落潮流量比逐渐增大，从 1999 年 8 月占南北槽河道落潮总流量的 38.6%逐渐上升到 2008 年的 56.4%(高敏等，2009；万正松等，2009)，使得分流口南侧的水动力作用增强，沙头南侧出现冲刷，而北侧潜坝微凹处水动力相对减弱，造成沙头在新一轮的上提过程中沿潜坝北侧向上游延伸(图 5.4.16)。2007 年沙头较 2000 年上提了 2.14 km，但是沙头平均移动指向约为 313°(表 5.4.3)，其延伸走向与原沙头走向相比北偏 9°。同时，2005～2007 年沙头上堤距长明显减小，说明目前越堤沙头上提过程已受到北槽河道深水航道工程束水作用抑制，沙头继续上延伸长的可能性极小。但值得注意的是，越堤沙头的上提对北槽河道分流量有一定的影响。与此同时，九段沙头被分流潜堤固定后发生持续淤积，1994 年上沙沙体 5 m 等深线以浅沙体体积约为 8.9×10^7 m³，至 2007 年体积增大至 1.8×10^8 m³，垂向平均淤积速率达 13 cm/a，5 m 等深线北侧已延伸到南导堤的丁坝头，几乎成为丁坝头的连线(图 5.5.6)。2 m 等深线以浅沙体面积保持较高的速率增长(表 5.8.8)。

表 5.8.8　上沙沙体面积变化表　　　　　　　　　　(单位：km²)

年份	0 m 等深线	2 m 等深线
1997	5.1	21.4
2001	12.1	23.0
2004	15.4	26.8
2007	15.2	32.0
2012	13.7	32.3
2013	12.8	31.5

与沙头相对应的沙尾表现为年年淤涨下延(图 5.8.29 和图 5.8.30)，沙尾下延的速度较快，最快的年份可达千米以上，1971～1976 年的 5 年中九段沙尾部延长 4200 m，年均淤涨速度为 840 m。初步分析计算，1959～2003 年九段沙小于 5 m 水深沙尾共淤涨泥沙 4.76×10^8t。近 20 年来由于北槽河道深水航道南导堤和丁坝的工程效应，一方面导堤和丁坝地带出现淤积，使九段沙沙尾东北端呈淤涨外延趋势(图 5.8.29b 和图 5.8.30 断面 B)；另一方面九段沙尾东南方向，导堤工程阻拦了中潮位以下南北槽河道水沙交换，使得外海以 305°传递的涨潮流直冲九段沙尾部东南端，致使近年来九段沙尾部东南端出现侵蚀现象(图 5.8.30 断面 A)。

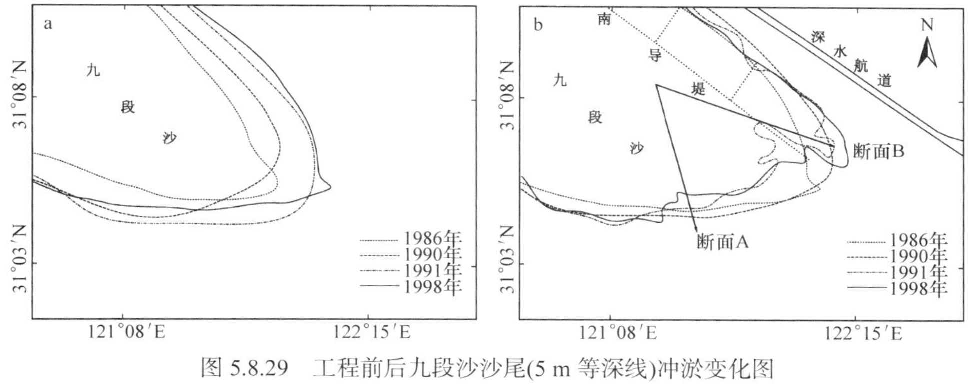

图 5.8.29　工程前后九段沙沙尾(5 m 等深线)冲淤变化图

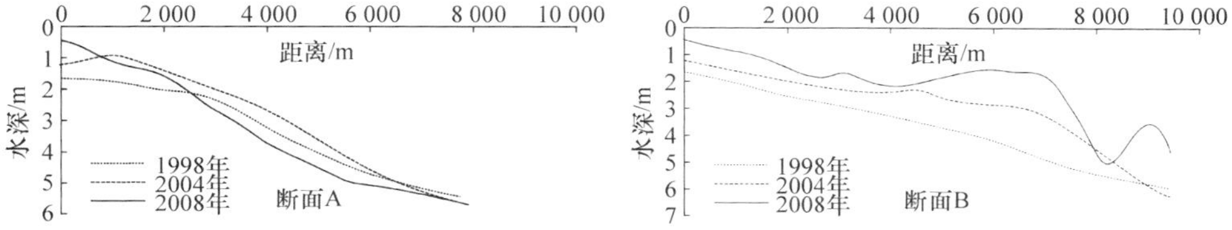

图 5.8.30　工程后九段沙沙尾纵断面冲淤变化图

九段沙涨潮沟及上沙沙尾冲淤变化：九段沙涨潮沟曾是南北槽河道水沙交换的重要通道。作为涨潮沟上边界的上沙，尤其是沙尾端常常受涨潮水流顶冲而不断侵蚀后退，

1990～1998 年自然状态沙尾后退近 2 km(表 5.8.9 和图 5.8.31)。南导堤的建设使九段沙涨潮沟通道被阻断(中潮位以下),从而涨潮流挟带高浓度泥沙,经由九段沙涨潮沟通道上溯时遇到南导堤阻挡后转向西,从上沙沙体前端漫滩或由通道折回南槽河道。与此同时,北槽河道涨潮流有部分越过堤坝,并通过上沙前端进入南槽河道(万正松等,2009),加重了导堤南侧的冲刷。1998 年以来上沙滩面一直处于冲刷下降状态,至 2007 年滩面比 1998 年工程开始时平均下降 2 m 左右,最深处已达 5.9 m(图 5.8.32),而部分被冲刷泥沙沿上沙沙洲北侧落淤,造成北侧滩面快速抬升。同时,更多的泥沙顺着上沙沙洲两侧输移,在沙尾下端淤积,南导堤工程实施后上沙沙尾呈现出非常强烈的淤涨态势(表 5.8.9)。1998～2000 年沙尾淤涨最快,淤涨速度近 3 km/a。不断下移延伸的沙尾极不稳定,常常被横向水流切割移动,形成活动沙体(刘杰等,2010；李九发等,2006),将对南槽河道航道造成极大的影响,需引起足够的重视,并采取相应的措施,以确保南槽河道航道的稳定和安全。

表 5.8.9　上沙沙尾(5 m 等深线)冲淤变化统计值

年份	1990	1994	1998	2000	2005	2008
距 S_{18} 浮标/km	11.08	12.55	12.97	7.06	3.15	0.45
移动距离/km		−1.47	−0.42	5.91	3.91	2.7
平均速度/(m/a)		−367.5	−105	2955	780	900

注:"−"表示后退

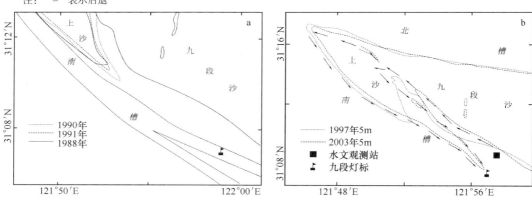

图 5.8.31　上段沙沙尾(5m 等深线)冲淤变化图

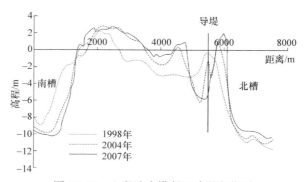

图 5.8.32　上段沙头横断面冲淤变化图

中轴线基本稳定：九段沙沙洲在自然演变过程中，沙体自身调节平衡，向稳定趋势发展，表现在中线(指沙头与沙洲质心的连线)与长轴线(指沙头至沙尾连线)重合较好，两者夹角均小于 1.5°(图 5.8.33a～图 5.8.33c 和表 5.8.10)。近年来北槽河道深水航道整治工程实施导致九段沙沙头和沙尾向北延伸，从而使长轴线随之北移，中线与长轴线夹角扩大为 4°左右(图 5.8.33d～图 5.8.33f 和表 5.8.10)。但是，沙洲的中线和质心点并未发生较大变化，中线方位角保持在 299°左右(表 5.8.10 和图 5.8.33)，表明工程后的几年中九段沙沙洲主体位置并未出现较大的摆动，仅沙头和沙尾对工程做出一些较少的响应。

表 5.8.10 九段沙长轴与中线角度变化统计

	工程前			工程后		
	1986 年	1994 年	1998 年	2000 年	2005 年	2008 年
长轴方位角/(°)	299.8	298.9	297.5	296	295.2	295.9
中线方位角/(°)	300.5	299.5	299	298.5	299.5	299.7
长轴与中线夹角/(°)	0.7	0.6	1.5	2.5	4.3	3.8

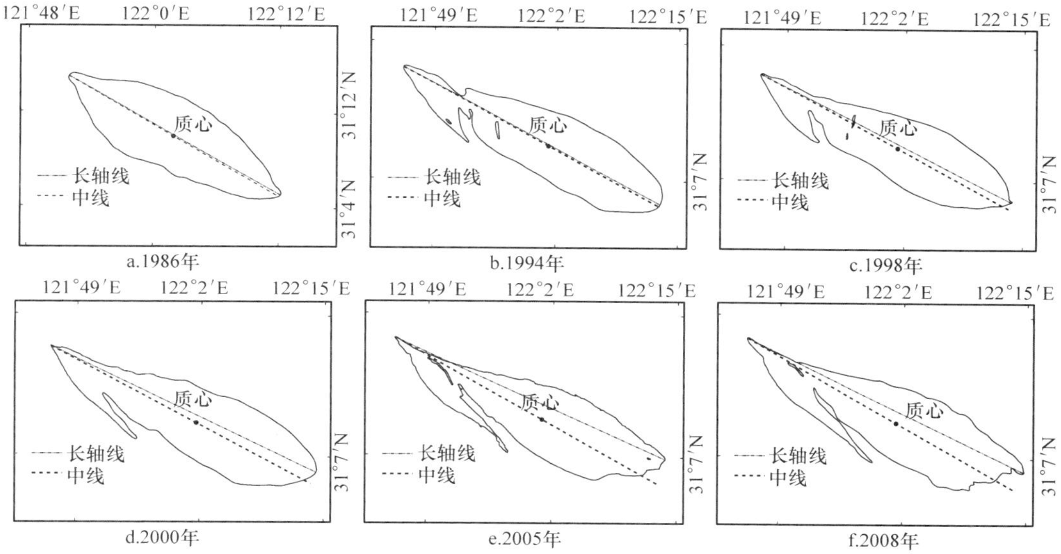

图 5.8.33 九段沙中线与长轴线变化图

潮滩微地貌沙波形态：九段沙正面面向东海，常受台风袭击，又受外海潮汐正面影响，一方面水下滩面(大于 3.5 m 水深)在风浪和潮流的作用下，床面表层沉积物经过水动力的不断分选，床面表层沉积物颗粒较粗，以细砂为主，中值粒径在 144μm 左右，并且分选较好(赵建春，2009)。另一方面，在正面的强、中风浪和潮流等动力作用下，九段沙尾水下滩床面发育有不同类型的微地貌沙波形态，实测大型类沙波波高在 0.6～3.7 m，波长介于 550～1100 m，沙波对称较差(图 5.8.34 和图 5.8.35)，而在大型沙波上又发育了次一级较小沙波，次一级沙波波高为 0.2～0.5 m，波长为 20～45 m，迎流面坡度较缓而背流面坡度较陡，两者间的角度差在 3°～8°(图 5.8.35)。初步判断大型沙波与强台风风浪有关，因为此类沙波形态较大，常态下的潮流速难以对此产生强烈的改造作用，所以在滩面上保留时间较长，而次一级沙波与潮流速作用有关。

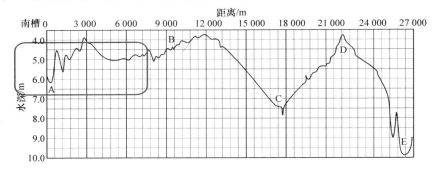

图 5.8.34　滩面大型沙波形态图

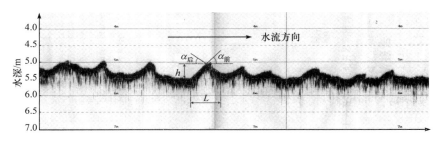

图 5.8.35　滩面小型沙波形态图

总体上看，自从 1954 年九段沙脱离横沙岛与铜沙浅滩以后，在陆海两股水动力相互作用及南、北槽河道分水分沙比值不断更替变化，以及上游河道和南岸边滩底沙不断供给的过程中，九段沙发生了较大的变化，总体上表现为沙头冲刷下移或淤积上移，沙尾淤涨下移，长、宽均在增长，沙体增大，滩面增高，潮沟发育明显，沙洲长轴基体位移幅度小，其椭圆形态变化不大。近期在人工种青和北槽河道深水航道工程的影响下，滩地增高明显，而涨大不足呈现出新的演变特征。

5.8.3　横沙东滩

横沙东滩为岛影性质的潮滩，介于北港河道与北槽河道之间，呈长条形低潮滩，属于拦门沙浅滩类型。据最新实测资料，0 m 等深线包络的浅滩面积为 78 km² 左右，2 m 等深线包络的面积达 221 km²，5 m 等深线包络的面积达 480 km²。目前，中高潮滩促淤圈围面积达 105 km²，自然潮滩实际面积有所减少，而横沙东滩仍为长江河口潮滩中面积较大的浅滩之一(图 5.8.36)。

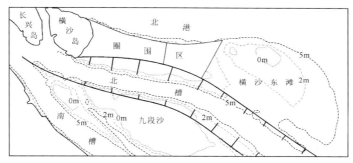

图 5.8.36　横沙东滩地形图

早在 19 世纪初期，长江河口呈南、北支两条通海河道，南支河道主流线靠近南岸一侧，而河道北侧一片散沙浅滩(图 5.8.37)。19 世纪中期北港河道形成，南、北港河道之间仍存留有大片散沙浅滩，称为铜沙浅滩，随之横沙岛开始成陆(图 5.8.38)。20 世纪 50 年代中期北槽河道形成，附属在横沙岛和铜沙浅滩的九段沙脱离母沙体，成为独立沙洲后，从此横沙东滩伴随着横沙岛扩大、位移而不断变化，成为真正的横沙岛岛影浅滩。长期以来，在涨潮分流、落潮合流的水动力作用下，横沙东滩持续向海延伸(图 5.8.39～图 5.8.41)，并在北港河道和北槽河道两股夹道水流的影响下，呈现带状延伸。横沙东滩正面面向东海，常受风浪的影响，所以潮滩只涨长，不涨高。整个浅滩的表层沉积物普遍偏粗，其中细砂、粉砂质砂分布在浅滩尾端的东北部，而较细的沉积物分布在紧邻北槽河道北导堤的浅滩区，以粉砂类型居多。此外，横沙东滩(浅滩)自东南邻北槽河道北导堤北侧浅滩，沉积物类型呈条带状分布，由黏土质粉砂、粉砂逐渐变为细沙类型。整体上横沙浅滩水下滩的沉积物类型较单一。沉积物中值粒径范围介于 11～177 μm，大多数为 125μm 左右，在北槽河道北导堤附近沉积物分布相对较细，中值粒径大于 15.6 μm，而在邻近北港河道口门的横沙浅滩东北部，沉积物中值粒径相对较粗(125～250 μm)。整体分布上表现为由东北至西南逐渐由粗变细。由于横沙浅滩水下滩的沉积物类型简单，表现出的分选系数分布相对单一，主要介于 1.2～2，在东北部的大部分沉积物较粗的区域要比靠近深水航道处分选性好(Yan et al.，2011)。

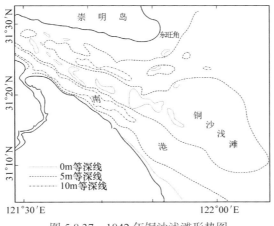

图 5.8.37　1842 年铜沙浅滩形势图

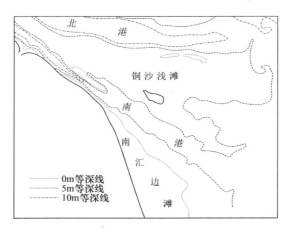

图 5.8.38 1869 年铜沙浅滩和横沙岛形势图

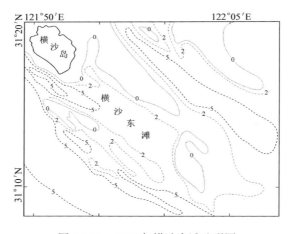

图 5.8.39 1936 年横沙东滩地形图

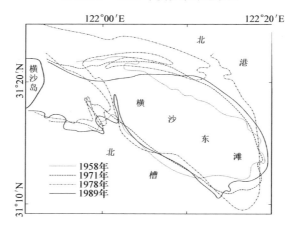

图 5.8.40 横沙东滩地形冲淤变化图(1958～1989 年)

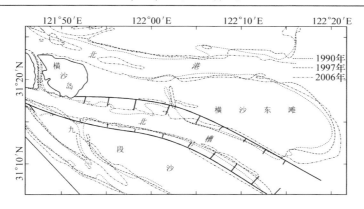

图 5.8.41　横沙东滩地形冲淤变化图(1990～2006 年)

　　1997～2013 年，北槽河道深水航道整治工程和横沙圈围工程完成后横沙东滩沙尾发生了大幅淤积现象，横沙东滩沙尾端正方向明显向海淤长，而横沙东滩圈围区北侧区域、促淤潜堤周围出现明显冲刷现象，以及沙尾北侧和东南侧与北槽河道深水航道整治的北导堤相邻区域发生局部冲刷，这与局部涉水工程的影响有关。在 1997 年的沙体形态图中，横沙东滩滩面上有多条连接北港河道和北槽河道的串沟(图 5.8.41)，此后北导堤截断了北港河道与北槽河道之间串沟的水沙交换，随后促淤潜堤的促淤作用导致串沟淤塞，此期间整个沙体仍以淤积为主(图 5.3.4 和图 5.8.42)。近期随着北导堤北侧沿堤水沟发育，沙尾东南侧发生明显的侵蚀，形成一条明显的涨潮沟，至 2013 年 5 m 等深线略有所冲刷，沙尾基本没有变化，涨潮沟没有明显发展(图 5.8.42)。近十余年来，横沙东滩已实施了促淤圈围工程(图 5.8.36)，但横沙东滩的岛影性质没有改变。

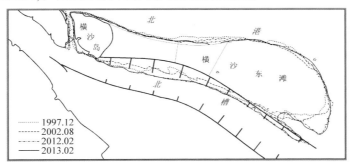

图 5.8.42　横沙东滩 5 m 等深线沙体变化示意图

5.8.4　崇明东滩

　　崇明东滩指崇明岛东部海堤以外的岛影型自然潮滩，它三面环水，其北面是北支水道尾瑞，南面是北港河道拦门沙河道，东面是河口口外海滨(图 5.8.43)。目前，东滩基面以上 3 m、2 m 和 0 m 包络的面积和水深 2 m、5 m 等深线以上面积分别为 85 km²、129 km²、263 km²、431 km² 和 798 km²。为了控制崇明东滩互花米草继续自然扩张，从而实现鸟类栖息地生态环境优化，2013～2014 年实施互花米草生长区的圈围面积为 24 km²，而崇明东滩仍然是长江河口最大的岛影型自然潮滩，尤其是中高滩面积最大，在中高滩生长茂密的植被带，潮沟体系发育，潮沟向外到达光滩基本消失，是崇明东滩具有的地貌特色。

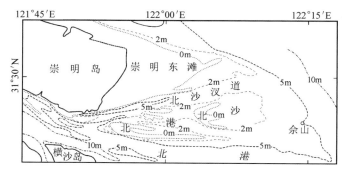

图 5.8.43　崇明东滩地形图

5.8.4.1　水沙环境

由于潮滩水深较小、滩面地形对水流的摩擦作用较强，潮滩上的流速通常较弱，实测 2 m 水深浅滩(E_1 号站，图 4.2.1)大潮涨潮平均流速为 0.36 m/s，流向为 315°；落潮平均流速为 0.62 m/s，流向为 140°。1.5 m 水深光滩(E_2 号站)涨潮平均流速为 0.14 m/s，流向为 345°；落潮平均流速为 0.28 m/s，流向为 151°，水流流向与沿岸等深线基本平行(见图 5.8.1)。E_3 号站处于光滩和互花米草之间的海三棱藨草带(1.0 m 水深左右)，涨潮平均流速为 0.06 m/s 左右，流向为 296°；落潮平均流速为 0.12 m/s 左右，流向为 57°。涨、落潮水流进出盐沼地，水流基本上是垂直于岸的方向。E_4 号站在互花米草丛中(0.5 m 水深左右)，平均流速不到 0.05 m/s，流向散乱且流速缓慢。小潮时各点流速有所减小，流向基本不变。而平均水深为 4.4 m(E_0 号站)，大潮流速较强，潮周期平均值为 1.02 m/s，实测最大流速为 2.0 m/s，涨、落潮平均流速分别为 1.13 m/s 和 0.98 m/s，涨潮流速略大于落潮。小潮期间的流速较弱，潮周期平均值为 0.59 m/s，最大流速为 1.1 m/s，涨、落潮平均流速分别为 0.57 m/s 和 0.62 m/s，二者比较接近。潮流以往复流为主，大潮涨潮平均流向为 320°，落潮平均流向为 80°。可知，崇明东滩深水域水流明显强于浅水地带。

崇明东滩的浅滩水动力过程变化迅速，水流含沙量变化范围也较大，泥沙运动和浅滩冲淤过程复杂。E_3 号站、E_4 号站水体含沙量高。实测大潮时，潮周期平均含沙量为 3.00 kg/m³ 左右，E_2 号站为 3.78 kg/m³ 左右，E_1 号站的平均含沙量最小，为 2.58 kg/m³ 左右。从潮流传播过程来看，涨潮时水流从 E_1 号站传到 E_2 号站，通过与滩面作用，大量泥沙再悬浮，造成含沙量增加。E_3 号站、E_4 号站水流受植被影响，泥沙含量不再增加，而且有部分泥沙沉降植被地带。落潮时水流从 E_2 号站流到 E_1 号站，途中泥沙的沉降及扩散作用导致含沙量降低。符合潮滩泥沙移运规律。

同样，E_0 号站大潮期间的含沙量较高，潮周期平均值为 1.2 kg/m³，最大值为 4.8 kg/m³，涨、落潮平均潮含沙量分别为 1.4 kg/m³ 和 1.2 kg/m³，涨潮略大于落潮。小潮时的含沙量较低，潮周期平均值为 0.18 kg/m³，最大值仅为 0.7 kg/m³，涨、落潮平均含沙量分别为

0.2 kg/m³ 和 0.1 kg/m³。可见，深水域含沙量明显低于浅水地带，有利于潮滩淤涨发育。

崇明东滩水下滩沉积物的中值粒径主要介于 3.9～177 μm，其中中值粒径大于 7.8μm 的沉积物主要集中分布在水深小于 2 m 的浅水地带，中值粒径小于 125 μm 的沉积物则主要分布在水深大于 2 m 的深水区，2 m 水深地带沉积物中值粒径介于两者之间。在横向上由西向东中值粒径由 2.8 μm 逐渐变为 125 μm，沉积物由细变粗。而崇明东滩的东北部沉积物则由 15.6 μm 向南逐渐变为 125 μm，即崇明东滩水下滩沉积物的中值粒径呈北细南粗、西细东粗的分布规律。崇明东滩的沉积物分选系数介于 1.5～2.0，并在 2 m 水深邻近地带达到 2.03，说明此地带沉积物的粗细组成不均，向东随着水深增加，分选值逐渐变小，分选性相对较好。

5.8.4.2 潮滩冲淤变化

崇明东滩是长江河口近几十年来淤涨速率最快的岸滩。20 世纪 50 年代以来，海堤向东推进约 12 km，平均每年推进约 240 m(图 5.8.44)，尽管崇明东滩在总体上呈净淤积态势，但淤积主要发生在近岸，岸外则有冲有淤(图 5.8.45)。

图 5.8.44 崇明东滩不同时期海堤遥感影像示意图

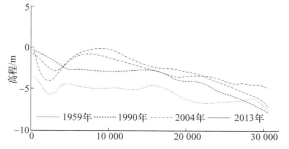

图 5.8.45 崇明东滩外邻近海域地形纵断面变化图

崇明东滩冲淤变化较复杂，主要表现为此冲彼淤和时冲时淤的演变规律。1977～1992 年水深 0 m、2 m 和 5 m 浅滩为淤涨速率较快期，仅 0 m 水深线向东淤进多于 5 km，年平均 350 m 左右，此期间由于本岛与团结沙之间的泓沟实施阻坝(图 5.3.18)，东滩向南淤涨拓展近 5 km，在淤涨并岸的同时，南侧出现蚀退。随着潮滩淤涨，其纵向地形剖面向相对均衡稳定发展时，必然使潮滩的淤涨速率减慢。所以，此后的 1992～1997 年就出现淤涨速率明显放慢现象，尤其是 0 m 和 5 m 水深地带比 1992 年以前淤涨速率减慢更明显，主要是此前 0 m 水深以上地形上凸，其后坡度较大，潮水淹没时间短，泥沙落淤就少。同样，5 m 水深地带地形剖面变化会引起下滩水流增加，就地落淤泥沙量会减少。随后东滩实施了多次较大规模的高滩围垦，破坏了原有的潮滩地形均衡剖面，有利于泥沙淤涨，并进一步使其纵向地形塑造向新一轮均衡剖面发展。所以，1997～2004 年以后东滩淤涨速率又进入加快期。目前，大于 2 m 水深滩面淤涨速率又出现减慢现象，这主要与近期流域来沙锐减有关。更重要的是，与潮滩剖面形态于 2004 年开始又恢复到均衡剖面有关(5.8.45)。

整体上看，崇明东滩呈不断淤涨势态，不同时期其淤涨速率的差异与来沙量、围垦和地形剖面形态等有关。一般 5 m 水深浅滩线淤涨速率明显比 2 m 和 0 m 水深线淤涨外移速度慢，符合潮滩发育规律。

5.8.5　顾园沙

顾园沙位于崇明东滩与启东嘴浅滩之间水域，属于北支河道口门的拦门沙沙洲，与崇明东滩呈平行的位置(图 5.8.46)，和玉芳等(2011)认为，早在 1915 年顾园沙滩顶水深为 4.2 m，6 m 水深包络的东西向长度为 16 km，沙洲经历了漫长的冲淤演变过程，1959 年地形图显示滩顶水深超过 5.0 m。此后沙洲出现淤涨发育现象，至今 0 m 沙洲面积为 6.0 km^2 左右，2 m 水深沙洲包络的面积为 36 km^2，5 m 水深沙洲包络的面积为 78 km^2。目前沙洲边缘地带有冲有淤，其位置相对较为稳定。

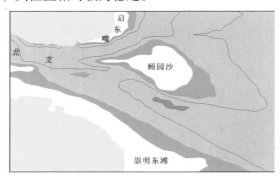

图 5.8.46　顾园沙形势示意图

5.9　滩涂空间资源

长江每年以 3.68×10^8 t(1951～2015 年)的泥沙输入河口及海洋，在河口陆海水动力交界水域，泥沙将发生物理、化学、生物和沉积过程。沈焕庭等(1986)统计器测时期以来，长江流域来沙量大约有一半泥沙沉积在河口区域，在河口塑造陆域边滩和江中心滩(岛屿)构成十分丰富的河口滩涂空间资源。

首先，长江河口南边滩是最典型的边滩型滩涂，在河口落潮流柯氏力作用下，落潮槽不断南偏，大量泥沙在河口扩散过程中呈向南偏转，并沉降形成岸滩。因此，长江河口南边滩便成为泥沙淤积的重要场所。众所周知，晚更新世末期以来，世界洋面曾迅速上升，在距今 7000 年前，海面已接近现代高度，其时海水内侵，长江河口为一弱谷型河口湾(上海市海岸带和海涂资源综合调查办公室，1988)。数千年来，在流域和海域来沙共同持续地在河口湾淤积过程中，沧海变桑田，在现在的长江三角洲大地上，一条条海堤(冈身)记录了河口湾南部边滩不断发育的年代史(李九发等，1999；张修桂，1998；徐海根，1987；刘苍字，1985；陈吉余等，1979)。首先在三角洲平原建造了 4～5 条湿地滩脊(冈身地带)(刘苍字，1985)。随后因为长江流域开发日盛，以及刀耕火种的耕作方式，流域泥沙显著增加，海岸线迅速推进，徐海根(1987)根据沉积、地貌、考古和历史资料记载，认为公元 8 世纪到 20 世纪 70 年代，海岸线平均每年外涨 24 m 左右，而 1974～1979 年外涨速度再次增大达 140 m/a。表 5.9.1 为 1983～1998 年南汇嘴岸滩淤涨和外伸统计值，此期间显示出南汇滩地普遍呈快速淤涨过程，中潮滩平均每年向外延伸的距离在 90 m 以上，年均淤积厚度在 10 cm 以上，滩坡平缓。至 2003 年在人工低滩促淤圈围，使海岸线外延多于 5 km，其潮滩淤涨速度和岸线外移距离为历史之最。可见，尽管不同历史时期南岸滩涂淤涨速率和岸线推移速度不一，而南边滩作为长江河口的南岸沙嘴，沙嘴保持数千年的持续向海延伸，河口也随之向海推进，南边滩伴随河口的发展又不断淤积，表明数千年来河口边滩的滩涂资源呈不断增加并继续发展的趋势。

表 5.9.1　1983～1998 年南汇嘴滩地淤涨变幅统计表

断面名称	滩宽延伸距长/m			平均淤积厚度/m		滩坡 /%
	2 m	0 m	−2 m	>0 m	0～−2 m	
朝阳农场水塔	1490	840	540	2.26	2.64	0.5
三门闸	1360	1260	440	1.86	1.91	0.35
石皮勒	1520	420	610	0.77	0.25	0.04

同时，长江河口从徐六泾开始，其断面宽度为 5.7 km，至河口口门宽为 90 km，河口放宽率很大，在河口展宽变化过程和涨、落潮流路分歧作用下，来自流域和海域的泥沙容易在河口缓流区产生沉积，形成心滩。心滩又促进河口流路分歧，泥沙又进一步淤积，从而使心滩逐渐变阴沙，阴沙变明沙，河口心滩不断发育，促使滩涂资源持续增长。崇明岛是长江河口南、北支河道之间的心滩，其经过千年的演变历程，逐步淤涨、圈围及发展成为今天的冲积沙岛，成为我国的第三大岛。长兴岛、横沙岛是南、北港河道之间的心滩，经过 200 多年的演变历史，逐步淤积、圈围、沙岛合并，形成今天的冲积沙岛。自九段沙于 1954 年成为独立阴沙以来，同样经历了淤积、扩大和抬高过程，成为明沙，正在趋向成陆。在沙岛尾端区，或称涨潮分流落潮合流岛影区，一般动力较弱，泥沙淤积，滩地不断扩大，滩涂资源丰富。由此表明数千年来先后有崇明、长兴、横沙岛等岛屿成陆，以及九段沙洲、白茆沙、扁担沙、新浏河沙、瑞丰沙、青草外沙、六滧沙和北港北沙等洲滩形成。据统计，上海市 62%的土地是由近 2000 年来长江流域来沙堆积而成(Li and Chen，1996；陈吉余，1985)，尤其是近 60 年来，上海市在沿海滩涂采用科学、合理的圈围、促淤、再圈围等有效的拦沙造地方式，圈围滩涂土地面积达千余平方千米，使上海市区域面积扩大了 15.8%之多(李九发等，2006；Li and Chen，1996；余绍达，1987)(图 5.9.1)。尽管多年来持续地实施了滩涂圈围工程，而长江河口遵循千年来的潮滩发育规律，滩涂面积始终能保持基本平衡(图 5.9.2)。实现圈围土地与沿海潮滩湿地面积总量变幅保持较小，两者取得双赢的效果(李九发等，2003)。然而，长江入海泥沙量由多年平均 $4.27×10^8$ t/a(1951～2002 年)，减少到目前的不足 $2.00×10^8$ t/a(中华人民共和国水利部，2015)。如何有效拦截有限的流域来沙，防治滩涂冲刷，并能加快滩涂空间资源

增长，通过科学地处理滩涂土地动态开发利用与河口整治、潮滩发育和空间资源保护的关系，实现长江河口滩涂空间资源合理利用与生态环境协调发展。

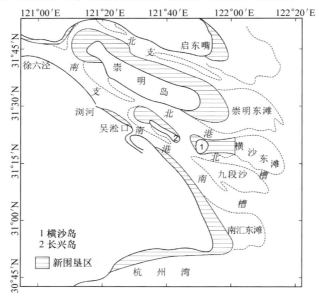

图 5.9.1　60 余年来上海市沿海土地圈围和滩涂分布示意图

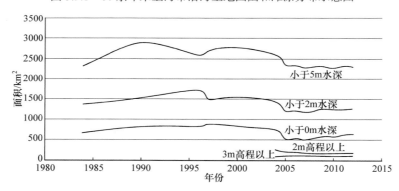

图 5.9.2　上海市沿海滩涂面积变化示意图

高滩合理圈围，促使浅滩发育：纵观长江河口千余年岸滩和沙洲(岛)变迁史，尤其是20 世纪后 50 年以来，呈现岸滩持续、快速淤涨外延的趋势。这主要与此期间大通站年输沙量均在 4.0×10⁸t 以上，长江流域来沙较丰富，而且河口区具备优良的泥沙淤积的陆海水动力相互作用的环境，以及采取高滩区域圈围和科学合理的堤线布置等因素有关。高滩圈围均要求在围堤外侧滩地仍保留一定数量的芦苇和大片原生秧草地，浅滩阻力较大，涨潮上滩时浑水涌入，落潮时清水退出，则有利于泥沙在草丛中快速沉降。同时，堤岸频繁外移改变了堤外水域潮汐向驻波性质转变的现象，由此构成高中潮滩泥沙落淤的有利的水动力条件，促使潮滩快速淤涨。根据南汇水利部门多年观测显示，基面 3.0 m 左右的芦苇滩，大潮期前后时段平均每天淤积厚度为 1.8 mm。所以，20 世纪七八十年代南汇东滩由于高滩圈围工程频繁兴建，加速了潮滩的淤涨速度，平均每年淤涨外延速率在80 m 以上，最宽的尖嘴凸出地带年淤涨速度在 100 m 以上(Li and Chen，1996)。

众所周知,崇明岛有一半土地面积是近 60 年来淤涨圈围成陆的(图 5.9.1 和图 5.8.44)，数十年来滩涂资源在自然过程与人造工程结合促使潮滩快速淤涨所取得的成效。1983～1990 年崇明东滩基本上无圈围工程，东旺沙断面 3.5 m 高程线 7 年东移 1197 m，年均外移 171 m；2 m 高程线 7 年外移 771 m，年均外移 110 m。2001～2004 年崇明东滩基本上也无圈围工程，东旺沙断面 3.5 m 高程线 3 年外移 260 m，年均外移 86 m；2 m 高程线外移 240 m，年均外移 80 m。而 1991 年崇明东滩圈围 30.7 km²，1999 年又圈围 22.7 km²。1990 年和 2001 年地形相比，东旺沙断面 3.5 m 高程线 11 年外移 2880 m,年均外移 262 m；2 m 高程线 11 年外移 2250 m，年均外移 205 m。两者相比，高滩圈围工程明显具有加快滩地淤涨的作用。从理论上讲，堆积型淤泥质潮滩地形剖面若达到基本平衡状态，一般在潮滩地形上呈现上凸形剖面，上段地形坡度变陡，上滩泥沙与下滩泥沙通量趋于相对均衡，此时潮滩的淤涨速率必将减慢。这种平衡一旦因高滩圈围，而潮上带或潮间带被破坏或缺失，地形坡度转缓，涨、落潮进出潮量沙量的不对称性又表现出来，呈现涨潮历时短而流速略大，落潮历时长且流速缓慢的现象，导致涨潮携带上滩泥沙通量大于落潮过程中的下滩泥沙通量，此时潮滩的淤涨速率必将加快。同时，高滩圈围堤外侧滩地仍保留了带状形的芦苇滩和大片原生秧草地，并对盐沼带实施修复性的植被补种措施，增加浅滩阻力作用，有利于泥沙持续淤积，这样必然会促使潮滩快速淤涨发育。可见，长江河口长期的实践证明，适度的高滩圈围可以加快潮滩淤涨发育过程，在短期内就能恢复潮滩的生态环境基本功能。由此可见，定期实施高滩滩涂圈围工程，促使浅滩健康的自然发育规律，净化潮滩生态系统，既可定期获得可贵的空间生态资源，又能加速潮滩地自然淤涨发育，其所获土地资源仍以生态功能开发为主，由此实现湿地生态稳定发展，以及促使河口形态向稳定健康河型发育，呈现多赢效果。

高中潮滩种青，促使草滩扩张：长江河口滩地土壤肥沃，高潮滩适宜芦苇生长，中潮滩适宜蔗草植被生长，起到消浪固滩和静水泥沙沉降的作用，促淤显著。高中潮滩水浅，常受风浪的冲刷，种植芦苇和秧草，涨潮时混水上滩，落潮时清水退出，则泥沙留在草丛中能防止海浪冲击滩地，减少泥土流失，更有利于滩涂淤涨和土壤改良。长江河口潮滩芦苇是 3 月发芽，4 月长高，根茎发育，5 月时长高到 70 cm 以上，6～9 月发育至最盛时期，此时期芦苇生长旺盛，芦苇滩地不断外扩，汛期流域来沙丰富，潮位较高，潮流挟带的泥沙进入芦苇分布区，促使芦苇滩面快速淤积并不断堆高，逐渐达到可圈围高程。同时，芦苇滩外三棱蔗草分布线不断向海外伸，滩涂面积必然会呈现逐渐扩张之势。

首先，20 世纪 80 年代开始，南汇东滩在不同时期高滩圈围后，在堤外定期补种芦苇，宽 50 m 左右，一般种植 3a 芦苇能构成群落，高度可达 1.5～2.0 m,开花时花冠可达 3.0 m，植株密集，拦沙促淤效果颇好。1982～1987 年南汇东滩潘家泓断面实测高程在 3.0 m 的芦苇滩淤积厚度为 0.33 m/a,2.5 m 高程滩面淤积厚度为 0.21 m/a，南汇东滩芦苇滩平均淤积厚度为 0.17 m/a，达到滩面淤高和外延之效果。一般最佳淤积期为 6～8 月，占全年总淤积量的 85%，这主要与流域汛期集中来水来沙有关。南汇潮滩圈围的大地上保留有七九塘(1979 年围堤)、八五塘(1985 年围堤)、九五塘(1995 年围堤)等无数条平行围堤，海堤向海平均每年保持外延 60～100 m，与此期间高潮圈围和即时种青促淤加速潮滩发育有关。

其次，1996～2004 年南汇东滩实施了 0 m 等深线以内整体促淤圈围成陆 123.3 km²(刘新成等，2011)。此后，整个 0 m 水深以上滩涂区基本消失，而水下浅滩面积较大。根据实测资料，0～2 m 等深线包络的水下浅滩面积达 147 km²，0～5 m 等深线包络的水下浅滩面积达 375 km²(吴淞基面)，5 m 等深线离岸距最宽处(凸嘴)多于 20 km。此时滩面较低，潮滩地形坡度较平缓，尽管水体含沙量仍然较高，但因为涨、落潮水流速相对较大，泥沙颗粒细且动水沉降慢，潮滩的自然淤涨速率明显较慢(图 5.9.3)。当地海塘管理部门开始在围堤外潮滩种青，从现场观测看，第 1 年栽植单株草(图 5.9.4)，第 2 年可成块状植被群(图 5.9.5)，第 3 年基本上能成片状草群(图 5.9.6)，促淤效果极佳，年淤积厚度在 30 cm以上。利用 RTK 仪器地形基面测量，3 年中围堤近岸滩涂基面由 0 m 淤高到 2 m 左右，9年后植被生长密集(图 5.9.7)，其局部地带淤涨基面在 3 m 以上。南汇东滩出现新一轮淤涨过程，淤涨速度已经呈现加快趋势，0 m 等深线普遍外伸，最宽处在 1000 m 左右，年均淤涨外移速率在 100 m 左右。

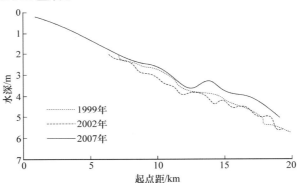

图 5.9.3　南汇东滩石皮勒断面地形剖面变化

图 5.9.4　南汇东滩单株互花米草种植当年成活图

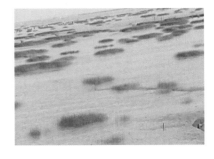

图 5.9.5　南汇东滩第 2 年后草滩成块图

图 5.9.6 南汇东滩第 3 年后草滩成片图

图 5.9.7 南汇东滩 9 年后堤岸草滩单株高大于 2 m

由此可见，南汇东滩具备各类草本植物种植的滩地基面和水沙环境，如果为了快速促淤固滩和保护堤岸，可种植促淤固滩极佳且生长能力强的互花米草、芦苇和先锋植物蘸草等草本植物。若要以改善生态环境功能为主，应以种植芦苇和先锋植物蘸草等草本植物为主体。可以充分利用目前南汇东滩水体含沙量高的极好的水沙环境，在原有的种植草滩的基础上，可继续大面积人工种植各类相应的草本植物，按照现在南汇东滩已种植被和历史上种草促淤的效果，预计 3～5a 中近岸浅滩淤涨至基面以上 3.0 m 左右，0 m 等深线可保持年均百米的速度外移，而且种青及事后管理成本极低，人定胜天，必有成效。

众所周知，1997 年以前九段沙为面积逐年增大而不涨高的江心沙洲(李九发等，2006)，1997 年浦东国际机场扩建而占有邻近岸滩湿地，为了弥补这一举动于当年 4～5 月在浦东国际机场以东的九段沙滩地实施种青引鸟扩大湿地生态工程，在九段沙中沙地带种植芦苇 0.40 km^2、互花米草 0.50 km^2。在九段沙下沙种植互花米草 0.50 km^2。共种青草 1.40 km^2(图 5.9.8)(陈吉余，2007；黄华梅和张利权，2007)。至 1997 年年底仅半年时间芦苇长高达 0.7～1.5 m，分蘖平均 12 株以上，最多 32 株，互花米草高度达 0.9～1.6 m，平均分蘖 27 株，最多达到 119 株，第 1 年成活率达 80%。至 1999 年实测芦苇和互花米草高度普遍达 2.0 m，最高达 2.3 m。种青促淤观测表明，种青区域年淤积厚度可达 0.3 m，高中潮滩涂均为芦苇、互花米草和秧草连成为一片绿洲(陈吉余，2007)。再由表 5.9.2 看出(黄华梅和张利权，2007)，1997 年 5 月人工种青后显示出九段沙上的植物繁殖生长能力极强，至 2011 年实测互花米草滩涂面积扩大了 43.8 倍，芦苇滩涂面积扩大了 32.3 倍，自然生长的海三棱蘸草滩涂面积达到 29.71 km^2。可见，14 年中植被面积以年均超过 4.5 km^2 的速度向外自然延伸。在九段沙实施了以种青引鸟为目的的人造工程中，其实有意或无意中使种青引鸟工程成为九段沙的促淤保滩工程，使原九段沙沙洲由逐年长大而不涨高的特性，改变为涨高速率远大于长大速率，植被面积成倍增长，而且高滩面积仍存在快速扩展的趋势，说明种青促淤措施对加速九段沙沙洲淤涨发育效果极好，潮滩质量得到了飞跃式的提高。

表 5.9.2 九段沙主要盐沼植物群落的时空动态 (单位：km^2)

日期	互花米草	芦苇	海三棱蘸草	合计
1997 年 4～5 月	0.5	0.4	—	0.9(人工种植)
1997.10.20	1.00	1.67	9.66	12.33
2001.07.26	2.84	3.69	13.83	20.36

续表

日期	互花米草	芦苇	海三棱藨草	合计
2002.11.11	3.77	4.02	16.08	23.87
2004.07.19	10.14	5.63	17.89	33.66
2008.04.25	17.08	9.24	9.68	36.00
2011	21.91	12.91	29.71	64.53

注：1997～2008 年数据由黄华梅提供，2011 年数据由张利权提供

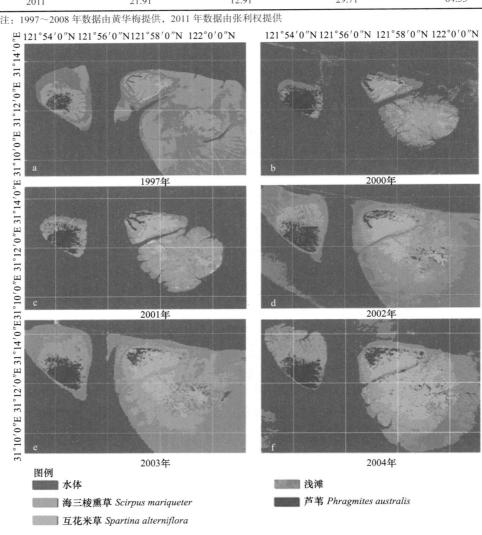

图 5.9.8　九段沙草地演化图(黄华梅)

综上所述，九段沙实施种青引鸟工程，不仅出现了大片绿地滩涂，还加速了九段沙沙洲淤涨发育呈现极好的生态效果，由此可以因势利导，进一步通过人工在中潮滩的种青工程，乘胜扩张绿洲面积，提高湿地生态功能。尤其是九段沙与毗邻的北槽河道深水航道存在明显的水沙交换，若遇大风，尤其是台风和强寒潮，会引起增水，此时最大潮

位可达到 5.0 m 左右，并且大风浪引起滩面冲刷，导致自然生态保护区浅滩地形遭受破坏，也必将有大量浅滩泥沙被输入邻近河道，航槽发生淤积，历史上发生过多次暴风浪引起航槽大淤事例(孔令双等，2015；李九发，1990；顾伟浩，1986)。所以，九段沙沙洲来沙已成为北槽深水航槽回淤的主要泥沙来源区之一。可以在九段沙北侧，即北槽河道深水航道南导堤沿线大量种青，以此拦阻并过滤由九段沙进入北槽河道的泥沙，由此实现泥沙截留在九段沙淤积，一方面扩张了九段沙绿地草滩面积，加速潮滩的淤涨发育。另一方面由浑水变清水进入北槽河道，极大地减少北槽河道航道回淤泥沙的来源；所以，根据目前九段沙滩势的现状及发展趋势，充分考虑九段沙湿地国家级自然生态保护区与稳定邻近航槽的关系，基于此完全可以借助于 20 世纪 90 年代中后期九段沙种草的经验，在九段沙滩绿滩外缘和北槽河道深水航道南导堤沿线不断地定期种植与此处环境相适应的植被，有效地拦阻上滩泥沙，加速高中潮滩淤涨外延，同时也改善了光滩的生态环境，又能加速九段沙沙洲整体的外延速度，以此获得大量高潮滩涂资源，达到生态保护区功能优化的目的，以及确保九段沙自然生态环境持续稳定和通海航槽畅通等。

此外，结合崇明岛、长兴岛和横沙岛等世界级生态岛建设，在崇明东滩和横沙东滩等岛影区，以及岛屿周边潮滩和邻近水域的扁担沙、新浏河沙、瑞丰沙、青草外沙、六泼沙、溪东外沙、北港河道北沙、黄瓜沙和顾园沙等明沙沙洲均可实施种青工程，既可促使潮滩淤高，又能增加滩涂面积，同时减少河口活动沙洲，达到稳定明沙之功效，对确保长江河口河道健康、稳定极其有益。

堵汊拦沙促淤，加速滩沟成陆：数千年来，长江河口水域开阔，汊道众多，在自然和人为堵坝的作用下，许多汊道先后被堵塞，促使沙洲和浅滩合并成沙岛，或向两岸陆域并岸成陆，陈吉余等(1979)确认公元 7 世纪至 20 世纪初期先后有东布洲、瓜洲、马驮沙、海门诸沙、启东诸沙等沙洲因汊道自然淤塞而并岸。20 世纪 20 年代因人为诸塞夹江而使常阴沙并入南岸。由此推断，千余年中长江河口汊道淤阻、沙洲并岸等复杂的演变过程，促使了长江三角洲岸线向海推进并稳健地发育，尤其是使长江河口束窄，河道形成，河槽加深，并不断地向稳定的分汊型河口发育。随着时代的推移，社会经济，尤其是科学技术的蓬勃发展，实施人工汊道堵坝促淤圈地并以此进一步稳定河势已显有益，堵汊工程改变汊道潮波性质向驻波类型转化有利于在涨落潮过程中形成浑水进、清水出的态势。因此，在被封闭的汊道中出现大量泥沙淤积，汊道很快被淤死。器测时期来的1861 年长江河口海图显示有数十次堵汊成陆的范例。

1970 年在徐六泾河段北侧筑立新坝，将 1958~1966 年先后圈围的南通农场和东方红农场与 1962 年圈围的江心沙相连，从此北侧众沙洲被固定，岸线趋于稳定，在获得 140 km² 土地的同时(张静怡等，2007)，迫使徐六泾河道断面缩窄，逐渐成为长江河口第一级分汊河道的节点河段，对控制整个河口有规律地自然演变起到极为重要的作用。

长兴岛由石头沙、瑞丰沙、鸭窝沙、潘家沙、金带沙、园园沙等沙岛堵汊合并而成，20 世纪诸多沙岛均分布于南港河道和北港河道之间，其间有泓道隔开，此涨彼坍，演变十分复杂。1956 年人工堵汊首先将鸭窝沙与潘家沙相连；1959 年人工堵汊又将金带沙与鸭窝沙相连为一体；1965 年人工堵汊再次将圆圆沙与金带沙相连，1973 年人工堵汊完成了石头沙、老瑞丰沙与潘家沙相连，此后长兴岛形成，其面积为 87.9 km²(李九发等，1999)。

2007～2010 年长兴岛北侧堵北小泓涨潮槽，形成了 70 km² 的青草沙水库，使长兴岛面积扩大了近一倍。经过多次人工堵汊，形成了今日水陆相平衡的长兴岛。

20 世纪 50 年代，徐六泾至七丫口之间河道中心发育有白茆沙沙洲，由于此时的白茆沙不断淤积并高出水面，其外形如"老鼠"形状，所以称为老鼠沙。至 1958 年，老鼠沙逐渐北移至崇明岛西南近岸，于 70 年代初期堵汊圈围，从而老鼠沙并入崇明岛，圈围面积达 29 km²，使崇明岛西南岸线向江中推进约 5 km，其中原始汊道仍保留有 2.0 km² 水面面积，水体容量达 5.0×10⁶ m³，被称为明珠湖，成为崇明岛重要的生态旅游景区之一。

同样，位于崇明岛尾端东南侧近岸水域的团结沙，1979 年开始在团结沙与崇明本岛之间的白港汊道筑坝，完成于 1982 年(图 5.3.17)，3 年工程实施期间，堵坝坝体上下两侧 8.7 km² 范围内的淤积泥沙达 2.4×10⁷ m³，平均年淤积厚度为 0.8 m，促淤效果好。20 世纪 90 年代初圈围成为崇明岛土地面积的一部分，此后在圈围区域外侧又发育有类似于团结沙的北港北沙(图 5.3.18)。由此可知，实践证明并未因团结沙靠岸而严重地破坏了崇明东滩及邻近水域的生态环境，恰恰相反，如果没有当年的人为方式将团结沙堵坝靠岸的话，就没有今天的北港北沙的出现和不断淤涨发育，以及持续扩展到目前的 304 km² 具有一定规模的浅滩(图 5.3.18～图 5.3.20)。由此也可实施当年团结沙筑坝堵汊连沙(连东滩)靠岸(崇明岛)工程，首先在滩顶上实施种青工程，起到固滩拦沙促淤的作用，促使北沙浅滩快速淤高，同时改善北沙浅滩的生态环境，在适当时候实施筑浅坝堵汊与崇明东滩相连，促使崇明东滩国家级生态保护面积扩大。北港北沙浅滩的北靠也符合长江河口千年来沙洲北靠的必然规律。此外，永隆沙、兴隆沙等沙洲，先后通过堵汊靠岸成为崇明岛的一部分(张静怡等，2007)。崇明岛经历了千百年沧海桑田的变迁才有今天的面积达 1267 km² 的江心岛屿，成为我国第三大岛屿。所以，实施堵汊拦沙促淤，加速浅滩成陆，减少江中活动，有利于河口航槽水深维护和河口整体的稳定。陈吉余(1957)早在 1957 年就著文确认崇明岛是在长期变迁中由众多沙洲自然或人工阻汊合并而成的。

中低潮滩筑坝，加速潮滩淤涨：早在 20 世纪 70 年代初上海金山石化总厂，采用工程促淤加速潮滩成陆取得良好效果。从 1972 年冬季开始，连续不断地先后进行了多次工业围堤工程，共筑堤近 20 km，造地超过 12 km²，除第一次围堤线建在吴淞基面 3.2～3.5 m 高滩处以外，尔后均在中、低潮滩筑顺堤和潜坝，促淤后圈围成陆。观测数据表明该区海域水体含沙量较高，大潮期水体含沙量超过 2.0 kg/m³，平均含沙量为 0.8 kg/m³ 左右(谷国传等，1987)，当时筑堤区 0.5 m 基面的滩地淤积速率为 1.10 m/a，2.0 m 基面的滩地淤积速率为 0.77 m/a，2.8 m 基面的滩地淤积速率为 0.31 m/a。一般中、低潮滩通过筑堤工程促淤 2～3 年就能达到高滩圈围的基本要求。可见，筑堤拦沙可加速潮滩淤涨发育，其效果优良。

根据俞相成(2005)的研究成果，1989 年漕泾化工区一期促淤试验工程，促淤顺堤位于滩面高程 2.0 m 处，工程竣工后 5 个月淤积土方为 4.1×10⁵ m³，促淤厚度为 0.81 m/a。1995 年漕泾化工区二期促淤工程，促淤坝位于滩面高程 1.9 m 处，工程竣工后 1 年左右滩面淤积到 3.3 m 高程，其淤积速率为 1.4 m/a。尤其是浦东国际机场一期促淤工程，1996 年 1 月 31 日开工，促淤顺堤位于 0 m 等深线处，在 10 km² 促淤区域内很快淤积了大量泥沙，至 1997 年 2 月，原 0 m 水深线浅滩区域最大淤积厚度达 1.5 m，一般在 0.6～0.9 m。

至 1998 年 6 月，实测堤坝内滩面基面已达 3.0 m 左右，促淤区已生长芦苇或藨草，已达到初步圈围的基本高滩。可见，筑堤坝拦沙促淤不仅加快了造地的进度，也大大降低了围海造地工程的投资。

1994～2004 年在南汇嘴实施了大规模低滩促淤和圈围工程。1994～1997 年在南汇嘴 (称为人工半岛工程)工程和浦东国际机场促淤坝实施期间，由于两促堤坝将整个南汇嘴边滩围成一个畚箕形人工浅水湾，大量泥沙在浅水湾淤积，据统计，至 1997 年，南汇嘴潮滩浅滩淤积泥沙达 1.0×10^8 m³；至 2000 年，将南汇东滩促淤区分为若干区块，每区块留有 300 m 龙口，涨潮时浑水进，落潮时清水出，起到拦沙促淤作用。根据不同时期实测地形资料计算，在南汇东滩促淤工程区，1999 年 6 月～2001 年 1 月 2.58 m 高程以下的促淤区淤积泥沙 2.5×10^7 m³，最大淤积厚度达 1.0 m 以上，平均淤积厚度为 0.3～0.8 m。可见，低滩促淤坝工程拦沙促淤效果明显。同时，南汇嘴浅滩出现整体淤涨外延趋势 (图 5.9.9)，尽管横向淤积速率仍然较快，但因为以水下滩为主，垂向淤积速率明显减缓。

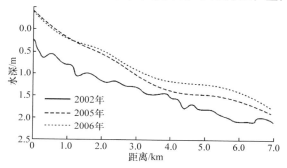

图 5.9.9　南汇东滩促淤堤工程实施后堤外滩地 Z_2 断面地形冲淤变化图

目前，杭州湾北岸的芦潮港至长江河口三甲港之间的陆沿浅滩是上海市最大的陆沿潮滩，它所在的长江河口南槽河道上窄下宽，下口门宽度大于 20 km，中段河道宽度也在 15 km 左右，上口宽度不到 4 km，南槽河道放宽较大，不利于南槽主流线的稳定和河道主槽水深的增深，尤其是南汇嘴边滩宽度很大。根据河道整治指导线规划要求，可用人造导堤方式促使河宽逐步缩窄，河槽主线得以控制并趋向于稳定发展，以及主槽水深得于自然增深，同时获得大片滩涂资源。

再从图 5.5.3 看，1997～2005 年长江河口北槽河道实施了深水航道双导堤加丁坝的整治工程，南导堤长 48 km，北导堤长 49 km，北导堤堤顶高程为吴淞基面 2.0 m，南导堤堤顶高程增高到吴淞基面 3.0 m 以上。与南导堤相连的丁坝有 9 条，与北导堤相连的丁坝有 10 条，丁坝头部高程为吴淞基面 0 m 左右，丁坝坝田面积共计 150 km² 左右。其工程主要用于挡沙束流维护航槽水深之功能。丁坝坝田属于弱动力环境，又处于滩、槽水沙交换的过渡区域，因此呈现多方位来沙，其坝田工程必然会有良好的拦沙促淤效果，成为长江河口最重要的泥沙淤积水域。潘灵芝等(2011)对 1998 年 1 月～2008 年 2 月各区段丁坝坝田淤积量进行统计，此期间整个坝田淤积量达到 3.498×10^8 m³，其中南坝田区域淤积量为 1.459×10^8 m³，北坝田区域淤积量为 2.039×10^8 m³。由此再次说明长江河口实施工程拦沙促淤效果极好的事实。

固滩拦沙促淤，稳定活动沙洲：长江河口发育了众多明沙洲和暗沙洲，如白茆沙、扁担沙、黄瓜沙、顾园沙、新浏河沙、青草外沙、六激沙、溪东外沙、北港北沙、瑞丰沙、九段沙等。近年来尽管在白茆沙、新浏河沙和九段沙实施了护头工程，但沙洲身部，尤其是尾端常受涨、落潮水流和风浪的影响，长期处于此冲彼淤的演变过程中。而其余沙洲仍然处于自然冲淤演变状态。陈吉余等(1979)曾提出"围垦明沙、稳定阴沙、减少活动沙"的治河方针，这样既可获得空间资源，又能减少河口的活动沙，对航槽水深维护极为有利，以此达到稳定河势的目的。根据长江河口江心沙千百年来的发育、演变过程及其迁移基本规律，多数沙洲在自然和人为控制作用下成陆，如崇明岛、长兴岛、横沙岛。这样使河口滩(岛)槽分离，主河道缩窄增深，洲滩(岛)不断增大又增高，显示出河槽与沙洲(沙岛)相间的地形地貌格局，代表河口向较稳定的分汊型河口发展。在河口演变过程中，也有更多的未成陆沙体被河口水流冲刷而消失，如南支河道的老浏河沙、浏河沙包，南港河道的木房沙、鸭窝沙等。这样，河口中既失去了众多有望成陆的沙岛资源，又因大量沙体不断地移动或被冲散，增加了河口河床的活动沙，给河口河势带来不稳定的隐患。鉴于此情此因，目前，九段沙上沙(江亚南沙)地处落潮占优的南槽河道上段与涨潮占优的九段沙涨潮沟之间，在二股不同性质水流作用下，沙脊冲淤不定，尤其是沙尾常出现向南槽河道主槽中心延伸的现象(图 5.8.30)，由此对九段沙和南航槽带来不稳定的因素。首先通过延长沙头护滩工程南侧堤线长度，固定九段沙上沙南侧边线，达到稳定明沙的目的，促使沙脊淤高。同时，目前九段沙沙洲的北侧边界被北槽河道深水航道整治工程导堤所固定，而南侧毗邻南槽河道主槽，东向东海。九段沙西北侧边界基本固定，而东南侧边线仍为自由边界，因为柯氏力的作用，南槽河道落潮水流顺着河道南侧岸边而下，而涨潮水流受外海 305° 左右传递进入河道北侧，由此九段沙洲边线地形却受涨潮水流冲刷而凹凸不平，并常常出现涨潮沟或串沟地形，从而被分割成多个块状形沙体，被称为上沙(江亚南沙)、中沙和下沙。尤其是沙洲上最大的涨潮沟，九段沙涨潮沟属于典型的与外海潮波传入方向较一致的涨潮沟(图 5.8.30)，平常涨潮水流和泥沙表现为极不稳定。近期九段沙东南侧尾端略有后退(图 5.8.28 和图 5.8.29)。可见，自然状态下的九段沙沙洲的东南侧边界的频繁冲淤变化，不仅造成九段沙本身沙洲的不稳定，而且对毗邻的南槽河道的流态、泥沙运动带来很大的影响，尤其是对河槽的稳定性构成明显威胁。必须在九段沙南则筑生态式的围堤以稳定沙洲，使自然生态保护区在平面上保持完整性。同时有利于九段沙淤涨增高外延，又迫使南槽河道水流集中归槽，有利于主槽水流顺畅，航槽增深，这完全符合长江河口千年来的向稳定性河口发育的规律。充分利用北深航槽年疏浚千万立方米泥沙资源吹填浅滩，以及人工种草(芦苇和秧草)，可加速部分沙洲成为真正的生态岛。

航槽疏浚泥土，吹泥填滩造地：横沙东滩属于岛影性质的潮滩，介于北港河道与北槽河道之间，属于长条形低浅滩，为长江河口中低潮滩面积最大的浅滩之一。自 1998～2005 年在长江河口深水航道横沙东滩实施了北导堤工程以来，横沙东滩于 2003～2015 年相继实施了 6 期促淤圈围工程(图 5.9.10)，已圈围促淤面积达 105 km²。据航道管理部门的统计数据(http://www.cjkhd.com/Index.php?Id=650)，截至 2016 年 9 月 25 日，长江河口深水航道疏浚土向横沙东滩围堤区中实施了促淤吹填泥土量为 2.26×10^8 m³，吹填成陆

泥土量为 $1.34×10^8 m^3$,吹填用土占深水航道疏浚泥土量的 35.6%,平均吹填厚度为 3.41 m,吹填效果极好。尽管圈围工程成本较高,但横沙东滩是最具有潜力、面积最大的空间资源,充分利用深水航道疏浚泥土极好的有利时机,加大吹填力度,可加速滩涂资源成陆。同时,可借其他潮滩种草固沙促淤的经验,在圈围区和堤外基面较高的浅滩种青促淤,加速横沙东滩整体淤涨发育。

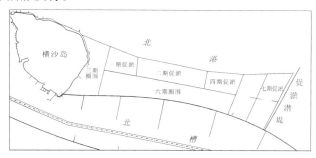

图 5.9.10　横沙东滩近期促淤圈围工程示意图(唐臣等,2013)

　　位于长江河口深水航道南导堤南侧的九段沙洲,首先可以利用南港下段和北槽上段的圆圆沙航道疏浚土吹泥上滩,加速九段沙均衡、持续地淤涨,营造有利于天然植被群落的生长演替环境,促进滩上生态环境的优化,以扩大自然保护区的功能为第一目标,同时吹填涨潮沟,使九段沙沙洲形体均衡完整,并在此基础上达到长江河口疏浚土科学处理的目的,进而取得双赢成效。

　　综上所述,长江河口高滩圈围、种青和筑堤工程拦沙促淤、固滩成陆和吹泥造地等众多工程实践表明,目前长江河口仍具备了人造工程拦沙促淤加速潮滩成陆的陆海相互作用的动力环境、多方位泥沙来源、高含沙量水体、成片的浅滩、众多拦沙促淤工程成功布置的先例等诸多潮滩持续发育基本要素和可利用的条件。

　　首先,长江河口具备陆海水动力相互作用的环境。其一,由于河口水域的涨落潮流常常出现不对称现象,在一个潮周期内出现净水通量向下游或向上游运动。尤其是在拦门沙河道常常出现上层水沙通量向海输运,而下水沙通量向陆上输移的现象,两者之间往往会出现滞流点水域,通常用优势流和优势沙来表示(图 5.9.11),而且在滞流点上游一侧,水体盐度明显低于下游的盐度值,有时还会出现密度异重流(图 5.9.12),同时来自于流域和海域的泥沙容易在此汇集,形成水体含沙量较高的核心区,或称最大浑浊带,滞流点附近必然就成为泥沙易于淤积的区域,形成拦门沙浅滩(图 5.9.13)。其二,长江河口拦门沙地处河口口门,南北间的河宽达 90 km 左右,由于柯氏力的作用,强大的涨潮水流北偏,而巨大的落潮水流南偏,在两股水流的作用下,往往将水流携带的泥沙带入到两股水流之间的缓流区堆积,形成江心洲,如九段沙、横沙岛和横沙东滩、崇明岛和崇明东滩等,而且在两股水流不断的作用下,沙洲不断扩大淤高,或者成陆为沙岛,如崇明岛、长兴岛、横沙岛,充分说明长江河口口门水域的涨、落流路存在明显分异,为此区域潮滩的持续自然淤涨发育创造了必要的水动力条件。可见,长江河口拦门沙河段水域的动力环境有利于泥沙自然汇集,并为河口拦门沙河段的潮滩自然淤涨发育创造了必要的水动力条件。所以，在此区域实施种青和筑堤拦沙促淤工程必然会获得优良的效益。其三，长江河口拦门沙河段的潮滩基本上分为毗连陆地的边滩和离岸的心滩(沙岛)两种类型。它们均具备了持续淤涨的基本水动力环境。南汇嘴浅滩则位于长江河口南槽河道与杭州湾水域之间，通过过滩水流进行滩、槽水沙交换，并在浅滩上形成一种毗邻河槽出水出沙，而浅水区进水进沙的环流系统(图 5.8.2)，此类输水输沙过程必然成为浅滩持续并快速淤涨的基本水动力因素。其四，崇明东滩、横沙东滩正面向东海，南北两侧毗邻河槽，背靠陆地，形成一个岛影的浅滩区，大量实测水沙资料和研究成果表明，涨潮过程在浅滩外围就出现分流现象，携带而来的泥沙直接进入岛影分流浅滩的缓流区。岛影流态为泥沙进入浅水区域落淤创造了极为理想的水动力环境。

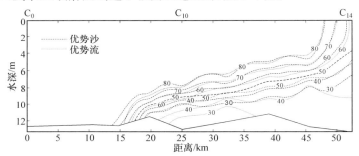

图 5.9.11　北槽河道洪季优势流和优势沙示意图

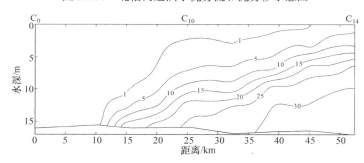

图 5.9.12　北槽河道洪季纵向盐度分布图

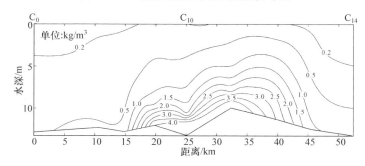

图 5.9.13　北槽河道洪季纵向含沙量和河床地形分布

其次，长江河口具有多方位泥沙来源。众所周知，泥沙来源是河口潮滩湿地淤涨发育的基本条件。通常河口泥沙来源有流域来沙、海域来沙和河口区再悬浮泥沙。尤其是数千年来长江源源不断地向河口输送大量泥沙，在河口堆积成巨大的三角洲陆域平原和水下三角洲。同时在现在的河口塑造了宽阔的潮滩和众多的江心沙岛。虽然近年来流域输沙量减少幅度较大(表 2.2.1)，在南支河道和南北港河道上段含沙量出现锐减趋势，但在潮滩主要发育的河口拦门沙系河段，其潮滩湿地和河槽含沙量仍保持在 $0.5 \sim 1.5 \ \mathrm{kg/m^3}$(表 4.1.2)，近底含沙量超过 $2.0 \ \mathrm{kg/m^3}$，含沙量并未降低，说明河口水下三角洲和邻近海岸来沙的补给量增多不少，河口拦门沙河道水域基本上能保持较高的含沙量。所以，现在河口，尤其是拦门沙河道完全具有浅滩湿地形成并充分发展的多方位泥沙来源的途径。

再次，长江河口具有成片的浅滩资源。目前，长江河口拦门沙河段潮滩资源面积很大，滩涂资源较丰富，而且 5 m 等深线仍在向海推移，最近实测不同基面滩地面积统计资料显示(图 5.9.2)。高程在 3 m 以上的滩地总面积为 149 km²，高程在 2 m 以上的滩地总面积为 227 km²，水深小于 0 m 的滩地总面积为 740 km²，水深小于 2 m 以上的滩涂总面积为 1276 km²，水深小于 5 m 的滩涂总面积为 2272 km²。总体上看，滩涂湿地资源丰富。可是，在高、中、低滩地资源的分布格局上却产生了明显的变化。3 m 以上的高潮滩主要分布在崇明东滩和九段沙自然保护区，以及崇明岛北沿边滩，2 m 以上的中、高潮滩也是如此，表明可圈围的高、中潮滩面积不大，而低浅滩面积十分可观(图 5.9.2)，选择有效的工程措施拦截来自于流域和海域的泥沙资源，是扩大潮滩湿地生态面积的重要途径。只有科学地采用多种人工拦截泥沙的方式来营造泥沙落淤环境，促使潮滩淤涨，为滩涂成陆创造条件，才能获得加速潮滩湿地淤涨发育和滩涂生态资源及土地资源增长的多赢效果。

滩涂圈围与河口河型演化：陈吉余等(1979)确认长江河口千年来的发育过程为南岸边滩推展、北岸沙岛并岸、河口束狭、河道成形、河槽加深等演变规律。再从图 5.9.1 看，纵观近百年来长江河口的发育过程，是在自然过程，以及人为的、科学合理的、因势利导的圈围滩涂靠岸成陆的干扰下，整个河口逐渐向三级分汊四口入海分汊型河口发展，稳定性河口格局基本定型，滩槽地貌类型分明，主河道加深，深水航槽成形，支汊河道衰退，滩涂资源发育平稳，湿地生态区域稳定。可见，近百年来的实践证明，科学的适度滩涂圈围、人造工程科学地拦沙和种青促淤，以疏浚土吹填等多种有效的拦沙促淤圈围方式，已圈围滩涂土地面积达千余平方公里，在扩大了上海城市陆域面积的同时，稳定型河口得到了充分的发展，滩涂湿地面积变化不大，潮滩功能得到保持。所以，可根据进一步稳定河口河道，尤其是通海航槽的制导线规划治理工程，并鉴于目前长江河口大片高、中、低潮滩湿地呈波动性冲淤变化，继续采用因势利导的人造工程措施，营造泥沙落淤环境，促使潮滩淤涨发育，加速滩涂资源增长，适度地高效圈围高滩，保持滩涂湿地生态面积，维护航槽畅通，确保河口河势稳定、健康发展，完全符合长江河口千百年来的演化规律，既可持续地获取土地和湿地生态资源，又能进一步优化河口通海航槽水深和滩槽并存的更加稳定的河口河形格局。

参 考 文 献

白志刚, 魏茂兴. 1995. 基于时域模型的一种新的波浪能计算方法. 天津大学学报(自然科学与工程技术版), (T06): 491-497.

包伟静, 曹双, 绺红. 2010. 三峡水库蓄水前后大通水文站泥沙变化过程分析. 水资源研究, 31(3): 21-23.

毕春娟, 陈振楼, 许世远, 等. 2006. 河口近岸水体中颗粒态重金属的潮周期变化. 环境科学, 27(1): 132-136.

毕世普, 胡刚, 何拥军, 等. 2011. 近 20 年来长江口表层悬沙分布的遥感监测. 海洋地质与第四纪地质, 31(5): 17-24.

曹文洪, 陈东. 1998. 阿斯旺大坝的泥沙效应及启示. 泥沙研究, (4): 79-85.

曹祖德, 李蓓, 孔令双. 2001. 波、流共存时的水体挟沙力. 水道港口, (4): 151-155.

陈邦林. 1992. 长江口、杭州湾及其临近水域的重金属污染及迁移机理. 中国水环境重金属研究, 305-328.

陈邦林, 陈国平. 1993. 用粉体接触角技术研究长江口表层沉积物的润湿性. 海洋科学, (3): 26-30.

陈邦林, 韩庆平, 陈吉余. 1995. 长江河口浑浊带化学过程//长江河口最大浑浊带和河口锋研究论文选集. 上海: 华东师范大学出版社: 29-39.

陈邦林, 吴玲, 陆才治. 1985. 河口细颗粒泥沙的界面化学研究//上海市城市污水排放背景文献汇编. 上海: 华东师范大学出版社: 232-244.

陈才俊. 1991. 江苏沿海闸下港道的发育和减淤措施. 泥沙研究, (4): 53-58.

陈国阶. 2001. 长江上游退耕还林与天然林保护的问题与对策. 长江流域资源与环境, 10(6): 544-549.

陈吉余. 1957. 长江三角洲江口段的地形发育. 地理学报, 23(3): 241-253.

陈吉余. 1985. 上海市海岸带和海涂资源开发利用的现状、经验. 黄渤海海洋, 3(3): 88-94.

陈吉余. 1995. 长江口拦门沙及水下三角洲的动力沉积和演变. 长江流域资源与环境, 4(4): 348-355.

陈吉余. 2007. 中国河口海岸研究与实践. 北京: 高等教育出版社: 845-846.

陈吉余, 陈沈良. 2002a. 长江口环境生态变化与对策//中国江河河口研究及治理、开发问题研讨会文集. 北京: 中国水利水电出版社.

陈吉余, 陈沈良. 2002b. 河口海岸环境变异和资源可持续利用. 海洋地质与第四纪地质, 22(2) : 1-7.

陈吉余, 沈焕庭, 恽才兴. 1988. 长江河口动力过程和地貌演变. 上海: 上海科学技术出版社.

陈吉余, 恽才兴, 徐海根, 等. 1979. 两千年来长江河口发育模式. 海洋学报, 1(1): 103-111.

陈沈良, 陈吉余, 谷国传. 2003. 长江口北支的涌潮及其对河口的影响. 华东师范大学学报(自然科学版), (2): 74-80.

陈沈良, 张国安, 谷国传. 2004. 黄河三角洲海岸强侵蚀机理及治理对策. 水利学报, (7): 1-6.

陈松. 1984. 长江口重金属元素固-液界面过程 II 水合氧化铁对 Pb、Cu 和 Cd 吸附的热力学模式. 海洋学报, 6(3): 324-333.

陈松, 廖文卓, 许爱玉. 1989. 河口重金属在沉积物-海水的界面转移. 海洋学报, 11(6): 713-721.

陈炜. 2012. 近期长江口南北槽河道分流口水沙输运及其对分流口工程作用的响应. 上海: 华东师范大学硕士学位论文.

陈炜, 李九发, 李占海, 等. 2012. 长江口北支强潮河道悬沙运动及输移机制. 海洋学报, 34(2): 83-91.

陈显维, 许全喜, 陈泽方. 2006. 三峡水库蓄水以来进出库水沙特性分析. 人民长江, (8): 1-3.

陈小华, 李九发, 万新宁, 等. 2004. 长江河口水下沙洲类型及典型水下沙洲的推移规律. 海洋通报, 23(1): 1-7.

陈宗团, 徐立, 洪华生. 1997. 河口沉积物—水界面重金属生物地球化学研究进展. 地球科学进展, 12(5): 434-439

程和琴, 时钟, 董礼先. 2004. 长江口南支河道—南港河道沙波的稳定域. 海洋与湖沼, 35(3): 214-220.

程江, 何青, 王元叶. 2005. 利用 LISST 观测絮凝团粒径、有效密度、和沉速的垂线分布. 泥沙研究, 2(1): 33-39.

仇汉江, 蔡卫星, 黄志良. 2005. 长江河口区上段河势近期演变//第十二届中国海岸工程学术讨论会论文集.

戴志军, 李九发, 赵军凯, 等. 2010. 特枯 2006 年长江中下游径流特征及江湖库径流调节过程. 地理科学, 30(4): 576-581.

戴志军, 朱文武, 李为华, 等. 2015. 近期长江口北槽河道浮泥变化及影响因素研究. 泥沙研究, (1): 49-74.

丁平兴, 胡克林, 孔亚珍, 等. 2003. 长江河口波—流共同作用下的全沙数值模拟. 海洋学报, 25(5): 113-124.

窦国仁. 1999a. 再论泥沙起动流速. 泥沙研究, (6): 1-9.

窦国仁. 1999b. 长江口深水航道泥沙回淤问题的分析. 水运工程, (10): 36-39.

窦希萍. 2006. 长江口深水航道回淤量预测数学模型的开发及应用. 水运工程, (12): 159-164.

堵盘军. 2007. 长江口及杭州湾泥沙输运研究. 上海: 华东师范大学博士学位论文.

范期锦, 高敏. 2009. 长江口深水航道治理工程的设计与施工. 人民长江, 40 (8) : 25-30.

冯凌旋. 2010. 长江口南北槽河道分流口演变及其对北槽河道深水航道整治工程的响应. 上海: 华东师范大学硕士学位论文.

冯凌旋, 李九发, 戴志军, 等. 2009. 近年来长江河口北支河道水沙特性与河槽稳定性分析. 海洋学研究, 27(3): 40-47.

冯凌旋, 李占海, 李九发, 等. 2011. 基于机制分解法长江口南汇潮滩悬移质泥沙通量研究. 长江流域资源与环境, 20(8): 944-951.

付桂. 2013. 长江口近期潮汐特征值变化及其原因分析. 水运工程, 11(485): 61-69.

付桂, 李九发, 戴志军, 等. 2007. 南汇嘴—崎岖列岛海域海床演变初步探讨. 华东师范大学学报(自然科学版), (4): 34-41.

高敏, 范期锦, 谈泽炜, 等. 2009. 对长江口北槽河道分流比的分析研究. 水运工程, (5) : 82-86.

谷国传, 李身铎, 胡方西. 1987. 杭州湾北部近岸水域水文泥沙特性. 东海海洋, 5(4): 17-24.

顾伟浩. 1986. 台风对长江口铜沙航槽回淤的影响. 海洋学报, 10(1): 60-62.

关许为, 陈英祖. 1995. 长江口泥沙絮凝静水沉降动力学模式的试验研究. 海洋工程, (1): 46-50.

关许为, 陈英祖, 杜心慧. 1996. 长江 El 絮凝机理的试验研究. 水利学报, (6): 70-74.

郭小斌. 2013. 长江河口近期潮流和含沙量分布特征及输沙规律. 上海: 华东师范大学硕士学位论文.

国家海洋信息中心. 2017. 潮汐表. 北京: 海洋出版社.

韩其为, 周松鹤. 1999. 三口分流河道的特性及演变规律. 长江科学院院报, 16(5): 5-8.

韩其为, 向熙珑, 王玉成. 1983. 床沙粗化//第二次河流泥沙国际学术讨论会论文集. 北京: 水利水电出版社.

韩曾萃, 戴泽蘅, 李光柄, 等. 2003. 钱塘江河口治理开发. 北京: 中国水利水电出版社: 180-190.

韩曾萃, 周文波, 邵雅琴. 1997. 上浦闸闸下淤积的预测与实测对比. 河口与海岸工程, (4): l-8.

和玉芳, 程和琴, 陈吉余. 2011. 近百年来长江河口航道拦门沙的形态演变特征. 地理学报, 66(3): 305-312.

贺松林, 王盼成. 2004. 长江大通站水沙过程的基本特征Ⅱ. 输沙过程分析. 华东师范大学(自然科学版), (2): 81-109.

胡春宏, 曹文洪. 2003a. 黄河口水沙变异与控制Ⅰ——黄河口治理方向与措施. 泥沙研究, (5): 1-8.

胡春宏, 曹文洪. 2003b. 黄河口水沙变异与控制Ⅱ——黄河口治理方向与措施. 泥沙研究, (5): 9-14.

胡克林. 2003. 波—流共同作用下长江口二维悬沙数值模拟. 上海: 华东师范大学博士学位论文.

胡兴林. 2000. 甘肃省主要河流径流时空分布规律及演变趋势分析. 地球科学进展, 15(5): 516-521.

黄华梅, 张利权. 2007. 上海九段沙互花米草种群动态遥感研究. 植物生态学, 31(1): 75-81.

黄薇文. 1988. 黄河口悬浮泥沙中重金属的存在形式. 环境科学, 9(2): 79-82.

霍雨, 王腊春, 陈晓玲, 等. 2011. 1950s 以来鄱阳湖流域降水变化趋势及其持续性特征. 湖泊科学, 23(3): 454-462.

纪明侯, 曹文达, 韩丽君. 1982. 用 GDX-102 吸附树脂分离海水腐殖质. 海洋与沼泽, 7(4): 371-379.

季学武, 王俊. 2008. 水文分析计算与水资源评价. 北京: 中国水利水电出版社: 56.

蒋陈娟. 2012. 长江河口北槽河道水沙过程和地貌演变对深水航道工程的响应. 上海: 华东师范大学博士学位论文.

蒋国俊, 姚炎明, 唐子文. 2002. 长江口细颗粒泥沙絮凝沉降影响因素分析. 海洋学报, 24(4): 51-57.

蒋国俊, 张志忠. 1995. 长江口氧离子浓度与颗粒泥沙絮凝沉积. 海洋学报, 17(1): 76-82.

金德生, 陈浩, 郭庆伍. 1997. 河道纵剖面分形-非线性形态特征. 地理学报, (2): 154-162.

金镠, 谈泽炜, 李文正, 等. 2003a. 长江口深水航道的回淤问题. 中国港湾建设, 125 (4): 1-6.

金镠, 谈泽炜, 李文正, 等. 2003b. 长江口深水航道的回淤问题. 中国港湾建设, 126(5): 1-7.

金鹰, 王义刚. 2002. 长江口粘性细颗粒泥沙絮凝试验研究. 河海大学学报(自然科学版), 30(3): 61-63.

金元欢, 沈焕庭. 1991. 我国建闸河口冲淤特性. 泥沙研究, (4): 59-68.

孔令双, 顾峰峰, 王巍, 等. 2015. 长江口深水航道大风骤淤量的统计与分析. 水运工程, 502(5): 150-152.

孔亚珍, 贺松林, 丁平兴, 等. 2004. 长江口盐度的时空变化特征及其指示意义. 海洋学报, 26 (4): 9-18.

黎树式. 2015. 南亚热带独流入海河流水沙变化过程研究——以南流江为例. 上海: 华东师范大学博士学位论文: 13.

李伯昌. 2006. 1984 年以来长江口北支河道演变分析. 水利水运工程学报, (3) : 9-17.

李伯昌, 余文畴, 陈鹏, 等. 2011. 长江口北支河道近期水流泥沙输移及含盐度的变化特性. 水资源保护, 27(4): 31-34.

李伯昌, 余文畴, 郭忠良, 等. 2010. 长江口北支河道近期河床演变分析. 人民长江, 41(14): 23-27.

李道季, 张经, 张利华, 等. 2001. 长江河口悬浮颗粒表面特性的初步研究. 泥沙研究, (5): 37-41.

李栋梁, 张佳丽, 全建瑞, 等. 1998. 黄河上游径流量演变特征及成因研究. 水科学进展, 9(1): 22-28.

李光林, 魏世强. 2003. 腐殖酸对铜的吸附与解吸特征. 生态环境, 12(1): 4-7.

李浩麟, 黄廷兰, 姚兴汉. 1985. 瓯江温州港航道整治分析. 水利水运科学研究, (3): 67-80.

李九发. 1990. 长江河口南汇潮滩泥沙输移规律探讨. 海洋学报, 12(1): 75-82.

李九发, 戴志军, 刘启贞, 等. 2008. 长江河口絮凝泥沙颗粒粒径与浮泥形成现场观测. 泥沙研究, (3): 26-32.

李九发, 戴志军, 刘新成, 等. 2010. 长江河口南汇嘴潮滩圈围工程前后水沙运动和冲淤演变研究. 泥沙研究, (3): 31-37.

李九发, 何青, 徐海根. 2001a. 长江河口浮泥形成机理及变化过程. 海洋与湖沼, 32(3): 302-310.

李九发, 何青, 向卫华, 等. 2001b. 长江河口北槽河道浮泥消长过程的现场观测. 长江流域资源与环境, 10(5): 407-412.

李九发, 何青, 张琛. 2000. 长江河口拦门沙河床淤积和泥沙再悬浮过程. 海洋与湖沼, 31(1): 101-109.

李九发, 李占海, 姚弘毅, 等. 2013a. 近期长江河口南支河道泥沙特性及河床沙再悬浮研究//第十六届中国海洋(岸)工程学术讨论会论文集. 北京: 海洋出版社: 1196-1200.

李九发, 沈焕庭, 万新宁, 等. 2004. 长江河口涨潮槽泥沙运动规律. 泥沙研究, (5): 34-40.

李九发, 沈焕庭, 徐海根. 1995. 长江河口底沙运动规律. 海洋与湖沼, 26(2): 138-145.

李九发, 时连强, 应铭, 等. 2013b. 黄河河口钓口河流路亚三角洲岸滩演变与抗冲性试验. 北京: 海洋出版社.

李九发, 时伟荣, 沈焕庭. 1994. 长江河口最大浑浊带的泥沙特性和输移规律. 地理研究, 13(1): 51-59.

李九发, 万新宁, 陈小华, 等. 2003. 上海滩涂后备土地资源及其可持续开发途径. 长江流域资源与环境, 12(1): 17-22.

李九发, 万新宁, 应铭, 等. 2006. 长江河口九段沙沙洲形成和演变过程研究. 泥沙研究, (6): 44-49.

李九发, 徐海根, 沈焕庭. 1998. 上海潮滩滩涂资源的开发利用研究//二十一世纪的中国与世界国际地理学术讨论会文集: 255-274.

李九发, 徐海根, 沈焕庭. 1999. 上海潮滩滩涂资源的开发利用研究//迈向廿一世纪的中国环境、资源与可持续发展. 香港: 香港中文大学: 255-274.

李茂田, 程和琴, 周丰年, 等. 2011. 长江河口南港河道采沙对河床稳定性的影响. 海洋测绘, 31(1): 50-53.

李明, 杨世伦, 李鹏, 等. 2006. 长江来沙锐减与海岸滩涂资源的危机. 地理学报, 61(3): 282-288.

李为华. 2008. 典型三角洲岸滩和河口床沙粗化机理及动力地貌响应研究. 上海: 华东师范大学博士学位论文.

李占海, 陈沈良, 张国安. 2008. 长江口崇明东滩水域悬沙粒径组成和再悬浮作用特征. 海洋学报, 30(6): 154-163.

林承坤. 1989. 长江口泥沙的来源分析与数量计算的研究. 地理学报, 44(1): 22-31.

林卫青. 1993. 长江口污染物时空分布及其动力沉积学响应的研究. 上海: 华东师范大学博士学位论文.

林以安, 李炎, 唐仁友. 1997a. 长江口絮凝聚沉特征与颗粒表面理化因素作用: I 悬浮颗粒絮凝沉降特征. 泥沙研究, (1): 42-47.

林以安, 李炎, 唐仁友. 1997b. 长江口絮凝聚沉特征与颗粒表面理化因素作用: II 颗粒表面性质对聚沉的作用. 泥沙研究, (4): 76-83.

刘苍字. 1985. 长江三角洲南部古沙堤(岗身)的沉程特征、成因及年代. 海洋学报, 7(1): 55-66.

刘高峰, 沈焕庭, 吴加学, 等. 2005a. 河口涨落潮槽水动力特征及河槽类型判定. 海洋学报, 27(5): 151-156.

刘高峰, 朱建荣, 沈焕庭. 2005b. 河口涨落潮槽水沙输运机制研究. 泥沙研究, (5): 51-57.

刘红, 何青, 孟翊, 等. 2007. 长江口表层沉积物分布特征及动力响应. 地理学报, 162(1): 81-92.

刘家驹. 1988. 在风浪与潮流作用下淤泥质浅滩含沙量的确定. 水利水运科学研究, (2): 69-73.

刘杰. 2008. 长江口深水航道河床演变与航道回淤研究. 上海: 华东师范大学博士学位论文.

刘杰, 陈吉余, 乐嘉海, 等. 2004. 长江口深水航道治理一期工程实施后北槽河道冲淤分析. 泥沙研究, (5): 15-22.

刘杰, 乐嘉海, 胡志峰, 等. 2003. 长江口深水航道治理一期工程实施对北槽河道拦门沙的影响. 海洋工程, 21(2): 58-64.

刘杰, 赵德招, 程海峰. 2010. 长江口九段沙近期演变及其对北槽河道航道回淤的影响. 长江科学院院报, 27(7): 1-5.

刘启贞. 2007. 长江口细颗粒泥沙絮凝主要影响因子及其环境效应研究. 上海: 华东师范大学博士学位论文.

刘启贞, 李九发, 李道季, 等. 2006c. $AlCl_3$、$MgCl_2$、$CaCl_2$ 和腐殖酸对高浊度体系细颗粒泥沙絮凝的影响. 泥沙研究, (6): 18-23.

刘启贞, 李九发, 陆维昌, 等. 2006a. 河口细颗粒泥沙有机絮凝的研究综述及机理评述. 海洋通报, 25(2): 74-80.

刘启贞, 李九发, 陆维昌, 等. 2006b. 长江口海水和腐殖质的分析. 海洋环境科学, 25(2): 13-16.

刘启贞, 李九发, 徐灿华, 等. 2008. 盐度和腐殖酸共同作用下的长江口泥沙絮凝过程研究. 海洋学报, 30(3): 140-147.

刘曦, 杨丽君, 徐俊杰, 等. 2010. 长江口北支河道水道萎缩淤浅分析. 上海地质, 31(3): 35-40.

刘新成, 卢永金, 崔冬. 2011. 长江口南汇东滩水土资源开发布局研究及河势影响预测. 水利规划与设计, (6): 9-12.

刘勇胜. 2006. 黄河入海水沙通量变化规律与三角洲演变关系. 上海: 华东师范大学硕士学位论文: 1-66.

刘勇胜, 陈沈良, 李九发. 2005. 黄河入海水沙通量变化规律. 海洋通报, 24(6): 1-8.

陆雪骏. 2016. 长江河口跨江大桥局部冲刷研究. 上海: 华东师范大学硕士学位论文.

陆永军, 李浩麟, 王红川, 等. 2005. 强潮河口拦门沙航道回淤及治理措施. 水利学报, 36(12): 1450-1456.

罗肇森. 2004. 波、流共同作用下的近沉积物沙输移及航道骤淤预报. 泥沙研究, (6): 1-9.

马颖, 李琼芳, 王鸿杰. 2008. 人类活动对长江干流水沙关系的影响的分析. 水文, (2): 38-42.

莫若瑜, 郭兴杰, 杨忠勇. 2015. 长江口北港河道重大工程对河势演变的影响. 水运工程, (12): 98-103.

潘灵芝, 丁平兴, 葛建忠, 等. 2011. 长江口深水航道整治工程影响下北槽河道河床冲淤变化分析. 泥沙研究, (5): 51-59.

戚定满, 顾峰峰, 孔令双, 等. 2012. 长江口深水航道整治工程影响数值研究. 水运工程, 463(2): 90-96.

齐述华, 廖富强. 2013. 鄱阳湖水利枢纽工程水位调控方案的探讨. 地理学报, 68(1): 118-126.

钱宁, 万兆惠. 1983. 泥沙运动力学. 北京: 科学出版社: 129.

钱宁, 张仁, 周志德. 1987. 河床演变学. 北京: 科学出版社.

秦荣昱, 胡春宏. 1997. 沙质河床清水冲刷粗化的研究. 水利水电技术, 28(6): 8-13.

阮伟, 曹慧江, 龚鸿锋. 2011. 长江口南北港河道分汊口河势控制工程及实施效果研究. 海洋工程, 29(3): 76-81.

阮文杰. 1991. 细颗粒泥沙动水絮凝的机理分析. 海洋科学, (5): 46-49.

阮文杰. 2001. 长江口北槽河道悬沙絮凝的现场观察与分析. 杭州: 浙江大学港口海岸与近海程研究所报告.

上海市海岸带和海涂资源综合调查办公室. 1988. 上海市海岸带和海涂资源综合调查报告. 上海: 上海科学技术出版社: 93-94.

上海市滩涂湿地可持续发展项目组. 2006. 上海市滩涂湿地可持续发展研究总结报告.

邵秘华, 王正方. 1991. 长江口海域悬浮颗粒物中钴、镍、铁、锰的化学形态及分布特征研究. 环境科学学报, 11(4): 432-438.

沈承烈. 1983. 甬江的冲淤规律及其影响因素. 杭州大学学报, 10(4): 534-544.

沈承烈. 1988. 甬江河床演变与航道治理. 地理研究, 7(3): 58-65.

沈焕庭. 2001. 长江河口物质通量. 北京: 海洋出版社.

沈焕庭, 郭成涛, 朱惠芳, 等. 1984. 长江河口最大浑浊带的变化规律及其成因探讨//海岸河口区动力、地貌、沉积过程论文集. 北京: 科学出版社: 76-89.

沈焕庭, 李九发, 朱慧芳. 1986. 长江河口悬沙输移特性. 泥沙研究, (1): 1-13.

沈焕庭, 李九发. 2011. 长江河口水沙输运. 北京: 海洋出版社.

沈焕庭, 潘定安. 1979. 长江河口潮流特性及其对河槽演变的影响. 华东师范大学学报(自然科学版), (1): 133-144.

沈焕庭, 潘定安. 2001. 长江河口最大浑浊带. 北京: 海洋出版社.

沈焕庭, 张超, 茅志昌. 2000. 长江入河口区水沙通量变化规律. 海洋与湖沼, 31(3): 288-294.

沈健, 沈焕庭, 潘定安, 等. 1995. 长江口最大浑浊带水沙输运机制分析. 地理学报, 50(5): 411-420.

时伟荣. 1993. 长江口浑浊带含沙量的潮流变化及其成因分析. 地理学报, 48(5): 412-419.

时钟, 陈伟民. 2000. 长江口北槽河道最大浑浊带泥沙过程. 泥沙研究, (2): 28-39.

水利部长江水利委员会. 2000~2008. 长江泥沙公报. 武汉: 长江出版社.

斯尼茨尔 M, 汉 S U. 1979. 环境中的腐殖物质. 吴奇虎 等译. 北京: 化工出版社.

孙连成. 1997. 珠江口伶仃洋航道抛泥区泥沙运动规律研究. 港口工程, (1): 7-10.

孙鹏, 张强, 陈晓宏, 等. 2010. 鄱阳湖流域水沙时空演变特征及其机理. 地理学报, 65(7): 828-840.

孙志林. 1993. 中国强混合河口最大浑浊区成因研究. 海洋学报, 15(3): 63-72.

孙志林, 黄赛花, 祝丽丽. 2007. 黏性非均匀沙的起动概率. 浙江大学学报(工学版), 41(1): 18-22.

孙志林, 孙志锋. 2000. 粗化层试验与预报. 水力发电学报, 71(4): 40-48.

唐臣, 季岚, 贾雨少. 2013. 利用长江口航道疏浚土进行横沙成陆实施方案研究. 中国工程科学, 15(6): 91-98.

万新宁, 李九发, 何青, 等. 2003. 长江中下游水沙通量变化规律. 泥沙研究, (4): 29-35.

万新宁, 李九发, 沈焕庭. 2004. 长江口外海滨典型断面悬沙通量计算. 泥沙研究, (6): 64-70.

万新宁, 李九发, 沈焕庭. 2006. 长江口外海滨悬沙分布及扩散特征. 地理研究, 125(2): 294-302.

万正松, 闵凤阳, 张志林. 2009. 长江口南支河道分流分沙比观测与分析. 南京大学学报(自然科学版), 45(3): 416-422.

王飞, 李九发, 李占海, 等. 2014. 长江口南槽河道水沙特性及河床沙再悬浮研究. 人民长江, 45(13): 9-13.

王果庭. 1990. 胶体稳定性. 北京: 科学出版社: 20-33.

王宏江. 2002. 泥质河口闸下冲淤特性及冲淤量的分析预报. 海洋工程, 20(4): 78-84.

王江涛, 黄河. 1998. 长江和钱塘江水体中的胶体有机碳. 科学通报, 43(8): 840-843.

王康墡, 苏纪兰. 1987. 长江口南港河道环流及悬移质输运的计算分析. 海洋学报, (9): 627-637.

王锡桐. 2000. 长江上游地区退耕还林(草)的紧迫性与对策. 生态经济, (9): 35-37.

王一斌. 2013. 近期长江口北支河道和南北槽河道潮流和含沙量特性及水沙关系. 上海: 华东师范大学硕士学位论文.

王一斌, 李九发, 赵军凯, 等. 2014. 长江上中下游河道水沙特征和水沙关系. 华东师范大学学报(自然科学版), 1: 88-98.

王永红, 沈焕庭, 李九发, 等. 2009. 长江河口涨落槽沉积物特征及其动力响应. 沉积学报, 27(3): 511-517.

王永忠, 陈肃利. 2009. 长江口演变趋势研究与长远整治方向探讨. 人民长江, 40(8): 21-24.

王兆华, 杜景龙. 2006. 长江口深水航道一、二期工程建设以来北槽河道河段的冲淤演变. 海洋通报, 25(6): 51-58.

魏守林, 郑漓, 杨作升. 1990. 河口最大浑浊带的数值模拟. 海洋湖沼通报, (4): 14-22.

吴加学. 2003. 河口泥沙通量研究. 上海: 华东师范大学博士学位论文.

吴帅虎, 程和琴, 李九发, 等. 2016. 近期长江口北港河道冲淤变化与微地貌特征. 泥沙研究, (2): 26-32.

夏福兴, EIsma D. 1991. 长江口悬浮颗粒有机絮凝研究. 华东师范大学学报(自然科学版), (1): 66-70.

夏福兴, 陈邦林, 吴欣然, 等. 1987. 长江口细颗粒泥沙对 Pb、Cd、Cu 的吸附. 华东师范大学学报(自然科学版), (2): 69-76.

夏福兴, 沈焕庭. 1996. 长江口最大浑浊带悬浮颗粒中有机重金属的异常. 华东师范大学学报(自然科学版), (1): 52-56.

谢华亮, 戴志军, 李为华, 等. 2014. 长江河口南北槽河道分流口动力地貌过程研究. 应用海洋学报, 33(2): 151-159.

徐福敏, 张长宽. 2004. 台风浪对长江口深水航道骤淤的影响研究. 水动力学研究与进展, 19(2): 137-143.

徐海根. 1987. 上海滩地地貌结构及其演变. 上海水利志, 5(1): 3-18.

徐海根, 徐海涛, 李九发. 1994. 长江口浮泥层"适航水深"初步研究. 华东师范大学学报(自然科学版), (2): 91-97.

徐建华. 2002. 现代地理学中的数学方法. 2 版. 北京: 高等教育出版社: 37-120.

徐敏. 2012. 近期长江河口南北港河道河床演变与挟沙能力研究. 上海: 华东师范大学硕士学位论文.

徐文晓. 2016. 长江河口北港北汊河势演变及动力沉积特征分析. 上海: 华东师范大学硕士学位论文.

徐文晓, 程和琴, 郑树伟, 等. 2017. 长江河口北港北汊河势演变及趋势分析. 海洋通报, 36(2): 160-167.

薛鸿超. 2006. 长江口南北港河道分汊口演变与治理. 海洋工程, 24(1): 27-33.

薛元忠, 何青, 王元叶. 2004. OBS 浊度计测量泥沙浓度的方法与实践研究. 泥沙研究, 8(4): 56-60.

闫虹, 戴志军, 李九发, 等. 2008. 2006 年特大枯水期间长江中下游河床沙与悬沙沿程变化特征. 长江流域资源与环境, 17(1): 82-87.

杨春文. 2004. 腐殖酸与 Cu^{2+}、Zn^{2+}、Fe^{3+} 的络合作用. 甘肃联合大学学报(自然科学版), 18(3): 45-48.

杨敏. 2002. 云南沼泽土中提取腐殖酸的研究. 化学世界, 7: 351-353.

杨敏, 王红斌, 罗秀红, 等. 2002. 焦磷酸钠法从沼泽土中提取腐殖酸的实验研究. 云南民族学院学报, 4 (2): 100-102

姚弘毅, 李九发, 李为华, 等. 2013. 近期长江河口北港河道沉积物分布特征//第 16 届中国海洋(岸)工程学术讨论会论文集. 北京: 海洋出版社: 1209-1214.

姚运达, 沈焕庭, 潘定安, 等. 1994. 河口最大浑浊带若干机理的数值模型研究. 泥沙研究, (4): 10-20.

姚治君, 管彦平, 高迎春. 2003. 潮白河径流分布规律及人类活动对径流的影响分析. 地理科学进展, 22(6): 599-607.

尹毅, 仲维妮, 常乃环, 等. 1995. 伶仃洋三角山以北抛泥区泥沙(推移质)运动及其对航道回淤影响的研究. 海洋学报, 17(3): 122-126.

应铭, 李九发, 万新宁, 等. 2005. 长江大通站输沙量时间序列分析研究. 长江流域资源与环境, 14(1): 83-87.

应铭, 李九发, 虞志英, 等. 2007. 长江河口中央沙位移变化与南北港河道分流口稳定性研究. 长江流域资源与环境, 16(4): 476-481.

于东生. 2006. 长江口泥沙输移分析. 水运工程, (2): 59-64.

于东生, 田淳, 严以新. 2004. 长江口水流运动特性分析. 水运工程, 360(1): 49-53.

余绍达. 1987. 上海市滩涂围垦. 上海水利志, 5(1): 19-26.

余文筹. 1986. 长江下游水流挟沙力经验公式. 长江水利水电科学研究院院报, (1) : 45-53.

俞相成. 2005. 上海市南汇东滩滩涂促淤围垦工程研究. 南京: 河海大学硕士学位论文: 3-4.

虞志英, 楼飞. 2004. 长江口南汇嘴近岸海床近期演变分析——兼论长江流域来沙量变化的影响. 海洋学报, 26(3): 47-53.

恽才兴. 2004a. 长江河口近期演变基本规律. 北京: 海洋出版社.

恽才兴. 2004b. 从水沙条件及河床地形变化规律谈长江河口综合治理开发战略问题. 海洋地质动态, 20(7): 8-14.

曾庆华, 张世奇, 胡春宏. 1997. 黄河口演变规律及整治. 郑州: 黄河水利出版社: 4-8.

曾守源. 1989. 北槽河道挖槽段近期冲淤问题分析. 上海航道科技, (1): 85-93.

詹道江, 叶守泽. 2007. 工程水文学. 北京: 中国水利水电出版社: 180-194.

张德茹, 梁志勇. 1994. 不均匀细颗粒泥沙粒径对絮凝的影响试验研究. 水利水运科学研究, (1-2): 11-17.

张定邦, 袁美琦. 1983. 甬江口镇海港航道整治. 水运工程, (12): 1-6.

张华, 阮伟. 2002. 长江口北槽河道深水浮泥研究与应用. 水运工程, (10): 98-102.

张建云, 章四龙, 王金星, 等. 2007. 近 50 年来中国六大流域年际径流变化趋势研究. 水科学进展, 18(2): 230-234.

张经. 1994. 中国河口地球化学研究的若干进展. 海洋与湖沼, 25(4): 438-444.

张经. 1996. 痕量化学元素在黄河及其河口中的迁移//张经. 中国主要河口的生物地球化学研究—化学物质的迁移与环境. 北京: 海洋出版社: 187-204.

张静怡, 黄志良, 胡震云. 2007. 围涂对长江口北支河道河势影响分析. 海洋工程, 25(2): 72-77.

张莉莉, 李九发, 吴华林, 等. 2002. 长江河口拦门沙冲淤变化过程研究. 华东师范大学学报(自然科学版), (2): 73-80.

张庆河, 王殿志, 吴永胜, 等. 2001. 粘性泥沙絮凝现象研究述评(1): 絮凝机理与絮团特性. 海洋通报, 20(6): 81-90.

张瑞谨. 1989. 河流泥沙运动力学. 北京: 水利电力出版社.

张相峰. 1994. 海河口淤积形态初步分析. 泥沙研究, (4): 56-62.

张晓鹤. 2016. 近期长江河口河道冲淤演变及其自动调整机理初步研究. 上海: 华东师范大学硕士学位论文.

张晓鹤, 李九发, 朱文武, 等. 2015a. 近期长江河口冲淤演变过程研究. 海洋学报, 37(3): 134-143.

张晓鹤, 李九发, 姚弘毅, 等. 2015b. 长江河口南支河道近期演变与自动调整过程研究. 人民长江, 46(17): 1-6.

张修桂. 1998. 上海浦东地区成陆过程辨析. 地理学报, 53(3): 228-237.

张志忠. 1996. 长江口细颗粒泥沙基本特性. 泥沙研究, (1): 67-73.

张志忠, 黄文盛, 杨晓顺, 等. 1977. 长江口浮泥若干特性的初步研究. 杭州大学学报, (1): 83-96.

张志忠, 阮文杰, 蒋国俊. 1995. 长江口动水絮凝沉降与拦门沙淤积的关系. 海洋与湖沼, 26(6): 632-638.

赵建春. 2009. 长江口九段沙尾水下沙洲近期演变过程及其对人类活动的响应. 上海: 华东师范大学硕士学位论文.

赵军凯. 2011. 长江中下游江湖水交换规律研究. 上海: 华东师范大学博士学位论文.

赵军凯, 李九发, 戴志军, 等. 2011. 枯水年长江中下游江湖水交换作用分析. 自然资源学报, 26(9): 1613-1627.

赵卫红, 张正斌, 王江涛. 1999. 黄河、长江和钱塘江水样不同级分滤液与铅吸附络合反应动力学的初步研究. 青岛海洋大学学报, (10): 103-108.

郑宗生, 周云轩, 沈芳. 2006. GIS 支持下长江口深水航道治理一、二期工程对北槽河道拦门沙的影响分析. 吉林大学学报(地球科学版), 36(1): 85-90.

中国科学院地理所. 1985. 长江中下游河道特性及其演变. 北京: 科学出版社.

中华人民共和国水利部. 2015. 中国河流泥沙公报. 北京: 中国水利水电出版社.

周海, 张华, 阮伟. 2005. 长江口深水航道治理一期工程实施前后北槽河道最大浑浊带分布及对北槽河道淤积的影响. 泥沙研究, (5): 58-65.

周济福, 李家春. 2004. 鱼咀及丁坝对长江口航道分流分沙的影响. 应用数学和力学, 25(2): 141-149.

周银军, 陈立, 刘欣桐, 等. 2009. 河床表面分形特征及其分形维数计算方法. 华东师范大学学报(自然科学版), 5(3): 170-178.

朱波, 罗怀良, 杜海波, 等. 2004. 长江上游退耕还林工程合理规模与模式. 山地学报, 22(6): 675-678.

朱宏富, 金锋, 李荣昉. 2002. 鄱阳湖调蓄功能与防灾综合治理研究. 北京: 气象出版社: 1-70.

朱慧芳, 恽才兴, 茅志昌, 等. 1984. 长江河口的风浪特性和风浪经验关系. 华东师范大学学报, (1): 42-48.

朱建荣, 戚定满, 肖成猷, 等. 2004. 径流量和海平面变化对河口最大浑浊带的影响. 海洋学报, 26(5): 12-22.

朱文武. 2015. 典型河口河道泥沙输运及航槽回淤机制对人类活动的响应——以长江河口南港河道和切萨皮克湾上游河道为例. 上海: 华东师范大学博士学位论文.

朱晓华. 2007. 地理空间信息的分形与分维. 北京: 测绘出版社.

宗永臣. 2007. 河网系统的非线性特性及其分形研究. 天津: 天津大学硕士学位论文.

左书华, 程和琴, 李九发, 等. 2015. 2013 年洪季长江河口南港河道沙波运动观测与分析. 泥沙研究, (2): 60-66.

左书华, 李九发, 万新宁, 等. 2006. 长江河口悬沙浓度变化特征分析. 泥沙研究, (3): 68-75.

Benoit G, Oktay-Marshall S, Cantu Ii A, et al. 1994. Partitioning of Cu, Pb, Ag, Zn, Fe, Al, and Mn between filter-retained particles, colloids, and solution in six Texas estuaries. Marine Chemistry, 45(4): 307-336.

Benoit G, Rozan T F. 1999. The influence of size distribution on the particle concentration effect and trace metal partitioning in rivers. Geochimica et Cosmochimica Acta, 63(1): 113-127.

Bowden K, Fairbairn L, Hughes P. 1959 The distribution of shearing stresses in a tidal current. Geophysical Journal International, 2(4): 288-305.

Brügmann L. 1995. Metals in sediments and suspended matter of the river Elbe. Science of the total environment, 159(1): 53-65.

Burchard H, Craig P D, Gemmrich J R, et al. 2008. Observational and numerical modeling methods for quantifying coastal ocean turbulence and mixing. Progress in Oceanography, 76(4): 399-442.

Chakrapani G. 2005. Factors controlling variations in river sediment loads. Current Science, 88 (4) : 569-575.

Cheng P, Valle-Levinson A, de Swart H E. 2011. A numerical study of residual circulation induced by asymmetric tidal mixing in tidally dominated estuaries. Journal of Geophysical Research: Oceans, 116(C1), doi: 10.1029/2010JC006137.

Chernetsky A S, Schuttelaars H M, Talke S A. 2010. The effect of tidal asymmetry and temporal settling lag on sediment trapping in tidal estuaries. Ocean Dynamics, 60(5): 1219-1241.

Dai Z J, Chu A, Du J Z, et al. 2010b. Assessment of extreme drought and human interference on baseflow of the Yangtze River. Hydrological Processes, 24(6): 749-757.

Dai Z J, Du J Z, Chu A, et al. 2010a. Groundwater discharge to the Changjiang River, China, during the drought season of 2006: effects of the extreme drought and the impoundment of the Three Gorges Dam. Hydrogeology Journal, 18(2): 359-369.

Dai Z J, Du J Z, Chu A, et al. 2011. Sediment characteristics in the North Branch of the Yangtze Estuary based on radioisotope tracers. Environmental Earth Sciences, 62(8): 1629-1634.

Dai Z, Du J, Li J, et al. 2008. Runoff characteristics of the Changjiang River during 2006: effect of extreme drought and the impounding of the Three Gorges Dam. Geophysical Research Letters, 35(7): 521-539.

Dai Z, Fagherazzi S, Mei X, et al. 2016. Decline in suspended sediment concentration delivered by the Changjiang (Yangtze) River into the East China Sea between 1956 and 2013. Geomorphology, 268: 123-132.

Davison W. 1993. Iron and manganese in lakes. Earth-Science Reviews, 34(2): 119-163.

Ding-Man Q, Huan-Ting S, Jian-Rong Z. 2003. Flushing time of the Yangtze Estuary by discharge: a model study. Journal of Hydrodynamics Series B-English Edition, 15(3): 63-71.

Dyer K R. 1986. Coastal and Estuarine Sediment Dynamics. New Jersey: John Wiley & Sons, Inc.

Dyer K. 1997. Estuaries: a physical introduction. New York: Wiley.

Edzwald J K, Upchurch J B, O'Melia C R. 1974. Coagulation in estuaries. Environmental Science & Technology, 8(1): 58-63.

Festa J F, Hansen D V. 1978. Turbidity maxima in partially mixed estuaries: a two-dimensional numerical model. Estuarine and Coastal Marine Science, 7(4): 347-359.

Friedrichs C T, Aubrey D G. 1994. Tidal propagation in strongly convergent channels. Journal of Geophysical Research: Oceans, 99(C2): 3321-3336.

Gerringa L. 1990. Aerobic degradation of organic matter and the mobility of Cu, Cd, Ni, Pb, Zn, Fe and Mn in marine sediment slurries. Marine Chemistry, 29: 355-374.

Groen P. 1967. On the residual transport of suspended matter by an alternating tidal current. Netherlands Journal of Sea Research, 3(4): 564-574.

Hansen D V. 1965. Gravitational circulation in straits and estuaries. J. mar. Res. , 23: 104-122.

Honeyman B, Santschi P. 1989. A Brownian-pumping model for oceanic trace metal scavenging: evidence from Th isotopes. Journal of Marine Research, 47(4): 951-992.

Horowitz A J. 1991. Primer on sediment-trace element chemistry. Boca Raton: Lewis Publishers.

Huijts K, Schuttelaars H, de Swart H, et al. 2006. Lateral entrapment of sediment in tidal estuaries: An idealized model study. Journal of Geophysical Research: Oceans, 111(C12), doi: 10.1029/2006JC003615.

Hunter K. 1980. Microelectrophoretic properties of natural surface-active organic matter in coastal seawater. Limnology and Oceanography, 25(5): 807-822.

Hunter K, Liss P. 1979. The surface charge of suspended particles in estuarine and coastal waters. Nature, 282(5741): 823-825.

Hunter K, Liss P. 1982. Organic matter and the surface charge of suspended particles in estuarine waters. Limnology and Oceanography, 27(2): 322-335.

Inglis C, Allen F. 1957. The regimen of the Thames Estuary as affected by currents, salinities, and river flow: Inst. Civil Engineers Proc, 7: 827-878.

Jay D A, Musiak J D. 1994. Particle trapping in estuarine tidal flows. Journal of Geophysical Research: Oceans, 99(C10): 20445-20461.

Jiang C, de Swart H E, Li J F, et al. 2013. Mechanisms of along-channel sediment transport in the North Passage of the Yangtze Estuary and their response to large-scale interventions. Ocean Dynamics, 63(2-3): 283-305.

Jiang C, Li J F, de Swart H E. 2012. Effects of navigational works on morphological changes in the bar area of the Yangtze Estuary. Geomorphology, 139: 205-219.

Kirby R. 1988. High concentration suspension (fluid mud) layers in estuaries // Dronkers J, Leussen W V. Physical processes in estuaries. New York: Springer-Verlag.

Kleinhans M. 2005. Phase diagrams of bed states in steady, unsteady, oscillatory and mixed flows. Sandpit end-book.

Kragten J. 1978. Atlas of metal-ligand equilibria in aqueous solution. New York: John Wiley & Sons.

Kumagai H, Saeki K. 1981. Variation pattern of heavy metal content of short-neck clam, Tapes japonica, with its growth. Bulletin of the Japanese Society of Scientific Fisheries.

Laskowski J. 1992. Oil assisted fine particle processing // Yu X, Somasundaran P. Colloid chemistry in mineral processing. Amsterdam: Elsevier.

Li J F. 1991. The rule of sediment transport on the Nanhui tidal flat in the Changjiang Estuary. Acta Oceanologlca Sinica, 10(1): 117-127.

Li J F, Chen Z. 1996. The tidal flats morphological development and the coastal land reclamation in Shanghai. Journal of Chinese Geography, 6: 84-91.

Li J F, Shi W R, Shen H T, et al. 1993a. The bedload movement in the Changjiang Estuary. China Ocean Engineering, 7: 441-450.

Li J, Zhang C. 1998. Sediment resuspension and implications for turbidity maximum in the Changjiang Estuary. Marine Geology, 148(3-4): 117-124.

Li Y, Wolanski E, Xie Q. 1993b. Coagulation and settling of suspended sediment in the Jiaojiang river estuary, China. Journal of Coastal Research, 9(2): 390-402.

Liu G S, Huang Y P, Chen M, et al. 2001. Distribution features of radionuclides in surface sediments of Nansha Sea areas. Mar Sci, 25(8): 1-5.

Liu J, Chen J Y, Xu Z Y, et al. 2007. Morphological evolution and its response to the navigational improvements in the North Passage, Yangtze Estuary. China Ocean Engineering, 21(4): 611-624.

Liu Q Z, Li J F, Xu C H, et al. 2007. Flocculation process of fine-grained sediments by the combining effect of salinity and humus in the Changjiang Estuary in China. Acta Oceanologica Sinica, 26(1): 140-149.

Liu Q Z, Li J F, Ying M, et al. 2006. Flocculation and coagulation characteristics of Fine-grained Sediments in high-turbid area of the Changjiang Estuary. The symposium of the Second International Conference on

Estuaries & Coasts.

Lu J C, Chen K Y. 1977. Migration of trace metals in interfaces of sea water and polluted surficial sediments. Environmental Science & Technology, 11(2): 174-182.

Martin J M, Meybeck M. 1979. Elemental mass-balance of material carried by major world rivers. Marine Chemistry, 7(3): 173-206.

Meade R, Parker R. 1984. Sediments in rivers of the United States. National water supply summary. US Geological Survey Water Supply Paper: 2275.

Mehta A J, Lee S C. 1994. Problems in linking the threshold condition for the transport of cohesionless and cohesive sediment grain. Journal of Coastal Research, 10(1): 170-177.

Migniot C. 1968. A study of the physical properties of various forms of very fine sediments and their behaviour under hydrodynamic action. La Houille Blanche, 7: 591-620.

Munk W H, Anderson E R. 1948. Notes on a theory of the thermocline. Journal of Marine Research, 7: 276-295.

Nichols M M, Howard-Strobel M M. 1991. Evolution of an urban estuarine harbor: Norfolk, Virginia. Journal of Coastal Research, 7 (3) : 745-757.

Nichols M M. 1986. Effects of fine sediment resuspension in estuaries//Mehta A J. Estuarine cohesive sediment dynamics. New York : Springer-Verlag.

Nissenbaum A, Kaplan J. 1972. Chemical and isotopic evidence of in situ origin of marine humic substances. Limnology and Oceanography, 17(4): 570-582.

Officer C B. 1981. Physical dynamics of estuarine suspended sediments. Marine Geology, 40(1-2): 1-14.

Osborne D. 1978. Recovery of slimes by a combination of selective flocculation and flotation. Trans. Inst. Min. Metall. C, 87: 189-193.

Ozkan A. 2003. Coagulation and flocculation characteristics of talc by different flocculants in the presence of cations. Minerals Engineering, 16(1): 59-61.

Ozkan A, Yekeler M. 2004a. Coagulation and flocculation characteristics of celestite with different inorganic salts and polymers. Chemical Engineering and Processing: Process Intensification, 43(7): 873-879.

Ozkan A, Yekeler M. 2004b. Shear flocculation of celestite with sodium oleate and tallow amine acetate: effects of cations. Journal of Colloid and Interface Science, 273(1): 170-174.

Palanques A, Plana F, Maldonado A. 1990. Recent influence of man on the Ebro margin sedimentation system, northwestern Mediterranean Sea. Marine Geology, 95(3-4): 247-263.

Parthiot F. 1981. Development of the river Seine estuary: case study. Journal of the Hydraulics Division, 107(11): 1283-1301.

Postma H. 1967. Sediment transport and sedimentation in the estuarine environment. American Association of Advanced Sciences, 83: 158-179.

Regnier P, Wollast R. 1993. Distribution of trace metals in suspended matter of the Scheldt estuary. Marine Chemistry, 43(1-4): 3-19.

Rosen M J. 1978. Surfactants and Interfacial Phenomena. New York: Academic Press.

Sato T, Ruch R. 1980. Stabilization of colloidal dispersions by polymer adsorption. New York: Dekker.

Saulnier I, Mucci A. 2000. Trace metal remobilization following the resuspension of estuarine sediments: Saguenay Fjord, Canada. Applied Geochemistry, 15(2): 191-210.

Schnitzer M, Khan S U. 1972. Humic substances in the environment. New York: Dekker.

Schramkowski G, de Swart H. 2002. Morphodynamic equilibrium in straight tidal channels: combined effects of the Coriolis force and external overtides. Journal of Geophysical Research: Oceans, 107(C12) : 1-17.

Schuchardt B, Schirmer M. 1991. Intratidal variability of living and detrital seston components in the inner part of the Weser Estuary: vertical exchange and advective transport. Archiv fuer Hydrobiologie AHYBA 4, 121(1): 21-41.

Schuttelaars H, de Swart H. 1994. A simple long-term morphodynamic model of a tidal inlet, Rijksuniversiteit Utrecht. Mathematisch Instituut.

Seyler P, Martin J. 1990. Distribution of arsenite and total dissolved arsenic in major French estuaries: dependence on biogeochemical processes and anthropogenic inputs. Marine Chemistry, 29: 277-294.

Shen H T, Li J F, Zhu H F, et al. 1993. Transport of the suspended sediment in the Changjiang Estuary. International Journal of Sediment Research, 7(3): 45-63.

Sholkovitz E R. 1978. The flocculation of dissolved Fe, Mn, Al, Cu, NI, Co and Cd during estuarine mixing. Earth and Planetary Science Letters, 41(1): 77-86.

Simpson J H, Brown J, Matthews J, et al. 1990. Tidal straining, density currents, and stirring in the control of estuarine stratification. Estuaries, 13(2): 125-132.

Singer P C. 1977. Influence of dissolved organics on the distribution, transport and fate of heavy metals in aquatic systems, in Fate of pollutants in the air and water environments. Part 1: Mechanism of interaction between environments and mathematical modeling and the physical fate of pollutants. New Jersey: John Wiley: 155-182.

Smith A B. 1961. Southwest pass-mississippi river 40-foot ship channel. Transactions of the American Society of Civil Engineers, 126(4): 291-310.

Southard J B, Boguchwal L A. 1990. Bed configurations in steady unidirectional water flows. Part 2. Synthesis of flume data. Journal of Sedimentary Research, 60(5) : 658-679.

Southard J B, Lambie J M, Federico D C, et al. 1990. Experiments on bed configurations in fine sands under bidirectional purely oscillatory flow, and the origin of hummocky cross-stratification. Journal of Sedimentary Research, 60(1): 1-17.

Sposito G, Weber J H. 1986. Sorption of trace metals by humic materials in soils and natural waters. Critical Reviews in Environmental Science and Technology, 16(2): 193-229.

Stacey M T, Fram J P, Chow F K. 2008. Role of tidally periodic density stratification in the creation of estuarine subtidal circulation. Journal of Geophysical Research: Oceans, 113(C8), doi: 10.1029/ 2007JC004581.

Talke S A, de Swart H E, Schuttelaars H. 2009. Feedback between residual circulations and sediment distribution in highly turbid estuaries: an analytical model. Continental Shelf Research, 29(1): 119-135.

Tao S, Lin B. 2000. Water soluble organic carbon and its measurement in soil and sediment. Water Research, 34(5): 1751-1755.

Thurman E M. 1985. Organic geochemistry of natural waters. Dordrecht: Martinus Nijhoff /de W. Junk Publisher: 273.

Tipping E, Ohnstad M. 1984. Colloid stability of iron oxide particles from a freshwater lake. Nature, 308(5956): 266.

Trenhaile A S. 1997. Coastal dynamics and landforms. Oxford : Oxford University Press.

van den Berg J I, van Gelder A. 2009. A new bedform stability diagram, with emphasis on the transition of ripples to plane bed in flows over fine sand and silt. Alluvial Sedimentation (Special Publication 17 of the IAS), 66: 11.

van Rijn L C. 1993. Principles of sediment transport in rivers, estuaries and coastal seas. Amsterdam: Aqua Publications.

Walling D. 2006. Human impact on land–ocean sediment transfer by the world's rivers. Geomorphology, 79(3-4): 192-216.

Walling D, Fang D. 2003. Recent trends in the suspended sediment loads of the world's rivers. Global and Planetary Change, 39(1-2): 111-126.

Wang H, Yang Z, Saito Y, et al. 2007. Stepwise decreases of the Huanghe (Yellow River) sediment load (1950–2005): impacts of climate change and human activities. Global and Planetary Change, 57(3-4): 331-354.

Wellershaus S. 1981. Turbidity maximum and mud shoaling in the Weser estuary. Archiv fur Hydrobiologie, 92(2): 161-198.

Wen L S, Santschi P, Gill G, et al. 1999. Estuarine trace metal distributions in Galveston Bay: importance of colloidal forms in the speciation of the dissolved phase. Marine Chemistry, 63(3-4): 185-212.

Winterwerp J. 2002. On the flocculation and settling velocity of estuarine mud. Continental Shelf Research, 22(9): 1339-1360.

Yan H, Dai Z, Li J, et al. 2011. Distributions of sediments of the tidal flats in response to dynamic actions, Yangtze (Changjiang) Estuary. Journal of Geographical Sciences, 21(4): 719-732.

Yu F, Chen Z, Ren X, et al. 2009. Analysis of historical floods on the Yangtze River, China: Characteristics and explanations. Geomorphology, 113(3-4): 210-216.